国家出版基金项目
NATIONAL PUBLICATION FOUNDATION

现代农业科技专著大系

中国果树病虫

原色图谱

（南方卷）

高日霞　陈景耀　主编

中国农业出版社

图书在版编目（CIP）数据

中国果树病虫原色图谱．南方卷/高日霞，陈景耀主
编．—北京：中国农业出版社，2011.4
ISBN 978-7-109-10744-1

Ⅰ．中…　Ⅱ．①高…②陈…　Ⅲ．果树-病虫害防治方法-
图谱　Ⅳ.S436.6-64

中国版本图书馆CIP数据核字（2006）第012808号

中国农业出版社出版
（北京市朝阳区农展馆北路2号）
（邮政编码 100125）
责任编辑　张洪光　舒　薇
黄　宇　徐建华

中国农业出版社印刷厂印刷　新华书店北京发行所发行
2011年9月第1版　2011年9月北京第1次印刷

开本：787mm×1092mm 1/16　印张：21.25　插页：52
字数：477千字　印数：1～2 000册
定价：168.00元
（凡本版图书出现印刷、装订错误，请向出版社发行部调换）

编 委 会

主　编　高日霞　陈景耀

副主编　黄　建　陈元洪

编著者　高日霞　陈景耀

　　　　黄　建　陈元洪

　　　　陈菁瑛　佘春仁

　　　　张继祖　江　凡

1 柑橘疮痂病病叶

2 柑橘疮痂病病果

3 上：柑橘疮痂病病叶、病果，下：健叶、健果

4 柑橘炭疽病病枝

5 柑橘炭疽病病叶

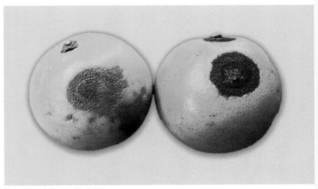

6 柑橘炭疽病病果

7 柑橘树脂病病叶（正面）

8 柑橘树脂病病叶（背面）

9　柑橘树脂病病叶（背面）

10　柑橘树脂病病果

11　柑橘树脂病果上病斑放大

12　柑橘树脂病干上症状

13　柑橘裙腐病病树

14　柑橘裙腐病病树茎基部症状

15　柑橘白粉病病叶

16　柑橘煤烟病：病叶（右、中）与健叶（左）

17　柑橘煤烟病病叶

18　柑橘绿霉病病果

19　柑橘青霉病病果

20　柑橘青霉病病果（大）与绿霉病病果（小）

21　柑橘褐色蒂腐病病果

22　柑橘脂点黄斑病病叶

23　柑橘立枯病病苗

24 柑橘溃疡病病果

25 柑橘溃疡病病果

26 柑橘溃疡病病枝

27 柑橘溃疡病病枝、病叶

28 柑橘黄龙病病树

29 柑橘黄龙病黄梢

30 柑橘黄龙病病叶（芦柑）：示斑驳

31　柑橘黄龙病病叶：示斑驳

32　柚子黄龙病病叶：示斑驳

33　柑橘黄龙病病果（福橘）：示红鼻果

34　柑橘黄龙病病果（芦柑）：示歪肩、长椭圆形

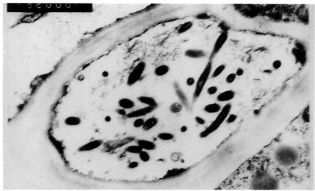

35　柑橘黄龙病多形态病原菌　　　　　（引自柯冲）

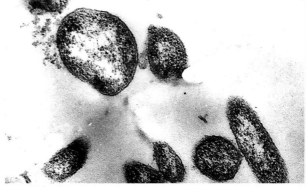

36　柑橘黄龙病病原菌（放大）　　　（陈作义提供）

37　柑橘黄龙病严重为害的果园

38　柑橘裂皮病茎基部症状　　　　　（赵学源提供）

39　柑橘裂皮病茎基部症状（放大）

40　柑橘裂皮病香橼上的症状

41　柑橘裂皮病香橼病叶：示叶背症状　　（吴如健提供）

42　柑橘碎叶病病树　　　　　　　（张天淼提供）

43　柑橘碎叶病嫁接口肿大　　　（吴如健提供）

44　柑橘碎叶病枳壳砧芦柑病叶　　　（吴如健提供）

45　柑橘碎叶病鲁斯克枳橙病叶

46 柑橘碎叶病鲁斯克枳橙病叶（放大）

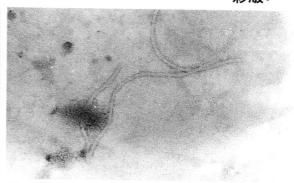

47 柑橘碎叶病病原病毒形态：曲杆状粒体 （吴如健提供）

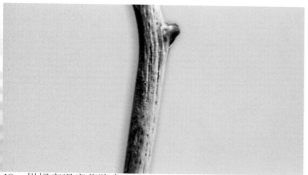

48 柑橘衰退病茎陷点

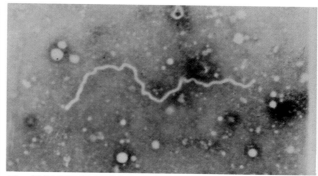

49 柑橘衰退病病原病毒形态：线状粒体 （吴如健提供）

50 温州蜜柑萎缩病病叶：示船形 （赵学源提供）

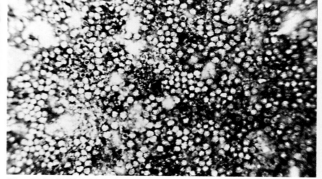

51 温州蜜柑萎缩病病原病毒形态：球状粒体 （赵学源提供）

52 柑橘根结线虫病病树
（郑良提供）

53 柑橘根结线虫病病根（左：示根瘤团，郑良提供）与柑橘健根（右）

54 柑橘根结线虫病病根：示根瘤及卵囊 （郑良提供）

55 温州蜜柑青枯病病树

56 柑橘日灼病病果

57 柑橘缺镁症病叶：示病叶基部呈现倒 V 形绿色斑

58 柑橘缺硼症病叶：叶脉黄化肿大

59 柑橘缺硼症病叶

60　柑橘缺锌症病叶：叶脉绿色呈网状纹

61　柑橘缺锰症病叶

香蕉病害

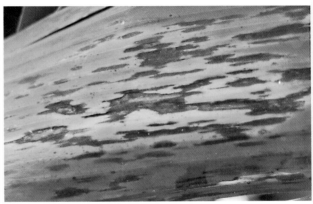

62　香蕉褐缘灰斑病病叶（放大）

63　香蕉褐缘灰斑病病叶

64　香蕉褐缘灰斑病病叶（后期症状）

65　香蕉褐缘灰斑病病部放大（示病原物）

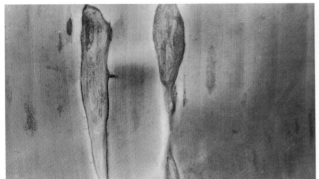

66　香蕉灰纹病病叶

67　香蕉煤纹病病叶

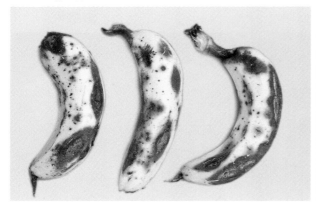

68 香蕉炭疽病病果

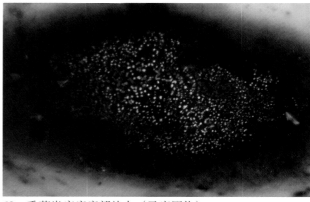

69 香蕉炭疽病病部放大（示病原物）

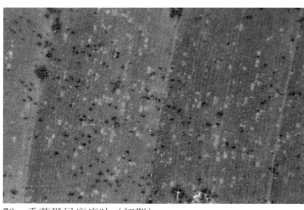

70 香蕉黑星病病叶（初期）

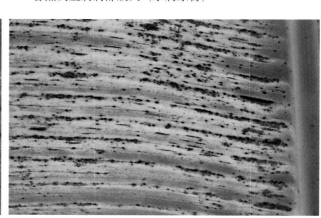

71 香蕉黑星病病叶（病部放大）

73 香蕉黑星病病果

72 香蕉黑星病病叶（后期）

74 香蕉黑条叶斑病病叶

76 香蕉黑腐病病果（轴腐）

75 香蕉镰刀菌枯萎病病株　　（张开明提供）

78 香蕉束顶病病株

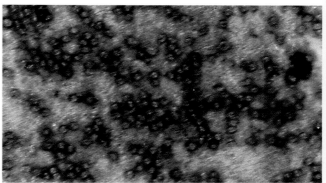

77 香蕉冠腐病病果

79 香蕉束顶病病原病毒形态：球状粒体　（叶旭东提供）

80　香蕉花叶心腐病病株（左）与健株（右）

82　香蕉穿孔线虫病病株　　　　　（陈炳坤提供）

81　香蕉花叶心腐病病叶（放大）：示黄绿色花叶

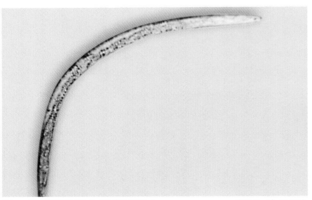

83　香蕉穿孔线虫病病原线虫　　　（陈炳坤提供）

84　香蕉根线虫病病株

菠萝病害

85　菠萝黑腐病病果剖面症状　　　（引自戚佩坤）

86　菠萝心腐病病果剖面症状

87　菠萝黑心病病株

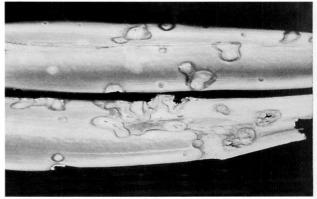

88　菠萝灰斑病病叶　　　　（引自戚佩坤）

龙眼、荔枝病害

89　龙眼炭疽病病叶（苗期）

91　荔枝霜疫霉病病花（左）与健花（右）
　　　　　　　　　（引自何等平等）

90　龙眼炭疽病病叶

92　荔枝霜疫霉病果面症状

93　荔枝霜疫霉病病果

94 龙眼白星病病叶（初期）

95 龙眼白星病病叶（后期）

96 龙眼叶枯病病叶

97 荔枝叶枯病病叶

98 龙眼灰斑病病叶

99 荔枝斑点病病叶

100 芽枝霉引起的龙眼叶枯病病叶

（陈玉森提供）

101 龙眼藻斑病叶面症状

102 荔枝藻斑病叶面症状

103 龙眼煤烟病叶面症状

104 龙眼煤烟病病叶与病果

105 荔枝煤烟病叶面症状

106 龙眼酸腐病病果（右）与健果（左）

107 荔枝酸腐病病果

108 荔枝炭疽病病叶

109 荔枝炭疽病病叶

110 荔枝炭疽病病果

111 龙眼鬼帚病：示丛枝

112 龙眼鬼帚病病花穗（右）与健花穗（左）

113 龙眼鬼帚病：幼叶卷曲呈半月形

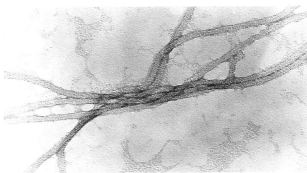

114 龙眼鬼帚病病原病毒形态：提纯的线状粒体

（叶旭东提供）

115 龙眼鬼帚病成叶病状

116　荔枝鬼帚病幼叶呈半月形

117　荔枝鬼帚病：幼叶呈半月形（右）或扭曲畸形（中）与健叶（左）

118　荔枝鬼帚病成叶病状

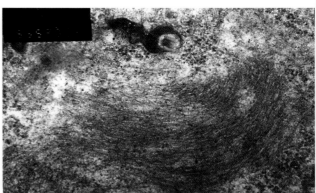

119　荔枝鬼帚病病原病毒形态：成束分布在叶筛管细胞质内的线状粒体

120　荔枝溃疡（干癌肿）病干上症状

121　龙眼癌肿病病干：示肿瘤

122　龙眼裂皮病枝干上症状

123　龙眼干上的壳状地衣

124　龙眼干上的枝状地衣

125　龙眼干上的叶状地衣

126　荔枝干上的壳状地衣

127　龙眼枝干上的苔藓

128　蕨类寄生龙眼

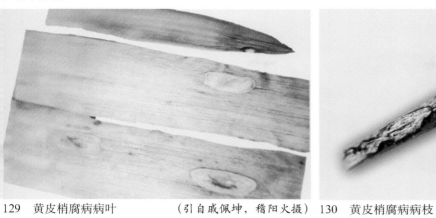

129 黄皮梢腐病病叶　　　　　（引自戚佩坤，稽阳火摄）

130 黄皮梢腐病病枝　　　　　（引自戚佩坤，稽阳火摄）

131 黄皮炭疽病病果

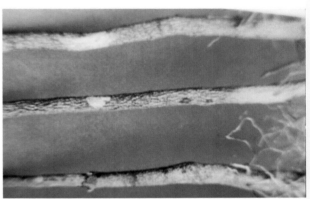

132 黄皮流胶（树脂）病病干

杨梅病害

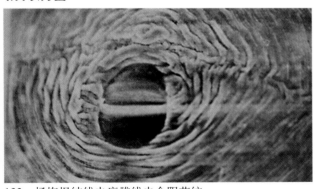

133 杨梅根结线虫病雌线虫会阴花纹

134 杨梅根结线虫病根瘤

枇杷病害

135 枇杷灰斑病病叶

136 枇杷灰斑病病叶

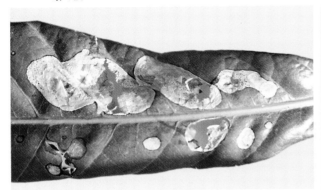

137 枇杷灰斑病病叶放大：示病原物

138 枇杷灰斑病病果

139 枇杷角斑病病叶

140 枇杷角斑病病叶放大：示病原物

141 枇杷胡麻斑枯病病叶

142 枇杷胡麻斑枯病病叶

143 枇杷胡麻斑枯病病叶局部放大：示病原物

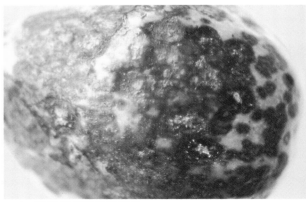

144 枇杷胡麻斑枯病病果

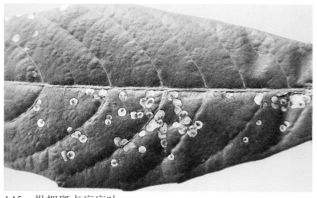

145　枇杷斑点病病叶

146　枇杷轮纹病病叶

147　枇杷轮纹病病叶局部放大：示病原物

148　枇杷炭疽病：示挂在树上的病僵果

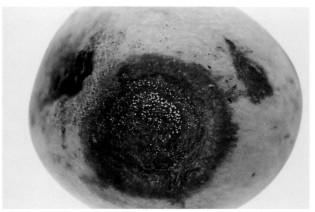

149　枇杷炭疽病病果局部放大：示病原物

150　枇杷灰霉病病果

151　枇杷黑腐病病果

152　枇杷疮痂病病叶

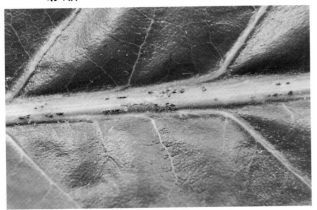

153　枇杷疮痂病病叶：示中脉症状

154　枇杷疮痂病果面症状

155　枇杷癌肿病病干：示肿瘤

156　枇杷癌肿病：示芽枯

157　枇杷枝干褐腐病：示裂纹

158　枇杷枝干褐腐病：示翘裂

159 枇杷果实心腐病病果

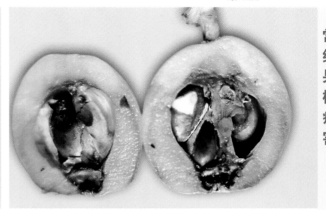

160 枇杷果实心腐病：病果剖面症状

161 枇杷青果白粉病病果

162 枇杷赤衣病：示枝干上的白色菌丝

163 枇杷赤衣病：示枝干上的粉红色菌丝（陈福如提供）

164 枇杷疫病病果

165 枇杷污叶病病叶（背面）

166 枇杷白绢病：示根颈部白色菌丝

168 枇杷细菌性褐斑病病果

167 枇杷白纹羽病：示根部症状

169 枇杷日灼病病干

170 枇杷裂果病病果

171 枇杷皱果病病果

172 枇杷叶尖焦枯病病叶

173 枇杷果锈病病果

174 枇杷栓皮病病果

176 为害枇杷的枝状地衣

175 为害枇杷的壳状地衣

番石榴病害

177 为害枇杷的苔藓

178 番石榴藻斑病病叶

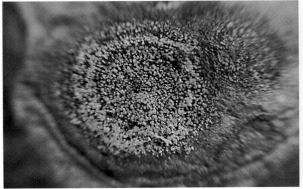

179 番石榴炭疽病病果

180 番石榴炭疽病病果局部放大：示病原物

181 番石榴干腐（茎溃疡）病病干　　　　（引自戚佩坤）

182 番石榴紫腐病病果　　　　（引自戚佩坤，刘任摄）

183 番石榴干枯病病干　　　　（引自戚佩坤，刘任摄）

184 番石榴叶枯病病叶　　　　（引自戚佩坤，刘任摄）

185 番石榴果腐病病果

186 番石榴果腐病病部放大

187 番石榴褐斑病病果

188 番石榴煤病病叶

橄榄病害

189 番石榴煤病病果

190 橄榄灰斑病病叶

191 橄榄褐斑病病叶

192 橄榄叶斑病病叶

193 橄榄黑斑病病叶（背面）

194 橄榄黑斑病病叶（正面）

195 橄榄黑曲霉病病果　　　　　　　　（稻阳火摄）

196 橄榄褐腐病病果

197　橄榄疫病病果

198　橄榄炭疽病病果

199　橄榄煤烟病病叶

200　橄榄流胶病：示干上症状

201　橄榄干枯病：示干上症状

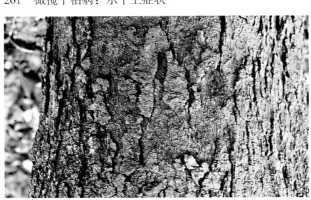

202　橄榄干上的苔藓

203　橄榄干上的壳状地衣

204　番木瓜炭疽病病果

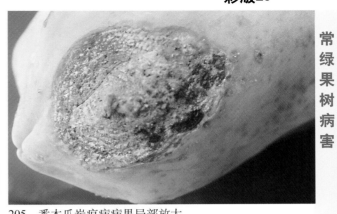

205　番木瓜炭疽病病果局部放大

206　番木瓜炭疽病病叶

207　番木瓜白星病病叶

208　番木瓜白星病病叶局部放大

209　番木瓜白星病病果

210　番木瓜霜疫病病苗　　　　　　（引自戚佩坤）

211　番木瓜疮痂病叶面病斑

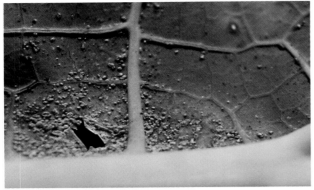

212 番木瓜疮痂病叶背病斑

213 番木瓜疮痂病病叶局部放大

214 番木瓜疮痂病病果

215 番木瓜白粉病病叶

216 番木瓜白粉病病果

217 番木瓜黑腐病病果

218 番木瓜疫病病果

219 番木瓜环斑病：病叶呈水渍状圆斑、花叶

220　番木瓜环斑病：果面呈水渍状圆斑、同心环斑

221　番木瓜环斑病：示果面同心环斑（放大）

222　番木瓜环斑病：病茎呈水渍状条纹

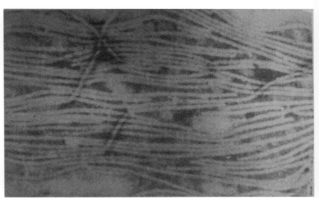

223　番木瓜环斑病病原病毒形态：提纯的线状粒体

（引自高文通等）

224　番木瓜畸叶病病叶：呈线形、蕨叶、鸡爪状

225　番木瓜畸叶病果面呈现小隆起

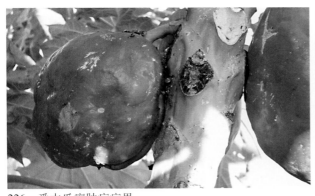

226　番木瓜瘤肿病病果

杨桃病害

227　杨桃赤斑病病叶

228　杨桃褐斑病被害树叶黄、早落

229　杨桃褐斑病病叶

杧果病害

230　杧果梢枯流胶病病干

231　杧果疮痂病病叶（初期）

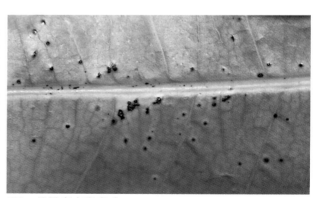

232　杧果疮痂病病叶

233　杧果疮痂病病叶扭曲

234　杧果疮痂病病果

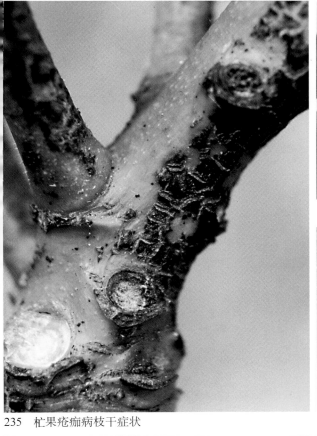

235　杧果疮痂病枝干症状

236　杧果疮痂病中脉叶柄症状

237　杧果炭疽病病叶（苗）

238　杧果炭疽病病叶

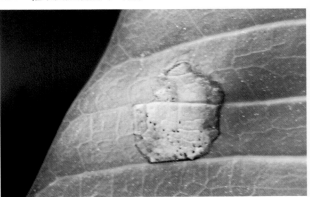

239　杧果炭疽病病叶局部放大：示病原物

240　杧果炭疽病新梢症状

241　杧果炭疽病新梢症状

242　杧果炭疽病果面症状

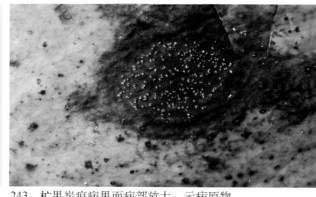

243　杧果炭疽病果面病部放大：示病原物

244　杧果白粉病枝梢上症状

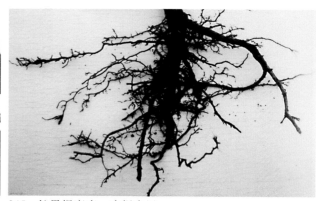

245　杧果根腐病：病根变黑

246　杧果煤污病果上症状

247　杧果煤病和烟霉病病叶

248　杧果煤病和烟霉病果面症状

249　杧果绯腐病枝梢症状

250　杧果膏药病枝干症状

251　杧果叶点霉穿孔病病叶：示穿孔

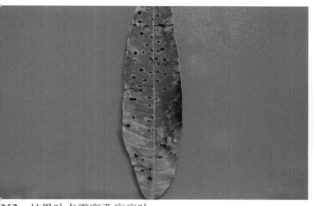

252　杧果叶点霉穿孔病病叶

253　杧果灰斑病病叶

254　杧果灰斑病病叶

255　杧果壳二孢叶斑病病叶

256　杧果褐星病病叶

257　杧果藻斑病病叶

258　杧果球二孢蒂腐病病果

259　杧果细菌性黑斑病叶面症状

260　杧果细菌性黑斑病叶背症状

261　杧果细菌性黑斑病病叶（局部放大）

262　杧果细菌性黑斑病果面症状

263　杧果流胶病病干：示流胶

264　杧果叶缘焦枯病病叶

265　杧果干上的壳状地衣

树菠萝病害

266　树菠萝灰霉病病果

267　树菠萝灰霉病病果

268　树菠萝灰霉病病果

269　树菠萝软腐病病果

270　树菠萝软腐病病果（放大）

西番莲病害

271　西番莲茎腐病为害状

272　西番莲茎腐病茎基部症状

273　西番莲茎腐病病部放大：示子囊果

274 西番莲疫病病果

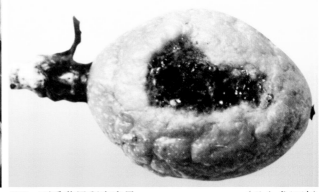

275 西番莲黑斑病病果 　　　　（引自咸佩坤）

276 西番莲叶斑病病叶

277 西番莲叶斑病病部放大（示病原物）

278 西番莲病毒病病叶（初期症状）

279 西番莲病毒病病叶呈现花叶状

280 西番莲病毒病病叶呈现皱缩畸形状

猕猴桃病害

281　猕猴桃黑斑病病叶

282　猕猴桃黑斑病田间为害状

283　猕猴桃黑斑病病果（中期）

284　猕猴桃黑斑病病果（后期）

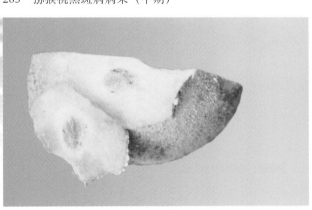

285　猕猴桃黑斑病病果剖面症状

分生孢子梗、分生孢子

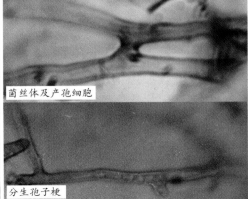

菌丝体及产孢细胞

分生孢子梗

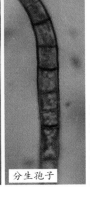

分生孢子

286　猕猴桃黑斑病病原分生孢子梗、分生孢子、菌丝体及产孢细胞

病原子座

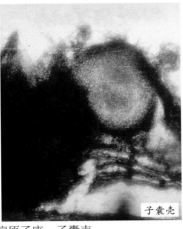

子囊壳

287　猕猴桃黑斑病病原子座、子囊壳

288　猕猴桃膏药病病枝

289　猕猴桃褐斑病病叶

291　猕猴桃根腐病幼株病根

290　猕猴桃溃疡病病枝

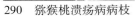

292　猕猴桃立枯病病叶及菌核

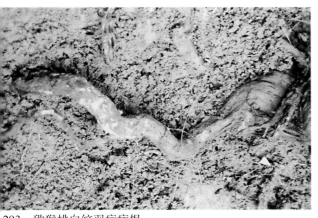

293 猕猴桃白纹羽病病根

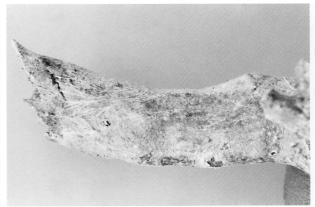

294 猕猴桃白纹羽病病根局部放大

295 猕猴桃白绢根腐病根颈部症状

（引自《猕猴桃病虫原色图谱》）

296 猕猴桃疮痂病病果

297 猕猴桃灰纹病病叶

298 猕猴桃褐心病病果剖面症状

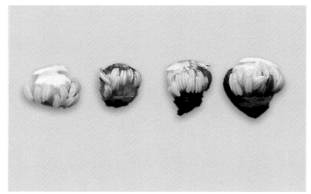

299　猕猴桃细菌性花腐病病花

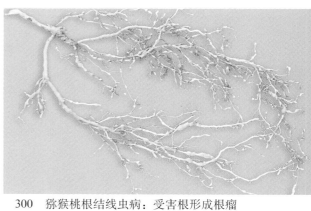

300　猕猴桃根结线虫病：受害根形成根瘤

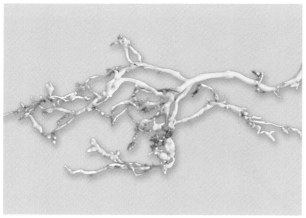

301　猕猴桃根结线虫病根瘤愈合成根结团

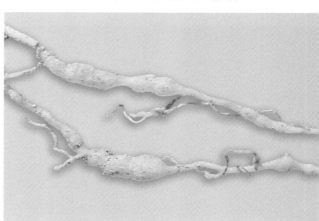

302　猕猴桃根结线虫病病根局部放大

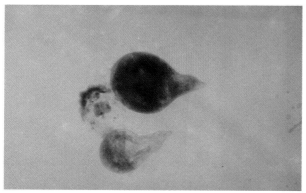

303　猕猴桃根结线虫病病原线虫：雌虫

304　猕猴桃日灼病病果

柿病害

305　柿角斑病叶面症状

306　柿角斑病果蒂变黑

308 柿角斑病病叶　　　　　　　　（孙瑞红摄）

309 柿角斑病病斑放大　　　　　　（孙瑞红摄）

307 柿角斑病叶背症状

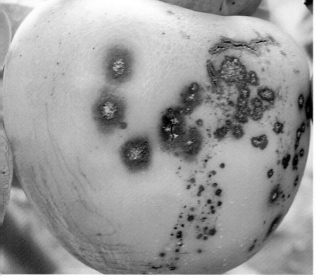

310 柿炭疽病病果　　　（引自夏声广）

311 柿炭疽病为害新梢状　　（引自夏声广）

312 柿圆斑病（前期）　　　（引自夏声广）　　313 柿圆斑病（后期）　　　（引自夏声广）

李、奈病害

314 李干腐（流胶）病病枝

315 李干腐（流胶）病病干：示流胶

316 李干腐（流胶）病病斑放大

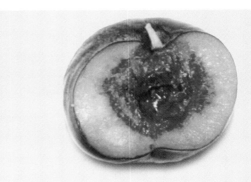

317 李干腐（流胶）病病果　　　　　（引自宁国云）

318 李炭疽病病僵果挂在树上

319 李褐腐病病果

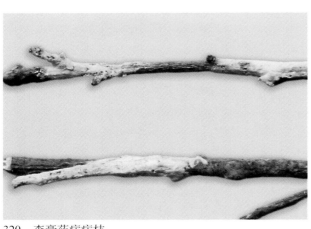

320 李膏药病病枝

321 奈膏药病病枝

322　李白粉病枝梢症状

323　柰白粉病叶背症状

324　李红点病病叶　　　　　　　（刘琪提供）

325　李褐锈病叶面症状

326　李褐锈病叶背症状

327　李褐斑穿孔病病叶

328　李煤烟病病叶

329　李细菌性黑斑病枝梢症状

330　李细菌性黑斑病病果

331　李假痘病：示果面环斑　　　　（引自王国平等）

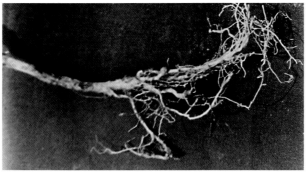

332　柰根结线虫病病根

334　李皱果病病果（左）与健果（右）

333　柰粗皮病病枝

335　李黄化症病叶

336　李缺锌症病叶

梅病害

337 梅炭疽病病叶（正面）

338 梅炭疽病病叶（背面）

339 梅炭疽病病枝

340 梅炭疽病病果

341 梅疮痂病病果

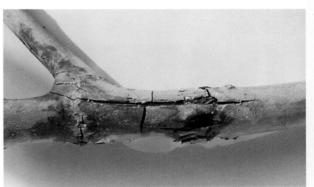

342 梅干腐病病干

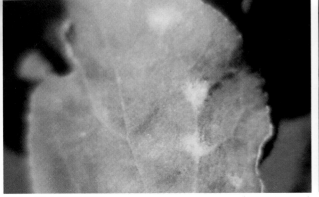

343 梅白粉病病叶 （引自邱强等）

344 梅溃疡病病叶

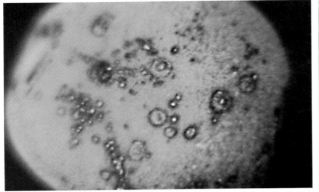

345　梅溃疡病病果　　　　　　　（引自邱强等）

346　梅膏药病病枝

347　梅灰霉病病果　　　　　　　（引自邱强等）

348　梅穿孔病病叶　　　　　　　（引自宁国云等

无花果病害

349　无花果锈病叶面症状

350　无花果锈病叶背症状

351　无花果锈病病斑放大：示病原物

板栗、锥栗病害

352 板栗、锥栗干枯病病干

353 板栗、锥栗干枯病病部放大：示病原物

54 板栗、锥栗炭疽病病果（下）与健果（上）

355 板栗、锥栗锈病病叶，上为叶面症状，下为叶背症状

56 板栗、锥栗锈病叶背放大，示橙黄色夏孢子堆

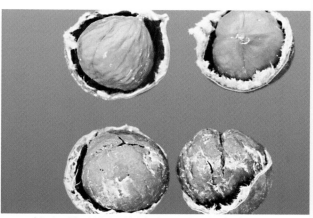

357 板栗、锥栗果实霉烂病病果后期（下）与健果（上）

58 板栗、锥栗果实霉烂病病果（后期）

柑橘害虫

常
绿
果
树
害
虫

1　柑橘全爪螨

2　柑橘始叶螨

3　柑橘裂爪螨（示被害叶面形成密集的灰色小圆斑）

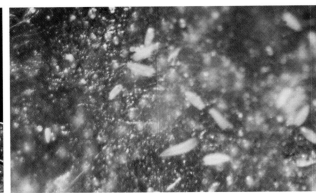

4　柑橘锈螨

5　柑橘锈螨为害果实

6　褐圆蚧

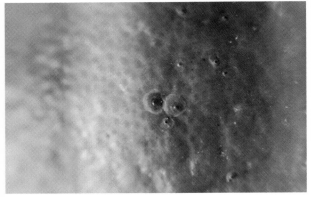

7　红圆蚧

8　黄圆蚧

9　糠片蚧为害柑橘果实

10　矢尖蚧为害柑橘叶片

11　矢尖蚧为害柑橘植株

12　黑点蚧为害柚叶片

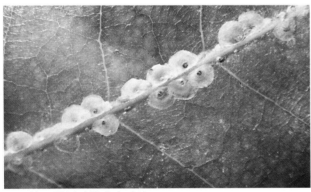

13　蛇目臀网盾蚧为害叶片

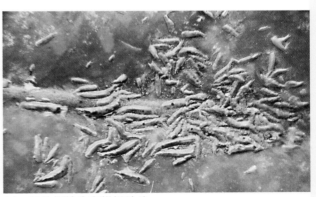

14　长牡蛎蚧为害柑橘叶片

15　龟蜡蚧

16　吹绵蚧

17 草履蚧

18 堆蜡粉蚧

19 橘臀纹粉蚧

20 柑橘根粉蚧

21 柑橘地粉蚧

22 柑橘木虱

23 柑橘木虱（卵、若虫）

24 黑刺粉虱为害叶片

26　柑橘潜叶蛾为害叶片

25　柑橘潜叶蛾为害状

27　柑橘潜叶甲成虫为害状

28　柑橘潜叶甲幼虫为害状

29　橘蚜

30　星天牛成虫

31　褐天牛成虫

32　光盾绿天牛成虫

33　双线盗毒蛾幼虫

34　油桐尺蠖幼虫

35　白痣姹刺蛾幼虫

香蕉害虫

36　香蕉交脉蚜（群集在叶鞘处为害）

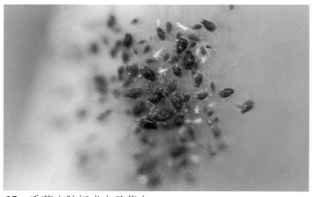

37　香蕉交脉蚜成虫及若虫

38　香蕉弄蝶成虫

39 香蕉弄蝶幼虫

40 香蕉弄蝶为害状

41 香蕉弄蝶蛹

42 香蕉球茎(根颈)象甲成虫 　　　　(引自邱强等)

43 香蕉双带象甲成虫

44 香蕉冠网蝽成虫

45 麻皮蝽成虫

46 香蕉花蓟马若虫

47 香蕉花蓟马成虫

菠萝害虫

48 菠萝灰粉蚧

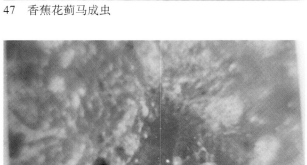

49 菠萝长叶螨

龙眼荔枝害虫

50 荔枝蝽成虫为害枝梢

51 荔枝蝽成虫为害果实

52 荔枝蝽卵

53 荔枝蝽若虫

54 荔枝尖细蛾初期为害状

55 荔枝尖细蛾后期为害状

56 荔枝尖细蛾成虫

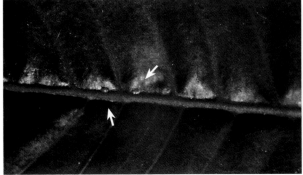

57 荔枝尖细蛾卵

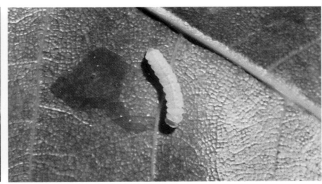

58 荔枝尖细蛾幼虫

59 荔枝尖细蛾蛹

60 荔枝蛀蒂虫为害状

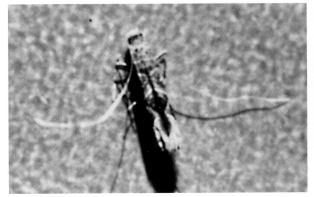

61 荔枝蛀蒂虫成虫

62 荔枝蛀蒂虫卵

63 荔枝蛀蒂虫卵（放大）

64 荔枝蛀蒂虫幼虫

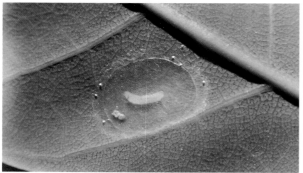

65 荔枝蛀蒂虫预蛹

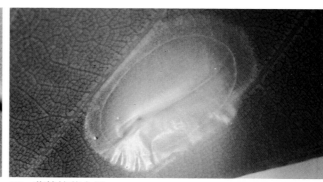

66 荔枝蛀蒂虫蛹

67 荔枝小灰蝶为害果实状

68 荔枝小灰蝶雄成虫

69 荔枝小灰蝶雌成虫及蛹

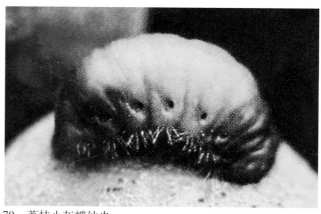

70 荔枝小灰蝶幼虫

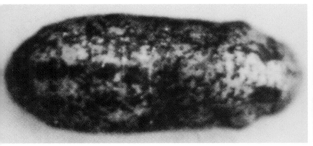

71 荔枝小灰蝶蛹

72 荔枝干皮巢蛾为害状 　　　　　（引自邓国荣等）

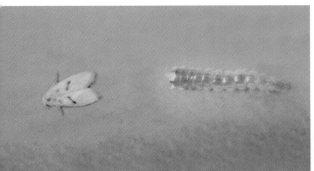

73 荔枝干皮巢蛾成虫（左）与幼虫（右）（引自邓国荣等）

75 荔枝瘿螨为害叶背呈毛毡状

74 荔枝瘿螨为害状

76 荔枝瘿螨虫瘿（放大）

77 荔枝叶瘿蚊为害状

78 荔枝叶瘿蚊为害状（示虫瘿）

79 荔枝叶瘿蚊为害状（示虫瘿、叶扭曲）

80 荔枝叶瘿蚊成虫 （引自何等平等）

81 龙眼叶球瘿蚊虫瘿 （引自邓国荣等）

82 荔枝拟木蠹蛾为害状

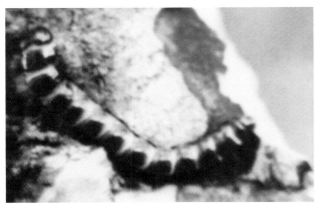

83 荔枝拟木蠹蛾幼虫

84 咖啡豹蠹蛾为害状

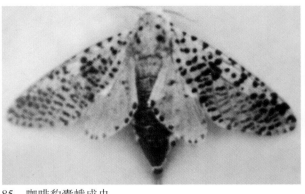

85 咖啡豹蠹蛾成虫

86 咖啡豹蠹蛾幼虫

87 龟背天牛为害状

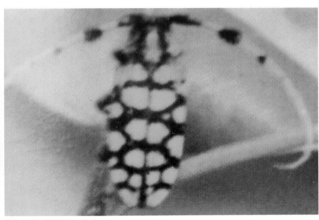

88 龟背天牛成虫

89 龟背天牛幼虫

90 龙眼亥麦蛾成虫

91 龙眼亥麦蛾卵及卵放大

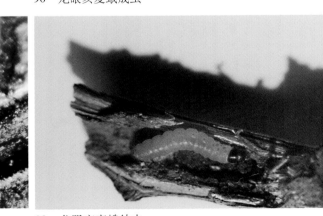

92 龙眼亥麦蛾幼虫

93　龙眼亥麦蛾幼虫在虫道中化蛹

94　龙眼亥麦蛾蛹

95　龙眼角颊木虱为害状

96　龙眼角颊木虱成虫

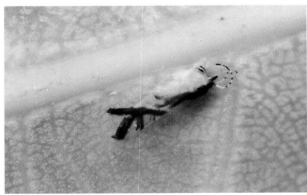

97　龙眼角颊木虱成虫（放大）

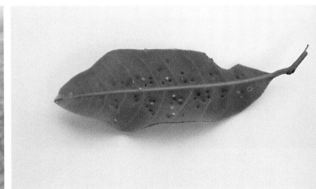

98　龙眼角颊木虱若虫

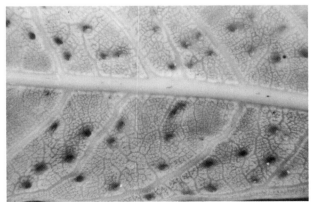

99　虫瘿内的龙眼角颊木虱若虫

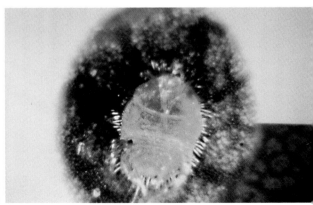

100　龙眼角颊木虱若虫（放大）　　　　（引自何等平等）

101 龙眼鸡成虫

102 龙眼鸡卵块

103 白蛾蜡蝉为害龙眼叶片状

104 白蛾蜡蝉为害龙眼枝梢状

105 柑橘褐带卷蛾为害龙眼状

106 柑橘褐带卷蛾成虫

107 柑橘褐带卷蛾幼虫

108 三角新小卷蛾成虫

109　三角新小卷蛾卵块

110　三角新小卷蛾幼虫

111　三角新小卷蛾蛹

112　柑橘长卷蛾成虫（雌）

113　柑橘长卷蛾幼虫为害状　　　（引自夏声广）

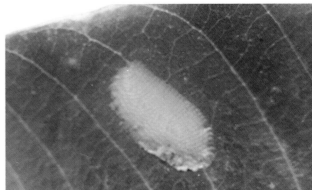

114　柑橘长卷蛾卵块

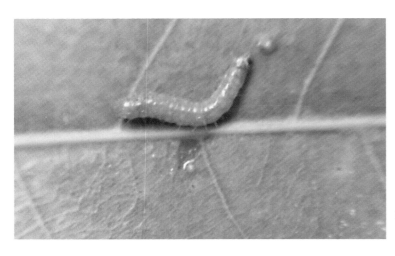

115　柑橘长卷蛾老熟幼虫

（引自夏声广）

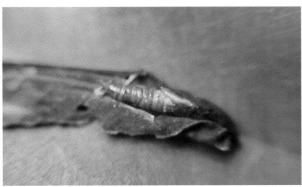

116　柑橘长卷蛾蛹（叶上）

117　柑橘长卷蛾蛹（花穗中）

118　挂在树枝上的大蓑蛾袋囊

119　大蓑蛾成虫

120　大蓑蛾幼虫

121　大蓑蛾袋囊内的幼虫

122　茶蓑蛾为害龙眼状

123　茶蓑蛾袋囊

124 茶蓑蛾幼虫

125 茶蓑蛾蛹

126 桃蛀螟为害龙眼果实状

127 桃蛀螟成虫

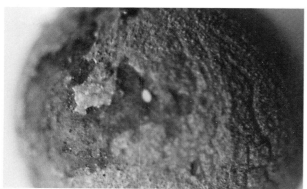

128 产在果上的桃蛀螟卵

129 桃蛀螟幼虫

130 桃蛀螟幼虫为害龙眼花穗

131 桃蛀螟蛹

132 褐边绿刺蛾幼虫和成虫 　　　　　（引自丁建云等）

133 油桐尺蠖成虫

134 油桐尺蠖幼虫

135 双线盗毒蛾幼虫取食龙眼花穗

136 木毒蛾雄成虫（上）与雌成虫（下） 　　　（引自赵仲苓）

138 木毒蛾卵块　　　　　　　　　　137 木毒蛾成虫

139 木毒蛾蛹

140 龙眼蚁舟蛾成虫

141 龙眼蚁舟蛾卵

142 龙眼蚁舟蛾幼虫

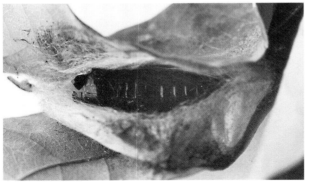

143 龙眼蚁舟蛾蛹

144 喙副黛缘蝽成虫

145 喙副黛缘蝽卵

146 喙副黛缘蝽若虫（群集为害龙眼幼果）

147　银毛吹绵蚧成虫为害龙眼枝梢

148　银毛吹绵蚧成虫为害龙眼叶片

149　堆蜡粉蚧为害龙眼叶片

150　堆蜡粉蚧为害龙眼枝梢

151　堆蜡粉蚧为害龙眼果实

152　堆蜡粉蚧为害荔枝叶片

153　日本龟蜡蚧为害龙眼枝梢

155　龙眼长跗萤叶甲成虫　　　（引自邓国荣等）

154　①大绿象甲　②③小绿象甲　④鞍象甲　（引自邓国荣等）

156　红带网纹蓟马成虫（放大）　　（引自何等平等）

157　红带网纹蓟马若虫（放大）　　（引自何等平等）

158　茶黄蓟马成虫（右）与若虫（左）　（引自邱强等）

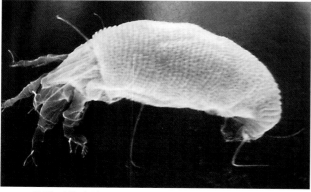

159　龙眼顶芽瘿螨　　　　　（引自邓国荣等）

160　龙眼叶锈螨　　　　　　（引自邓国荣等）

162　白蚁为害龙眼树干（泥被）

枇杷害虫

161　白蚁为害龙眼枝干（泥被）

163　枇杷瘤蛾成虫

164　枇杷瘤蛾卵

165　枇杷瘤蛾幼虫及为害状

166　枇杷瘤蛾蛹

167　枇杷舟蛾为害状

168　枇杷舟蛾成虫　　　　　　　　（引自夏声广）

169　枇杷舟蛾卵

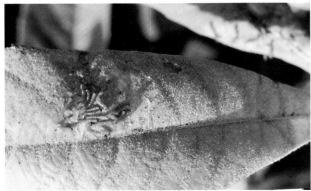

170　枇杷舟蛾低龄幼虫群集为害叶片

171　枇杷舟蛾幼虫群集为害梢叶

172　枇杷舟蛾老熟幼虫

173　细皮夜蛾成虫

174　细皮夜蛾幼虫

175　细皮夜蛾幼虫及为害状

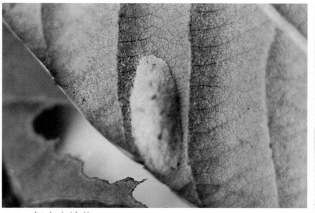

176　细皮夜蛾茧

177　桑天牛成虫

178　桑天牛卵

179　桑天牛幼虫

180　桑天牛为害枇杷枝干

181　星天牛成虫

182　星天牛幼虫

183 星天牛为害枇杷枝梢

184 咖啡豹蠹蛾成虫

185 咖啡豹蠹蛾幼虫为害果实

186 咖啡豹蠹蛾幼虫蛀食枝干

187 咖啡豹蠹蛾蛹

188 咖啡豹蠹蛾为害枇杷状

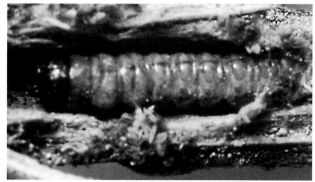

189 枇杷拟木蠹蛾幼虫

190 枇杷拟木蠹蛾为害枇杷枝干

191 皮暗斑螟幼虫

192 皮暗斑螟为害枇杷枝干状

193 枇杷燕灰蝶成虫

194 枇杷燕灰蝶幼虫

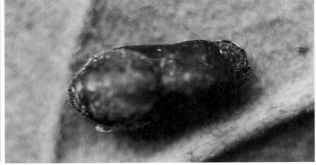

195 枇杷燕灰蝶蛹

196 枇杷燕灰蝶为害幼果状

197 枇杷燕灰蝶幼虫为害果实

198 白囊蓑蛾袋囊

199 白囊蓑蛾蛹

200 麻皮蝽成虫

201 麻皮蝽卵

202 麻皮蝽若虫（初孵）

203 麻皮蝽若虫

204 绿尾大蚕蛾成虫　　　　　　　（引自丁建云等）

205 绿尾大蚕蛾幼虫

206 绿尾大蚕蛾幼虫为害状

207 双线盗毒蛾成虫

208 双线盗毒蛾初孵幼虫

209 双线盗毒蛾幼虫

210 双线盗毒蛾茧

彩版78

211 双线盗毒蛾幼虫为害果实

212 棉古毒蛾成虫（雄）

213 棉古毒蛾（雌）成虫及产卵在茧上

214 棉古毒蛾幼虫及为害状

215 盗毒蛾卵块

216 盗毒蛾幼虫

217 盗毒蛾茧

218 盗毒蛾成虫

219　扁刺蛾成虫　　（引自夏声广）

220　扁刺蛾幼虫

221　扁刺蛾茧

222　枇杷麦蛾成虫

223　枇杷麦蛾幼虫

224　枇杷麦蛾蛹

225　枇杷麦蛾为害叶呈饺子形

226　柑橘褐带卷蛾成虫

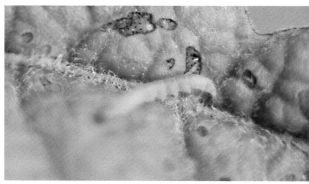

227　柑橘褐带卷蛾幼虫

228　柑橘褐带卷蛾蛹

229　柑橘褐带卷蛾为害枇杷叶状

230　柑橘长卷蛾雄成虫（右）与雌成虫（左）

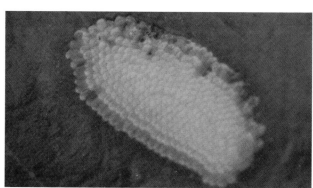

231　柑橘长卷蛾卵块

232　柑橘长卷蛾幼虫

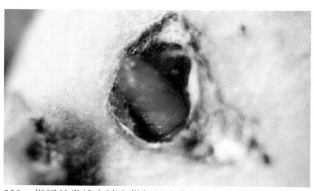

233　柑橘长卷蛾在被害枇杷果内化蛹

234 柑橘长卷蛾在枇杷花穗内结茧化蛹

235 褐缘蛾蜡蝉成虫

236 银毛吹绵蚧

237 矢尖蚧

238 草履蚧

239 褐软蚧

240 柿广翅蜡蝉成虫

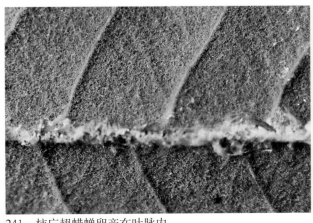

241 柿广翅蜡蝉卵产在叶脉内

242 白带尖胸沫蝉成虫

243 白带尖胸沫蝉若虫

244 枇杷嫩叶被橘蚜为害卷曲变黄

245 橘蚜无翅雌蚜

246 梨目大蚜

247 尖凹大叶蝉成虫

248 尖凹大叶蝉成虫、若虫为害嫩叶

常绿果树害虫

249　蟪蛄成虫

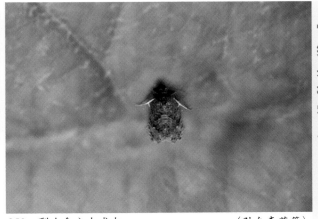

250　梨小食心虫成虫　　　　　（引自李萍等）

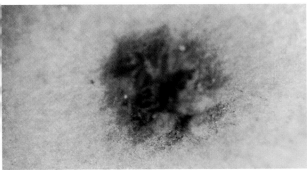

251　梨小食心虫卵

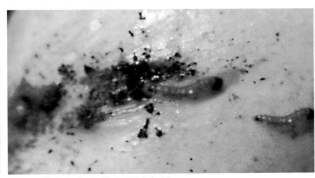

252　梨小食心虫幼虫及被害果

253　梨小食心虫蛹

254　枇杷花蓟马成虫（放大）

255　枇杷花蓟马成虫、若虫为害花瓣

256　枇杷叶螨成螨、若螨（放大）

257　枇杷叶螨为害状

258　枇杷小爪螨成虫（放大）

259　枇杷小爪螨为害叶

260　家白蚁工蚁（右）和有翅成虫（左）

橄榄害虫

261　白蚁为害枇杷茎干（泥被）

262　星室木虱成虫

263　星室木虱卵：A．卵产在主脉上及两侧　B．卵粒放大

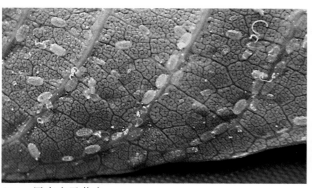

264　星室木虱若虫

265　星室木虱为害状　　　　　　（林光国摄）

266　星室木虱为害叶片状　　（林光国摄）

267　橄榄粉虱成虫、若虫

268　橄榄粉虱为害状

269　脊胸天牛成虫　　　　（徐金汉摄）

270　银毛吹绵蚧

271　日本龟蜡蚧

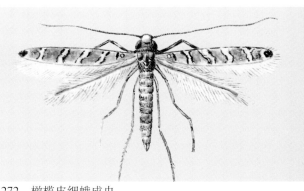

272　橄榄皮细蛾成虫

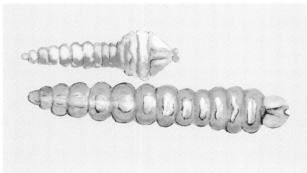

273　橄榄皮细蛾初龄及老龄幼虫

274　橄榄缀叶丛螟成虫及蛹

275　橄榄缀叶丛螟幼虫

276　橄榄缀叶丛螟为害状

277　乌桕黄毒蛾成虫

278　乌桕黄毒蛾幼虫

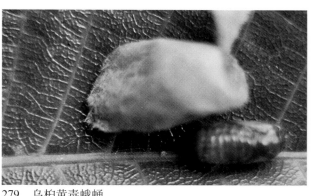

279　乌桕黄毒蛾蛹

280　珊毒蛾雄成虫（上）与雌成虫（下）　（引自赵仲苓）

281　珊毒蛾幼虫

番木瓜害虫

282　白蚁为害橄榄树干（泥被）

283　番木瓜圆蚧

284　番木瓜苜蓿蚜

285　双线盗毒蛾幼虫为害番木瓜果

杧果害虫

286 番木瓜红蜘蛛为害叶片状

287 蛀道内的杧果横纹尾夜蛾幼虫

288 杧果扁喙叶蝉成虫

289 杧果扁喙叶蝉为害叶片状

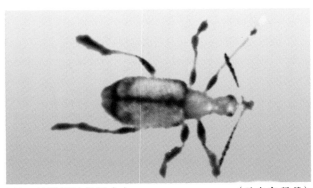

290 杧果切叶象甲成虫 （引自邱强等）

291 脊胸天牛成虫 （徐金汉摄）

292 椰圆蚧成虫、若虫为害叶片

293 椰圆蚧成虫、若虫（放大）

294 杧果白轮蚧雄成虫

295 杧果白轮蚧雌成虫

296 杧果白轮蚧为害叶片

297 日本龟蜡蚧

298 杧果蜡蝉

299 大蓑蛾袋囊

300 杧果毒蛾雄成虫（上）和雌成虫（下）(引自赵仲苓)

301 杧果叶瘿蚊为害状

302　杧果蚜虫

303　为害杧果的麻皮蝽（成虫）

猕猴桃害虫

304　猕猴桃准透翅蛾成虫　　　　　　（引自吴增军等）

305　猕猴桃准透翅蛾幼虫蛀食嫩梢导致的梢枯

（引自吴增军等）

306　黄斑长翅卷蛾成虫

（引自丁建云等）

307　柿蒂虫为害状　　　　（孙瑞红摄）

柿害虫

308　柿梢鹰夜蛾成虫

（引自夏声广）

309　柿梢鹰夜蛾幼虫绿色型（左）和红色型（右）

（引自夏声广）

310　柿梢鹰夜蛾蛹

（引自夏声广）

311 黄刺蛾成虫 　　　　　　　　（引自夏声广）

312 黄刺蛾幼虫 　　　　　　　　（引自夏声广）

313 黄刺蛾蛹（左）和茧（右）（引自夏声广）

314 舞毒蛾雌（左）雄（右）成虫（引自夏声广）

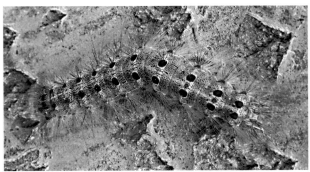

315 舞毒蛾幼虫 　　　　　　　　（引自夏声广）

316 为害柿叶的麻皮蝽（若虫）

李、奈害虫

317 桑白蚧为害枝干

318 桑白蚧（放大）

319 桃一点叶蝉为害状

320 桃一点叶蝉为害状

321 桃蚜

322 桃蚜为害状

324 桃粉蚜

323 桃粉蚜为害叶片

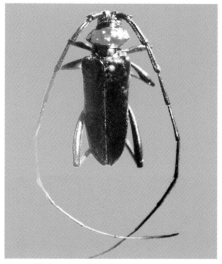

325 桃红颈天牛成虫 （引自冯明祥等）

326 天牛为害状

327 桃蛀螟成虫 （引自李 萍）

328 桃蛀螟幼虫

329　桃蛀螟蛹

330　桃蛀螟为害果

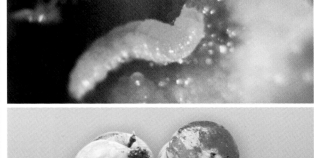

331　梨小食心虫成虫　　　　（引自丁建云等）

332　梨小食心虫幼虫及被害果

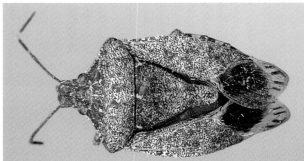

333　茶翅蝽成虫（引自丁建云等）及为害李树状

334　光肩星天牛成虫　　　　（引自丁建云等）

335　星天牛成虫

吸果夜蛾类

336 嘴壶夜蛾成虫 （引自《中国蛾类图鉴（Ⅰ－Ⅳ)》）

337 鸟嘴壶夜蛾成虫 （引自《中国蛾类图鉴（Ⅰ－Ⅳ)》）

338 枯叶夜蛾成虫 （引自《中国蛾类图鉴（Ⅰ－Ⅳ)》）

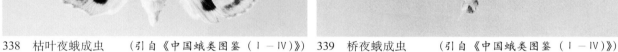

339 桥夜蛾成虫 （引自《中国蛾类图鉴（Ⅰ－Ⅳ)》）

340 落叶夜蛾成虫 （引自《中国蛾类图鉴（Ⅰ－Ⅳ)》）

341 艳叶夜蛾成虫 （引自《中国蛾类图鉴（Ⅰ－Ⅳ)》）

342 超桥夜蛾成虫 （引自《中国蛾类图鉴（Ⅰ－Ⅳ)》）

343 小造桥虫成虫 （引自《中国蛾类图鉴（Ⅰ－Ⅳ)》）

344　青安钮夜蛾成虫　（引自《中国蛾类图鉴（Ⅰ－Ⅳ）》）

345　安钮夜蛾成虫　（引自《中国蛾类图鉴（Ⅰ－Ⅳ）》）

346　玫瑰巾夜蛾成虫　（引自《中国蛾类图鉴（Ⅰ－Ⅳ）》）

347　蚪目夜蛾成虫　（引自《中国蛾类图鉴（Ⅰ－Ⅳ）》）

348　旋目夜蛾成虫　（引自《中国蛾类图鉴（Ⅰ－Ⅳ）》）

349　肖毛翅夜蛾成虫　（引自吴增军等）　350　壶夜蛾成虫　（石宝才提供）

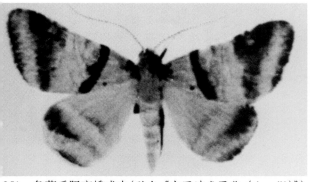

351　鱼藤毛胫夜蛾成虫(引自《中国蛾类图鉴（Ⅰ－Ⅳ)》)

352　平嘴壶夜蛾成虫（引自《中国蛾类图鉴（Ⅰ－Ⅳ)》)

353　宽巾夜蛾成虫　　（引自《中国蛾类图鉴（Ⅰ－Ⅳ)》)

354　鸥裳夜蛾成虫　　（引自《中国蛾类图鉴（Ⅰ－Ⅳ)》)

355　木夜蛾成虫　　　（引自《中国蛾类图鉴（Ⅰ－Ⅳ)》)

356　蓝条夜蛾成虫　　（引自《中国蛾类图鉴（Ⅰ－Ⅳ)》)

357　合夜蛾成虫　　　（引自《中国蛾类图鉴（Ⅰ－Ⅳ)》)

358　羽壶夜蛾成虫　　（引自《中国蛾类图鉴（Ⅰ－Ⅳ)》)

金龟子类

359 卵圆齿爪鳃金龟成虫

360 红脚异丽金龟成虫

361 小青花金龟成虫

362 黄边短丽金龟成虫

363 华喙丽金龟成虫

364 斑喙丽金龟成虫

365 四纹丽金龟（中华弧丽金龟）成虫

366 暗黑鳃金龟成虫（左）和幼虫（右）　　（引自何振昌等）

367 铜绿异丽金龟成虫

368 白星花金龟成虫

369 锈褐鳃金龟成虫

370 小阔胫绢金龟成虫

371 华南大黑鳃金龟成虫

372 华脊鳃金龟成虫

前　言

PREFACE

　　我国南方地域广阔，果树资源丰富，为发展果树生产、搞活农村经济，增加农民收入提供了十分有利条件。改革开放以来，我国南方果树发展迅猛，成绩显著，但低产、低效益问题突出，其中主要因素之一是果树遭受许多病虫为害，损失巨大。而滥用农药造成的环境污染更是令人担忧。特别是我国加入WTO后，面对国际上果业的剧烈竞争，如何有效控制病虫为害，生产符合出口创汇和国内消费需求的绿色果品，确保果树生产的持续发展，是当前果树产业化生产面临的新课题。为加强病虫防治的基础性工作，加速普及科技知识，提高果农科学种果的水平，撰写一本能适应广大果农、科技工作者阅读的图文并茂、普及与提高相结合的病虫诊治图册，让他们了解和掌握病虫发生特点和防治方法，实乃当务之急。基于这一考虑，我们根据多年从事果树教学、科研和生产实践经验，并结合收集国内外的新研究成果、新技术，写出《中国果树病虫害原色图谱（南方卷）》一书，以期能对我国南方果树病虫防治工作有所帮助，也愿此书能成为广大果农、科技工作者和农业院校师生有益的参考书。

　　全书涉及果树种类23种，以常绿果树为主（其中有柑橘、香蕉、菠萝、龙眼、荔枝、黄皮、杨梅、枇杷、番石榴、橄榄、番木瓜、杨桃、杧果、树菠萝、西番莲计15种），兼顾部分落叶果树（其中有猕猴桃、柿、李、柰、梅、无花果、板栗、锥栗计8种），基本含盖南方主要果树。内容共四部分：第一、二部分分别以上述果树顺序介绍病害与害虫，其中重要病害约220多种，重要害虫150多种，原色图片共700多幅，除少部分引用外，大部分系编著者自行拍摄。病害着重介绍症状、病原、传播途径和发病条件及防治方法。害虫主要介绍为害特点，形态特征、生活习性和防治方法。第三、四部分分别列出病害及害虫的学名、中名对照索引。最后列出主要参考文献。参与编著的人员分工如下：大部分真菌、细菌和线虫病害由高日霞教授执笔；病毒类病害、生理性病害及香蕉、龙眼、荔枝、枇杷、杧果、橄榄、李、柰等部分病虫害由陈景耀研究员和陈菁瑛研究员执笔；

柑橘害虫及部分香蕉、龙眼、荔枝、杧果害虫由黄建教授执笔；大部分龙眼、荔枝、枇杷害虫及部分香蕉、橄榄、杧果害虫由陈元洪研究员执笔；吸果夜蛾类害虫由佘春仁教授执笔，并审阅白蚁、香蕉球茎象虫、双带象虫、香蕉冠网蝽、杧果白轮蚧文稿；金龟子类害虫由张继祖研究员执笔；李假痘病由李知行研究员执笔；橄榄星室木虱由 林光国 副研究员执笔。本书照片多数由江凡先生拍摄。全书由高日霞、陈景耀两人统稿。

　　本书编撰过程中，承蒙福建农林大学植物保护学院、福建省农业科学院果树研究所、福建省农业科学院植物保护研究所、福建省农业厅植保植检站等单位及赵学源研究员（提供温州蜜柑萎缩病、裂皮病部分照片）、陈作义先生（提供柑橘病叶内黄龙病病原照片）、张开明研究员（提供香蕉镰刀菌枯萎病病株照片）、张天淼先生（提供柑橘碎叶病病树照片）、陈福如研究员（提供枇杷青果白粉病病果、赤衣病粉红色病枝照片）陈炳坤高级农艺师（提供香蕉穿孔线虫病株及病原线虫照片）、蔡元呈研究员（提供柰粗皮病材料）、郑加协研究员（提供西番莲茎基腐病资料）、郑良副研究员（提供部分柑橘根结线虫照片）、吴如健副研究员（提供部分碎叶病、衰退病照片）、刘琪高级农艺师（提供李红点病病叶照片）等大力支持，林尤剑先生参与部分病害标本采集与拍摄工作。编撰过程中参考引用了有关文献资料或照片，还得到中国农业出版社张洪光等同志的帮助，在此一并致谢。由于编著者水平有限，收集的资料不全，错漏难免，恳请广大读者批评指正。

编著者

2009 年 12 月于福州

目　录

CONTENTS

>>> 病害　DISEASES

一、常绿果树病害　Diseases of Evergreen Fruit Trees

二、落叶果树病害 Diseases of Deciduous Fruit Trees

〉〉〉 害虫　INSECT PESTS

一、常绿果树害虫　Insect Pests of Evergreen Fruit Trees

二、落叶果树害虫 Insect Pests of Deciduous Fruit Trees

三、其他害虫　Other Insect Pests

〉〉〉附录　APPENDIX

病害

DISEASES

一、常绿果树病害

Diseases of Evergreen Fruit Trees

1. 柑橘病害
Diseases of Citrus

柑 橘 疮 痂 病
Citrus scab

彩版 1·1～3

症状 本病主要为害新梢、幼叶、幼果，亦可为害花萼和花瓣。嫩叶受害，初呈水渍状小斑点，随即转蜡黄色，后叶背病斑隆起，黄褐色，四周有明显的晕环。病斑随着叶片生长而扩大，逐渐木栓化，最后形成叶面凹陷。叶背突起，表面粗糙，呈灰褐色、圆锥形的疮痂病斑。病斑多时，叶片扭曲、畸形。幼果受害，果皮上形成木栓化瘤状突起的褐色病斑。受害轻的幼果，发育不良，果小，畸形，皮厚，汁少；受害严重的果实，早期脱落。

病原 *Sphaceloma fawcettii* Jenk. 称柑橘痂圆孢，有性阶段 *Elsinoë fawcettii* But. et Jenk.，在我国仅发现无性阶段，属半知菌亚门的痂圆孢属真菌。有性阶段属子囊菌亚门，痂囊腔菌属真菌。分生孢子梗自子座密集抽出，圆筒形，顶端尖，具 1～2 隔膜，无色或淡褐色，大小 12～22μm×3～4μm；分生孢子着生于分生孢子梗顶端，单生，长椭圆形或卵圆形，无色或淡褐色，大小 5～10μm×2～5μm（图 1-1）。

传播途径和发病条件 病菌主要以菌丝体潜伏在病组织内越冬。春季阴雨高温，气温上升到 15℃ 以上时，病菌产生分生孢子。分生孢子借风雨和昆虫传播，直接侵入新梢、嫩茎和幼叶、幼果，约经 10 天的潜育期后出现病斑，以后多次产生分生孢子重复再侵染。病菌发育最适温度 16～23℃，最高温度 28℃。春梢、晚秋梢和冬梢抽生期，如遇阴雨连绵，或晨雾浓露天气，本病即可发生流行。夏梢抽生期，由于气温高、干旱，一般发病较轻。5 月中旬至 6 月中旬，果实较易发病。本病主要为害宽皮橘类，亦为害柠檬、柚类及酸橙等。

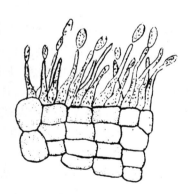

图 1-1 柑橘疮痂病病原分生孢子和分生孢子梗

防治方法 ①苗木和幼龄树，以保梢为主，应于各次梢期芽长 1~2mm 时（不得超过 1cm 长），喷射 0.3~0.5：0.6~1.0：100 波尔多液，或 50%退菌特 500 倍液。成年树以保幼果为主，第一次喷药应于春芽萌动期，芽长不超过 2mm 时，喷 0.5%石灰过量式波尔多液，或 50%退菌特可湿性粉剂 500 倍液；第二次喷药应于花落 2/3 时，用 0.3%石灰过量式波尔多液，或 50%退菌特可湿性粉剂 500 倍液，或 70%甲基托布津可湿性粉剂 1 000~1 500 倍液，或 5%亚胺唑可湿性粉剂 600~900 倍液，或 50%敌菌丹可湿性粉剂 500 倍液，或 10%世高水分散粒剂 2 000~2 500 倍液，或 75%百菌清可湿性粉剂 500~800 倍液等。上述药剂宜交替轮换使用，可收到较好的防治效果。②冬季清园，结合修剪剪除病枝梢、病叶，集中烧毁。③新建果园，应选用无病苗木。

柑 橘 炭 疽 病

Citrus anthracnose rot

彩版 1·4~6

症状 本病主要为害幼叶、成叶、枝梢和果实。叶片和枝梢症状，分急性型与慢性型两种。急性型：受害幼嫩新梢与幼叶，如开水烫伤，萎蔫，变黑，最终枯凋。未成长嫩叶呈淡青色或暗褐色，如开水烫伤小斑，后迅速扩展成油渍状，边缘不清晰的波纹状、圆形、半圆形或不规则形、黄褐色大斑块。其上生出朱红色黏质小粒点，有时呈轮状排列。病叶腐烂、脱落。病情扩展迅速，常造成全株严重落叶。枝梢受害，常自嫩梢顶端 3~10cm 处突然发病，状如开水烫伤，暗绿色水渍状，3~5 天凋萎变黑，病部长出朱红色小粒点。慢性型：病斑多出现于成叶叶缘或叶尖，呈圆形或不规则形，浅灰褐色，边缘褐色，病健交界清晰。病斑上有同心轮纹排列的黑色小点。枝梢发病，多自叶柄基部的腋芽处开始。病斑初淡褐色，椭圆形；扩大后为梭形，灰白色，病健交界处有褐色边缘，其上生黑色小粒点。病斑环绕枝梢一周后，病枝梢自上而下枯死。幼果受害，初于果上生暗绿色、油渍状、不规则的斑点，后逐渐扩大至全果，病部凹陷，变黑，其上生白色霉状物，或朱红色小液点，成为僵果，挂在枝梢上或脱落。成果受害，症状分干斑型和果腐型两种。干斑型：病斑黄褐色至栗褐色，圆形或不规则形，凹陷，革质，边缘清晰。瓤囊一般不受害。果腐型：多发生于贮藏期，自果蒂部或近蒂部开始出现褐色、不规则的病斑，逐渐扩展，侵入瓤囊，后变成褐色或暗褐色，果皮松软，终致全果腐烂。果梗受害，初期褪绿呈淡黄色，后变为褐色，干枯，果实随即脱落。有的果实成为僵果悬挂在枝梢上。果梗受害后，可逐渐向春梢结果枝蔓延，长达 2~10cm。苗木受害，多发生于离地面 6~10cm 处，或在嫁接口处开始发病。病斑形状不规则，深褐色。严重时，主干顶部枯死，其上散生小黑粒点。

病原 *Colletotricnum gloeosporioides* Penz.，病菌为盘长孢状刺盘孢，属半知菌亚门刺盘孢属真菌。分生孢子盘直径为 $170~220\mu m$，周围生深褐色 1~2 横隔膜的刚毛。分生孢子梗栅状排列，无色，圆柱形，着生长圆形分生孢子，无色，单胞，大小 8.4~16.8μm×3.5~4.2μm（图 1-2）。

传播途径和发病条件 本病以菌丝体或分生孢子在病部越冬，借风雨和昆虫传播。翌年春季遇高温多雨，新生的幼嫩枝梢、嫩叶、幼果发病严重。夏、秋梢成叶发病较多。树势衰弱或冬季受冻害的枝条，有伤口和过熟的果实，均易感病。

防治方法 ①加强栽培管理。注意果园深翻改土，增施钾肥和有机质肥，切忌偏施氮肥，增强树势。冬季做好防寒工作，特别是苗木和幼龄树，

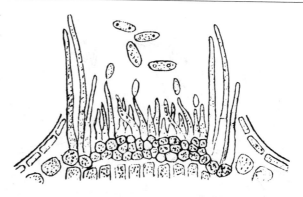

图 1-2 柑橘炭疽病病原分生孢子盘、分生孢子、分生孢子梗和刚毛

以提高抗病力。苗圃和果园要搞好排水。②冬季清园。结合冬季修剪，剪除病枝梢、病叶、病果集中烧毁。清园后，结合防治其他病虫害，喷射一次 0.8～1 波美度石硫合剂。做好树干刷白工作。③适时喷药保护。在春、夏、秋梢抽生后，各喷药 1～2 次。7 月下旬至 8 月果实生长期，每隔 15～20 天喷药一次，连喷 2～3 次。幼果发病严重的地区和果园，应着重在幼果期喷药防治；历年枯蒂（果梗受害）严重的地区，应在发病前喷药保护。药剂可选用 0.3∶0.6∶100 倍波尔多液，或 25％炭特灵可湿性粉剂 500～800 倍液，或 80％大生（代森锰锌）可湿性粉剂 600 倍液，或 25％施保功（咪鲜·氯化锰）可湿性粉剂 1 000～2 000 倍液，或 80％炭疽福美可湿性粉剂 700～800 倍液等，上述药剂宜交替轮换使用。

柑 橘 树 脂 病

Citrus melanose or canker

彩版 1・7～8，彩版 2・9～12

症状 此病又称沙皮病，为害柑橘枝、干、叶和果实。枝干受害，常发生于主干分叉处或主干部。病部皮层组织松软、坏死，呈灰褐色或红褐色，渗出褐色的胶液，具恶臭。在高温干燥情况下，病部干枯下陷，微有裂缝，皮层开裂剥落，木质部外露，四周隆起的疤痕，有的皮层不剥落，但病、健交界处，有明显隆起的界线。病部生出许多小黑粒点。叶与未成熟果实受害，病部表面生有许多紫黑色胶质状小粒点，略隆起，表面粗糙，状若沙粒，故又称沙皮病。贮运期间侵害果实，常自蒂部开始发病。病部初呈水渍状，黄褐色，革质，并向脐部扩展，边缘呈波纹状，褐色。果心腐烂较果皮快，当果皮变色延及果面 1/3～1/2 时，果心已全部腐烂，故有"穿心烂"之称。病果味酸苦，病菌可穿透种皮，种子变褐色。

病原 有性阶段为 *Diaporthe medusaea* Nitschke.，称柑橘间座壳，属子囊菌亚门间座壳属真菌。其无性阶段为 *Phomopsis cytosporella* Penz. et Sacc.，称柑橘拟茎点霉，属半知菌亚门拟茎点霉属真菌。子囊壳球形，单生或群生，埋生于树皮下黑色子座中，具长喙，偶有分枝，基部略粗，先端渐细，突出于子座外，呈毛发状，肉眼可见。子囊无色，无柄，长棍棒状。内含子囊孢子 8 个。子囊孢子无色，双胞，隔膜处缢缩，长椭圆形或纺

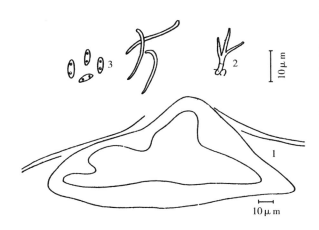

图 1-3 *Phomopsis cytosporella* Penz. et Sacc.
1. 分生孢子器 2. 分生孢子梗及产孢细胞
3. 两种类型的分生孢子
（引自《广东省栽培药用植物真菌病害志》）

锤形，内含油球 4 个。分生孢子器在表皮下形成，球形、椭圆形或不规则形，具瘤状孔口。分生孢子有两种类型：一为卵形，无色，单胞，内含 1～4 个油球，一般 2 个；另一种为丝状或钩状，无色，单胞。前者易萌发，后者则否（图 1-3）。

传播途径和发病条件 主要以菌丝体和分生孢子器在病枯枝及病树干组织内越冬，为初侵染的主要来源。分生孢子器终年可产生分生孢子，借风雨、昆虫及鸟类传播。各种伤口是病菌侵入的主要途径。春、秋两季适合本病的发生和流行。冬季柑橘遭受冻害后，是本病猖獗流行的主要原因。

防治方法 ①加强栽培管理。冬季防寒，增强树势，是预防本病的主要措施。低温前培土、灌水、束草，做好防寒防冻工作。秋季及采收前后，及时施肥，增强树势，提高抗病力。早春结合修剪剪除病枝，集中烧毁。②树干刷白，防止日灼。涂白剂配方：生石灰 5kg：食盐 0.25kg：水 20～25kg。③病枝刮治或涂药。已发病树，于春季彻底刮除病组织，后选用 1% 硫酸铜或 1% 抗菌剂 401 消毒后，以涂白剂刷白。或用刀纵割病部，深达木质部，纵割范围应上下超出病组织 1cm 左右，割条间隔约 0.5cm。涂药时期在 4～5 月和 8～9 月，连续 2～3 次，每次间隔 7 天。药剂可选用 50% 多菌灵可湿性粉剂 100～200 倍液，或 50% 托布津可湿性粉剂 50～100 倍液，或抗菌剂 401 50～100 倍液。④喷药保护。结合防治柑橘疮痂病，于春芽萌动前，喷射一次 0.5：1：100 波尔多液；花落 2/3 时，以及幼果期各喷药一次。药剂可选用 0.3% 石灰过量式波尔多液，或 50% 退菌特 500～600 倍液，或 50% 托布津 500～800 倍液，或 50% 多菌灵 600～800 倍液等。

柑橘裙腐（脚腐）病

Citrus brown-rot gummosis or foot rot

彩版 2·13～14

症状 本病是一种根颈和根部病害，主要为害土表上下 10cm 左右的根颈部。受害部初为水渍状不规则形病斑，黄褐色至黑褐色，树皮随即腐烂，具酒糟味。潮湿时，病部渗出胶液（也有不流胶的），初乳白色，后转为污色，干燥时凝结成块，病斑扩展到形成层，至木质部。病部树皮干缩，病、健界限明显，树皮翘裂、剥落，木质部裸露。围绕病斑外的健康组织，可自然愈合，限制当年病斑的发展。病斑沿主干向上扩展，可长达 20cm 左右，向下蔓延至根系，引起主根、侧根，甚至须根大量腐烂。病斑向四周扩展，使根颈皮层全部腐烂，造成环割终至全株枯死。在病害发展过程中，与罹病根颈相对应部位的树冠上，叶小而黄，易脱落，形成秃枝。病树于死亡当年或前一年，开花结果极多，但果小，味酸，易脱落。病树根系变色腐烂，刮强风时植株容易倒伏。

病原　*Phytophthora citrophthora* Leon.，*P. parasitica* Dastur.，称疫霉菌。属鞭毛菌亚门疫霉属真菌。无性阶段产生卵形或长圆形的孢子囊，具乳头状突起，少数无乳头状突起，大小 $18\sim55\mu m\times16\sim41\mu m$。有性阶段产生球形厚壁的卵孢子。卵孢子萌发成孢子囊，再释放游动孢子（图1-4）。

传播途径和发病条件　以菌丝体在病部组织中越冬，亦可以菌丝体或卵孢子，随病残体遗留土中越冬。生长季节主要通过雨水传播，从根颈部侵入。高温高湿的环境条件有利于发病，土壤黏重，排水不良，以及地下水位较高的柑橘园发病严重。主干基部虫伤或机械伤多，利于病菌侵入，常加重病害的发生。发病程度因柑橘种类而异；以甜橙类受害最重，宽皮柑橘类次之，柚类较轻，而枳和酸橙最为抗病。幼龄树发病较轻，而老龄树发病较重。

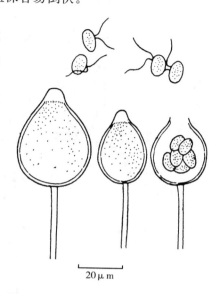

图1-4　*Phytophthora　citrophthora*
（R. E. Smith）Leonian 的游动
孢子囊及游动孢子
（引自《广东省栽培药用植物真菌病害志》）

防治方法　①选用枳、酸橙等抗病性强的作砧木，在发病重的地区，可适当提高嫁接部位，是经济有效的惟一方法。②加强栽培管理。地势低洼，土壤黏重，排水不良的柑橘园，应搞好开沟排水系统，要求做到雨后无积水，园地不板结。建园定植时，注意浅栽，苗木根颈部应露出土表数厘米。及时防治蛀干害虫。③病树治疗。发现病树应及时将根颈病部表土扒开，刮除树皮腐烂部分及病部附近少许健康组织，刮口涂抹 1∶1∶10 波尔多浆或 2% 硫酸铜液，待伤口愈合后，再填上河沙和新土。重病树，可用抗病砧木 3～4 株靠接主干基部，结合重度修剪，挖除腐烂根部，进行根外追肥等综合措施，可促进病树恢复健康。④施用内吸杀菌剂瑞毒霉 100～200mg/kg 灌根，或用乙磷铝 2 000mg/kg，喷射叶片，有控制病情发展的效果。

柑 橘 白 粉 病

Citrus powdery mildew

彩版2·15

症状　本病主要为害新梢、嫩叶和幼果，造成大量落叶、落果。常在叶片主脉附近开始发病。叶片正面和幼果表面，布满一层白色粉状物（菌丝层和分生孢子）。病叶叶色变暗无光泽，后为黄色，有的叶片畸形，扭曲，落叶。病部由叶柄扩展到枝梢。枝梢受害，扩展迅速，致使大部分新梢嫩叶被白色粉状物覆盖，叶片干缩变黑，粘连于枝梢上，严重

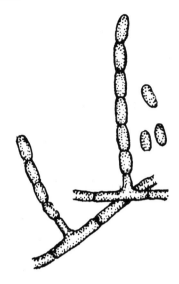

图 1-5 柑橘白粉病病原分生
孢子梗和分生孢子

时新梢枯死，成秃枝，严重削弱树势。

病原 *Oidium tingitaninum*，属半知菌亚门，粉孢属真菌。分生孢子梗大小为 60～120μm×12μm，分生孢子 4～8 个串生，无色，圆筒形，端部略圆，大小为 20～28μm×10～15μm，未见其有性阶段（图 1-5）。

传播途径和发病条件 以菌丝体在病部越冬，翌年春末产生分生孢子，借风雨传播。在福建本病多于 5 月上旬至 6 月下旬和 10 月发生，发病适宜温度 18～23℃。在适宜的气候条件下，雨天、高湿容易发病。在树冠中部和近地面的枝梢，叶片发病较多。

防治方法 ①加强栽培管理。增施磷、钾肥和有机肥，增强树体抗病力。剪除病枝梢、病叶、病果集中烧毁。②喷药保护。应于 5 月中、下旬至 6 月上旬和 10 月上旬，各喷射一次 43％石硫合剂结晶粉 150 倍液，或 25％粉锈宁可湿性粉剂 1 000～1 500 倍液，或 50％甲基托布津 1 000 倍液。上述药剂宜轮换使用。

柑 橘 煤 烟 病

Citrus sooty mold

彩版 3·16～17

症状 本病主要为害叶片、果实和枝梢。初于表面生褐色霉斑，后向四周扩展成绒状的黑色霉层，呈煤烟状。霉层易剥离，剥离后枝叶表面仍为绿色，但无光泽。有的霉层不易剥离。后期，霉层上散生许多黑色小粒点或刚毛状突起。

病原 *Capnodium citri* Berk. et Desm. 属子囊菌亚门刺壳炱属的刺壳炱 *Meliola butleri* Syd.，属子囊菌亚门，煤炱属的煤炱；*Neocapnodium tanakae*（Shirai et Hara）Yamamoto，属子囊菌亚门，田中新煤炱。引起柑橘煤烟病的病原真菌有多种，其中常见的为 *Capnodium citri* Berk. et Desm.，菌丝外生，暗褐色，多分枝。分生

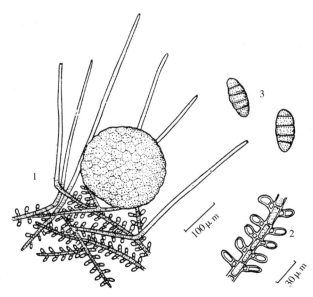

图 1-6 柑橘煤烟病病原 *Meliola bulteri* Syd.
1. 闭囊壳、附着枝及刚毛 2. 附着枝 3. 子囊孢子
（引自《广东省栽培药用植物真菌病害志》）

孢子由菌丝缢缩成念珠状分割而成，褐色，光滑，大小 $10\sim20\mu m\times7\sim9\mu m$。长型分生孢子器圆筒形或棍棒形，群生于菌丝体丛中，顶端尖细，基部膨大，暗褐色，大小 $300\sim500\mu m\times20\sim30\mu m$。内生分生孢子，椭圆形或卵圆形，单胞，无色，大小 $3\sim6\mu m\times1.5\sim2\mu m$。球型分生孢子器，球形或扁球形，埋生于菌丝体丛中，外形与子囊壳相似。子囊壳球形或扁球形，直径 $110\sim150\mu m$，壳壁膜质，暗褐色，顶端有裂口，表面生刚毛。子囊长卵形或棍棒形，大小 $60\sim80\mu m\times12\sim20\mu m$，内生 8 个子囊孢子，双行排列。子囊孢子无色，长椭圆形，两端略细，3 隔膜，大小 $20\sim25\mu m\times6\sim8\mu m$（图 1-6）。

传播途径和发病条件 以菌丝体、子囊壳和分生孢子器等在病部越冬。翌春孢子借气流传播，落在介壳虫、蚜虫分泌的蜜露上，萌发生长引起发病。凡蚧类和蚜虫发生严重的果园，及荫蔽潮湿的果园，通常均发病严重。

防治方法 ①及时防治介壳虫、蚜虫和粉虱等害虫。②冬季清园，结合修剪剪除病虫枝，集中烧毁。合理修剪，改善果园通风透光条件。③发病初期可喷 0.5% 石灰倍量式波尔多液可湿性粉剂 $600\sim800$ 倍液。

柑橘青、绿霉病

Citrus blue contact mold，Citrus common green mold

彩版 3·18～20

症状 本病主要为害贮藏期果实，青、绿霉病果症状极其相似。果实受害，初水渍状、圆形、软腐病斑，病部组织湿润柔软，褐色，略凹陷皱缩。2～3 天后，病部长出白色霉层。其后，于白色霉层中产生青色（青霉病）或绿色（绿霉病）粉状霉层，即分生孢子梗和分生孢子，外围有一圈白色霉层（带），霉层边缘与健部交界处，呈水渍状环纹。在高温、高湿情况下迅速扩展，深入果肉和果心，终至全果腐烂。干燥情况下，病果变成僵果。

柑橘青霉病和绿霉病症状比较

项 目	青 霉 病	绿 霉 病
贮藏期	贮藏前期发病较多	贮藏中、后期发病
分生孢子丛	青色，生于果皮、果肉和果心空隙间	绿色，生于果皮上，生长较慢
白色霉带（环）	较窄，约 1～2mm，外观呈粉状	较宽，约 8～18mm，略带胶质状，微有皱纹
病部边缘	水渍状明显、整齐，软腐部分较窄	水渍状不明显，且不整齐，软腐部分较宽
腐烂速度	较慢，在 21～27℃ 条件下，全果腐烂约 15 天	较快，在 21～27℃ 条件下，全果腐烂约 6～7 天
沾黏度	不沾黏包果纸	沾黏包果纸
气味	发霉气味	具芳香味

病原 *Penicillium italicum* Wehmer，青霉菌；*Penicillium digitatum* Sacc.，绿霉菌。青、绿霉菌，均属半知菌亚门，青霉属真菌。青霉病菌的分生孢子梗，无色，先端具 2～5 个分枝，扫帚状，大小为 $40.6\sim349.6\mu m\times3.5\sim5.6\mu m$。小梗顶端尖细，呈瓶状，大小 $8.4\sim15.4\mu m\times4\sim5\mu m$。分生孢子念珠状，串生，单胞，无色，近球形、卵形或椭圆形，大小 $3.1\sim6.2\mu m\times2.9\sim6\mu m$。绿霉病菌的分生孢子梗，无色，先端具 1～2 个分

枝，扫帚状，大小46.4～446.2μm×3～7.3μm。小梗中部稍宽，上、下端稍狭细，呈细长纺锤状，大小为14～21μm×3.9～5.3μm，其上串生分生孢子。分生孢子单胞，无色，卵圆形或圆柱形，较大，大小4.6～10.6μm×2.8～6.5μm（图1-7）。

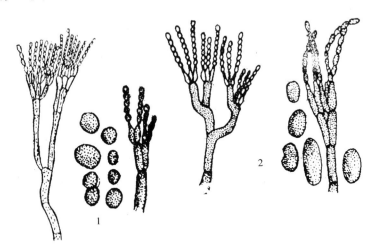

图1-7　柑橘青霉病和绿霉病病原分生孢子梗和分生孢子

1. 柑橘青霉病　2. 柑橘绿霉病

传播途径和发病条件　青、绿霉菌分布甚广，常腐生于各种有机物上，产生大量分生孢子，扩散在空气中，借气流传播，萌发后由伤口侵入引起果腐，重复侵染。在贮藏过程中，青霉病菌侵入果皮后，能分泌一种挥发性物质，可将健果果皮损伤，引起接触侵染，而绿霉病菌则不能。贮运期中，遇高温、高湿条件，发病严重。采收时遇雨、重雾，或晨露未干时采果，果皮含水量高，容易擦伤致病。果实在采收、分级、包装、贮运过程中，损伤多，以及贮运期间温度在18～27℃，湿度在95%～98%时，发病最为严重。

防治方法　①适时采收，避免在雨后、重雾或露水未干时采收。采果时，用采果剪自果肩处平剪，注意勿松动果蒂。搬运、分级、包装时，尽量减少机械损伤。②贮运果实的库、窖、车厢等，需用50%多菌灵，或50%乙基托布津200～250倍液喷射，或用硫磺10g/m³，薰蒸24h，或于地面撒一薄层硫酸铵，或0.5%邻苯基酚钠，或2%甲醛，待药气散发后，方可入库贮藏，能抑制霉菌的发生。果箱、果篓及采果工具，亦需用上述药剂浸泡消毒、洗净后使用。③果实采收前2～3周，喷射一次70%甲基托布津2 000～3 000倍液，或50%苯菌灵可湿性粉剂2 000～3 000倍液，或苯菌灵加0.2～0.3波美度石硫合剂混用，有促进果实着色的作用，亦可与50～100mg/kg的2，4-D混用，有保持果蒂新鲜，防止病菌侵染的作用。④采果后3天，可用50%乙基托布津500～1 000倍液，或50%多菌灵1 000倍液加50～100mg/kg的2，4-D浸果，或用230mg/kg硫代苯吡咯（噻菌灵，TBZ），或2% 2-氨基丁烷（2-AB），或25%咪鲜胺500～1 000倍液或50%扑海因（异菌脲）可湿性粉剂，或25%扑海因悬浮剂1 000mg/kg 药液浸果1min，捞出晾干，室温保藏，可有效控制柑橘青、绿霉病的发生。有条件的地方，可置入冷藏库保藏，以延长贮藏寿命。⑤贮运期间，贮藏库、窖温度，应控制在 5～9℃，相对湿度保持在 90％左右，同时定期做好剔除病果的工作。⑥加强果园栽培管理和病虫害防治。

柑橘黑色蒂腐病

Citrus diplodia rot or black rot

症状 果实发病，多自果蒂或伤口处开始，病部初呈水渍状，无光泽，暗褐色，迅速扩大，边缘呈波浪状，果皮呈暗紫褐色，柔软，轻压果皮易破裂，常流出暗褐色黏液。病菌侵入果实内部后，沿果心和瓤瓣间腐烂，迅速扩展，数日内延及全果。果肉腐烂后呈红褐色，和中心柱脱离，种子粘附在中心柱四周。病果在干燥情况下成为僵果，暗褐色或黑色。潮湿时，病果表面出现污白色、茸毛状菌丝，后呈橄榄色，并长出许多小黑粒（分生孢子器），除为害果实外，尚为害枝干。枝干受害，常自小枝顶端开始发病，迅速向下蔓延至枝干。病部红褐色，树皮开裂，流胶，发病严重的枝干枯死，上面密生黑色粒点。

病原 *Physalospora rhodina* (Berk. et Curt.) Cooke，称柑橘蒂腐囊孢壳。属子囊菌亚门囊孢壳属真菌。无性阶段 *Diplodia natalensis* Evans，属半知菌亚门壳色单隔孢属真菌。分生孢子器洋梨形，黑色，光滑，具孔口，大小 $289.8～522\mu m×189～510\mu m$。分生孢子梗圆柱形，不分枝，无色，大小 $4.8～18.9\mu m×2.8～5.6\mu m$。未成熟的分生孢子，单胞，无色，近球形，卵形至长椭

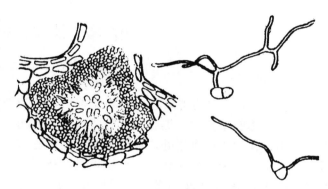

图 1-8 柑橘黑色蒂腐病分生孢子器、
分生孢子及其发芽状

圆形，光滑，大小 $16.8～23.8\mu m×11.2～16.1\mu m$，成熟后的分生孢子，长椭圆形，双胞，暗色，分隔处稍缢缩，光滑，有线纹，大小为 $21～29.4\mu m×11.9～15.4\mu m$。未成熟的分生孢子，在条件适宜时，4h 即萌发。成熟的分生孢子不易萌发（图 1-8）。

传播途径和发病条件 主要以菌丝体或分生孢子器在病枝梢或枯死枝梢上越冬。翌春遇雨时产生分生孢子，借雨水溅滴至果实上传播。分生孢子可潜存在萼洼与果皮之间，耐较长时间的干燥环境。在适宜的条件下，孢子萌发，从伤口特别是果蒂剪口侵入。

防治方法 参阅本书柑橘青、绿霉病。用抑霉唑 500mg/kg 加 2，4 - D 200mg/kg 或 45％特克多乳剂 1 000 倍液处理果实，对青、绿霉病、黑腐病、酸腐病等，均有较好的防治效果。此外，1 000mg/kg 的多抗霉素浸果 1min，对柑橘黑腐病和褐色蒂腐病的防治效果很好，但对青、绿霉病的防效不佳。

柑橘褐色蒂腐病

Citrus phomopsis stem - end rot

彩版 3·21

症状 果实受害，常自果蒂部开始发病。初呈水渍状，黄褐色，革质，后向果脐部扩展，病部边缘呈波纹状，深褐色。病菌在瓤瓣间扩展较快，内部腐烂较果皮快，当果皮病斑扩大至全果 1/3～1/2 时，果心已全部腐烂。病部表面，有时散生黑色小粒点。

病原 同柑橘树脂病。

传播途径和发病条件 同柑橘树脂病。

防治方法 同柑橘青、绿霉病和黑色蒂腐病。结合防治柑橘疮痂病、炭疽病，在结果初期或开花前，喷射 50%托布津或多菌灵 500～800 倍液，或 80%大福丹（敌菌丹）可湿性粉剂400～500 倍液。

柑 橘 黑 腐 病

Citrus alternaria rot

症状 本病主要为害果心。幼果受害后，成为黑色僵果、易脱落。成果受害症状，分黑心型和黑腐型两种。黑心型：病菌自果蒂部伤口侵入果实中心柱，沿中心柱蔓延，引起心腐；在中心柱腐烂处，长出大量深墨绿色绒毛状霉层。果实外观无明显症状，宽皮柑橘类（椪柑）和柠檬果实受害症状常是这一类型。黑腐型：病菌自伤口或果脐部侵入。病斑初呈圆形，黑褐色，扩大后稍凹陷，边缘不规则，中央黑色，干燥时病部果皮柔韧。高温、高湿时，病部长出灰白色菌丝体，后变为墨绿色绒毛状。病果果肉酸苦，带有霉味。温州蜜柑和甜橙果实受害，多为这一类型症状。叶片、枝梢受害，初生灰褐色、不规则形病斑，其上生黑霉。种子带菌，可引起刚萌发的幼苗枯萎。

病原 *Alternaria citri* Ellis et Pierce，称链格孢菌柑橘黑腐病菌。属半知菌亚门真菌。分生孢子梗暗褐色，不分枝，弯曲，1～7 个分隔，大小 25.2～84μm×3.5～4.9μm。分生孢子2～4 个相连，卵形、纺锤形、长椭圆形或倒棍棒形，暗橄榄色，光滑，或具小圆瘤，有 1～6 横隔和 0～5 纵隔，分隔处稍缢缩。生长适温25℃，12～

图1-9 柑橘黑腐病分生孢子梗和分生孢子

14℃时，生长缓慢（图1-9）。

传播途径和发病条件　主要以分生孢子或菌丝体潜伏于枝梢、叶片和病果组织上越冬。翌年春季环境条件适宜时，产生分生孢子，借风雨传播，从花柱痕或伤口侵入，以菌丝体潜伏组织内，至后期或贮藏期发病，引起果腐，产生分生孢子，进行重复侵染。高温、多湿有利于本病发生。排灌不良，栽培管理不当，树势衰弱，遭受日灼伤、虫伤、机械伤的果实，易受病菌侵染。黑腐病的发生，与品种关系较密切。一般甜橙类发病轻；宽皮柑橘类，如温州蜜柑、椪柑、南丰蜜橘、福橘等发病重。此外，砧木种类与果实耐贮性关系很大，凡用枳、红橘和土柑作砧木的甜橙类，果实耐贮性最佳。

防治方法　参阅本书柑橘青、绿霉病与柑橘黑色蒂腐病。采后处理，用100mg/kg特克多＋332mg/kg抑霉唑＋200mg/kg2，4-D浸果处理。

柑 橘 褐 腐 病

Citrus brown rot

症状　甜橙、椪柑果实上发生较多。初于果皮上出现淡褐色斑，迅速扩展，2～3天导致全果腐烂。在高湿情况下，病果上长出稀疏白色菌丝体，并散发出带刺激性的芳香气味。病果后期，由于次生菌的侵入，导致黏性软腐。

病原　*Phytophthora citrophthora*（R. et Smith.）Leonian；*Phytophthora citricola*（参照裙腐病病原），可为害柑橘果实引起褐腐。除上述两种外，尚有 *P. syringae* Kleb.，*P. hibernalis* Carne，*P. palmivora* Butler 3 种，亦可为害果实引致褐腐病。上述病菌，均属鞭毛菌亚门，疫霉属真菌。无性阶段产生孢子囊，卵形或长圆形，具乳状突起，无色，大小 18～55μm×16～41μm。有性阶段产生卵孢子，球形，壁厚。卵孢子萌发形成孢子囊，再释放出游动孢子。

传播途径和发病条件　主要以卵孢子或厚垣孢子在土壤中越夏、越冬，或以菌丝体在病树上或病残组织内越冬。翌年果实成熟期遇雨、高湿，卵孢子萌发，产生孢子囊，从孢子囊中释放出大量游动孢子，靠雨水溅附于树冠下层的果实上，引起下层果实发病。采收期，天气潮湿、遇雨，病果上会迅速产生大量的孢子囊，借雨水、昆虫或气流传播到树冠中、上层的果实上。地势低洼、地下水位高、土壤过湿、排水不良的果园发病较重。带病的果实，在贮运期中常造成大量腐烂。

防治方法　①参阅本书柑橘青、绿霉病，柑橘黑色蒂腐病。②采前防病。采前1个月，喷射25％瑞毒霉可湿性粉剂500倍液或64％杀毒矾可湿性粉剂500～600倍液，或77％可杀得可湿性粉剂500倍液2次，间隔期10～15天。③采后处理。采后用25％瑞毒霉可湿性粉剂1 000倍液浸果，结合多菌灵、特克多防治青、绿霉病，或用48℃温汤，或2％苏打水浸果2～4min，温度应准确控制，当天采收的果实不宜处理。

柑橘脂点黄斑病

Citrus small round brown spot or greasy spot

彩版 3·22

症状　本病主要为害叶片，亦可为害果实和小枝。受害叶片的症状，有脂点黄斑型、褐色小圆星型和脂点黄斑与褐色小圆星混合型 3 种。脂点黄斑型 叶片受害，初于叶背生针头大小、褪绿小斑点，透光，呈半透明状，后扩大成大小不一的黄色小斑，叶背病斑上，呈现黄色、疱疹状突起小粒点，几个或数十个群生一起，随病斑扩展老化，小粒点色加深，成暗褐色乃至黑褐色脂斑，具光泽。与脂斑相对应的叶正面，形成不规则病斑，黄色，边缘不明显，中央有淡褐色至黑褐色疱疹状小粒点。常出现早期落叶。褐色小圆星型：初期病叶表面呈现赤褐色、近圆形、芝麻大小的斑点，扩大后为圆形或椭圆形病斑，灰褐色，直径约 0.1～0.3cm，边缘色较深，稍隆起，中央色淡，稍凹陷，后期灰白色，其上生有黑色小粒点（分生孢子器）。混合型：在同一叶片上，生有脂点黄斑型和褐色小圆星型病斑。果实受害，于果皮上生红褐色小斑点，不侵入果肉。

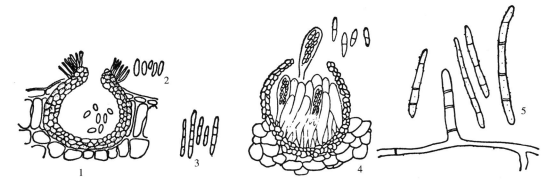

图 1-10　柑橘脂点黄斑病菌

1. 分生孢子器　2. 着生于分生孢子器内的分生孢子　3. 着生于分生孢子器孔口周围的分生孢子
4. 子囊果、子囊及子囊孢子　5. 分生孢子梗及分生孢子
（引自《果树病理学》，浙江农业大学等主编）

病原　*Mycosphaerella citri* Whiteside，属子囊菌亚门球腔菌属真菌。子囊壳产于腐烂病叶的两面，丛生，近球形，黑褐色，有孔口。子囊倒棍棒形或长卵形，成束着生于子囊壳基部，大小 31.2～33.8μm×4.7～6μm。子囊孢子 8 个，双列，无色，长卵形，双胞，一端钝，一端略尖，大小 10.4～15.6μm×2.6～3.4μm。无性阶段：①*Stenella citri* G. Y. Yin et F. R. Zhang, sp. Nor.，分生孢子梗直立，近圆柱形，0～4 隔，初无色，后为黄褐色，顶端无色或浅色，顶端或亚顶端有孢子着生疤痕 2～6 个，梗长 13～20.8μm×2.6～3.9μm。分生孢子圆柱形，少数倒棍棒形，直或弯曲，无色至淡黄褐色，有瘤状突起，0～9 分隔，单生，偶 2～3 个链生，孢子基部具明显脐，大小 17～52μm×2.3～

$2.9\mu m$。②*Phyllosticta* sp.（叶点霉属），分生孢子器球形，直径 $21\sim96\mu m$。分生孢子椭圆形，单胞，无色，大小 $2\sim5\mu m\times1.5\sim2\mu m$。在分生孢子器孔口周围，丛生分生孢子梗，其上生鞭状或倒棍棒状的分生孢子，淡黄色，具 $1\sim7$ 分隔，大小为 $20\sim45\mu m\times2.5\sim3.5\mu m$。病菌生长温度为 $10\sim35℃$，适宜温度为 $25\sim30℃$（图 1-10）。

传播途径和发病条件 病菌主要以子囊壳在病落叶上越冬。雨季是子囊孢子释放的有利条件。病害发生流行与降雨量关系密切，每年 $6\sim7$ 月，是病菌侵染的主要季节。子囊孢子借风雨传播。本病潜育期长达 $2\sim4$ 个月。柑橘不同种类品种感病性有所差异，椪柑、蕉柑、福橘、早橘、朱红、葡萄柚和柠檬等发病较重；瓯柑和榤橘次之，本地早和温州蜜柑发病轻。凡栽培管理粗放、树势衰弱的果园病重，常出现大量落叶；反之则轻。幼龄树病轻，老龄树病重。

防治方法 ①加强栽培管理。增施有机肥，搞好排灌水，增强树势，提高抗病力。注意冬季清园工作，结合修剪，扫除病落叶、枯枝、落果集中烧毁或深埋。②喷药保护。第一、二次喷药，可结合防治柑橘疮痂病进行。其后，每隔 15 天喷药一次，连喷 2 次，至 6 月下旬止。常用药剂有：50%多菌灵可湿性粉剂 $800\sim1\,000$ 倍液，或 $0.3\%\sim0.5\%$ 石灰过量式波尔多液，或 65%代森锌可湿性粉剂 500 倍液，或 77%可杀得可湿性粉剂 500 倍液，或 50%退菌特可湿性粉剂 $500\sim600$ 倍液，上述药剂宜轮换使用。

柑 橘 膏 药 病
Citrus branch felt or plaster disease

症状 本病主要为害枝梢，其次为害叶片和果实。发病初期，被害枝梢和叶片，生白色，圆形、半圆形或不规则形的子实体，表面平滑，稍突起，后期变灰白色、浊白色或浅褐色，紧贴于枝干和叶上，形如膏药状。褐色膏药病的病部表面，呈丝绒状，栗褐色，周缘有狭窄的灰色带；灰色膏药病的病部表面，为灰白色绒状菌丝膜，略呈圆形扩散。两种膏药病部膏药状的子实体，后期常龟裂，容易剥离。

病原 *Septobasidium albidium* Pat.，*Septobasidium sinensis* Couch.，灰色膏药病；*Septobasidium acasiae* Saw.，*Helicobasidium* sp.，褐色膏药病。两种膏药病的病原菌均属担子菌亚门真菌，前三种为隔担耳属，后一种为卷担菌属（图 1-11）。

传播途径和发病条件 两种膏药病病菌，均以菌丝体在病部越冬。翌年春夏间，在温度适宜时，菌丝开始活动、生长，形成子实体，产生担孢子。担孢子借气流和蚧类、蚜虫等传播；以蚧类、蚜虫分泌的蜜露为养料，

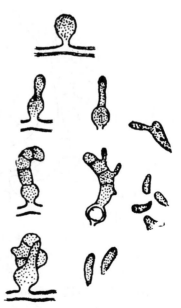

图 1-11 柑橘膏药病病原菌担子和担孢子

繁殖蔓延。所以，在蚧类、蚜虫严重发生的柑橘园较易发病。此外，柑橘园荫蔽、潮湿、栽培管理粗放，发病亦较严重。本菌除为害柑橘类外，尚可侵害梨、桃、李、柰、茶、桑和多种林木。

防治方法　①冬季清园。结合冬季修剪，剪除病枝叶，扫除落叶、落果，集中烧毁。②刮除病枝梢上的菌膜。用竹片或小刀刮除枝干上的菌膜，集中烧毁。病部刮除后，涂抹3～5波美度石硫合剂，或直接在菌膜上涂抹3～5波美度石硫合剂或1：1：15波尔多浆，或1：20石灰乳，或用新鲜纯水牛尿洗刷病部，均能获较好防治效果。③药剂防治。喷药除虫防病，主要及时防治蚧类与蚜虫（具体药剂，参考本书柑橘虫害部分）。

柑 橘 黑 星 病

Citrus black spot

症状　本病主要为害成叶和果实。果实受害，有两种类型：黑星型和黑斑型。叶片受害，初于叶面生红褐色小点，稍扩大成边缘黑褐色、圆形斑点，中央浅褐色，稍凹陷，其上生黑色小粒点。病斑大小约2～3mm。果实受害，黑星型：初于果面生红褐色小点，扩大后为黑褐色、圆形斑点，大小为2～3mm，四周稍隆起，病、健部界限明显，中央凹陷，灰褐色，其上生许多黑色小粒点。病斑散生，只为害果皮，不侵害果肉。黑斑型：果实在贮运期发病，病斑深褐色，数个病斑多愈合成不规则形，病部皮革质，坚硬干燥，稍下陷，病果常腐烂，瓢瓣发黑，僵缩如炭状。

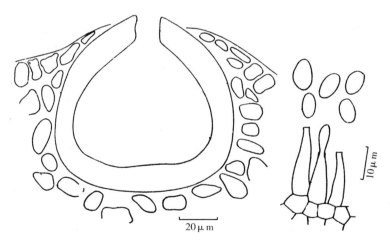

图 1-12　*Phoma citricarpa*（McAlp.）Petrak
1. 分生孢子器　2. 产孢细胞　3. 分生孢子
（引自《广东省栽培药用植物真菌病害志》）

病原　无性阶段为 *Phoma citricarpa* McAlp.，属半知菌亚门茎点霉属真菌。分生孢子器近球形，黑色，炭质，大小为120～350μm×85～190μm，具孔口。分生孢子梗长形，顶端细，无色，单胞。分生孢子单胞，无色，有两种形状：一种为椭圆形或卵形，尾端有一无色、胶质状的纤丝，大小为 $7\sim12\mu m\times5.3\sim7\mu m$；另一种为短杆状，两端略膨大，大小为 $6\sim8.5\mu m\times1.8\sim2.5\mu m$。两种孢子分别着生于不同的分生孢子器内。有性阶段为 *Guignardia citricarpa* Kiely.，属子囊菌亚门真菌。子囊壳球形或扁球形，黑色，有孔口突出或不突出，大小 $139.4\mu m\times128.1\mu m$。子囊圆柱形或棍棒状，大小 $117.4\mu m\times14.9\mu m$。束状排列，拟侧丝早期消失。子囊内有 8 个子囊孢子，单列或双列。子囊孢子纺锤形，无色，初单细胞，成熟后为大小不等两细胞，大小 $15.3\mu m\times6.7\mu m$（图1-12）。

传播途径和发病条件　主要以子囊壳和分生孢子器在落叶上越冬，亦可以菌丝体和分生孢子器在病果、病叶和病枝上越冬。翌年春季环境条件适宜时，散出子囊孢子或分生孢子，借风雨和昆虫传播。初侵染源的子囊孢子和分生孢子，来自果园地面接近腐烂的落叶上。翌年 4 月初至晚秋，病菌孢子可不断产生重复侵染。落叶的子囊壳大多在 4 月初成熟，在柑橘谢花期，放射大量的子囊孢子侵染幼果。落叶上的分生孢子器，散发分生孢子有两个高峰期：一次在 3 月初，另一次在 7～9 月。第一个高峰期，柑橘尚未开花；第二个高峰期，柑橘已进入较抗病阶段。因此，初侵染源主要是子囊孢子。本病潜育期长，一般在壮果期和果实将着色时显现症状，到果实成熟期发病最多。高温多雨有利于发病。病菌发育适宜温度为 25℃，最低温 15℃，最高温 38℃。凡果园管理粗放、施肥不足、土壤有机质缺乏、树势衰弱或树冠郁闭闷热的果园，发病较重；反之较轻。四五年生的树，发病较少，七年生以上的大树，特别是老树，发病较重。品种间感病性有所差异，一般以椪柑、蕉柑、大红柑、早橘、本地早、乳橘、南丰蜜橘、茶枝柑、柠檬、沙田柚等发病较重；甜橙类发病较轻。

防治方法　①冬季清园。结合修剪，剪除病枝叶，扫除地面落叶、落果，集中烧毁。后喷射一次 1～2 波美度石硫合剂。②加强栽培管理。增施有机肥，注意氮、磷、钾肥合理配比，增强树体抗性。果实采收时，应注意不损伤果皮。贮藏温度应控制在 5～7℃ 之间，可减轻发病。③喷药保护。适时喷药，应在落花后至生理落果期 1.5 个月内，每隔 15 天喷药一次，连续 2～3 次。选用 50%多菌灵可湿性粉剂 1 000 倍液，或 50%甲基托布津可湿性粉剂 500 倍液，或 0.5∶1∶100 波尔多液，或 80%代森锰锌可湿性粉剂 600～800 倍液，或 10%世高（苯醚甲环唑）水分散粒剂 1 500～2 000 倍液，或苯莱特等药剂，宜交替轮换使用。

柑橘苗木立枯病

Citrus web blight，Rhizoctoniose

彩版 3·23

症状　发病初期，根、根颈或主干基部，出现褐色、水渍状病斑，后逐渐扩大，环绕主干基部缢缩下陷，使地上部顶端新叶凋萎，全株自上而下青枯死亡。病部皮层腐烂，长出白色的菌丝，后长出灰白色至褐色、油菜籽大小的菌核。

病原　*Rhizoctonia solani* Kühn.，属半知菌亚门丝核菌属真菌。病菌不产生分生孢子，菌丝有隔，初无色，细小，细胞内油点较多，老熟后菌丝体黄褐色，较粗大，宽 $8\sim12\mu m$，分枝近似直角，分枝基部缢缩，附近有一隔膜，菌丝体可形成菌核。菌核形状大小不一，直径在 $1\sim10mm$ 内，浅褐色，与油菜子相似，能抗不良的环境条件。对环境条件适应性广，在 pH $3.4\sim9.2$ 之间均能生长，最适为 pH 6.8，生长温度 $7\sim40℃$，以 $17\sim28℃$ 为适宜。该菌有性阶段为 *Pellicularia filamentosa* (Fat.) Rogers.，属担子菌亚门真菌。在自然条件下，很少发现。

传播途径和发病条件 本病病原菌是一种土壤习居菌，主要以菌核及菌丝体在土壤中或寄主的残体上越冬。病菌在土中营腐生生活，存活 $2\sim3$ 年以上。田间罹病的其他植物，也是引起柑橘苗木初次发病的侵染源。主要借耕作活动及水流传播。本病多在柑橘种子萌芽后至苗高 17cm 左右时发生。在高温阴雨、地势低洼、排水不良、苗床荫蔽和连

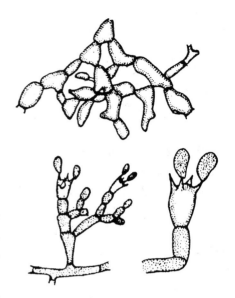

图 1-13　柑橘苗木立枯病病原菌
的担子与担孢子

作的情况下，本病容易发生。每年 $4\sim6$ 月间，发病最盛。本菌寄主范围广，约 160 余种植物，除为害柑橘及其他果树苗木外，尚能寄生于林木苗、棉花、大麦、小麦、玉米、马铃薯、花生、大豆等作物。

　　防治方法 ①选择新地育苗。避免连作，整地精细，畦面平整，高畦种植，防止积水。②播种不宜过密。播种前可用五氯硝基苯 0.1kg 加细土 50kg 拌匀后覆盖种子，效果较好，亦可用 5406 菌肥拌种（每 667m² 用菌肥 10kg），防效亦佳。③及时拔除病株，随后喷药防治，每次间隔 $10\sim15$ 天，连喷 $2\sim3$ 次。药剂可选用 20%甲基立枯磷乳油 $1\,000\sim1\,200$ 倍液、25%甲霜灵可湿性粉剂 $300\sim400$ 倍液、5%井冈霉素水剂 $1\,000\sim1\,500$ 倍液、30%恶霉灵可湿性粉剂 $800\sim1\,000$ 倍液、0.3%～0.5%石灰过量式波尔多液等。此外，及时施用草木灰或生石灰，亦有一定防病作用。

柑 橘 溃 疡 病

Citrus canker

彩版 4·24～27

　　症状 本病主要为害新梢、幼叶和幼果。受害叶片先是出现针头大小的黄色、油渍状、圆形病斑，随后叶片正反两面隆起，破裂，呈海绵状，灰白色。病斑扩大后，病部木栓化，表皮粗糙，呈灰褐色，火山口状开裂。病斑多近圆形，常有轮纹或螺纹，周围有一暗褐色、油腻状外圈和黄色晕环。果实和枝梢上的病斑与叶片上的相似；但火山口状开裂更为显著，木栓化程度更为严重，坚硬粗糙，一般有油腻状外圈，但无

黄色晕环。

病原 *Xanthomonas axonopodis* pv. *citri*
(Hasse) Vauterin et al. 属普罗特斯细菌门，
黄单胞杆菌属，地毯草黄单胞杆菌柑橘致病
变种。该细菌短杆状，两端圆，大小为 1.5～
$2\mu m \times 0.5～0.7\mu m$。极生单鞭毛，能运动，
有荚膜，无芽孢。革兰氏染色阴性反应，好
气性。病菌生长适宜温度 20～30℃，致死温
度 55～60℃，10min。耐低温。本菌有不同的
致病性，至少分为 3 个菌系：菌系 A，对葡萄
柚、莱檬和甜橙的致病性最强；菌系 B，对柠
檬的致病性较强；而菌系 C，仅侵害墨西哥莱檬，称墨西哥莱檬专化型（图1-14）。

图 1-14　柑橘溃疡病病原

　　传播途径和发病条件　病菌潜伏于病部组织内越冬。翌年春雨期间，细菌从病斑溢
出，借风雨、昆虫和枝叶交互接触作短距离传播。远距离传播主要通过带病苗木、接穗和
果实，也可通过带菌土壤。病菌落到幼嫩梢叶及果实上，由气孔、水孔、皮孔和伤口侵
入。潜育期 3～10 天，一般 4～6 天。在高温多雨时，重复侵染连续不断发生。橙类、柠
檬、柚及枳严重感病；宽皮柑橘类轻度感病；金柑抗病。幼苗较成株易感病，树龄愈大则
发病愈轻。

　　防治方法　①严格实行检疫。本病为国内外检疫对象，禁止从病区输入苗木、接穗、
砧木、种子和果实等。②培育无病苗木。接穗从无病区或无病果园选取；砧木种子用55～
56℃温汤浸泡 50min。苗木出圃时须经严格检查，并用 600～700mg/kg 链霉素浸苗（将
成束苗木投入药液中浸 1h，浸前加入 1％酒精或白酒，以增强渗透作用）。③新果园定植
时，感病与抗病品种应分片种植，严禁混植。④合理施肥，控制夏、秋梢生长，促使抽梢
整齐。⑤药剂防治。适时喷药保护幼梢和果实；同时应注意防治潜叶蛾，以免病原从伤口
侵入。苗木和幼龄树，以保梢为主，应在春、夏、秋梢萌发后 20、30 天，各喷药一次。
成年树则以保果为主，保梢为辅，宜于落花后 10、30、50 天，各喷药一次。药剂种类有：
72％农用硫酸链霉素 3 000 倍液加 1％酒精作辅助剂，或 0.3％～0.5％石灰过量式波尔多
液，或铜皂液（硫酸铜 0.5kg、松脂合剂 2kg、水 200kg），既可防病，又能兼治螨类。也
可用 77％可杀得可湿性粉剂 500～800 倍液，或 30％金核霉素可湿性粉剂 500～1 000 倍
液、50％加瑞农可湿性粉剂等，轮换交替使用。⑥冬季清园。结合修剪，剪除病枝叶及病
果，并扫除落叶、落果，集中烧毁。

柑　橘　黄　龙　病

Citrus yellow shoot

彩版 4·28～30，彩版 5·31～37

　　症状　本病又称黄梢病、乌根病，是柑橘上的一种毁灭性病害。柑橘各生育阶段均可

发病，但以夏、秋梢发病最多，其次为春梢。枝叶症状：病树当年新抽春梢可正常转绿，5月后部分或大部分春梢叶片主、侧脉附近基部黄化，叶肉褪绿变黄，呈现黄绿相间的斑驳、硬化，常在树冠顶部或中、下部出现少量或成片黄梢。夏、秋梢叶片、叶肉均匀黄化、变硬，有的在转绿之后变黄，形成斑驳。秋末，黄梢上叶片落光；翌春，新长枝短而细弱，叶小、狭长，失去光泽，呈现缺锌、缺锰症状。有的叶脉木栓化、肿大、开裂，类似缺硼。黄梢下部叶片，往往出现斑驳。病梢可从一个梢扩展到多个乃至全树，叶落、枝枯，最后全株死亡。这和病原物在树体内的转移速度有关。一般一二年生幼树新梢发黄后，翌年引起全树发黄，树龄老、树冠大的树，常需2～3年或更长时间，枝叶全部发黄，不抽梢，然后逐渐枯死。斑驳是确诊本病的特异性症状，秋末是辨认斑驳的最好季节。花果症状：病树一般花量多，早开、早落，多数细小，畸形，色淡。病树结小果，歪肩，呈长筒形，果蒂部橙红色，其余青绿，俗称"红鼻果"，汁少、渣多。种子多数发育不健全。根部症状：发病初期，根系部分变褐，至黄梢落叶后，根毛、细根开始腐烂，后期大根变黑腐烂。

病原 *Candidatus* Liberibacter asiaticus，属普罗特斯细菌门（Proteobacteria），α-变形菌纲（Alphaproteobacterial），根瘤菌目（Rhizobiales），根瘤菌科（Rhizobiaceae），候选的韧皮部杆菌属（*Candidatus* Liberibacter），是一种难培养的革兰氏阴性细菌。菌体多形态，呈圆形、椭圆形或线形，少数呈不规则状。菌体大小差异大，圆形的直径为50～500nm，杆状大小为40～170nm×200～2 500nm；其外界包被的平均厚度为25nm，具有三层结构，内、外层为电子密度较高的暗色层，分别相似于细胞膜和细胞壁结构，中间层为电子密度较低的透明层，似周质空间。不论外层细胞壁或内层细胞膜，均由二层单位膜构成，厚约8～10nm。在该透明层中存在肽聚糖层。菌体内含有似核糖蛋白体质粒和似脱氧核糖核酸线体的结构。该菌以芽生殖或分裂方式生殖，并可从寄主筛孔或筛管细胞壁进入另一个细胞内，在48℃下恒温5h，60℃恒温5min失活。根据其专化性，该菌分为亚洲种（*Candidatus* Liberibacter asiaticus）、非洲种（*Candidatus* Liberibacter africanus）和美洲种（*Candidatus* Liberibacer americanus）。亚洲种主要分布在亚洲高温干燥地区，属耐热型，在气温28～32℃下症状表现明显，传毒介体为柑橘木虱（*Diaphorima citri*），病害在高温地区流行。非洲种主要分布在非洲适温高湿地区，属热敏感型，在20～24℃下，症状表现明显，传毒介体为非洲木虱（*Trioza erytreae*），病害在冷凉地区流行。美洲种主要分布在美洲地区，传毒介体主要是柑橘木虱，少部分是非洲木虱，其发病特点与亚洲地区的耐热型相似。

传播途径和发病条件 本病主要侵染源为田间病株、带菌苗木和带菌木虱。嫁接能传病，自然传病介体为柑橘木虱。土壤和汁液摩擦不会传染。调运带菌的苗木和接穗是本病远距离传播的主要途径，田间的近距离传播，依靠带菌的柑橘木虱。木虱的成虫和高龄（4～5龄）若虫，均能传病，若虫还能将病原传递给羽化的成虫。循回期短为1～3天，长达26～27天。与持久性虫传很相似。潜育期一般为3～12个月。在实验条件下通过草地菟丝子（*Cuscuta campestris*）接种，侵染草本植物长春花（*Catharanthus roseus*），潜育期为3～6个月。

病害发生与流行取决于传染源（病株）数量、木虱发生量、品种感病性、树龄和气候环境条件的适宜程度。果园病株率超过 10%，木虱发生量大，病害将严重发生。气候干燥和抽梢不整齐，有利于木虱繁殖，同样有利于发病。不同品种间，以蕉柑、芦柑最感病，甜橙、年橘和温州蜜柑次之，柚子、柠檬较为耐病。幼苗和十多年生树发病少，4～6年生发病较多。高海拔地、谷地较平地病害蔓延慢。

防治方法 ①实行检疫，严防病苗、病穗传入无病区或新区。②采用隔离、消毒、防疫等措施，培育良种无病壮苗。在隔离区建立无病母本园、采穗圃和无病苗圃。砧木种子要经 50～52℃预浸 5min，后用 55～56℃浸 50min。接穗可用湿热空气 49℃处理 50min、盐酸四环素 1 000～2 000mg/kg 浸 2h（取出用清水冲洗后嫁接）、茎尖嫁接三方法之一脱除病原（兼除裂皮类病毒应采用热处理结合茎尖嫁接方法）。育苗过程要做好防疫和无病苗再检测。③及时挖除病株和防治柑橘木虱。新果园一发现病株先喷药杀死木虱后连根挖除，补种健苗。老果园发现少量病株，同样先喷药后挖除，结合控梢和各梢期防治木虱，尤其要注意 3～4 月防治木虱若虫。老果园如已较普遍发病，可采取剪除病梢、控梢和各梢期防治木虱等措施，以控制病害蔓延，待全园失去经济价值时，全部挖除，重建新园。④加强栽培管理，促使抽梢整齐，不利木虱取食产卵。冬季作好清园，结合消灭越冬木虱。

柑 橘 裂 皮 病

Citrus exocortis viroid

彩版 5·38，彩版 6·39～41

症状 本病又称剥皮病。枳砧树罹病后一般表现基部或砧木部的树皮纵向开裂和翘起，呈鳞片状逐层剥落，木质部外露，植株矮化，新梢少而弱，落花落果严重，产量降低。甜橙、葡萄柚、柚、宽皮橘、金橘的实生树和以红橘为砧木的嫁接树，染病后为潜伏感染，不表现症状。兰普莱檬染病后新梢出现长形黄斑。Etrog 香橼 *Arizona*861、861-S-1 染病后新叶反卷，老叶背面的叶脉呈现褐色坏死，有时老叶叶脉和叶柄表现木栓化龟裂，枝条出现黄斑。在兰普莱檬、香橼上的潜育期较短，一般 3～6 个月表现症状，长达 7～8 年。本病还会侵染爪哇三七、矮牵牛，在其上引起新叶反卷，中脉坏死，叶片直立，生长受抑制等症状，潜育期 6～8 周。

病原 *Citrus exocortis viroid*（CEVd），称柑橘裂皮类病毒，属马铃薯纺锤形块茎类病毒科，马铃薯纺锤形块茎类病毒属。是一种无外壳蛋白的单链闭合环状的低分子核酸，分子质量为 $1.19×10^5$u，RNA 由 370～375nt 组成，分子内部碱基互补配对，其螺旋状双链结构部分与棒状单链部分相交连成全长约 50nm 的棒状结构。通过不对称滚环模式进行复制基因，但不能编码蛋白质。存在强、弱株系，但不同株系仅表现几个核苷酸的差别。该病原具有高度稳定性，钝化温度为 140℃处理 10min，对紫外线有高度抗性，在干组织内能保持长时间的侵染性。能侵染大部分柑橘种、栽培种和杂交种。人工接种还可侵染番茄（Rutgers 品种）、马铃薯等多种草本植物。

传播途径和发病条件 苗木和接穗可带毒，刀切、汁液摩擦也会传染。田间病株、隐症带毒植株是本病初侵染源，远距离传播主要靠调运带毒的苗木、接穗，近距离传播主要通过病原污染的工具（如修枝剪、嫁接刀等）或农事操作时病原污染的人手接触健株韧皮部而传染。在实验条件下，菟丝子也能传病。番茄被感染后可通过种子传染，但无法肯定能否通过柑橘种子传染。至今未发现传病介体昆虫。

本病发生、流行与砧木类型关系极大，以枳、枳橙、檬檬和兰普莱檬作砧木的柑橘（主要是橙类）发病严重。由于机械传染容易发生，所以田间农事操作不注意防疫，容易引起本病的蔓延与流行。

防治方法 ①实行检疫。本病在我国仅是部分省的少数地区发生，应查明病情，严格实行检疫，防止病苗、病穗从病区传到无病柑橘区。②培育无病苗。可采用茎尖嫁接方法脱毒，以指示植物（常用的有 Etrog 香橼 *Arizona* 861、861-S-1 和爪哇三七）、双向电泳、分子杂交等方法鉴定，选出无病母株，培育无病苗，具体参考柑橘黄龙病防治中有关育苗部分。③挖除病株，杜绝侵染源。田间病株一经发现，立即挖除，不留残株，这是防治本病的很重要措施。④工具消毒。农事操作过程所用各种工具（包括修枝剪、嫁接刀、挖病树工具等）要进行消毒处理，可用 10%～20%漂白粉，或 2%氢氧化钠与 2%甲醛混合液浸泡片刻，以防因工具污染病原引起的机械传染。⑤利用弱毒株系。用弱毒株接种柑橘，可预防强毒株系的侵染。

柑 橘 碎 叶 病

Citrus tatter leaf virus

彩版 6·42～45，7·46～47

症状 主要为害以枳和枳橙作砧木的柑橘树。枳砧芦柑染病后嫁接接合处环状缢缩，接口以上肿大，出现明显黄环，砧木部萎缩，产生离层，手推或遇强风，易在嫁接口处折断，裂面光滑。病株树冠黄化明显，从部分叶脉呈短条状黄化发展至全部叶脉和叶片黄化，根系老化、坏死。病株生长衰退、矮化，以至枯死。枳橙（如鲁斯克、特洛亚等）染病后新叶呈现黄斑和叶缘缺损扭曲，其中鲁斯克枳橙对本病反应最为敏感，可作为指示植物。厚皮莱檬染病后新叶出现黄斑和叶缘缺损。其他一般品种被侵染后无明显症状。此外，该病毒侵染豇豆、蚕豆后在接种叶上出现枯斑，侵染昆诺藜后在接种叶和新叶上产生黄斑，侵染克里芙兰烟，引起系统轻度斑驳和花叶症状。

病原 *Citrus tatter leaf virus*（CiTLV），称柑橘碎叶病毒，属发样（形）病毒属。病毒粒体呈弯曲杆状，大小为 600～700nm×15～19nm。稀释终点 $10^{-3}～10^{-4}$，体外保毒期 4～8 天，钝化温度为 65～70℃10min。该病潜育期为 45～60 天，长达 2 年以上。在适温(22～24℃)下，汁液摩擦接种到昆诺藜、克里芙兰烟、豇豆等草本寄主，3～5 天显症，并能侵染 9 科 19 种草本植物。该病原与苹果茎沟病毒（ASGV）有血清学关系。CTLV 可能存在致病性不同的株系。

传播途径和发病条件 本病可通过嫁接和污染病毒的刀、剪传染，尚未发现传毒介体昆虫。在实验条件下，本病可通过汁液涂抹方法传到草本寄主上。本病发生与品种关系密切，以枳壳砧宽皮橘类发病较为严重，而大多数被感染的柑橘，像甜橙、酸橙、葡萄柚、宽皮橘、柚、柠檬等均会表现不同程度的抗病性。苗木带毒率高低直接关系到田间病害的发生程度。田间缺乏有效的防疫，也是造成本病再侵染和病害扩展、蔓延的重要因素。

防治方法 ①培育和种植无毒苗，杜绝初侵染源。这是保护新区或新果园不受感染的根本性措施。可采用热处理（白天：40℃12h，夜晚：30℃8h，90～120天）结合茎尖（0.2mm）嫁接方法脱毒，以鲁斯克枳橙进行鉴定，选出无毒母株。培育无毒苗所用接穗，必须取自经检测不带毒的母株和选取枳以外柑橘品种种子（如福橘、构头橙等）用于培育砧木。②挖除病株，消灭田间毒源。尤其对枳砧宽皮橘类病株，一经发现，立即连根除净，不留残株。③做好工具消毒，防止病毒扩展、蔓延。采穗和嫁接用的修枝剪、嫁接刀，先用1％次氯酸钠，或20％漂白粉溶液消毒片刻后用清水冲洗，可有效防止因工具沾染病毒而造成田间病害的再侵染。④靠接换砧。枳砧宽皮橘在田间病株率高的情况下，可用两株福橘砧靠接病株嫁接口以上接穗部，一年后树冠症状消失，生长正常，产量可恢复到健树的70％～80％，但要十分注意田间防疫工作，严防从病园采穗育苗。

柑 橘 衰 退 病

Citrus tristeza virus

彩版 7·48～49

症状 本病在我国柑橘产区发生较为普遍。由于我国采用的砧木耐病，所以大多数病株不表现症状，或表现的症状不典型。本病的症状，因株系、柑橘品种和砧、穗组合等的不同而异。主要有以下四种类型：①衰退症状：以酸橙为砧木的柑橘，容易发生衰退症状。如嫁接酸橙砧的甜橙、宽皮橘（包括温州蜜柑、芦柑和福橘）及葡萄柚、感染衰退（CTY-t）或苗黄（CTV-sy）株系后，其幼树叶片迅速凋萎、卷曲、植株枯死，有"速衰病"之称。老树受害初期，开花结果量较健树多，随后几年生长衰弱，叶失去光泽并逐渐失去结果能力，常历经几年的衰退后枯死。②苗黄症状：酸橙、日本夏橙、柠檬、葡萄柚、文旦柚、香橼等实生苗感染苗黄株系（CTV-sy）后出现叶黄、植株矮化，小枝从顶梢向下枯死。③茎陷点症状：大多数柑橘品种（品系）均可感染茎陷点株系（CTV-sp），引起植株矮化，在枝梢木质部出现陷点，发生严重时木质部组织破裂，树势衰弱，果小、畸形，产量和品质下降。④无症状感染：宽皮橘、甜橙、粗柠檬染病后一般不表现症状。进一步研究发现，衰退病K株系（CTY-k）即使侵染最感病的墨西哥莱檬，也不产生任何症状。在田间，本病常与黄龙病复合侵染柑橘。

病原 *Citrus tristeza virus*（CTV），称柑橘衰退病毒，属长线形病毒科长线形病毒属。该病毒系弯曲的线状粒体，大小为10～12nm×2 000nm，含有单链RNA，分子质量为6.5×10^6u。还具有包裹亚基因组RNA和多种缺损型的RNA较短粒子，核酸约占病毒粒子重量的5％～6％。病毒外壳蛋白分子质量为25ku。病毒存在寄主韧皮部筛管细胞内，含有结晶状内含体。该病毒的4个株系（CTV-t、CTV-sy、CTV-sp、CTV-k）在田间可单独或复合感染，还存在具有交互免疫反应的强、弱株系。

传播途径和发病条件　本病可通过调运带毒的苗木和接穗进行远距离传播，多种蚜虫（橘蚜、棉蚜、橘二叉蚜等）为其传毒介体，其中以橘蚜传毒力最强。田间病害的扩展、蔓延主要依靠蚜虫传播。土壤和种子不会传病。病害的发生、流行与品种感病性、传毒介体的种类和发生量关系密切。酸橙作砧木嫁接甜橙或宽皮橘比较感病，兴山酸橙和代代酸橙作砧木嫁接甜橙高度感病。柚作砧木的甜橙亦较感病。以枳、酸橘、红橘、构头橙作砧木一般都耐病，表现隐症带毒。在天气特别干旱或浸水条件下，染病幼树常突然发生叶片凋落、卷曲、全株枯死。老树发病历时较长，往往需要几年的衰退过程。田间栽种感病品种，存在较多毒源，又有传毒率高、发生量大的蚜虫，容易引起病害的流行。

防治方法　①培育和种植良种无毒壮苗，防止本病通过带毒苗木或繁殖材料传入新区或新植果园。②选用抗（耐）病品种。选用表现抗（耐）病的枳壳、枳壳杂交种、红橘、粗柠檬和柠檬作砧木，以减轻本病的发生与为害。③及时防治传毒介体蚜虫，避免或减少蚜虫传病，可选用50%抗蚜威（辟蚜雾）可湿性粉剂1 000～2 000倍液，或50%马拉硫磷1 000倍液，或0.4%杀蚜素200～400倍液（加0.06%洗衣粉），或40%乐果1 000倍液，或80%敌敌畏乳剂1 000倍液，在蚜虫发生季节进行喷治。④应用弱毒株系。在病区接种弱毒株系，以避免强毒株系的侵染。

温州蜜柑萎缩病

Sutsuma dwarf virus

彩版7·50～51

症状　本病又称矮缩病，主要为害温州蜜柑。染病的植株新梢生长受抑制，叶片畸形，有时叶变小。叶缘上卷，叶成船形或匙形，病梢节间缩短，枝干丛生。船形或匙形叶是本病的主要症状。汁液摩擦接种，可传染豇豆（*Vigna sinensis*）、菜豆（*Phaseolus uulgaris*）及美丽猪屎豆（*Crotalaria spectabilis*），接种叶产生环斑，其他叶出现斑驳。接种白芝麻（*Sesamum indicum*）产生局部坏死斑，随后出现系统性侵染，叶子先出现脉明，接着叶脉坏死，叶片产生斑驳，生长停滞和畸形，可作鉴定本病的一种指示植物。

病原　*Satsuma dwarf virus*（SDV），称温州蜜柑萎缩病毒，豇豆花叶病毒科、线虫传多面体病毒属。球状粒体，直径约26nm，外壳蛋白2个组分，分子质量分别为46ku与23ku，钝化温度50～55℃，体外存活期20～24h，稀释终点10^{-2}。该病毒存在不同株系，多数认为柑橘花叶病毒（CiMV）是SDV的株系，与SDV有血清学相关，且在粒体大小、形态、寄主范围、体外抗性和抗原性等方面与SDV几乎相同。

传播途径和发病条件　嫁接能传病，汁液摩擦接种能传病并引起豆科植物中的9种和27种非豆科植物中的1种（白芝麻）出现染病症状。菜豆种子会传病，但柑橘和白芝麻种子不会传病。至今未发现传毒介体昆虫。本病也不会通过根部自然交错或土壤传染。与柑橘衰退病毒的苗黄株系复合感染，会加重本病的症状。

防治方法 ①培育和种植无毒壮苗是一项根本性防治措施。本病依靠嫁接传染，又未发现传毒介体昆虫，把住苗木关，便可完全控制本病的传播、蔓延。无毒苗培育方法可参见柑橘黄龙病防治部分。②挖去零星发病果园中的重病树，对于清除田间毒源是可取的。发病重的果园，高接温州蜜柑以外的品种，也是一种补救措施。

柑橘根结线虫病

Citrus root knot nematode

彩版 7·52，彩版 8·53～54

症状 植株地上部，在发病初期或轻度侵染时，无明显症状。随着根系受害的逐年加重，树冠上出现短而纤细的枝梢，叶色褪绿，黄化，无光泽。秋冬季节叶缘卷曲。病树开花特多，着果率低，果小，严重影响产量和品质。叶片呈现缺素花叶症，早脱落，枝梢逐年枯死，严重时全株死亡。根结线虫主要为害根部，使根组织过度生长，形成大小不等的圆形或椭圆形根结。根结多数发生在细根上，根尖和近根尖幼嫩组织易受侵害。感染严重时，可出现次生根结。新生根可连续受到侵染而形成根结团。根结单个或连成念珠状，或数个愈合。受侵染的根系，根的生理功能受到严重破坏。病理解剖表明，根结表面凹凸不平，表皮细胞崩溃。木质部被破坏，皮层和韧皮部出现比正常细胞大 2～3 倍的巨型细胞。染色反应显示，其代谢产物改变。用碘液染色，正常细胞有淀粉存在，而巨型细胞中无淀粉，有大量原生质状颗粒。

病原 *Meloidogyne citri* Zhang. ＆ Gau. ＆ Weng.，1990，垫刃目，垫刃亚目，根结科，根结线虫属。

形态特征 雌虫虫体白色，球形或梨形。体长 837.0±16.70μm，体宽 630±20.8μm，口针长 15.3±0.19μm，头顶至排泄孔 36.5±0.92μm，颈长 169.5±0.94μm，阴肛距 21.4±0.99μm。雄虫虫体细长，蠕虫形。头低平，不与体部分开。体长 1 965.5±36.2μm，体宽 43.5±0.65μm，口针长 25.1±0.34μm，头顶至排泄孔 202.9±3.66μm，尾长 25±0.37μm，交合刺长 38.6±0.93μm，引带长 6～7μm。2 龄幼虫体长 465.1±6.63μm，体宽 17.4±0.13μm，口针长 11.5±0.21μm，头至排泄孔 96.1±1.04μm，尾长 58.5±0.49μm，透明尾端 16.1±0.68μm。2 龄幼虫虫体细长，蠕虫形，头顶平截，头部不与体部分开。口针纤细，针锥直。

传播途径和发病条件 病原线虫以卵及雌虫越冬。环境条件适宜，即温度 20～30℃，开始发育，孵化和活动最盛。土壤过于潮湿时，有利于线虫繁殖。病苗、带病土壤和病根，是本病传播的主要途径。水流是近距离传播的重要媒介。此外，本病亦可由带病肥料、农具，以及人、畜活动传播。砧木种类对根结线虫有抗性差异。凡用枳作砧木的发病重，酸橙作砧木的发病轻。

防治方法 ①选用抗病砧木。在病区应采用酸橙、红橘作砧木，培育无病苗，切忌枳砧。②病苗可用 45℃温汤浸根 25min，或 46～47℃温汤浸根 10min，可杀死根结线虫。③

1～2月，挖除病根烧毁，施用石灰1.5～2.5kg/株，增施有机肥，控制病害蔓延，促进恢复生长。④药剂防治。成年病树，用10％益舒宝颗粒剂每667m² 5kg穴施。还可用1.8％阿维菌素乳油1 000～1 500倍液（穴施200～300ml）、5％线虫清（淡紫拟青霉）水剂200倍液（穴施150ml），或线虫必克（厚孢轮枝菌）2.5亿个孢子/g微粒剂（按每667m²使用1.5～2.0kg穴施）防治。

柑橘穿孔线虫病

Citrus burrowing nematode

症状 受害植株出现落叶和生长衰退症状。病树叶片稀少，叶小，僵硬，黄化。着果少，果小，产量低。重病树树冠呈现秃枝，终至全株枯死。病树根系萎缩，根表皮腐烂，营养根极少或无。须根表皮产生褐色伤痕，严重时皮层脱落。病树对水分压力反应敏感，在干旱季节迅速萎蔫，造成死株。感病柑橘园常在11～12月大量落叶，遇霜冻时落叶更加严重。

病原 *Radopholus citriphilus* Huettel，Dichson et Kaplan，称嗜柑橘穿孔线虫，为穿孔线虫属中的一种。

形态特征 雌虫虫体前部异形，头部半球形，无明显缢缩。体长650（554～702）μm，口针长19（18～20）μm，尾长65～75μm。雄虫唇部高，明显缢缩。体长639（630～660）μm，口针长13（12～14）μm，尾长60～75μm，交合刺19.8（18～20）μm，引带长10～12μm，尾透明区10.6（7～12）μm。

传播途径和发病条件 参照本书柑橘根结线虫病。

防治方法 ①严格实行检疫。②参照本书柑橘根结线虫病药剂防治部分。

温州蜜柑青枯病

Sutsuma physiological wilt

彩版8·55

症状 主要为害温州蜜柑和南丰蜜橘，本地早也会发生。一般在秋、冬季采果前后和春季发生。每年4月雨后转晴时症状最为明显。发病时树冠顶部叶片突然出现失水状向内纵卷，无光泽，3～4天后干卷、枯死，挂树上或脱落。叶片不脱落的病树，病状从树冠上部向下蔓延到嫁接口，直至全株枯死。春季发病的还会延迟抽梢，春梢短而纤细，花果不正常。枝干枯死，树皮完好，砧木部和根系正常。纵剖病树主干，可见嫁接口接穗与砧木部界限明显，接穗部明显呈缺水状，木质部黄褐色，并有些褐色至黑褐色的陷点。将病树嫁接口横切面镜检，可见接穗部导管中有黄褐色胶状物填塞，砧木木质部无异常。柑橘园中有的整株发病，有的仅1个或几个主枝发病。

病原 病原性质尚不清楚。

传播途径和发病条件 传病途径不明。在温州蜜柑中,主要为害中、晚熟品种,早熟品种不发生。不同砧、穗组合的发病程度,有明显差异。以酸橙或酸橘砧的温州蜜柑,发病最重,枳砧的温州蜜柑,较少发病。不同树龄的发病情况,也有差别,苗木和幼树很少发病,进入盛果期的六至八年生树最易发病。实生树和25年生以上的嫁接树未见发病。每年冬季采果后和翌年5月为本病盛发期。广西、湖南以4～5月发生最多。长期低温阴雨后天气转晴,发病最重。发病与栽培管理和营养水平有关,如生长前期营养水平较高,进入盛果期后营养亏缺,发病较重。偏施氮肥,少施有机肥,根群分布较浅的容易发病。低洼、近水的果园发病早而重,丘陵山地发病迟且轻。

防治方法 ①推广枳砧嫁接温州蜜柑,适当推广抗病早熟的优良温州蜜柑品系。②病树要及早重剪,加强肥水管理,适时抹梢整形,促进树冠形成,可收到一定的防治效果。③高接换砧或换种:初发或发病轻的果园,健、病树最好都要及早用枳靠接换砧,以利树势迅速恢复。重病树砧木好的也可在发病初期,将嫁接口以上部分锯去,锯口涂上接蜡,待砧木抽生枝梢后嫁接橙类或其他抗病品种,高接后加强肥水管理。④搞好果园排灌系统,避免积水,遇旱可灌,增施有机肥,深耕培土,促进根系生长,增强树势,提高抗病力。

柑橘果实日灼病

Citrus sun scald

彩版 8·56

症状 本病主要为害果实。果实近成熟时,果顶受害,果实发育停滞,受害部果皮焦灼,黄褐色,皮厚坚硬,表面粗糙,凹陷,其上生黑褐色小斑,果形不整齐。受害轻的仅限于果皮部,重者伤及汁胞,果汁少、味淡,果肉呈海绵质。

病因 本病系高温烈日曝晒引起的一种生理性病害。

传播途径和发病条件 凡果园四周无防护林,夏季易遭高温烈日曝晒,特别是西晒向的果实易受害,其次是在高温烈日下喷射石硫合剂,会加剧本病发生。

防治方法 ①5、6月间,防治锈壁虱和红蜘蛛时,应避免在高温烈日的天气喷射石硫合剂,必要喷药时,应于上午9时前、下午4时后进行,石硫合剂以0.1～0.2波美度为宜。②7～10月间,定期灌水或早晚喷水,调节土壤水分和果园小气候,可减少日灼病的发生。喷射1%石灰水,或西向果实套袋亦可减轻发病。

柑 橘 缺 镁 症

Citrus magnesium deficieney

彩版 8·57

症状 本病又称滞黄病,全年均可发生,但以夏末或秋季果实近成熟时发生最多,常在秋季引起落叶。老叶和果实附近的叶片缺镁症状最为明显。初发病时，在主侧脉或中脉的两侧出现褪绿变黄，呈不规则黄斑，后向叶缘扩展，叶脉间出现肋骨状黄白色，黄斑互相联合扩大成片，使大部分叶片变黄，仅在中脉及基部叶组织保持三角形或界限明显的倒V形的绿色区。严重缺镁时会引起枯枝、落叶、树势衰弱、落花、落果，降低产量和品质。

病因　酸性土和轻沙土中的镁元素极易流失，引起缺镁症。施用磷、钾肥过量时也会造成土壤缺镁。

防治方法　在改土基础上适当增施镁肥，可有效矫正缺镁症。生长期间叶面喷施0.1%硝酸镁，或0.2%硫酸镁，连续喷2～3次。喷液中加入0.5%尿素可提高喷镁效果。酸性土每株柑橘施用石灰镁0.75～1kg，微酸至碱性土应施用硫酸镁，均可有效矫正缺镁症。用1%硝酸镁浇根，效果亦好。土壤中钾和钙对镁的拮抗作用很明显，因此，在钾和钙有效性很高的果园，施镁量必须增加。镁肥可与堆肥混施。柑橘园增施有机肥、酸性土施用适量石灰，都有助于矫正缺镁。

柑 橘 缺 硼 症

Citrus boron deficiency

彩版 8・58～59

症状　主要症状是叶柄有水渍状半透明小斑点，新梢尖端变黑，叶脉木栓化，芽丛生，老叶主侧脉黄化肿大，并在叶片一侧木栓化开裂。叶片古铜色、褐色以至黄色，叶肉较脆，叶向后卷曲，与主脉成直角。幼果易脱落，种子发育不良，严重缺硼时，引起早期落叶，枝梢干枯，果皮变厚而硬，表面粗糙呈瘤状，果皮及中心柱有褐色胶状物，果小畸形，坚硬如石，渣多，汁少。

病因　土壤含钙量过多或施用石灰过量均会引起柑橘缺硼。在土壤有机质含量少、酸性（多为红壤或黄壤）的丘陵山地果园，土瘦而干旱，有效磷含量低；山区雨水多常遭洪水淹没的溪河两岸果园，土中有效磷被淋洗以及夏秋干旱果园灌水和根系对有效磷吸收困难等情况下均易出现缺硼症。

防治方法　①扩穴改土，压埋绿肥，增施有机肥、灰肥，加速土壤熟化，改善红、黄壤理化性质。不偏施化肥（特别是氮肥），压埋绿肥时不宜用过量石灰，冲积土应逐年客土，加厚土层。②防旱、排涝，减少土壤有效硼的固定和流失，夏秋干旱季节，注意覆盖或灌水，雨季注意开沟排涝，防止积水。③根外喷硼。一般在春梢期、盛花期各喷0.1%～0.2%硼砂液或0.5%～1%磷酸钾一次，喷时可加入0.2%～0.3%尿素，也可与等量的石灰混合液或3%草木灰浸出液混用。严重缺硼时应在春梢、盛花和幼果期各喷0.1%～0.2%硼砂一次，也可在土壤中施用硼砂，每667m²250～500g（应施入肥穴，尽量与有机肥、土壤混匀）。施硼碴，每株用量为1.5～2kg，在2～3月春芽前或5～6月幼果期施用，最好与有机肥混施。

柑 橘 缺 锌 症

Citrus zine deficiency

彩版 9 · 60

症状 本病又称斑叶病。新梢叶片出现网状花叶，叶小，叶脉绿色，叶肉褪绿，初呈黄绿斑点，后成网状。老叶主、侧脉保持绿色，叶肉褪绿，出现有规则的花叶状。严重缺锌时，新梢纤短，叶片直立狭小，簇状小叶丛生，随后小枝枯死。果偏小，果皮光滑淡黄化。尤其甜橙容易出现缺锌症，果小，果肉木质化，汁少，味淡，导致减产。

病因 在强酸性土和碱性土壤，锌元素常变为不易溶解的化合物或老果园锌被吸收殆尽的情况下，柑橘容易出现缺锌症。此外，氮肥过量、土壤缺有机质或缺镁、铜等微量元素时，也会出现缺锌症。

防治方法 春梢抽生前，叶面喷施 0.4%～0.5% 硫酸锌（加入 1%～2% 石灰或0.1% 黏着剂）。酸性土每株穴施 50～100g 硫酸锌，在 2～3 月施用，最好结合施有机肥，尽量避免与磷肥或石灰一起用。此外，可用有机肥或绿肥改土，如利用芒萁骨等山草绿肥进行翻埋改土，对矫正缺锌症效果良好。

柑 橘 缺 锰 症

Citrus manganese deficiency

彩版 9 · 61

症状 本病又称萎黄病，多在幼叶出现。受害新梢叶片大小正常，中脉和较粗的侧脉及附近组织为绿色，其余部分均呈黄绿色，与缺锌有些相似，但以无明显网状脉和叶片大小基本正常、无小叶丛生状而区别于缺锌症。严重缺锰时，大枝条上的叶片早期黄化脱落，小枝条生长严重受抑制，以至枯死，缺锰又缺锌的柑橘树，其枝条枯死更多。

病因 主要由于土壤代换性锰量过少或碱性土中的锰易成不可溶态而引起缺锰症。在强酸性沙质土的柑橘，常伴随缺锌、缺铜和缺镁。

防治方法 ①喷施 0.2%～0.6% 硫酸锰与 1%～2% 生石灰混合液，连续喷 2～3次，有治疗效果。5～8 月份可用 0.6% 硫酸锰与 0.3 波美度石硫合剂混合液喷施。②酸性土的柑橘园，硫酸锰可与肥料混用。柠檬对硫酸锰较为敏感，易产生药害，使用时应加注意。

2. 香蕉病害
Diseases of Banana

香 蕉 叶 斑 病 类

Banana leaf spots

彩版 9 · 62～67

　　香蕉叶斑病类是蕉区普遍发生的真菌性病害，常见有香蕉褐缘灰斑病（Brown sigato-ka disease of banana）、香蕉灰纹病（Gray streak disease of banana）、香蕉煤纹病（Sooty streak disease of banana）。病株一般虽能结果，但对产量有不同程度影响，严重发生时，会引起叶枯，对产量、品质影响很大。

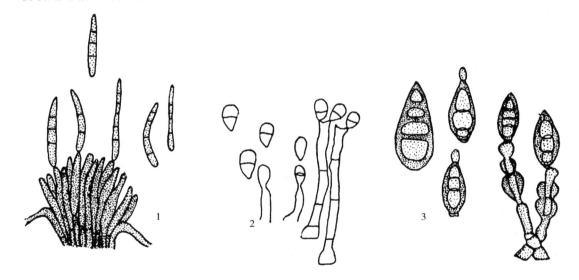

图 1-15　香蕉叶斑类病害病原
1. 香蕉褐缘灰斑病分生孢子梗和分生孢子　2. 香蕉煤纹病分生孢子梗和分生孢子
3. 香蕉灰纹病分生孢子梗和分生孢子

　　症状　褐缘灰斑病：初于叶面出现与叶脉平行的褐色条斑，后扩展成长椭圆形或纺锤形黑色病斑。病斑中央灰色，周缘黑褐色，其上产生稀疏的灰色霉状物。病斑多时叶片枯死。灰纹病：初于叶面生小椭圆形褐色病斑，后扩展为两端略尖的长椭圆形大斑。病斑中央呈灰褐色至灰色，周围褐色，近病斑的周缘有不明显的轮纹。病斑外有明显的黄晕，病斑背面有灰褐色霉状物。煤纹病：病斑多生于叶缘，与灰纹病病斑颇难以区别。煤纹病斑多呈短椭圆形，褐色，斑面的轮纹较明显，斑背的霉状物暗色。

　　病原　香蕉褐缘灰斑病：*Cercospora musae* Zimm.，称芭蕉生尾孢，属半知菌亚门尾孢属真菌。香蕉灰纹病：*Cordana musae* Von Hohn.，称香蕉暗双孢，属半知菌亚门暗双孢属真菌。香蕉煤纹病：*Helminthosporium torulosum*（Syd.）Ashby，称簇生长蠕孢，属半知菌亚门长蠕孢属真菌。褐缘灰斑病菌的分生孢子梗褐色，丛生，分生孢子棍棒状，无色，大小20～80μm×2～6μm，有0～6分隔。灰纹病菌的分生孢子梗褐色，1分隔，长80～220μm。分生孢子单胞或多胞，无色，椭圆形，大小13～27μm×7～16μm。煤纹病菌的分生孢子梗褐色，有分隔。分生孢子橄榄色，有3～12个分隔，大小30～60μm×16～17μm（图1-15）。

传播途径和发病条件　上述3种病原菌，主要以菌丝体在寄主病部或病株残体上越冬。分生孢子借风雨传播，在生长季节辗转为害。病害流行多发生于温度适中和高湿季节。凡排水不良、土壤潮湿或象鼻虫为害严重的蕉园，发病较重。

防治方法　①加强栽培管理。搞好蕉园排灌，增施有机肥料，及时防治虫害，摘除下部病叶集中烧毁。②喷药保护。于4～6月间，各喷射1～2次0.8%～1%石灰少量式波尔多液（加0.2%豆粉或木茹粉），也可用77%可杀得可湿性粉剂600倍液，或25%敌力脱（丙环唑）乳油500～1 000倍液、25%速保利（烯唑醇）乳油1 500～2 000倍液、24%应得（唑菌腈）悬浮剂1 000倍液、12%腈菌唑乳油800～1 000倍液。

香 蕉 炭 疽 病

Banana anthracnose

彩版10·68～69

症状　本病主要为害成熟或近成熟的果实，尤以为害贮运期间的果实最烈，但亦可为害花、根、假茎、地下球茎及果轴等部位。果实受害，常发生于近果肩处，初生黑色或黑褐色小圆斑，后扩大或几个病斑愈合成不规则形大斑，2～3天内全果变黑褐色，果肉腐烂。病部凹陷，龟裂，长出朱红色、黏性小点（分生孢子盘及分生孢子）。被害的果梗和果轴，同样长出黑褐色小病斑，扩大后其上亦有朱红色小点。

病原　*Colletotrichum musae*（Bark. et Curt.）Arx，称芭蕉炭疽菌，属半知菌亚门刺盘孢属真菌。分生孢子生于分生孢子盘中，分生孢子梗短杆状，无色，不分枝，大小12.5～30μm×3.8～6.3μm。分生孢子顶生，单胞，长椭圆形，无色，大小10～22.5μm×4.3～6.8μm。聚生在一起时呈粉红色。生长温度范围6～38℃，最适温度25～30℃。本菌可侵害蕉类各品种，以香蕉受害最重，大蕉次之，龙牙蕉很少受害（图1-16）。

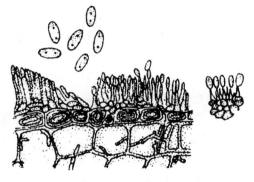

图1-16　香蕉炭疽病病原分生孢子盘、
分生孢子梗和分生孢子

传播途径和发病条件　以菌丝体或分生孢子在病组织内越冬。分生孢子借风雨或昆虫传播。青果受害，初期蔓延扩展甚慢，至成熟时，特别是成熟后和贮运期间迅速蔓延。病果上生出大量分生孢子辗转传播，不断重复侵染。如贮运期间温度达25～32℃时，发病最为严重。

防治方法　①喷药保护。结实初期开始喷药，每隔10～15天（遇雨则每隔7天）喷药一次，连喷 2～3 次。可选用 5％菌毒清水剂 500～600 倍液、25％炭特灵可湿性粉剂 500～800 倍液、0.5％石灰少量式波尔多液、50％多菌灵可湿性粉剂 1 000 倍液，或 50％甲基托布津可湿性粉剂 1 000～1 500 倍液等。每 667m² 用药量 150～200kg，以喷湿不滴水为准。②适时采收。果实成熟度达 75％～80％时采收最为适宜。过熟采收容易伤果感病。晴天采收应注意避免损伤果皮。采后用抑霉唑 500mg/kg 与苯束特 500mg/kg 混合浸果，效果较好。用上述药剂处理后，在密封塑料薄膜袋内，加高锰酸钾固体保鲜剂，可有效地吸收乙烯，从而推迟黄熟、抑制炭疽病发生。③贮藏库、室消毒。用 5％福尔马林液喷射，或硫磺熏蒸 24h 后，低温保藏。④清洁田园，集中病枯叶烧毁。增施有机肥，加强树势。

香 蕉 黑 星 病

Banana round black spot

彩版 10·70～73

症状 本病主要为害叶片和果实。叶片受害，下部叶片先发病，初于叶片及叶脉上，生许多小黑斑，圆形至不规则形，直径约 1mm，其上散生或聚生小黑粒（分生孢子器），后期小黑粒周缘呈淡黄色。老病斑多木栓化，暴裂，稍隆起，大面积组织坏死，严重时，叶片凋萎，黄色，甚至倒折。果实受害，主要为害未成熟的青果，多发生于果端的弯背部，在果皮上散生黑色小粒点，明显突起，果皮粗糙，严重时，果轴、果指上布满污斑。病菌顺雨水、露水淌下，常出现细痕带。后期果实黄熟时，小黑点周缘呈暗褐色小斑。采收不及时的香蕉，果指全部发黑，果皮开裂，果肉干腐，不堪食用。

病原 *Phoma musae*（Berl. et Vogl.）Sutton.，异名 *Macrophoma musae*（Cke.）Berl. et Vogl，属半知菌亚门，腔孢纲，茎点霉属真菌。分生孢子器褐色，圆锥形，孔口较小。分生孢子梗宽瓶梗形。分生孢子长椭圆形或卵形，无色，单胞，内含颗粒状物，$3～20\mu m×6～12\mu m$（图 1-17）。

传播途径和发病条件 以分生孢子器在当年的病叶或病残体上越冬。翌年分生孢子借风雨传播到叶片和果实上，侵入为害，产生分生孢子，继续传播，进行再侵染。贮运期间的病果来自田间，在贮运期病情发展很

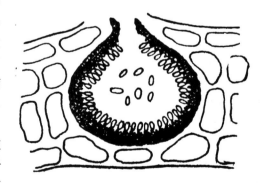

图 1-17 香蕉黑星病病原分生孢子器和分生孢子

慢，无接触传染。香蕉高度感病，粉蕉次之，但山香品种是高感品种，大蕉抗病。春、夏多雨、湿度大、温度适宜时，病害发生流行，秋、冬干旱、湿度小、温度低，病害停止发生。高肥、密植、畦沟积水、荫蔽的蕉园病重。

防治方法 ①香蕉抽蕾后挂果期，采用套袋防病，用塑料薄膜袋将整串香蕉套住，上口紧扎于果轴基部，下部开孔透气，宜用稻草或蕉叶包挂于套袋外遮荫，预防烈日灼伤

果指。②搞好蕉园清洁，随时清除病叶及病残体，集中烧毁。③喷药防治。应于断蕾后喷药，每隔 15 天一次，连喷 2～3 次。选用 75％百菌清可湿性粉剂 600～800 倍液或 80％大生（代森锰锌）可湿性粉剂 600～800 倍液，对炭疽病有一定兼治效果。

香蕉黑条叶斑病

Banana black stripe leaf spot

彩版 11·74

症状 初始是在完全展开的第三或第四片嫩叶下表面的叶脉间，出现细小、褪绿色斑点，后扩展成狭窄的大小 10～20mm×1～2mm 的锈褐色条纹，其两端截短，两侧被叶脉限制。条纹扩展后变成暗红色、褐色或黑色，有时带有紫色色彩，在叶的上表面肉眼可见。条纹伸长后变成纺锤形或椭圆形，形成具有特征性的黑色条纹，在高湿条件下，邻近条纹组织常呈水渍状，病痕中央的组织很快衰败或崩解，病痕背面长出灰色霉状物（病原菌子实体）。以后病部变干，浅灰色，具有明显的深褐色或黑色界限，周围叶组织呈黄色，严重发生时，病斑或条纹融合，导致大面积叶组织毁坏，变成黑色水渍状。终至叶干枯，倒挂假茎上。

病原 *Mycosphaerella fijiensis* Marelet.，为子囊菌亚门，球腔菌属真菌；无性世代 *Paracercospora fijiensis* (Morelet.)，半知菌亚门，丝孢目。分生孢子梗单生或 2～5 支簇生，直接从叶背气孔伸出，或长在裂出的深色子座中，浅白色至榄褐色，直立或弯曲，具膝状节和 1～4 个明显加厚的孢痕，大小为 17～63μm×4～7μm。分生孢子浅白色，直立或稍弯曲，有 1～10 个横隔膜，倒棍棒状或圆筒倒棒状，基部平截，有一明显加厚的孢痕，逐渐向顶端尖削，大小为 30～132μm×2.5～5.0μm。精子器倒梨形，直径 31～50μm，平均 40μm。性孢子圆柱形或杆状，大小为 2.5～5.0μm×1.0～2.5μm。在产生精子器的老熟病斑上埋生着子囊壳。子囊壳深褐色，球形，具有乳突孔口。子囊倒棒状，无侧丝，大小为 28.0～34.5μm×6.5～8.0μm，内含 8 个子囊孢子，双列。子囊孢子浅色，梭形或棍棒状，双胞，在分隔处稍缢缩，大小为 14～20μm×4～6μm。

传播途径和发病条件 与本书香蕉褐缘灰斑病大致相同，分生孢子和子囊孢子在本病蔓延中都有作用，但借气流散传的子囊孢子尤为重要。该菌只侵染刚展开的嫩叶，大多数侵染叶片下表面，较老叶不受侵染，高温高湿有利本病发生流行。

防治方法 ①实行检疫，严禁从病区引进种用球茎和吸芽苗。②采用组培苗。病叶早发现，早清除。③药剂防治：参见本书香蕉叶斑病类。

香蕉镰刀菌枯萎病

Banana wilt，Banana panama disease

彩版 11·75

症状 幼株感病后，仅生长不良，无明显症状。特别是近抽蕾期，下部叶片及靠外的叶鞘，先呈现特异的黄色。叶片的黄色病变，初发生于叶缘，后渐向中肋扩展，黄色与绿色部分形成鲜明对照，但也有全叶黄化的。病叶迅速凋萎倒垂，由黄色变为褐色，干枯；少数病叶未变黄即已倒垂，但亦有个别病株（特别是在荫蔽情况下），叶片黄化后并不倒垂，也不迅速凋萎。病株最后的一片顶叶，很迟抽出或不抽出。最终全株枯死，形成一条枯杆，并倒挂着枯叶。病株多数于抽蕾前，少数于结实后枯死。个别病株虽能结实，但果实发育不良，品质低劣。母株发病，其根茎通常仍能长出吸芽。新吸芽虽受病菌侵染，但仍能继续生长。直至中、后期才发病。本病属维管束性病害，内部症状明显。健株根茎部和假茎的纵横切面，初为白色，数分钟后呈淡紫色。病株茎部纵切面，可见中柱髓部及其周围和皮层薄壁组织间，有红棕色病变坏死的维管束，呈斑点或线条状，愈靠近茎基部，色越深。病株根茎横切面，可见到红棕色病变维管束斑点，多集中于髓部和外皮层之间；内皮层里面的一圈维管束坏死变色。根的木质部导管变红棕色，一直延伸至根茎内，后呈黑褐色而干枯。健株假茎的横切面，初为白色，氧化后呈淡紫色；而病株假茎的横切面，其内部嫩叶鞘的维管束变黄，外部老叶鞘维管束呈黄赤色、赤红色至深褐色。初发病植株的假茎，则是外部老叶鞘的维管束变色，内部嫩叶鞘的维管束不变色。在变色的维管束及其附近组织中，可见到病菌的菌丝体和分生孢子堆。

病原 *Fusarium oxysporum* f. *cubense* Snyder. et Hansen.，称尖孢镰刀菌香蕉专化型，属半知菌亚门，镰孢属真菌。大型分生孢子镰刀形，有 3～5 个隔膜，多数为 3 个隔膜，大小 39～48μm×3.5～4.5μm。小型分生孢子数量大，单胞或双胞，卵形或圆形。菌核或菌核体蓝黑色，大小为 0.5～1mm，最大的 4mm。厚垣孢子椭圆形至球形，顶生或间生，单个，2 个或联串，大小 5.5～6μm×6～7μm。本菌有 2 个生理小种。小种 1 号，分布很广；小种 2 号，分布较窄（图 1-18）。

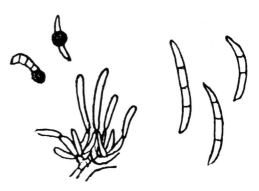

图 1-18　香蕉镰刀枯萎病病原菌的两种分生孢子

传播途径和发病条件 本菌为土壤习居菌，能在土中存活几年乃至 20 年之久。病菌从植株根部侵入导管而致病。病苗和带有病土的种苗（吸芽），是本病传播的主要途径。凡土壤黏重、酸性强、透水和透气性差、缺肥、排水不良的蕉园，发病较重。在我国仅粉蕉和西贡蕉发病。其他蕉类和品种如香蕉、大蕉等，均未见发病。

防治方法 ①实行检疫。严禁从病区引入病苗，即使从无病区调苗，亦要取样剖检根茎部或分离培养，并在隔离区种植观察 2 年，确证无病后，方得推广种植。②新植蕉园，必须定期检查，一旦发现病株，应立即拔除，病株四周约 10m 或两株距的边缘为界，将界内的病、健株挖除，连同黏附的土壤，就地晒干烧毁，并对病土进行消毒。界外土壤撒施石灰杀菌。此外，要禁止蕉苗、土肥、农具等移至附近蕉园使用。③实行蕉园与水稻或甘蔗轮作，对防治本病有较好效果。④改种抗病品种，严重发病的粉蕉或西贡蕉，改种抗病香蕉、大蕉等。⑤药剂防治。选用 30% 恶霉灵可湿性粉剂 800～1 000 倍液、20% 龙克菌（噻菌铜）

悬浮剂 500～600 倍液淋灌根茎部，每株 1～3kg，7～10 天 1 次，连续 2～3 次。

香 蕉 黑 腐 病

Banana black rot

彩版 11·76

症状 在田间或收获后的贮藏果上均可发生，主要还是贮运期的一种果腐，可引起以下几种类型症状：①香蕉轴腐：病菌从蕉轴的损伤部位侵入，最初主轴出现暗褐色水渍状病斑，随后病部扩展，变黑、变软，病轴裂开。在潮湿条件下，病斑上长满灰绿色菌丝体，严重时整串香蕉受害。②冠腐：由几种真菌分别或复合侵染引起。病菌从切口处侵入，各种菌引起的症状略有差异，但基本与轴腐相似。③指梗腐烂：病菌从果冠部扩展至果梗或者直接侵入果梗，果梗上呈水渍状褐色，随后病菌向果指发展，整个果梗变黑、湿腐状，易断裂并从冠部脱落。④果指腐烂：多发生催熟库房内。病菌开始从果顶花瓣残留物侵入，然后扩展蔓延，多数从果梗处蔓延至果实。有的在田间病菌就潜伏侵染在果实中，直至采果后成熟时表现症状。开始果皮变淡褐色，随后病斑发展成灰黑色，且皱缩，果肉变软腐，病斑上产生灰绿色至暗褐色菌丝体，有时上有粉红色霉层。在以上几种症状的后期病斑上，散生大量小黑点或蜘蛛网状的暗褐色霉层，为病菌子实体。

病原 *Botryodiplodia theobromae* Pat（异名 *Diplodia natalensis* Pole‐Evuns），属半知菌亚门壳色单隔孢属真菌。菌丝从无色转为橄榄黑色，分生孢子器黑色，埋生在寄主组织内，球形或烧瓶状，分散或成群，有短的孔口，有侧丝；分子孢子顶生在短的分生孢子梗（造孢细胞）上，最初无色透明，单细胞，椭圆形或长圆形，成熟时褐色到橄榄黑色，中间有一个分隔，隔膜处稍缢缩，具纵向条纹，大小为 20～30μm×10～15μm，有性阶段为 *Physalospora rhodina* Berk. et Curt. ［异名：*Botryosphaeria rhodina*（Berk. et Curt.）Shoemaker］；*Verticillium theobromae*（Turc.）Mason. & Hugl，属半知菌亚门轮枝孢属。此外，还有 *Colletotrichum musae*（刺盘孢属）和 *Fusarium roseum*（粉红镰刀菌）。

传播途径和发病条件 侵染源一般来自田间未成熟的香蕉及植株残体。病菌可潜伏侵染在果实内，在田间不造成果腐。采后果实若维持在 28～30℃下，10 天造成严重腐烂。贮运期间，因碰伤加上高温、高湿（相对湿度 100％），发病严重。腐烂程度与果实成熟度有关。

防治方法 ①加强栽培管理，培育壮苗，增强抗病性，并注意做好田间卫生。②适时采收成熟度适合的果实。采收和处理时注意小心操作，尽量避免损伤，果梳切口处要立即涂药保护。③采后浸泡 1 250mg/kg 二噻农溶液，或 1 000mg/kg 苯莱特或特克多溶液。采果当天还可用 45％施保克（咪鲜胺）水剂 900～1 800 倍液浸种 1min。④处理后的果实迅速贮藏在 13±1℃的低温下。采用 50％多菌灵、农用高脂膜水乳剂与水三者按 1∶5∶1 000 比例混合后浸果处理，贮期 60 天，对轴腐和果腐防治效果良好。

香 蕉 冠 腐 病

Banana Crown rot

彩版 11 · 77

症状 香蕉果冠变褐色，后期变褐色、黑色。病部无明显界限，发病后，逐渐从冠部向指果的端部延伸。蕉梳切口发生大量白色絮状的霉状物、毛状物，即病原菌的菌丝体和子实体，有大量分生孢子，引起轴腐，延伸至果柄后，指果常散落，待指果发病后果皮爆裂、蕉肉僵死，果实不易催熟转黄。

病原 引起该病病原真菌最为主要的是 *Fusarium dimerum* Penz，称单隔镰刀菌，属半知菌亚门，镰孢属真菌，该菌在 PSA 培养基上生长迅速，气生菌丝体绒状，白色，培养基反面紫红色；小分生孢子的产孢细胞为瓶状，侧生于气生菌丝上，小分生孢子串生，大量形成时表面呈粉状，未见大分生孢子，无厚垣孢子，未见形成菌核。在石竹叶培养基上，大分生孢子生在长瓶状的产孢细胞上。在米饭培养基上初为红色，后转为紫红色，菌丝体白色，生长迅速。小分生孢子无隔者多呈披针状、纺锤形，大小 6.3～13.8（7.5～12.5）μm×2.5～5.0（2.5～3.0）μm。1个隔膜的多呈圆柱形，大小为13.8～26.3（15.0～22.5）μm×2.5～3.8（2.5）μm。大分生孢子

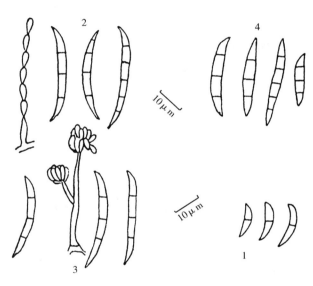

图 1-19 香蕉冠腐病病原
1. *Fusarium dimerum* Penz. 的大分生孢子
2. *Fusarium moniliforme* Sheld. 的大分生孢子和小分生孢子
3. *Fusarium moniliforme* var. *subglutinans* Wr. et Reink. 的
大分生孢子和小分生孢子
4. *Fusarium semitectum* Berk. et Rav. 的大分生孢子

镰刀形、梭形，顶细胞略弯，足细胞明显，3～5 个隔膜。3 个隔膜的为 32.5～48.8（37.5～42.5）μm×2.5～3.8（2.5～3.0）μm。5 个隔膜的为 53.0～76.3（62.5～68.8）μm×2.5～5.0（3.8）μm。其次是 *F. moniliforme* var. *subglutinans*，称串珠镰刀菌胶孢变种，属半知菌亚门，镰孢属。在 PSA 上气生菌丝体毛绒状，培养基反面枯黄色或紫色，小分生孢子团不成串，发生多时，亦呈粉状，未见大分生孢子和厚垣孢子。在石竹叶培养基上，有少许 3 个隔膜的大分生孢子。在米饭培养基上呈浅橘红色，气生菌体白色，生长迅速。小分生孢子，无隔者多呈披针形，少数椭圆形或圆柱形，大小为 6.3～12.5（7.5～10.0）μm×2.5～3.8（2.5）μm；1 个隔膜的多呈圆形或圆柱形，大小为 12.5～

23.8（16.3～20.0）μm×2.5（2.5）μm。大分生孢子梭形、稍直，足细胞小，顶细胞稍弯，大小为28.8～50.0（32.5～40.0）μm×2.5～3.8（2.5）μm。*F. dimerum*，称单隔镰刀菌，属半知菌亚门，镰孢属，较少。在PSA上气生菌丝体毛绒状，初白色，后呈枯黄色，培养基反面米黄色。小分生孢子变化较大，数量不多，有厚垣孢子。在石竹叶培养基上形成大、小分生孢子。在米饭培养基上初白色后转米黄色，最终杏黄色或暗杏黄色。小分生孢子单胞，呈椭圆形、纺锤形、肾形，有的孢子中央有1个油球，大小为5.0～11.3（5.0～7.5）μm×2.5～5.0（2.5～3.8）μm。大分生孢子1个隔膜，镰刀形，足细胞不很明显，大小为7.5～16.5（8.8～12.5）μm×2.5～5.0（3.8～5.0）μm，厚垣孢子间生，少数串生，近圆形，壁薄、光滑，大小为7.5μm×7.5～9.5μm。*F. semitectum*（半裸镰刀菌）虽然占比例很少，但致病性最强。在PSA上气生菌丝体絮状，初白色，后桃粉色，培养基反面浅桃粉色，逐渐变成黄棕褐色，未见大、小分生孢子，也未见分生孢子座和菌核，但有厚垣孢子。在石竹叶培养基上，有少数大分生孢子形成，也有数个串生的厚垣孢子。在米饭培养基上呈黄棕褐色，菌丝体少。小分生孢子无隔者肾形或近梭形，大小为12.5～22.5（13.8～22.0）μm×2.5～3.8（2.5～3.8）μm。1个隔膜的呈镰刀形或近梭形，大小为12.5～22.5（13.8～22.0）μm×2.5～3.8（2.5～3.8）μm。大分生孢子呈宽镰刀形，足细胞不明显，少数孢子较直，呈梭形。3个隔膜的分生孢子大小为20.0～42.5（21.3～31.3）μm×2.5～3.8（2.5～3.8）μm，厚垣孢子不多，球形，单生、间生或串生，大小为7.5μm×7.5～7.8μm（图1-19）。

传播途径和发病条件　尚不清楚。香蕉采收后如用聚乙烯袋包装，该病发生较重。运输过程出现机械伤是引起本病的主要诱因。香蕉北运常发生此病，蕉农称"白霉病"。

防治方法　参考香蕉黑腐病。

香 蕉 束 顶 病

Banana bunchy top virus

彩版11·78～79

症状　本病又称蕉公，是为害香蕉主要病害之一，香蕉整个生长季节均可发病。幼苗染病后先在新叶上出现叶窄小、边缘轻度黄化、稍向上卷曲等症状，随后在叶背或主脉背面和叶柄上出现断断续续长短不一（长达30～50cm或更长，短的不到1mm）的浓绿色条纹，俗称"青筋"，这是诊断该病特别是早期诊断的最为可靠的特征。染病后植株生长缓慢、矮缩，新抽叶一片比一片短小，顶部叶片硬直紧束，呈束顶状。病株分蘖多，根部生长受阻，部分出现烂根。生长后期被侵染植株，叶大都抽齐，不表现束顶或黄化，但最嫩叶片叶缘黄化，叶脉和叶柄仍有"青筋"。孕穗结果期的一些母株，初期症状不明显，而基部分蘖的小吸芽，黄化及"青筋"症状明显。染病母株长出的分蘖多数最后全部发病。早期发病的不结果，现蕾而未孕穗发病的，多数不能孕穗，少数虽有结果，但果细小且弯曲，失去经济价值。

病原　*Banana bunchy top virus*（BBTV），称香蕉束顶病毒，环状DNA病毒科，矮

缩病毒属。球状粒体，大小为 18～20nm，至少含有 6 个单链环状的 DNA 组分，每个组分 1.1～1.3Kb，其结构相似，为正义分子，并单向转录。外壳蛋白分子质量为 20.5u。BBTV 株系可分为南太平洋亚组和亚洲亚组。寄主限于芭蕉科内 5 个种，芋为无症寄主。

传播途径和发病条件 蕉苗传带病毒，汁液摩擦和土壤不会传病。本病初侵染源为病株和带毒蕉苗（吸芽和组培苗），远距离传播通过带毒蕉苗的调运，在田间，近距离传病依靠传毒介体交脉蚜，以持久性方式传播。交脉蚜最短获毒和接毒时间分别为 30min 和 15min，循回期约 1 天，一次获毒后可保毒至少 14 天。成、若虫均可传病，但若虫传毒效能高于成虫。若虫蜕皮后仍能保持带毒，带毒蚜虫不能通过子代传毒，虫卵不传病。气温日平均 20～30℃，蕉苗高 18～20cm，发病潜育期 19～57 天；蕉苗高 50cm 及进入结果期，潜育期略长；气温 8～20℃，不论蕉株大小，潜育期长达 152～216 天。

病害发生轻重，与田间毒源数量、蕉苗带毒率、交脉蚜发生量、香蕉类型和栽培管理等因素关系密切，大量种植带毒蕉苗是病区迅速扩展的直接原因。一般少雨、干旱年份，交脉蚜发生量大，田间病株多或栽种的香蕉吸芽、组培苗带毒率高，极易引起田间病害流行。绝大多数香蕉品种感病，但不同类型香蕉品种，抗病力差异大，香蕉最感病，过山香蕉类（包括龙芽蕉、沙蕉、糯米蕉等）次之，粉蕉和大蕉抗病；香蕉组培苗、幼嫩吸芽和补种的幼苗容易染病；田间管理粗放、治虫和处理病株不及时或不当，发病亦重。

防治方法 ①种植无毒蕉苗，这是防病的前提。大力推广无毒组培苗，实行连片种植。在习惯种植香蕉吸芽的地区，应严格选用健康母株旁的无病吸芽，以免将病苗带进蕉园。②清除病株，减少毒源。新、老蕉园均需经常调查，发现病株及时铲除。做到铲前喷药治蚜（40％乐果 800～1 000 倍液，或 80％敌敌畏乳油 1 000 倍液），铲刨（除净残根及周围吸芽）结合，铲后清园，补种健苗，加强肥水管理。③适时防治传毒介体交脉蚜。香蕉生长季节要注意交脉蚜发生动态，重点抓好 3～4 月和 9～12 月交脉蚜的药剂防治工作（见交脉蚜部分）。④种植较为抗病的香蕉类型：在重病区可考虑改种抗病力较强的大蕉和粉蕉。⑤隔离种植。由于交脉蚜传染扩散时，在 20m 内可有 70％植株受到传染，远离侵染源 1 000m 以上不被侵染，故新园与病园相距应在 1 000m 以上。

香蕉花叶心腐病

Banana mosaic virus

彩版 12·80～81

症状 本病是为害香蕉的主要病害之一。早期染病的香蕉，植株矮缩，甚至死亡。成株期染病的植株，生长衰弱，不结实，即使结实也难长大。主要症状：病叶出现断断续续、长短不一的褪绿、黄色条纹或梭形病斑，从叶缘向主脉方向扩展，宽 1～1.5mm，严重时全叶呈现黄绿色相间的花叶症状。嫩叶上的条纹较短，灰黄色或黄绿色，叶老熟后渐变成褐色至紫黑色。随着病害的发展，病株叶缘轻微卷曲，顶叶扭曲、束生，心叶及假茎内呈现水渍状，随后变成褐色腐烂。

病原 *Cucumber mosaic virus Cucumovirus* banana strain，称黄瓜花叶病毒香蕉株系，属雀麦花叶病毒科，黄瓜花叶病毒属。寄主范围广，可侵染胡芦科、瓜类、茄科、豇豆、大蕉、杂草等多种植物。病毒粒体球状，直径为 $26\sim28nm$，钝化温度为 $50\sim55℃$，稀释终点为 $10^{-3}\sim10^{-2}$，体外保毒期为 $12\sim24h$。

传播途径和发病条件 吸芽可带毒，自然传播介体为棉蚜、玉米蚜和桃蚜。田间初侵染源是病株、带毒的蕉苗和染病的中间寄主。远距离传播主要依靠带毒的吸芽和组培苗，蕉园内病害蔓延主要通过蚜传。本病较难通过汁液摩擦传染。潜育期长短与温度、寄主生育期有关。蕉芽幼嫩阶段染病，潜育期一般为 $7\sim10$ 天，成株期感染，潜育期长达几个月。遇温暖、干燥年份，发病较重，这与该气候条件有利于蚜虫大发生有密切关系。每年发病高峰期为 $5\sim6$ 月份。发病还与香蕉树龄有关，越是幼嫩蕉苗，越易罹病。新抽幼嫩吸芽和新植幼苗亦易感病，这与蚜虫喜欢取食幼嫩部位有关。蕉园附近、蕉园内种植或间、套种葫芦科、瓜类、茄科等寄主范围内的植物，发病亦重。

防治方法 ①实行检疫，严防从病区调运种苗。②大力推广无毒香蕉组培苗和选用无毒吸芽作为种苗，这是无病区或新植蕉园的基本防病措施。种植组培苗要注意培育壮苗，春季早栽，以错开易感病的苗期与蚜虫的发生高峰期相遇。组培苗不宜秋植，因为秋季干燥有利于蚜虫发生与传病。定植后应按组培苗的生育特点，加强肥水管理，促其早生快发，力争当年结果。③搞好蚜虫测报，及时喷药治蚜（见番木瓜桃蚜部分）。④蕉园内和蕉园附近不种寄主范围内的葫芦科、茄科等植物。

香蕉穿孔线虫病

Banana shot hole nematode disease

彩版 12·82～83

症状 本病又称黑根病，是检疫性病害，主要为害香蕉根部和地下部肉质茎。该线虫从香蕉根表侵入后，在皮层细胞间迁移，并取食皮层细胞内营养物质，引起受害细胞崩解，形成空腔。侵染初期，地上部无明显症状，检查根部可见淡红、褐色凹陷斑痕。染病后约 $3\sim4$ 周，根部出现边缘稍隆起的纵裂缝，并随着病害的继续发展而加重。病根生长衰弱，短而膨大或变褐色腐烂。因根部组织被破坏而影响地上部的正常生长，导致蕉苗死亡，成株叶缘干枯，心叶凋萎，结果少，果小呈指状。重病的结穗株常倒伏。

病原 属垫刃目，根腐科，穿孔线虫属。为迁移性内寄生病原线虫。学名 *Radopholus similis* (Cobb.) Thorne.，异名 *Tylenchus similis*，*Anguillulina similis* Cobb.，*Rotylenchus* (Cobb.) Filipiev.。

形态特征 雌、雄异体，幼虫呈细长蠕虫状，无色透明，大小不超过 1mm。雌虫：虫体呈圆筒形，头部低、圆，连续或稍缢缩，骨质化明显，有时缢缩，口针和食道发达，食道腺大部分重叠于肠的背面，阴门位于体中部，双生殖管。贮精囊球形，两性生殖的种，其贮精囊有精子。尾细长，锥形，尾端细圆。雄虫：虫体圆筒形，但头部明显不同于雌虫，头部高，球形，明显缢缩，骨质化，口针及食道退化，尾细长、锥形，朝腹面弯曲，交合伞不包至尾端，交合刺头发达，远端尖细，弯曲。大多数为两性交配生殖，也有孤雌生殖。雌虫在病组织内产卵，单虫日产卵 4～5 枚，持续产卵约 2 周。在 24～32℃下每代约需 20～25 天，卵孵化期 8～10 天，幼虫期 10～13 天。该线虫（染色体 n＝4）能为害香蕉、甘薯和葛属等植物，但不侵染柑橘。本属中的柑橘穿孔线虫（染色体 n＝5）既能侵染柑橘，又可为害香蕉等多种植物（图 1-20）。

传播途径和发病条件　主要初侵染源为带病土壤和病根。远距离传播主要通过调运带病的种苗，水流是近距离传播的主要载体。在同一块果园内，还可通过病、健株的根系接触或病原线虫本身在土中迁移进行传播，如在中美洲的香蕉园内，该线虫 1 年内可蔓延 3～6m，带有病原线虫的肥料、农具以及人畜，也可传播本病。

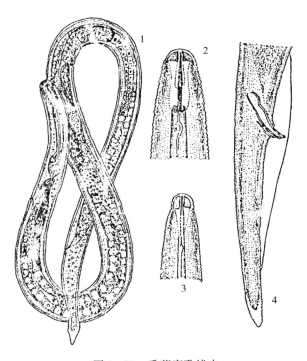

图 1-20　香蕉穿孔线虫
1. 雌虫整体　2. 雌虫头部　3. 雄虫头部　4. 雄虫尾部
（引自《植物线虫诊断与治理》）

在适宜发病条件下，该线虫群体可在 45 天内增长 10 倍。干旱条件对该线虫不利，在沙土和干旱的休闲地里或将病土贮放塑料袋内，只能存活约 12 周，而在香蕉肉质茎和根内，其存活期与寄主组织能保持多汁状态的时间一样长，在无寄主情况下，其存活时间缩短，不超过 6 个月。

防治方法　①实行检疫。本病为我国对外检疫对象，对引进的种苗一定要严格检疫，禁止从疫区进口香蕉及肖竹芋属、鹤望兰属、花烛属等观赏植物以及其他寄主的带根植物体和土壤。对目前认为是非疫区的国家和地区进口这些植物材料，也要严格限制数量，严格检查，隔离试种，进行一定时间的隔离观察，经检查鉴定确无带病时，才可在生产上示范、推广。②使用无病材料，做好种苗处理。无病区应采用无病材料，最好是试管组培苗。采用球茎和吸芽的可先用利刀彻底削去球茎和吸芽的变色部分，后放在 55℃热水中浸 15～20min；亦可浸在杀线虫剂益舒宝 600mg/kg 溶液 20min，或加有杀线虫剂的泥浆涂裹，每个球茎用药量以有效成分毫克计，即 600mg/kg 计算用药量。③药剂防治。发现病株，就地挖毁，并用杀线虫剂处理周围土壤，定期监测。病蕉园植蕉前和种后 4 个月可用 1.8％阿维菌素乳油 1～1.5ml 对水 500ml，浇灌畦面。或 10％益舒宝 25g 药剂施在植株茎部周围（距茎 30～40cm）的土中。④重病蕉园改造。彻底挖除干净后休闲 10～12 个月或淹水 8 周，亦可与非寄主植物轮栽。

香蕉根线虫病

Banana root nematode

彩版 12·84

　　香蕉根线虫病在我国香蕉种植区普遍发生，常与香蕉根结线虫病混合发生（黎少梅等，1987；张绍升，1996）。植株初期受害地上部症状不明显，受害严重时，造成根部腐烂，果实不能正常成熟，果指干变硬，叶发黄，严重时植株萎蔫，易被风折断。

　　症状　根部腐烂，在腐烂根部可找到线虫。植株受害初期地上部症状不明显，随线虫数量增多，病情逐趋严重。受害的大根短而肥，开裂。营养根未发育成大根时就被破坏。初期呈现红棕色小斑点，随着伤痕增大，根部如环剥裂开，由于线虫蛀食后又受真菌和细菌感染，引致根腐烂。地上部开始出现叶边缘干枯。抽蕾期受害，老叶如烧焦，从边缘至中脉呈凋萎。

　　病原　为肾形线虫 *Rotylenchulus reniformis*，属肾形线虫属。雌雄异型，游离于土壤中，未成熟雌虫，虫体小（0.23～0.64mm），蠕虫形，热杀后虫体朝腹面弯曲，头部圆至锥形，与体轮廓相连，有细条纹，头部骨质化中等，口针中等发达，口针基部球圆；食道发达，中食道球有瓣门，背食道腺开口远离口针基部，球后为口针长度的 0.6～1.9 倍；食道腺长，覆盖于肠的侧面。阴门位于体后部（V＝58～72），阴唇不突起，双生殖管，每条生殖管双折叠。尾部呈圆锥形，末端圆。成熟雌虫，定居于根上，虫体膨大为肾状，前部不规则，阴门突起，生殖管盘旋状。雄虫蠕虫形，头部骨质化；口针和食道退化（中食道球弱无瓣门）；尾部尖，交合刺弯曲，交合伞不包至尾端。幼虫与未成熟雌虫相似，但虫体较短小，无阴门和生殖管。

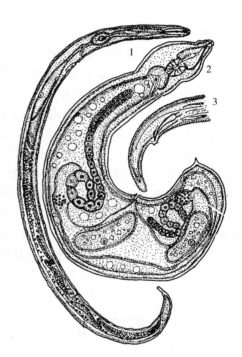

图 1-21　肾形线虫

1. 未成熟雌虫　2. 成熟雌虫　3. 雄虫尾部

（引自《线虫病害诊断与治理》，张绍升）

　　传播途径和发病条件　病原线虫在病根和土壤中越冬，翌年条件适宜时恢复活动，侵染根部吸食汁液生活。受侵染的吸芽、球茎是远距离传播的主要途径，水流是蕉园内线虫传播的重要媒介。沙质土较黏质土发病重。

　　防治方法　①无病区严禁从病区调苗，病区苗应严防外调。②病区苗应用 55℃ 热水浸 5min 后种植，消毒前应将受害吸芽、球茎削除后温汤浸苗 5min。③加强栽培管理，将已感染的地下茎彻底挖除，并将蕉园杂草铲除，翻晒病土，后撒施石灰后覆土压实。④实行与非寄主作物轮作，一年后再种植香蕉。⑤药剂防治参考香蕉穿孔线虫病。

3. 菠萝病害
Diseases of Pineapple

菠 萝 黑 腐 病
Pineapple black rot

彩版 12·85

症状 本病在菠萝的不同部位呈现的症状各异。基腐：通常发生于刚定植的小苗，导致基腐。有时为害茎顶部及嫩叶基部，引起心腐。无论基腐或心腐，病部均变黑色，并发出香味。叶斑：苗期及成株期叶片均可受害。初期病斑呈褐色小点，潮湿条件下，迅速扩大成条形，或长达 10cm 的不规则黑褐色水渍状斑块，上生灰白色霉层，即病原菌分生孢子梗和孢子。干旱条件下，转为草黄色、纸状，边缘黑褐色的病斑，严重时叶片枯黄。黑腐：为果实上症状，未成熟和成熟的果实均可受害。但多发生于成熟果。通常在田间无明显症状。收获后，在堆放或贮运期间的果实迅速腐烂。病菌从伤口侵入，以收获时果柄切口侵入最多。被害果面，初生暗色水渍状软斑，后逐渐扩大并互相连结成暗褐色、无明显边缘的大斑块，可扩展至全果。果实内部组织水渍状软腐，与健全组织有明显分界。果心及其周围变黑褐色腐烂。后期病果大量渗出汁液，组织崩解，散发出特殊的芳香味。

病原 *Thielaviopsis paradoxa* (de Seynes) v. Höhnel.，本病菌有性阶段为子囊菌亚门，球壳菌目，长喙壳菌属，*Ceratocystis paradoxa* (Dade.)，*C. moreau*，子囊壳在菠萝上不易产生。病菌无性阶段为半知菌亚门，根串珠霉属真菌 *Thielaviopsis paradoxa* (de Seynes) v. Höhnel.。子囊壳基部较平坦，顶部有长颈，黑色，壁薄（即肉眼可见的刺毛状物），长颈顶端组织特别松，作须状散开。子囊近卵圆形或棍棒状，大小为 $25\mu m \times 10\mu m$。子囊孢子无色，椭圆形，大小为 $7\sim10\mu m \times 2.5\sim4\mu m$。无性阶段产生两种分生孢子：厚垣孢子和内生孢子。厚垣孢子串生，3～8 个，生于孢子梗顶部，球形或椭圆形，大小为 $16\sim19\mu m \times 10\sim12\mu m$，未成熟的厚垣孢子黄棕色，老熟的厚垣孢子黑褐色，表面有刺突。内生孢子长方形或短圆筒形，无色，大小为

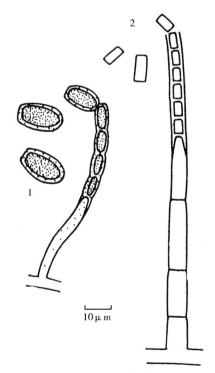

图 1-22 *Thielaviopsis paradoxa*
(de Seynes) v. Höhnel.
1. 厚壁孢子 2. 内生分生孢子
（引自《广东省栽培药用植物真菌病害志》）

10～15μm×3.5～5μm，内生于浅色的生殖菌丝中，成串排列，成熟后依次逸出。病菌生长适宜温度为 13～34℃，最低温 7℃，最高温 37℃，而以 28℃为最适。酸碱度范围为 pH 1.7～11，而以 pH 5.5～6.3 为最适。本菌属伤痍寄生菌，寄生性很弱，只能自伤口侵入寄主。本菌除侵染菠萝外，尚可侵染甘蔗（引致凤梨病）、可可、椰子、杧果等。

传播途径和发病条件 病菌以菌丝体或厚垣孢子潜伏在土壤或病组织中越冬。厚垣孢子可在土壤中存活达 4 年之久，借雨水溅射或气流、昆虫传播，遇适当寄主便萌发芽管，从伤口侵入。在运输、贮藏期间，接触传染蔓延为害。果园排水不良、积水容易引致苗腐发生。雨天打顶（除冠芽），或摘除冠芽过迟，伤口大，难以愈合，果实发病重。低温霜冻受害的冬果，容易发病。鲜果运输贮藏期间，如机械伤多，则发病重。

防治方法 病菌自伤口侵入，故避免果实伤口或保护伤口，可防止发病。①选用壮苗，种植前，苗须经 2～3 天阴干，晴日种植，发现病苗及时拔除。②收获、运输及贮藏期间，果实均须细心保护，避免果皮机械伤。发现病果，及时处理。③加强栽培管理，特别注意雨季或大（暴）雨后果园排水，可以减少苗腐病发生。④发病前或发病初期可喷 20％粉锈宁（三唑酮）乳油 600～800 倍液。⑤收获后可用特克多1 000mg/kg 浸泡果实 5min，预防果腐发生。远销果可选用 50％苯菌灵，或 50％多菌灵可湿性粉剂1 000倍液涂抹果柄伤口，晾干后装箱。

菠 萝 心 腐 病

Pineapple heart rot

彩版 12·86

症状 主要为害幼苗，有时成株也会受害。病叶初期呈青、绿色，仅叶色稍暗，无光泽，但心叶黄白色，易拔起，肉眼一般不易觉察。后叶色逐褪绿变黄或红黄色，叶尖变褐干枯，叶基部产生浅褐色至黑色水渍状腐烂，腐烂组织变成奶酪状。病、健交界处呈深褐色。若被细菌继之侵入或腐生，腐烂组织会发生臭味，终至全株枯死。成株主要是根系受害，变黑腐烂。病株果小、味淡。绿果亦会被侵染，产生灰白色湿腐斑块，后迅速扩展至全果腐烂。

病原 属藻状菌亚门真菌的多种疫霉菌（*Phytophthora* spp.）。国外报道有 6 个种：*Phytophthora nicotianae* var. *parasitica* (Dastur.) Waterh.（寄生疫霉）、*P. cinnamomi* Rands.（樟疫霉）、*P. palmivora* (Butl.) Butler（棕榈疫霉）、*P. citrophthora* (Sm. & Sm.) Leonian（柑橘褐腐疫霉）、*P. drechsleri* Tucker 和 *P. parasitica* var. *microspora* Ashby. 以前两种最常见。国内已证实寄生疫霉［*Phytophthora nicotianae* var. *parasitica* (Dastur.) Waterh.］是广东、海南本病的病原。有报道，海南还存在棕榈疫霉菌和柑橘褐腐疫霉菌，故不排除它们为害的可能性。本菌在 35℃下能生长，接种菠萝叶片，1 周后出现症状；接种茄子，2 天后开始发病；不能为害烟草。参见番木瓜疫病菌。

传病途径和发病条件 带菌种苗是本病的主要侵染来源，其他的寄主植物和含菌土壤，也是重要侵染来源。致病的疫霉菌可在病株和病土中越冬。田间传播主要依靠风、雨和流水。寄生疫霉、棕榈疫霉从植株根、茎交界处的幼嫩组织侵入叶轴，引起心腐。樟疫霉则通过根尖侵入，经根系而达茎部，引起根腐和心腐。在高湿条件下由病部产生孢子囊和游动孢子，借助风、雨溅射和流水进行传播。通过重复侵染，使病害在田间不断扩展、蔓延。高温、多湿有利发病，雨季定植的往往发病严重，连作、土壤黏重或排水不良、容易积水的田块，一般发病较重。

防治方法 ①选好种植地块，建立排灌系统，避免在低洼、高湿地段种植。②选用壮苗，药液浸苗。种苗需经一段干燥时间方可种植。种前可用50%敌菌丹可湿性粉剂500倍液，或50%多菌灵可湿性粉剂1 000倍液浸苗基部10～15min，倒置凉干后再种。③及时拔除病株烧毁，病穴应翻晒或加施石灰，亦可喷上述杀菌剂消毒。④加强田间管理，合理施肥，不偏施氮肥，中耕除草时应注意避免损伤叶片基部。⑤喷药防治。花期喷50%苯菌灵可湿性粉剂800～1 000倍液，可有效防控大田发病。大田发病初期，除拔除病株外，要喷50%多菌灵可湿性粉剂1 000倍液，或50%灭菌丹可湿性粉剂500倍液，或25%甲霜灵可湿性粉剂800～1 000倍液防治，每隔10～15天喷一次，连喷2～3次。注意喷叶腋内和植株基部。

菠 萝 黑 心 病

Pineapple biack heart rot

彩版13·87

此病是菠萝产区普遍发生的一种病害，又称菠萝小果褐腐病。

症状 主要为害成熟果，被害果外观与健果无何区别，但剖开果实时，可见到被感染的小果变褐色或形成黑色病斑（主要是果实的小果、花腔、子房的组织败坏的结果）。感病组织略变干、变硬，一般不易扩展到邻近的健康组织。另一情况是剖开病果时，近果轴处变暗色、水渍状，后变成黑色。

病原 尚无定论。有的认为是低温引起的生理性病害，也有的认为是一种侵染性病，提出引起小果变黑是由细菌中的欧氏杆菌（*Erwinia* sp.）引起，导致果轴变黑是由真菌中的链格孢（*Alternaria* sp.）引起的。

传播途径和发病条件 病菌随雨水流入心皮而潜伏其中，当果实成熟时恢复活动，引起导管变色，终至小果腐烂。花期遇到雨，容易发病，采果和贮运过程损伤多，发病较重。广州地区在8～9月菠萝果实成熟期间，经常发生，以卡因类菠萝发生较普遍。

防治方法 ①以防为主，避免造成伤口。从采果到贮运期间应尽量避免损伤果实。②发现病果，立即剔除，以免该病在贮运期间传染蔓延。③贮藏温度要控制，一般不低于8℃。

菠 萝 灰 斑 病

Pineapple gray leaf spot

彩版13·88

症状 本病主要为害植株基部叶片。苗期和成株期均可受害。病斑发生于叶片两面，初为淡黄色、绿豆大小的斑点，条件适宜时扩大，中央变褐色下陷。后期病斑，椭圆形或长椭圆形，常由数个小病斑愈合成大斑块，边缘深褐色，有黄色晕环，中央灰白色，大小为 $5\sim9\mu m \times 3\sim10\mu m$。上生黑色刺毛状小点，为病菌的分生孢子盘。

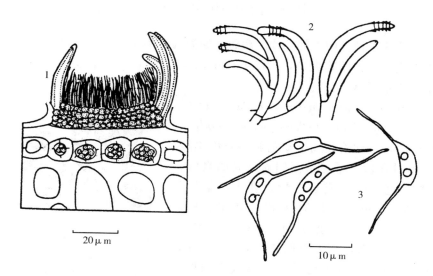

图 1-23 *Annellolacinia dinemasporioides* Sutton
1. 分生孢子盘 2. 产孢细胞 3. 分生孢子
（引自《广东省栽培药用植物真菌病害志》）

病原 *Annellolacinia dinemasporioides* Sutton.，属半知菌亚门，盘环裂毛孢属真菌。分生孢子盘叶面生，散生、集生或合生，位于角质层与表皮间，也穿入表皮下组织，圆形或椭圆形，杯状，黑色，刺毛状，大小 $55\sim240$（100）μm。基部子座中等发达，由多角形细胞组织构成，细胞壁薄，浅褐色或近无色，外层细胞深褐色。刚毛简单锥形，围生无分隔，或基部有 1 个分隔，偶有 $2\sim3$ 分隔，壁厚，光滑，褐色或深褐色，初弯曲，覆盖分生孢子盘后直立，大小 $40\sim148$（112）$\mu m \times 3.3\sim5$（4）μm。分生孢子梗浅榄色，分枝或不分枝，圆筒形，直或弯曲，有分隔。产孢细胞环痕型、圆筒形，浅榄色，壁光滑，环痕可达 8 个，大小为 $9\sim23$（14）$\mu m \times 2.6\sim3.4$（3）μm。分生孢子芽殖产生，纺锤形或椭圆形，顶端尖，基部平截，稍弯曲，单胞，浅榄色，壁光滑，有 $1\sim3$ 个油球，多为 2 个，大小 $10\sim17$（14）$\mu m \times 3.3\sim4$（3.7）μm。两端各有一根管状附属丝，附属丝不分枝，弯曲，大小 $10\sim18$（15）μm（图 1-23）。

传播途径和发病条件 本病发病规律尚未清楚。病菌可以菌丝体或分生孢子盘在病叶组织中越冬。翌年春夏之交开始发病。分生孢子借风雨传播，零星发生，个别年份发生较重。严重时叶上病斑多达叶面积的 1/3，导致叶片枯死。

防治方法 ①加强栽培管理。做好果园排灌系统，合理施肥，不偏施氮肥。及时剪除植株基部病叶，集中烧毁。②喷药保护。发病初期，喷射 50%多菌灵可湿性粉剂 1 000～1 500 倍液，或 70%甲基托布津 1 000～1 500 倍液，或 50%苯菌灵（苯莱特）可湿性粉剂

1 500 倍液等，每 667m² 用药液 125kg 左右。

菠 萝 焦 腐 病

Pineapple diplodia rot

症状 主要为害植株中下部叶片。病斑初期为褐色小点，后发展为长椭圆形，边缘深褐色，中央淡褐色，稍凹陷大斑，大小 6～8mm×15～17mm，表皮下埋生黑色小粒点，即病原菌的分生孢子器。

病原 *Botryodiplodia theobromae* Pat. ＝*Diplodia natalensis* Pole-Evans（*Physalospora rhodina* Berk. et Cart.），无性阶段属半知菌亚门壳色单隔孢属真菌，有性阶段为子囊菌亚门囊孢壳属真菌。分生孢子器黑色，球形或扁球形，埋生，集生，150～400（230）μm；孔口乳突状，突破表皮，黑色，39～77μm；无分生孢子梗，产孢细胞圆筒形，无色，顶端层出，有无色的侧丝，与产孢细胞间生，长达 60μm。分生孢子椭圆形或长圆形，两端钝，有时一端较小，成熟慢，初单胞，无色，壁薄，后期壁加厚，中央生一分隔，后为暗褐色，并于外壁形成纵向条纹，18～33

图 1-24 *Botryodiplodia theobromae*
Pat. 的分生孢子
（引自《广东省栽培药用植物真菌病害志》）

（25）μm×12～17（14）μm。*Botryodiplodia ananassae* Pat. 有可能是本菌的异名（图 1-24）。

传播途径和发病条件 病菌以分生孢子器在寄主病斑中越冬，翌年环境适宜时，借风雨传播。一般零星发生，为害轻。除为害菠萝外，尚能为害柑橘、香蕉、番石榴、番木瓜、柚子等。但至今尚未在菠萝果实上发生。

防治方法 本病零星发生，为害轻，故不必专门防治。

菠 萝 叶 斑 病

Pineapple leaf blotch

症状 主要为害苗木和成株叶片。病斑椭圆形或长圆形，初期淡黄色小点，后渐扩大，10～33mm×6～10mm，边缘深褐色，中央浅褐色，凹陷，上生黑色霉层，即病原菌的分生孢子梗和分生孢子，有时表皮与下部组织剥离形成泡状。

病原 *Curvularia eragrostidis*（P. Henn.）J. A. Meyer.。属半知菌亚门、丝孢菌纲、丝孢菌目、暗色孢菌科、弯孢霉属真菌。分生孢子梗暗褐色，不分枝或偶有分枝，几根成簇，基部膨大，顶端渐细，淡色，分数隔，69～215（134）μm×5～8（6.5）μm。产孢细胞合轴生，淡褐色，15～46（27）μm×3～7（4）μm。分生孢子顶侧生，椭圆形或桶形，直，两端钝，基部脐点明显，3分隔，中间两细胞暗褐色，两端细胞淡褐色，中央具有明显的暗褐色带，壁光滑，17～25（20）μm×7～15（11）μm，在 PDA 培养基上菌落灰黑色，絮状；分生孢子梗 47～464（196）μm×2.5～5（3.7）μm；分生孢子 17～24（21）μm×8～15（11）μm（图 1-25）。

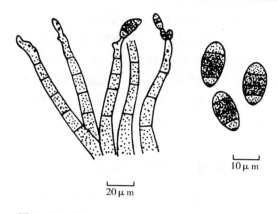

图 1-25　*Curvularia eragrostidis*（P. Henn.）J. A. Meyer 的分生孢子梗及分生孢子
（引自《广东省栽培药用植物真菌病害志》）

传播途径和发病条件　本病以菌丝体或分生孢子在病叶上越冬，翌年条件适宜时，由风雨传播。

防治方法　一般零星发生，为害轻，不必专门防治。

菠 萝 褐 斑 病

Pineapple ascochyta leaf spot

症状　主要为害叶片，初于叶片上生纺锤形病斑，边缘深褐色，中央淡褐色，凹陷，大小 35mm×1mm，小泡状突起。后期表皮破裂，露出黑色小粒点，即病菌分生孢子盘。

病原　*Pestalotiopsis royenae*（D. Sacc.）Stey.＝*Pestalotia microspora* Speg.，属半知菌亚门，腔孢菌纲，黑盘孢菌目，拟多毛盘菌属真菌。分生孢子盘圆锥形，半球形或球形至透镜状，叶两面生，散生，极少聚生，突破表皮，100～270μm。产孢细胞环痕型。分生孢子 5 个细胞，窄梭形，基部渐狭，分隔处不缢缩，17～22（19）μm×5～6（5.1）μm；中央 3 个细胞为榄色，长 10～16.5（12.5）μm，顶端细胞无色，短，圆锥形或圆筒形；上生 3 根不分枝的附属丝，长 7～15（10）μm；基部细胞无色，长，渐狭，柄长 1.7～5（3）μm（图 1-26）。

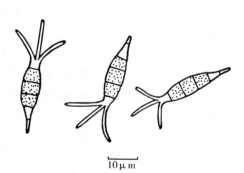

图 1-26　*Pestalotiopsis royenae*（D. Sacc.）Stey. 的分生孢子
（引自《广东省栽培药用植物真菌病害志》）

传播途径和发病条件　病菌生长适温 20～30℃，最适温度 25℃。分生孢子发芽适温为20～25℃，病菌以分生孢子和菌丝体在病叶上越冬，翌年春，越冬后的分生孢子及新产生的分生孢子，借风雨传播，辗转侵害。凡土壤瘠薄、排水不良、栽培管理差的果园病重。苗木发病重于成株。果园管理良好、施有机肥者、生长健壮的植株，发病较轻。

防治方法　①加强栽培管理。增施有机肥，促使植株生长健壮，提高抗性。梅雨季节，做好果园排水工作，降低地下水位，有利于植株生长，不利于病菌繁殖和蔓延。②冬季清园。冬季清除落叶，剪除病叶，集中烧毁，减少越冬菌源。③喷药保护。苗圃或果园，于新叶生出后喷射一次药剂。可选用 1：1：200～300 倍波尔多液，或 50％托布津可湿性粉剂 500 倍液，或 70％甲基托布津可湿性粉剂 800～1 000 倍液，或 50％苯莱特可湿性粉剂 1 500 倍液，或 65％代森锌可湿性粉剂 500～600 倍液，宜轮换使用，每隔 15 天喷一次，连续喷 2～3 次。

4. 龙眼、荔枝病害
Diseases of Longan and Litchi

龙 眼 炭 疽 病
Longan anthracnose

彩版 13・89～90

症状 龙眼苗期发生为害较普遍，主要侵染叶片。发病初期，在幼嫩叶片的叶面形成暗褐色、背面灰绿色的近圆斑点，最后形成红褐色病斑，上生小黑点，成叶受害产生黑褐色小圆斑，有的病斑发生于叶尖或叶缘，并向周围扩展形成大型灰色斑，其上也生有小黑点（病原菌的分生孢子盘），嫩梢染病后变褐色坏死。病、健部界限明显。雨季病斑迅速扩展，连成大斑，引起叶片早落，树势衰弱。发病轻的影响嫁接成活率，重者引起死苗。

病原 *Colletotrichum gloeosporioides* Penz.，称盘长孢状刺盘孢。属半知菌亚门刺盘孢属真菌。*Glomerella cingulata*（Stonem.）Spauld. et Schrehk，属子囊菌亚门小全壳属的围小丛壳（图 1 - 27）。分生孢子盘着生表皮下，可突破表皮，黑色，其上密集排列分生孢子梗及分生孢子。分生孢子梗无色，单胞，长圆柱形；分生孢子透亮，单胞，直椭圆形，两端钝圆形。分生孢子盘周缘偶尔可见 1～6 个分隔的长针形刚毛。该菌对温度和 pH 的适应范围较广，分生孢子在 15～35℃均可生长，适温为 20～30℃，pH3～10 均可萌发，但以 pH5～8 孢子萌发最快，萌发率较高。孢子萌发要求高湿，对紫外光有一定耐受力（图 1 - 28）。

传播途径和发病条件 该菌在病体上全年均可存活。分生孢子随风传播。病害的发生、流行与下雨日数、雨量关系密切，雨季易于发生流行，低温、干旱、

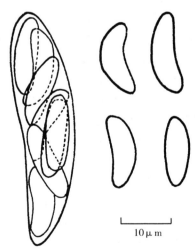

图 1 - 27 *Glomerella cingulata*（Stonem.）Spauld. et Schrehk 的 子 囊及子囊孢子

（引自《广东省栽培药用植物真菌病害志》）

日照强均不利于发病。秋末冬初遇气温高、雨日多，越冬菌量大，翌年春季发病高峰将出现早，发病重，死苗率也会高。此外，发病与苗木生长势有关，凡苗木长势强状的发病较轻，生长细弱的发病较重。

防治方法 ①选择避风向阳的农地育苗，出圃前加强检查，发现病叶及时剪除，减少初侵染来源。②加强栽培管理，培育壮苗。注意搞好排灌系统，防止积水。多施农家肥，有利培育壮苗，提高抗病力。③适时施药防治。发病初期要及时喷药防治，4月上、中旬可喷50％多菌灵可湿性粉剂1 000倍液，或50％多菌灵与25％瑞毒霉锰锌2 000倍混合液喷治，效果较好。视病情确定喷药次数。雨季病重，每间隔10天喷一次，连喷2～3次。其他农药可参考柑橘炭疽病。

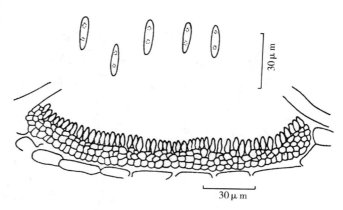

图1-28 *Colletotrichum gloeosporioides* Penz.
的分生孢子盘、产孢细胞及分生孢子
（引自《广东省栽培药用植物真菌病害志》）

荔枝、龙眼霜疫霉病

Litchi downy mildew

彩版13·91～93

症状 本病主要为害幼果至成熟果实、果柄、小枝和叶片。叶片受害，初于叶面生褪绿斑，叶背呈白色霉层。果实受害，多自果蒂开始，初期果皮出现褐色、不规则形病斑，无明显边缘，潮湿时长出白色霉层，病斑迅速扩展至全果，变为黑褐色，果肉腐烂，具有酒味或酸味，流出褐色汁液。幼果受害，初呈水渍状发黑，很快脱落，其上长出白霉。

病原 *Peronophythora litchii* Chen ex Ko et al.，称荔枝霜疫霉，属鞭毛菌亚门，卵菌纲，霜疫霉属真菌。游动孢囊梗 92～133μm×5～7μm。无色，有分隔，顶部单分枝2～3次后，在分枝先端双分叉，末小梗的顶端略尖，其上生一孢子囊。孢子囊柠檬形，无色或淡黄色，有乳突，大小 17～40μm×15～24μm。脱落后基部带一小柄，萌发时形成游动孢子，自顶端乳突逸出，游动孢子无色，肾形。藏卵器球形，无色，壁薄，光滑，大小23～33μm×17～27μm。雄器绝大多数围生，少数侧生，无色。卵孢子球形，无色至淡黄色，壁光滑。在寄主小枝上，后期可形成卵孢子，但较少见（图1-29）。

传播途径和发病条件 以卵孢子在土壤中越冬（厚垣孢子能否在土中越冬未明）。翌春3月下旬开始发病，产生大量孢子囊和游动孢子，借风雨传播。由于病程极短，再侵染频繁，常造成严重为害。4～6月间，遇久雨不晴，病害流行。果实近成熟时，遇雨病重。

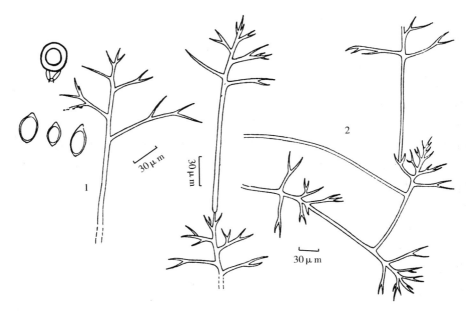

图 1 - 29 *Peronophythora litchii* Chen ex Kō et al.

1. 在寄主上的游动孢囊梗，游动孢子囊、藏卵器、雄器及卵孢子

2. 在玉米粉培养基上三种继续产生新的游动孢囊梗的方式（25℃，10 天）

（引自《广东省栽培药用植物真菌病害志》）

凡土壤湿润、肥沃，冬季多施肥培土，树势健壮，枝叶繁茂，结果多的发病重。树冠下部和荫蔽处的果实发病最早、最重。果肉厚、含水量多、果皮薄、易透水、较湿润的成果易感病。一般早、中熟品种易感病，迟熟种较抗病。如早熟种顶丰（赤叶）、中熟种黑叶（乌叶）易感病，迟熟种青罗帆较抗病。

防治方法 本病应以药剂防治为主。①喷药保护。应于开花前 1 周起开始喷药，每隔 15～20 天一次，连喷 3～4 次。可选用 25%瑞毒霉可湿性粉剂 500～600 倍液，或 64%杀毒矾可湿性粉剂 600 倍液，或 80%乙磷铝可湿性粉剂 400～600 倍液，或 58%瑞毒霉锰锌可湿性粉剂 800 倍液，或 75%百菌清可湿性粉剂 500～800 倍液，或 70%甲基托布津可湿性粉剂 1 500 倍液，或 10%清菌脲（霜脲氰）可湿性粉剂 300～400 倍液，或 65%代森锌可湿性粉剂 500 倍液，或 80%代森锰锌可湿性粉剂 500～700 倍液，或 50%多菌灵可湿性粉剂 1 000 倍液，药剂喷治。②清洁果园。结合修剪，清除树上和地面病、落果、烂果皮和枯枝落叶，集中烧毁。合理施肥，切忌偏施氮肥。③采果后，应以低温结合浸药处理。产地采后用冰水溶解药液浸果，可用乙磷铝 1 000mg/kg＋特克多 1 000mg/kg，在 10℃下浸果 10min（水温 5～6℃时，浸 5min）。晾干后，运往冷库内预冷，将果实温度降至 7～8℃，再在冷库内进行选果、包装。若不用冰水浸果，则应在药剂处理后，迅速运至冷库，以强冷风预冷至 7～8℃，后冷藏于 3±1℃。或冷藏（3±1℃）结合高湿气调，或速冻（－18℃）贮藏。常温防腐，可用 800mg/kg 灭菌威液加热至 60℃，浸果 1～2min，捞出后浸入 3%柠檬酸液内 2～3min（抑制果皮内多酚氧化酶活性或降低果皮的 pH），后装入聚乙烯薄膜袋（厚度 0.05mm），袋内装乙烯利（高锰酸钾液处理过的碎砖块）100g/kg

果实，在 32～34℃ 下，可保藏 7～10 天。

龙眼、荔枝叶斑病类

Longan and litchi leaf spots

彩版 14·94～99

为害龙眼、荔枝叶片的常见真菌性病害有灰斑病、斑点病、白星病、叶枯病、褐斑病等，发生严重时可引起叶枯、早落叶，影响树势，降低产量。

症状

灰斑病　成叶或老叶上发生，多从叶尖向叶缘扩展，初见赤褐色圆形病斑，后渐扩大，常见多个病斑愈合成不规则大斑。后期病斑为灰白色，病部两面散生黑色粒点（分生孢子盘），老熟后外露，散出黑色粉状物（即分生孢子）。

斑点病　为害成叶或老叶。病斑圆形、近圆形，直径 1～3mm，边缘细，褐色，中央灰白色，突露数个黑色小点，即病原菌的分生孢子器。

白星病　为害成叶。初期叶面出现针头状小圆形的褐色小斑，后扩大成灰白色病斑，周围有明显褐色边缘，直径 1～3mm，上生小黑粒（即分生孢子器）。叶背病斑灰褐色，边缘不明显。

叶枯病　为害成叶。多从叶顶向两边延伸，中央较两边长得快，呈大 V 形。病斑暗褐色，后期病斑上生小黑点，即病原菌分生孢子器。

褐斑病　为害成叶和老叶，初期在病叶上出现圆形或不规则形褐色小斑，扩大后叶面病斑中间灰白色或淡褐色，病斑周围具有明显的褐色边缘。病、健部分界明显，叶背病斑淡褐色，边缘不明显，后期病叶表面上生小黑点（分生孢生器）常见多个病斑连成大斑。

病原　灰斑病的病原为 *Pestalotiopsis pauciseta*（Speg.）Stey.＝*Pestalotia pauciseta* Speg.，系半知菌亚门的拟盘多毛孢属真菌。分生孢子盘叶两面生，散生，黑色，极少集生，半球形，直径 100～120μm。产孢细胞圆筒形，顶端环痕式产孢。分生孢子近长椭圆形，5 个细胞，4 个隔膜，隔膜处不缢缩或稍缢缩；中央 3 个细胞有色，其中上面 2 个细胞褐色，下面 1 个细胞榄褐色，顶细胞和基细胞无色；基细胞倒圆锥形，末端有细柄，柄长 4～5μm，顶细胞上有 3 根附属丝，附丝长 20～30μm；分生孢子大小为 18～24μm× 5～8μm（图 1-30·1）。

斑点病的病原为 *Coniothyrium litchii* P. K. Chi et Z. D. Jiang，系半知菌亚门的盾壳霉属真菌。分生孢子器叶面生，散生或聚生，初埋生，后突破表皮，球形、近球形，褐色，器壁膜质，孢口圆形，端部有乳突，90～123μm×87～133μm；无分生孢子梗；产孢细胞宽瓶形，顶端 1～3 个环痕；分生孢子椭圆形或卵圆形，淡褐色，大小为 3～4μm× 2～3μm（图 1-30·5）。

白星病的病原为 *Phyllosticta* sp. 系半知菌亚门的叶点霉属。分生孢子器埋生于寄主表皮下叶肉内，成熟后突破表皮外露。分生孢子器暗褐色，圆球形，具孔口，略微突出，大小为 62.5～112.5μm×97.5～162.5μm。分生孢子椭圆形，无色，单胞，大小为 3.75～

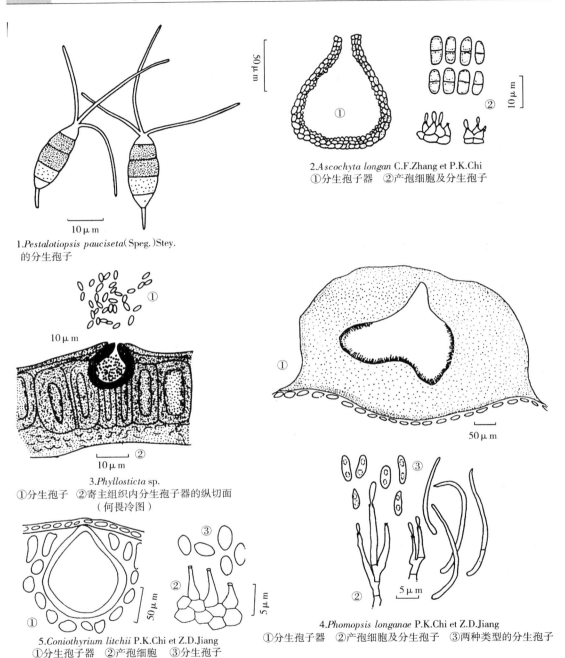

50μm

1.*Pestalotiopsis pauciseta*(Speg.)Stey.
的分生孢子

10μm

10μm

2.*Ascochyta longan* C.F.Zhang et P.K.Chi
①分生孢子器 ②产孢细胞及分生孢子

①

10μm

②

10μm

3.*Phyllosticta* sp.
①分生孢子 ②寄主组织内分生孢子器的纵切面
（何畏冷图）

50μm

①

③

②

5μm

4.*Phomopsis longanae* P.K.Chi et Z.D.Jiang
①分生孢子器 ②产孢细胞及分生孢子 ③两种类型的分生孢子

①

②

③

50μm

5μm

5.*Coniothyrium litchii* P.K.Chi et Z.D.Jiang
①分生孢子器 ②产孢细胞 ③分生孢子

图1-30 龙眼、荔枝叶斑病类病原
（引自《广东果树真菌病害志》）

5μm×2.25μm（图1-30·3）。

叶枯病的病原为 *Phomopsis longanae* P. K. Chi et Z. D. Jiang，系半知菌亚门的拟茎点霉属真菌。分生孢子器为真子座，扁球形或稍不规则形，黑色，多数单腔或双腔，也有3腔的，器壁极厚，达30～254μm，边缘暗褐色，大小为259～777μm×181～581μm。

分生孢子梗分枝，有隔膜，无色。产孢细胞长瓶状或近圆筒形，无色，瓶体式产孢。分生孢子有甲型（椭圆形或纺锤形，无色单胞，内含 2 个油球，$4\sim8\mu m\times1.6\sim2.5\mu m$）和乙型（钩状，无色单胞，$8\sim12\mu m\times0.8\sim1.2\mu m$）两种（图 1 - 30 · 4）。

褐斑病的病原为 *Ascochyta* sp.，系半知菌亚门的壳二孢属真菌。分生孢子器初埋生，后突破，褐色至暗褐色，球形或近球形，有孔口，直径 $90\sim150\mu m$，松散集生。无分生孢子梗。产孢细胞葫芦形，无色，光滑，瓶体式产孢，$3.0\sim6.0\mu m\times2.6\sim6.6\mu m$，分生孢子无色，短圆柱形，中间 1 个分隔，不缢缩，两端圆滑，并各有 1 个油球，$8\sim11\mu m\times3.6\sim5.0\mu m$（图 1 - 30 · 2）。

传播途径和发病条件　以分生孢子器（盘）、分生孢子或菌丝体在病叶或落叶上越冬，翌年气候条件适宜时，在病部产生大量分生孢子，成为翌年病害传播的主要初侵染源。病菌主要借助风、雨传播，遇适宜温、湿度便可萌发侵染叶片。全年均可发病，以夏、秋发生为多。管理粗放、荫蔽潮湿、虫害较多的苗地和果园，发病较重。

防治方法　①加强果园管理。冬季清园，清除园内的枯枝病叶，集中烧毁，减少病害初侵染来源。科学施肥，及时灌水和培土，以增强树势，提高抗病力。②改善果园生态环境。结合疏花疏果剪除病虫害枝、徒长枝、过密枝，以利通风透光，不利病菌生长。③喷药防治。病重果园，在夏、秋季要喷药防治，注意在发病初期喷药，每隔 $10\sim15$ 天喷一次，连喷 $2\sim3$ 次。常用农药有 0.5% 石灰等量波尔多液，或 70% 代森锰锌可湿性粉剂 $500\sim700$ 倍液，或 70% 甲基托布津可湿性粉剂 $800\sim1\,000$ 倍液，或 75% 百菌清可湿性粉剂 $600\sim800$ 倍液等，宜轮换使用，一种药不能连用 3 次，以免产生抗药性。

芽枝霉引起的龙眼叶枯病

Longan leaf wilt of cladosporium

彩版 14 · 100

症状　福建新近报道的一种病害，苗圃为害严重。本病发生在龙眼中下部成叶上，常从叶尖处先发病，沿叶缘两侧或单侧扩展蔓延，病部初为灰白色，后逐渐转为褐色大斑。病斑大小为 $5.5\sim7.5cm\times1.5\sim2.0cm$，严重的超过叶面 2/3。病、健交界处可见深褐色波纹状，最后叶尖和附近叶缘焦枯或呈倒 V 形焦枯，引起叶枯或提早脱落。中后期叶背散生黑色霉点，晴天霉层便干缩，病斑不再扩展。

病原　*Cladosporium oxysporum* Berk. & Curt.，称芽枝霉，为半知菌亚门的芽枝霉属真菌。病原菌在 PDA 平板培养基培养 4 天后菌落暗灰色，边缘白色，近圆形，中央突起，菌落背面周围浅黄色，边缘培养基略凹陷。培养 16 天后菌落近圆形，灰黑色，表面凹凸不平，菌落近中央表面生出灰色绒状菌丝，边缘乳白色，菌落背面龟裂。病菌生长适温为 $24\sim26℃$，在此温度下菌落扩展较快，经过 4、8、12、16 天，菌落直径分别为 1.1、2.3、3.8、4.8cm；在 $24\sim26℃$ 时，菌落以菌丝为主，产生分生孢子总量远比自然条件下少，且以单胞为多，其次为双胞。$28\sim32℃$ 时，产孢量增多，但菌落扩展较缓慢，经过 4、8、12、16 天，菌落直径分别为 0.5、1.2、1.9、2.3cm。菌丝体表生，菌丝体发达，灰色至淡褐色，隔膜较密，多分枝，分生孢子梗簇生，淡褐至褐色，平滑，顶部膨大处产生孢子向前延伸，具孢痕，有短分枝，大小为 $154.2\sim308.4\mu m\times3.9\sim3.9\mu m$，膨大节直径 $4.6\sim7.2\mu m$，一般有 $0\sim5$ 个，节间长平均 $20.0\sim52.5\mu m$，梗基部膨大，平均 $7.7\mu m$。枝孢淡褐色，顶具齿突，$0\sim1$ 隔膜，具孢痕，大小为 $7.7\sim23.1\mu m\times4.5\sim5.1\mu m$。分生孢子淡褐色，纺锤形、椭圆形或卵形，可短链生，平滑，$0\sim1$ 个隔膜，具孢脐，大小为 $3.8\sim33.1\mu m\times3.8\sim3.9\mu m$。在培养基和病叶上连续观察数年，未发现其有性阶段。

传播途径和发病条件 果园地面和树上的病叶所产生的分生孢子是翌年病害发生的初侵染源，分生孢子借气流或风雨传播，进行反复再侵染。高湿（相对温度 95%～100%）和较高温度（20～28℃）是发病重要因素。3 月中旬开始发病。当年春季气温回升稳过 20℃5～7 天，叶上便可见到病斑。气温在 30℃以上，病斑扩展缓慢。青壮树发病较重（可能与树冠枝叶茂密有关），雨季或雾气浓重时，普遍发生，病斑霉点多且厚，晴天时霉层干缩或散落。幼树和老树均会发病。受伤叶远比健叶发病重。枝叶茂密荫蔽较通风透光的发病重。不同品种发病程度有差异，乌龙岭、红核子发病较轻，赤壳、油潭本发病较重。

防治方法 参见本书龙眼、荔枝叶斑病类的防治。

龙眼、荔枝藻斑病

Longan and litchi algal spot

彩版 15·101～102

症状 为害叶片，主要发生在定型叶和老叶上。发病初期，叶面出现浅黄褐色的小圆点，后向四周扩展，形成圆形或不规则病斑，几个病斑可连成 4～5mm 的大斑点，病斑稍隆起，灰绿色，表面上有细条纹毛毯状物，边缘整齐。后期病斑由灰绿色变成暗褐色，斑面光滑。

病原 已知有两种，即 *Cephaleuros virescens* Kunze. 和 *Pleurococcus* sp.，分别属藻状菌中的头胞藻和联球绿藻。头胞藻引起的藻斑呈锈褐色，联球绿藻引起的藻斑呈绿色。毛毯状物系由病原绿藻的藻丝体（营养体）、孢囊梗和孢子囊组成。头胞藻藻丝体具分隔，细胞短，内含红色素体，呈橙黄色，由藻丝体长出橙黄色孢囊梗，有分隔，末端膨大成头状，上生 8～12 条叉状小梗，每条小梗上顶生 1 个卵形的孢子囊。孢子囊单胞，橙红色或黄褐色，遇水释放出游动孢子。游动孢子椭圆形，无色，具两根鞭毛。

传播途径和发病条件 以丝状体和孢子囊在寄主的病叶和落叶上越冬，翌年春季，在越冬部位产生孢子囊和游动孢子，借雨水传播。以芽管从气孔侵入，吸收寄主营养而形成丝状营养体。该菌营养体可在叶片角质和表皮之间繁殖，穿过角质层，在叶片表面由一中心点作辐射状蔓延。病斑又产生孢子囊和游动孢子，继续传播为害。果园荫蔽潮湿、通风透光差、长势弱、土质瘠瘦和树冠下的老叶发病较重。该菌寄主范围较广，除为害龙眼、荔枝外，还可侵染杧果、油梨、番石榴、黄皮、柑橘等多种果树。

防治方法 ①加强栽培管理，改善果园通风透光条件，注意防涝、防旱，增施有机肥，特别要多施磷、钾肥，以增强树势、提高抗病能力。②清除病叶，集中烧毁，减少果园侵染源。③喷药防治。病重果园可在发病初期喷施 1％石灰等量式波尔多液，或 30％氧氯化铜悬浮剂 600 倍液，或 0.2％硫酸铜溶液 1～2 次。

龙眼、荔枝煤烟病

Longan and litchi sooty mold

彩版 15 • 103～105

症状 本病为害叶片、果实、枝梢。受害龙眼、荔枝植株，叶片生长受影响，幼果易腐败，成果品质低劣。在叶片、果实和枝梢表面上，初生暗褐色、薄层小霉斑。小霉斑逐渐扩大，形成绒毛状、黑色、暗褐色或稍带灰色的霉层；后于霉层上散生黑色小粒点（即分生孢子器、闭囊壳），或刚毛状突起物（即长型分生孢子器）。霉层扩大后，均匀布满叶面、果面和枝梢皮层。如煤炱属 *Capnodium* 的霉层，为黑色薄纸状，易撕下，或自然脱落。刺炱属 *Chaetothyrium* 的霉层，状似锅底灰，以手擦之即能成片脱落，多发生于叶面。霉层下面组织，一般颜色正常。小煤炱属 *Meliola* 的霉层，呈辐射状小霉斑，霉斑散生于叶面及叶背，霉层不布及全面。严重时，一片叶上的小霉斑数，常达数十乃至上百个。这一属菌丝产生吸胞，能紧附着于受害器官表面，不易剥离。霉层遮盖叶面，阻碍光合作用，并分泌毒素使植物组织中毒。受害严重时，叶片卷缩，褪绿或脱落，幼果腐败。

病原 龙眼、荔枝煤烟病的病原真菌种类多达 10 余种，形态各异。菌丝体均为暗褐色。着生于寄主植物的表面，形成子囊孢子和分生孢子。子囊孢子形状随种类而异，无色或暗褐色。有 1 至数分隔，具横隔或纵横隔膜。闭囊壳有柄或无柄，闭囊壳壁外有附属丝或无，具刚毛。

我国龙眼、荔枝上常见的病原菌有：巴特勒小煤炱 *Meliola butleri* Syd. 、山茶小煤炱 *Meliola camelliae*（Catt.）Sacc. 、沃尔特煤炱 *Capnodium walteri* Sacc. 、刺盾炱 *Chaetothyrium spinigerum*（Hohn.）Yamam. 、刺壳炱 *Capnophaeum fuliginoides*（Rehm.）Yamam、田中新煤炱 *Neocapnodium tanakae*（Shirai. et Hara）Yamam. 、爪哇黑壳炱 *Phaeosaccardinuea javanica*（Zimm.）Yamam. 。其中，以下述两种病原菌为主，其形态各有不同。巴特勒小煤炱 *Meliola butleri* Syd. 菌丝体粗大，暗褐色，有对生附着枝及刚毛。菌丝断裂后为厚膜孢子。孢子多型。分生孢子器黑色，长柱形，中部膨大，大小为 312.5～697.5μm×31.5～45μm。内生分生孢子无色，椭圆形，大小 3～5.5μm×2～4.5μm。子囊壳黑色，圆球形或扁球形，上部有刚毛数根，黑色，下部有菌丝体相连，大小 203.5～296μm×67.5～185μm。子囊棍棒状，蒂端略弯，双层膜，大小 55.5～85.1μm×18.5～22.2μm。子囊孢子 8 个，椭圆形，初无色，后暗褐色，2～4 横隔，大小 11.1～44.4μm×3.7～18.5μm，每细胞内含油球 2 个。刺盾炱 *Chaetothyrium spinigerm*（Hohm.）Yamam. 菌丝体念珠状，外生，分枝，暗褐色。孢子多型。分生孢子器筒形或棍棒形，群生于菌丝丛中，顶端圆形，膨大，暗褐色，大小 136.9～335μm×25.9～45.5μm，膨大部内生分生孢子，成熟后自裂口溢出。分生孢子椭圆形或卵圆形，单胞，

无色。子囊壳球形或扁球形，$143.6\sim214.5\mu m$，壳壁膜质，暗褐色，表生刚毛。子囊长卵形或棍棒形，大小 $42.9\sim85.8\mu m\times14.3\sim22.2\mu m$，8 个子囊孢子，双列。子囊孢子椭圆形，无色，两端略细，3 个横隔，大小 $7.4\sim18.5\mu m\times3.7\sim6\mu m$。

传播途径和发病条件　本病除小煤炱属纯寄生菌外，其他均属表面附生菌。以菌丝体和闭囊壳或分生孢子器在病部越冬，翌年春季由霉层飞散孢子，借风雨传播。大部分种类均以蚜虫、蚧类、粉虱等昆虫的分泌物为营养，进行生长繁殖，辗转为害。本病于早春至晚秋发生，以 5~6 月发病最盛。绝大多数的煤烟病，均伴随蚧类、粉虱和蚜虫等害虫的滋生而消长、传播、流行。上述害虫的存在，是煤烟病发生的先决条件。仅小煤炱属引致的煤烟病，则与蚧类、粉虱和蚜虫关系不密切。凡栽培管理不善或荫蔽、潮湿的果园，均有利于此类病害的发生。

防治方法　本病的防治关键，在于适时防治蚧类、粉虱和蚜虫，以及其他刺吸式口器的害虫。在上述害虫发生严重的果园，应及时喷射松脂合剂、机油乳剂及其他药剂进行防治（参阅本书柑橘蚧类、粉虱、蚜虫部分）。在水源充足的果园，可经常用水冲洗，可收到较好效果。加强果园栽培管理，适当修剪，改善通风、透光条件，合理施肥，增强树势，可减少发病。在发病初期，喷射 $0.3\%\sim0.5\%$ 石灰过量式波尔多液，或 50% 灭菌丹 400 倍液，有抑制本病蔓延作用。200 倍高脂膜或 95% 机油乳剂加 50% 多菌灵 800 倍液喷射树冠效果很好。连喷 2 次（间隔 10 天），煤层成片脱落。

龙眼、荔枝酸腐病

Longan and litchi sour rot

彩版 15·106~107

症状　本病主要为害成果。常自果蒂部发病，病部初呈褐色，后逐渐扩大至全果腐烂，褐色，果肉腐败酸臭，果皮硬化，流出酸水，其上长出白色霉层，为病菌的节孢子。

病原　*Geotrichum candidum* Link.，称白地霉菌，属半知菌亚门真菌。菌丝体无色，分枝，多隔膜，老熟的菌丝分枝，隔膜很多，最后于隔膜处发展为串生的节孢子。节孢子初为短圆形，两端平截；成熟后为桶状或近椭圆形，大小 $3.8\sim12.6\mu m\times2.4\sim4.5\mu m$。

传播途径和发病条件　本病菌广泛分布于土壤内，并在其中越冬，翌年节孢子借雨水溅打或风吹起的尘土带到树冠下部果实上引起发病。果实上产生的大量节孢子，又成为再侵染源。本菌为伤夷菌，田间各种生理裂果和虫伤果最易感病。如荔枝椿象、荔枝蒂蛀虫为害果实造成的伤口，不仅易使病菌侵入，而且本身沾染病菌，还起传播作用。贮藏期的病果，主要来自田间混入沾有病菌的果实，接触传病。果箱中的昆虫亦起传播作用。贮运期间，湿度大、温度高，有利病菌侵害。

防治方法　①及时防治荔枝椿象和荔枝蒂蛀虫类。②采收装运时，应避免损伤果皮与果蒂，果柄剪口平截，以免果柄尖端刺伤健果。③采果后，应及时防腐保鲜。常用的药剂有乙磷铝、瑞毒霉、特克多、多菌灵等药剂，但不能完全控制酸腐病。为此，应在上述药剂中，加入抑霉唑兼防酸腐病，效果甚佳。

荔 枝 炭 疽 病

Litchi anthracnose

彩版 15·108，彩版 16·109～110

症状 本病主要为害叶片、枝梢、花和果实。幼果受害，常造成早期落果，通常多发生于成熟果实。病斑圆形，大小 2～5mm，褐色，边缘棕褐色，常发生于果端部，中央产生橙红色的黏质小粒（分生孢子盘和分生孢子），果肉腐败、发酸。叶片受害，常自叶尖或叶缘发生，初呈半圆形、圆形或不规则形褐色病斑，后逐渐变为灰白色斑块，其上生黑色小粒点。枝梢受害，常形成枝斑或枝梢回枯。花器受害，初呈水渍状，褐色，脱落。

病原 *Colletotrichum gloeosporioides*，属半知菌亚门，刺盘孢属真菌。病原菌与杧果、龙眼炭疽病菌相同。此菌在荔枝果实上，分生孢子盘上不产生刚毛，在叶片上的分生孢子盘上则产生刚毛。参见杧果炭疽病菌。

传播途径和发病条件 参考杧果炭疽病。荔枝采后迅速、及时装运销售或冷藏，不利于病菌扩展，很少再继续传播为害。植株生长衰弱或偏施氮肥，发病则较多。此外，高温（28～32℃）、多湿，则发病重。

防治方法 目前为害不大，故未引起重视。果腐较多的果园，可结合防治荔枝霜疫霉病混用多菌灵或托布津 1 000mg/kg。

龙 眼 鬼 帚 病

Longan witches' broom virus

彩版 16·111～115

症状 本病又称扫帚病、麻疯病，是为害龙眼的主要病害。龙眼各生育阶段均可发病。侵染叶、枝、花，引起不同症状。染病幼叶，一般先从一个小枝叶的个别部分开始，乃至所有小叶出现不伸展、叶缘内卷成月牙形；定型叶染病后，有的从叶缘一侧或两侧局部内陷扭曲，叶脉黄化，有的沿主脉两侧出现黄化，叶肉呈现浅黄绿色斑驳，病叶质脆、粗糙。入冬，病叶脱落；枝梢节间缩短，侧枝丛生，呈扫帚状；花穗由于花梗和小穗不能伸展而紧缩一起，花朵畸形，密集成团，花器不发育或发育不正常，花早落，病花穗一般不结果，果农称"虎穗"。严重受害时，部分枝梢以至全树逐渐枯死。

病原 Longan witches' broom virus（LWBV），称龙眼鬼帚病毒。病组织超薄切片，电镜下可见成束分布在韧皮部筛管细胞质内的线状粒体。部分提纯病毒，染色后在电镜下观察，大小为 300～2 500nm×14～16nm，多数长度为 700～1 300nm，病毒粒体亚基呈轮状排列，部分粒体从侧面可见到核酸空腔。

传播途径和发病条件 接穗、种子和苗木可带毒，嫁接能传病。病苗是新区或无病区的初侵染源。调运带毒的苗木、接穗和种子，是本病远距离传播的主要途径。荔枝蝽和龙眼角颊木虱是田间病害扩展、蔓延的自然传毒介体。菟丝子是实验条件下的传毒介体。汁液摩擦不传病。花粉带毒，可否传病，尚待证实。

本病发生与流行取决于品种的感病性、苗带毒率、介体昆虫发生量等因素。其中品种与发病关系十分密切。立冬本、苗翘、九月乌、水南1号等品种表现抗病，普明庵、东壁、油潭本等品种高度感病。在病枝上采穗或在病树上直接高压育苗，其苗木带毒率达10%～20%。田间病株多，通过介体昆虫的不断传染，很容易引起本病的严重发生。凡果园管理好、树势壮的发病较轻，管理差、树势弱的发病较重。

防治方法 采用生态系统优化控制和生态环境净化的生态措施控病，具体如下：①实行检疫，防止带毒的苗木或繁殖材料传入新区或无病区。②选用抗（耐）病品种，培育和种植无毒良种壮苗。从优质、抗病的健康母树上采种、取穗，作为育苗的繁殖材料，在远离产区隔离条件较好的地方建立苗圃，培育无毒壮苗。病树可高接抗病良种。③适时防治介体昆虫。荔枝蝽卵期，释放平腹小蜂，可很好控制该虫的发生、为害与传病，但要注意错开放蜂与用药时间。春夏和秋季采果后喷用可兼治荔枝蝽和龙眼角颊木虱的药剂，特别要抓好4～5月间龙眼角颊木虱若虫盛孵期的药剂防治。④清除田间毒源。新植幼龄果园，发现病株立即挖除，补种无毒苗，成年树每年要结合疏花疏果，剪除病梢、病穗，重病树要实行重修剪，这一截枝减毒措施可有效减少田间毒源和病穗、病梢徒耗养分，有助于控病壮树。⑤加强肥水管理，增强植株抗病力。

荔 枝 鬼 帚 病

Litchi witches' broom virus

彩版 17 · 116～119

症状 荔枝各生育阶段均可发病。主要为害叶、枝和花穗，引起不同症状。通常是枝梢顶部的幼叶受害后不伸展，卷缩似月牙形。定型叶染病后叶缘外卷，叶脉稍隆起，叶肉出现黄绿色不定型斑纹；有的叶缘内陷成缺刻或扭曲成不规则形。枝梢染病后节间缩短，其上不定芽可重复长出多条病梢，呈扫帚状。入秋后病叶脱落成秃枝，翌年又可长出病叶。罹病花穗的枝梗和小穗因不能伸展而密集一起呈簇生花丛，花器不发育或发育不完全。花早落，不结果或结小果。

病原 Litchi witches' broom virus（LiWBV），称荔枝鬼帚病毒。线状粒体，成束分布在荔枝叶片韧皮部筛管细胞质内。该病毒形态与龙眼鬼帚病毒相似，且与龙眼鬼帚病毒抗血清呈阳性反应，表明这两种病毒之间的关系十分密切。

传播途径和发病条件 苗木可带毒，靠接能传病。调运带毒的苗木，是本病远距离传播的主要途径。荔枝蝽是自然传毒介体，田间病害的扩展、蔓延，主要依靠虫传。汁液摩擦不会传病。福建主栽品种均会被侵染，苗期较成年树易发病。

防治方法　参见龙眼鬼帚病。

荔 枝 溃 疡 病
Litchi canker

彩版 17·120

荔枝溃疡病又称荔枝干癌病、粗皮病，分布于福建、广东、广西荔枝产区，主要为害主干。受害轻时影响树势，叶片脱落，严重时致使大枝或全株枯死。

症状　发病初期，树干及枝条表皮粗糙，溃烂，有突起瘤状物，后病部逐渐扩大，加深，皮层翘起，刮去病皮表层即可见密布小黑点，即病原菌。随着病原日久侵害，木质部变褐色，影响荔枝生长及开花结果，严重时整株枯萎死亡。

病原　本病的病原菌尚未鉴定。

传播途径和发病条件　本病多发生于山坡老树，不同品种发病轻重不一，福建漳州以乌叶品种受害最重，该品种粗度 0.5cm 的小枝也会受害。栽培管理不善，虫害严重造成树干伤口，均有利于病菌的侵入。

防治方法　首先应尽量避免造成树干伤口，可以减少病菌侵害。在此基础上抓好以下防治措施：①消除菌源。发病初期，应及时将主干、枝条上的瘤状突起和翘起的皮层，用小刀将病部刮净，严重的病枝锯掉。将刮下的皮层和锯下的病枝，集中烧毁，以防扩散蔓延。②喷药保护。刮净伤口后要立即涂上波尔多液浆，或石硫合剂，保护伤口，有利于伤口愈合。发现伤口溃烂处有其他害虫，可在每 50kg 的石硫合剂药液中加 50g 敌百虫混合后涂于伤口处。③加强对病树的栽培管理，增施有机质肥，使病树逐渐恢复树势，增强抗性。

龙 眼 癌 肿 病
Longan cancer

彩版 17·121

龙眼癌肿病是龙眼树新近发现的一种新病害。主要发生在枝干上，受害后引起树势早衰。

症状　感病枝干初期病部生一小突起，后逐渐增大形成肿瘤，表面粗糙，凹凸不平，木栓化。

病原　尚未明确。

防治方法　在搞好冬季清园工作基础上，于春梢抽发前喷一次 1∶2∶200 波尔多液。台风后和果实采收后各喷一次 0.5% 石灰过量式波尔多液，保护树体，防止病菌侵入。

龙 眼 裂 皮 病

Longan stem split

彩版 17·122

症状 裂皮病是近期发现为害龙眼枝干的新病害。被害树干和枝条表皮不规则开裂或纵裂，阻碍体内水分与养分的输送，影响树体正常生长，削弱树势，严重发病时会使枝干枯死。

病原 尚未明确。

传播途径和发病条件 传播途径尚不清楚。初步观察，幼树发病少，成年树发病较多，尤其果园管理差、树体生长衰弱的老树发病重，有的枝干开裂严重，以至枝枯叶黄。

防治方法 ①加强果园管理，促使树体强壮。②远离病区建立苗圃，培育无病壮苗。③严重发病枝条，实施截枝烧毁，伤口可用 1∶3∶10 波尔多浆涂抹保护。

龙眼、荔枝上的地衣与苔藓

Lichen and bryophyte of longan and litchi

彩版 18·123~127

龙眼、荔枝枝干上发生地衣（常见有 *Alectoria* spp. 和 *Parmelia* spp.）和苔藓（常见的有 *Bardella* spp.、*Frullaoai* spp. 和 *Meteorium* spp.）为害，影响枝梢抽生，削弱树势，提早衰老，影响产量，也有利于其他病虫的滋生与繁殖。

形态与为害状

地衣 根据附生于龙眼、荔枝树枝干上的叶状体形态可分为三种类型：①壳状地衣：叶状体大小不一形同膏药的小圆斑，青灰色或灰绿色，紧贴在树的枝干上，不易剥离。②枝状地衣：淡绿色，直立或下垂，呈树枝状或丝状，并可分枝，黏附在树枝干上。③叶状地衣：叶状体扁平，形状不规则，有时边缘反卷，表面灰绿色，底面黑色或淡黄色，由褐色假根黏附在树枝干上，多个叶状体连结成不规则形如鳞片的薄片，极易脱落。

苔藓 呈黄绿苔状（苔）和簇生的丝状体（藓），具有假根、假茎和假叶，以假根附着树枝干上，吸取水分和养分。

病原 地衣系藻类与真菌（子囊菌）的共生体。藻类利用自身具有可进行光合作用制造养料的叶绿素与可吸收水分和无机盐类的真菌营共生生活。苔藓是一类无维管束的绿色孢子植物，可分为苔与藓两种，常在一起混生。

传播途径和发病条件 地衣和苔藓以营养体在枝干上越冬。地衣以自身分裂成碎片的营养繁殖为主，也能以粉芽或针芽繁殖。粉芽形状像花粉，是 1 个或若干个被真菌菌丝体缠绕着的藻类细胞，可大量形成并突破皮壳而外露，借风雨传播至新的场所，发芽长成新的叶状体。针芽是叶状体上的突起物，由 2 个原生体组成，能自行折断，并借风雨传播繁殖。地衣内的真菌亦能由孢子或菌丝体进行繁殖，遇到适当的藻类即行共生。苔藓的营养体为叶茎状的配子体，其配子体能独立生活。有性生殖时，茎状体顶端生颈卵器及藏精器，雌雄受精后发育成具有柄和蒴的配子囊。蒴有蒴囊、蒴盖和蒴帽。孢子生在蒴囊内，孢子成熟后，散出，随风传播，遇适宜条件长成新的叶茎状配子体。配子体在生命周期中占优势，而孢子体时期很短。地衣、苔藓除为害龙眼、荔枝外，尚可为害多种果树。管理粗放、潮湿的果园较易发生，温暖、潮湿的季节繁殖、蔓延快，以5～6月多雨季节发生最盛。夏季高温干旱，不利其繁殖，冬季寒冷则停止生长。老、弱树、树皮粗糙的枝干，易被地衣、苔藓附生，受害较重。

防治方法 ①加强果园管理。剪除过密枝梢，以利通风透光，降低果园温度。搞好排灌，科学施肥，增强树势。②刮除病斑，施药防治。春季雨后，先用竹片、刷子或刀片刮除树干上的地衣、苔藓后，再喷0.5%石灰等量波尔多液或30%氧氯化铜悬浮剂500～600倍液，也可用10%～15%石灰乳涂抹。收集地衣、苔藓就地烧毁或深埋。冬季可用10%～15%石灰乳或5波美度石硫合剂涂刷树干。

龙眼菟丝子寄生

Longan dodder

症状 菟丝子寄生在龙眼树上，生长迅速茂盛，很快将整个树冠覆盖，影响龙眼的光合作用，同时消耗树体营养物质，叶片黄化，脱落，枝梢干枯，严重影响生长和开花结果，甚至整株死亡。苗木受害生育不良，树势衰弱，影响苗木质量，严重时嫩梢枯干至全株枯死。被害植株为黄色、黄白色或红褐色无叶细藤缠绕，枝叶紊乱不能舒展，枝梢被寄生物缠绕常产生缢痕。

病原 日本菟丝子（*Cuscuta japonica* Choisy）。菟丝子是一年生双子叶植物，无根，叶片退化成无功能的鳞片状。茎粗壮，直径1～2mm，肉质，黄白色，具突起紫斑，多分枝。花无柄或几无柄，穗状花序，长达3cm，基部多分枝。苞片及小苞片鳞片状，卵圆形，长2mm。花萼碗状，肉质，长约2mm，5裂，几达基部，背面常有紫红色瘤状突起。花冠钟状，淡红色或绿白色，长3～5mm，顶端5浅裂，裂片稍直立或微反折，短于花冠筒2～2.5倍。雄蕊5，着生于花冠喉部裂片之间，花药卵圆形，黄色，花丝无或几无，子房球状，不滑，2室。花柱细长，合生为一，约与子房等长，柱头2裂。蒴果卵圆形，长约5mm，褐色，内有种子数粒，褐色，略扁，有棱角。

传播途径和发病条件 菟丝子可以开花结种子，种子成熟后脱落入土，休眠越冬后，于翌年初夏温、湿度适宜时，种子在土中萌芽，长成淡黄色、细丝状幼苗，不断继续向上生长，茎的最上端部向四周旋转，碰到寄主（龙眼）树干后便紧贴其上，不久长出吸盘伸入寄主体内，吸收寄主的水分和养料，此时茎基部逐渐腐烂或干枯，与土壤脱离，在寄主上不断分枝伸长，然后开花结实。不断繁殖蔓延，使树体生长衰弱，以致干枯死亡。菟丝子开花结果时期为11月，以有性和无性繁殖，靠鸟类传播种子或种子成熟后落入土中，翌年初夏种子萌发或人为将藤段带入果园，附着在树干上即可生长。每年6～10月是菟丝子生长旺盛期，夏末秋初为菟丝子生长高峰期，正是防治适期。菟丝子的结实量，一株能产生 2 500～3 000 粒种子，多达万粒。

防治方法 ①加强栽培管理，结合苗圃和果园的栽培管理，于菟丝子种子萌发前进行中耕深埋，使种子不能萌芽出土，一般种子深埋 3cm 以下便难于出土。②铲除。春末夏初检查苗圃和果园，发现菟丝子应立即铲除或连同寄主受害部一起剪除，务必彻底。由于它的断茎具有发育成新株的能力，剪除后的断茎不可随意抛丢在园里，应彻底集中烧毁，以免再传播。并应在菟丝子种子未成熟前彻底铲除烧毁，以免成熟种子落入土中，增加翌年侵染源。③喷药。应在菟丝子生长的 5～10 月间，对树冠喷 10% 草甘膦水剂 400～500 倍液，一次即可获得很好效果，对龙眼树势生长无不良影响。6～8 月气温高，浓度可以低些。5 月和 10 月气温较低，浓度可稍高。施药时期掌握在龙眼新梢老熟后，菟丝子开花结子前连喷两次，间隔 10 天后喷第二次。

龙眼、荔枝槲寄生

Longan and litchi mistletoe

症状 发生于龙眼、荔枝的树干和枝上高约 0.5～1m 的槲寄生灌丛。被寄生处的寄主组织肿大。受害枝、干的木质部断裂，终至腐朽。被害植株生长受阻。

病原 由槲寄生属植物所致。为绿色寄生性小灌木。花单生，雌雄同株或异株，单生或丛生于叶腋内或生于枝的节上，很少顶生，二歧或三歧分枝；分枝处两节间几互相垂直。叶对生，常退化为鳞片。雄花花冠与子房合生。子房下位，花柱缺或无，柱头垫状。浆果肉质，中果皮有黏液，含槲寄生碱，对保护种子和使种子黏着寄主体表有特殊功能。槲寄生植物约 30 种，我国有 10 余种，主要分布于热带、亚热带地区。在龙眼、荔枝上常见的有扁枝槲寄生 (*Viscum articulatum* Burm. F.) 和瘤果槲寄生 (*Viscum arientale* Willd.)。扁枝槲寄生又名无叶枫寄生，为常绿寄生小灌木，高 20～40cm，茎基部圆柱形，具二棱，枝长大时悬垂，灰褐色，小枝扁平，绿色，2 或 3 分枝，节下收缩，节间长 1～4cm，每节上宽下狭，呈倒披针形或近条形，两面具多条脉。叶退化成鳞片状突起，位于花下，只见于最初的节上。果实椭圆形，成熟时黄色，春季结果。我国主要分布于广东、广西、云南、四川、福建的龙眼、荔枝产区。寄主除龙眼、荔枝外，尚寄生于柑橘、枫香、楝、油桐等果木上。瘤果槲寄生枝圆形，二叉分枝或对生，新鲜时肉质，干后革质，对生，倒卵形或长椭圆形，宽 1～3cm，果黄色，果成熟前表面有小瘤，成熟后光滑。分布于广西、云南等省、自治区。寄主除龙眼、荔枝外，还寄生于柑橘、柿等果树。

传播途径和发病条件 种子由鸟类传播至寄主植物上，在适宜温、湿条件下萌发。萌发时胚轴延伸突破种皮，胚根伸出种皮后在与寄主接触处形成吸盘。吸盘中央生出小吸根，为初生吸根，直接穿透嫩枝条的皮层达木质部，但不直接侵入木质部，只沿皮层下方生出侧根，环抱木质部，然后逐年由侧根分生出次生吸根，侵入皮层和木质部。随枝干年龄增长，初生和次生吸根逐渐陷入深层木质部。后期被害寄主枝干的断面，可见均匀的与木射线平行的次生吸根。寄主枝干木质部被吸根分割开，但不出现明显的年轮偏心现象。陷在木质部深处的老吸根自行死亡，留下小沟。

防治方法 人工砍除。槲寄生根不发达，但皮下的内生吸根部沿枝干上下延伸甚远，在砍除时需将内生吸根所及之处砍除，方能彻底除根。

龙 眼 蕨 类 寄 生

Longan brake parasite

彩版 18 • 128

形态特征 蕨类是一类附生性孢子植物，以根状茎附生于老化的龙眼树皮上，吸取树干水分和养分，影响树体生长，严重时，其上部枝干枯死。蕨类孢子叶白色，羽状、簇生，远看似鳞片覆盖树干；羽叶绿色，羽毛状。

防治方法 加强栽培管理、增强树势；发现蕨类为害，应予清除和烧毁，减少传播为害。

5. 黄皮病害
Diseases of Wampee

黄 皮 梢 腐 病

Wampee shoot rot

彩版 19 • 129～130

症状 主要为害枝梢、叶片、果实，造成梢腐、叶腐、果腐和枝梢溃疡四类型症状。

梢腐 刚萌芽枝梢上的幼叶褐色坏死、腐烂，潮湿时表面密生白霉，渐变橙红色黏孢团，顶端嫩枝梢受害呈黑褐色至黑色，干枯收缩呈烟头状枯缩。

枝梢溃疡 枝梢发病，初枝梢病斑梭形，3～12mm 不等，褐色，隆起中央下陷，表皮木栓化粗糙。

叶腐 叶受害，常自叶尖、叶缘开始腐烂，褐色，迅速扩展至大部分叶片，终至全叶，病、健部分界明显，交界处有一条深褐色波纹，与炭疽病较难区分。

果腐 果实被害，初呈现水渍状、褐色、圆形病斑，潮湿时病果表面布满白色霉状物。

病原 *Fusarium lateritium* Nees et Lk. var. *longun* Wollenw.，称砖红镰刀菌。属半知菌亚门，镰孢属真菌。分生孢子梗简单或分枝，瓶梗圆柱形，直或弯，$12～21\mu m \times 3～4\mu m$。分生孢子以 5 个隔膜最多，3～4 个或 6～7 个隔膜次之，大小不等。0～1 隔膜 $11～16.5\mu m \times 2.5～3.5\mu m$，2 隔膜 $17～25\mu m \times 3.4～4.0\mu m$，3 隔膜 $19～30\mu m \times 3.5～$

5.0μm，4 隔膜 35～53.5μm×4.0～5.0μm，5 隔膜 41.5～61.5μm×4.0～5.5μm，6 隔膜 51～75μm×4.5～5.5μm，7 隔膜 57.5～85.5μm×4.0～5.5μm。厚垣孢子较少，顶生或间生，单生或 2～4 个串生，近球形，直径 9～18μm（图1-31）。

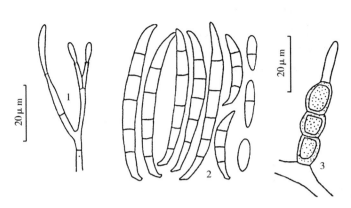

图 1-31　*Fusarium lateritium* Nees ex Lk. var. *longum* Wollenw.
1. 分生孢子梗　2. 分生孢子　3. 厚垣孢子
（引自《广东果树真菌病害志》）

传播途径和发病条件　病菌以菌丝体、厚垣孢子或分生孢子在病枝梢、病叶、病果残体上越冬，借风雨传播辗转为害。本病在广东黄皮产区普遍发生，随带菌苗木向新区扩散，造成梢腐，农民称之为"死顶病"。发病轻者减产，重者颗粒无收以至毁园。此病在病区一年四季均可发生，以 4～8 月为发病高峰期，春梢发病重，夏、秋梢较轻，刚抽出的嫩梢和嫩芽易感病，越冬的老枝较抗病。

防治方法　①实行苗木检疫，严禁从病区输出带菌苗木，种子和其他种植材料，防止本病传播到无病区、新区。②冬季清园，结合冬季修剪，剪除病枝梢，扫除病落果、落叶集中深埋或烧毁。③加强果园栽培管理，春梢发现梢腐病时要及时剪除烧毁。④喷药防治。春梢萌芽前喷一次 3 波美度石硫合剂或 1％石灰等量式波尔多液。春季萌芽后及时喷药，可选用 70％甲基托布津可湿性粉剂 800～1 000 倍液，或 50％苯莱特可湿性粉剂 1 500 倍液，或 65％代森锌可湿性粉剂 500～600 倍液等，上述药剂宜交替轮换使用。每间隔 10～15 天一次，连喷 2～3 次。

黄 皮 炭 疽 病

Wampee anthracnose

彩版 19·131

症状　黄皮常见病，个别果园发病较重。主要为害叶，造成叶斑、叶腐，枝梢受害造成枝枯，果受害为果腐。叶受害自叶缘或叶片中间生圆形或半圆形病斑，约 2～12mm，病斑相互合并成不规则形，灰白色，边缘水渍状，病、健部分界明显。叶腐，常自叶尖、叶缘开始发病，褐色腐烂，病部扩展迅速，病、健部交界不明显，5～7 天导致全叶腐烂枯死，叶柄受害呈褐色，易产生离层，导致叶片提早落叶、秃枝，枝梢受害呈褐色枯死，果实受害初呈水渍状褐色小点，扩展后为褐色圆形病斑，果肉腐烂，表面密生橘红色黏孢团。

病原　有性阶段 *Glomerella cingulata*（Stonem.）Spauld. et Schrenk，属子囊菌亚

门，小丛壳属真菌。无性阶段 *Colletotrichum gloeosporioides* Penz. 。属半知菌亚门，刺盘孢属真菌。

病原菌形态、传播途径、发病条件和防治方法参见本书杧果炭疽病。

黄皮流胶（树脂）病

Wampee gummosis

彩版 19·132

症状　主要为害树干，幼树自离地面 10～15cm 处最易受害，初病时皮层破裂流胶，木质部中毒，褐色，环形的坏死线。初病时地上部叶变黄，叶脉透亮（明脉），萎蔫状，严重时干腐，植株枯死。

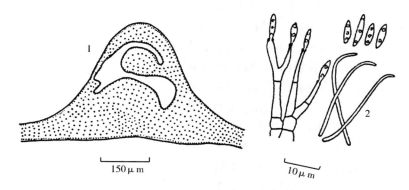

图 1-32　*Phomopsis wampi* C. F. Zhang et P. K. Chi
1. 分生孢子器　2. 分生孢子梗、产孢细胞和两种分生孢子
（引自《广东果树真菌病害志》）

病原　*Phomopsis wampi* C. F. Zhang et P. K. Chi.，本菌属半知菌亚门，腔孢菌纲，球壳孢菌目，球壳孢菌科，拟茎点霉属真菌。子实体为真子座，埋生于树皮下，黑褐色，800～2 240μm×750～1 250μm，不规则形，内单腔、双腔或多腔。分生孢子梗无色，分隔，分枝，20～40μm×2.4～4.0μm。产孢细胞瓶梗型，内壁芽生式产孢。甲型分生孢子无色，单胞，直或稍弯，长椭圆形，端部近尖，内油球 2～3 个，6.4～10.2μm×2.0～2.8μm，乙型分生孢子无色，钩丝状，21.5～32.0μm×1～1.2μm（图 1-32）。

传播途径和发病条件　病菌主要以菌丝体和分生孢子器在病树干组织内越冬。越冬的分生孢子和菌丝体是初侵染的主要来源。分生孢子器终年可产生分生孢子，随风雨、昆虫及鸟类传播。病菌从各种伤口侵入，三至四年生幼树易感病，春季冷雨，2～4 月间病害将流行。

防治方法　①加强栽培管理，提高抗病能力。春季低温冷雨前做好果园培土、排水工作。秋季采收后及时增施有机肥，增强树势。早春结合果园修剪及时挖除病死株，集中烧毁。②树干刷白，防止日灼，及时防虫。白涂剂配方：生石灰 5kg，食盐 0.25kg，水 50kg。③病树刮治或涂药。冬、春萌芽前彻底刮除病组织，后用 1%硫酸铜溶液，或 1%

抗菌剂 401 消毒后，立即用白涂剂刷白。刮除下的病组织集中烧毁，或用刀纵划病部，深达木质部，纵划范围应上下超过病组织 1cm 左右，划条间隔约 0.5cm。然后涂药，连续涂药 2～3 次，间隔期 7～10 天。可选用 50％多菌灵可湿性粉剂 100～200 倍液，或抗菌剂 401，或 50％托布津可湿性粉剂 50～100 倍液等，上述药剂宜轮换使用。④及时防治其他病虫害。

黄 皮 褐 腐 病

Wampee brown rot

症状 主要为害花和果实。花被害枯萎，褐色，腐烂，易脱落，落地病花潮湿时其上生白色霉状分生孢子。果实受害后褐色，不规则形，后迅速软化腐烂，病部生出白色或灰白色颗粒状分生孢子座，其上生许多分生孢子。

病原 *Monilia cinerea* Bon［*Monilinia laxa* (Aderh. et Ruhl.) Honey ＝ *Sclerotinia laxa* Aderh. et Rehd.（子囊菌亚门链核盘菌属，称核果链盘菌）］，属半知菌亚门丛梗孢属真菌，称灰丛梗孢。子实体白色至灰白色，0.4～1mm，其上生出许多分生孢子。分生孢子串生，念珠状，柠檬形，无色单胞，大小 12～22μm×10～18μm（图 1-33）。

传播途径和发病条件 病菌以菌丝体和分生孢子在病落花和病落果上越冬。借风雨、气流、昆虫传播，翌年春雨绵绵时，易发生花腐，5 月多雨，为果腐发生盛期。

防治方法 ①冬季做好清园工作，清除地面病果、病花，剪除枯枝，集中烧毁。②春梢萌芽前喷一次 3～5 波美度石硫合剂；花前和落花后果实豆粒大时，喷 50％速克灵可湿性粉剂 1 000～2 000 倍液，或 65％福美锌或福美铁（福美特）400～500 倍液，每 10～15 天喷一次，连喷 2～3 次。以上药剂宜交替使用。③雨季注意果园排水，增施有机肥。

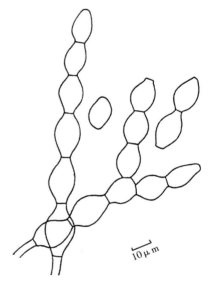

图 1-33　黄皮褐腐病菌（*Monilia cinerea* Bon.）在 PDA 上（25℃）培养 10 天的分子孢子
（引自《广东果树真菌病害志》）

黄皮细菌性叶斑病

Wampee bacterial leaf spot

症状 本病可为害幼苗和结果树，主要为害叶片，受害叶出现直径 1～3mm、黄色油溃状小斑，随后病斑背面出现疮痂状小突起，透过叶片上下表面，且可扩大至直径 5～8mm，数个病斑可连成斑块。后期病斑中央灰褐色，稍凹陷，但不呈现火山口开裂，病斑周围有黄色晕圈。严重发生时会引起落叶，影响树体生长。

病原 *Xanthomonas campestris* pv. *citri*，与柑橘溃疡病病原细菌相同，系黄极毛杆菌。菌体短杆状，两端钝圆，多数单个排列，大小为 1.5～1.7μm×0.4～0.6μm，鞭毛单根极生，荚膜不明显，不产生芽孢。人工接种，该菌可侵染柑橘的橙类、柚子、柠檬和九里香。除九里香外，其他三种染病后均表现出典型的溃疡症状。黄皮菌株和柑橘菌株侵染黄皮叶片时所表现的症状相同。

传播途径和发病条件及防治方法，可参考柑橘溃疡病。

6. 杨梅病害
Diseases of Bayberry

杨梅枝干癌肿病
Bayberry twig gall

症状 本病主要发生于二至三年生的枝干或多年生的主干、主枝以及新梢上。初于发病部位生出乳白色小隆起，表面光滑，后渐扩展为近球形肿瘤状，表面粗糙，凹凸不平，木栓化而坚硬，褐色至黑褐色，肿瘤近球形或不整形，大小不一，小如樱桃，大如核桃，最大的肿瘤达 10cm 以上。一个枝干（梢）上，有 1～5 个或更多的肿瘤，多发生于枝节处，造成上部枝干（梢）枯死，以致树势早衰，严重者整株死亡。

病原 *Pseudomonas syringae* pv. *myricae* Ogimi. & Hinguchi.，属丁香假单胞杆菌杨梅病理型。细菌菌体短杆状，两端钝圆，具 1～5 根极生鞭毛。革兰氏染色阴性，无荚膜，无芽孢，温度范围 5～35℃，最适温度 25～30℃，最适 pH 6～8，在 pH 5～9 范围内均可生长。在 King's B（金氏 B）培养基上产生黄绿色荧光色素，在烟草上产生过敏性枯斑反应（图 1-34）。

传播途径和发病条件 以菌体在病部越冬，翌年春季病菌开始活动。当杨梅抽生新梢时，借风雨传播，由叶痕或皮孔侵入枝梢，并于树皮内大量繁殖，进而向韧皮部侵染，皮层细胞受病菌产生的毒素刺激，加速分裂增生，体积膨大，产生肿瘤，造成枝干（梢）枯死，

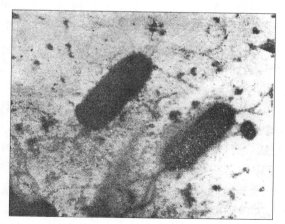

图 1-34 杨梅癌肿病病原细菌
（电镜下放大 10 000 倍）
（引自《果树病理学》浙江农业大学等主编）

全株死亡。一般每年 5 月开始发病，7 月进入盛发期。通常 5～6 月份多雨，有利于病害的发生传播。果园栽培管理粗放，地势低洼，排水不良，以及树龄较大，树势衰弱的植株，发病均比较重。品种间抗病性有所差异，一般以湘红梅、小炭梅、早大种等发病较重；荔枝种、丁岙梅和荸荠种、本地种等发病较轻。

防治方法　①严格实行检疫，培育无病苗木。②搞好清园。春季萌芽前，结合修剪剪除肿瘤，对主干或大枝上的肿瘤，可将其切除集中烧毁。后于伤口处涂抹 80％ 402 抗菌剂乳油 50～100 倍液，或 20％叶青双杀菌剂 50 倍液，均有良好的疗效。此外，亦可喷射 0.5％石灰倍量式波尔多液。③加强果园管理。果实采收时，要尽量避免损伤枝干。沿海地区，夏季常有台风，应事先做好防台风工作；台风过后，应及时喷药保护。对台风造成的断枝，要及时处理，伤口要及时涂抹保护剂（参看本防治②）。新建果园，应于果园四周营造防护林。④喷药保护。5～6 月间，在搞好冬季清园的基础上，于春梢萌发前，全面喷射一次 1∶2∶200 波尔多液、20％叶青双可湿性粉剂 500～1 000 倍液，或 80％抗菌剂 402 乳油 1 500～2 000 倍液。台风过后和采果后，亦应各喷药一次。

杨梅根结线虫病

Bayberry root knot nematode

彩版 19 · 133～134

症状　本病主要为害根部。地上部，发病初期，叶片褪绿，生长不良，后叶片黄化、落叶，梢枯，终至全株枯死，呈典型衰退症状。地下部，早期病株侧根及须根，生大小不一的根结，小如米粒，大如核桃。根结呈圆形、椭圆形或串珠状，初表面光滑，后表面粗糙。后期病株根结发黑腐烂，剖视根结，可见乳白色、囊状雌虫及棕色卵囊。病株细根很少，或呈须根团。

病原　*Meloidogyne* sp.，称杨梅根结线虫属，根结科，根结线虫属。在杨梅根部，除根结线虫（*Meloidogyne* sp.）外，还有根腐线虫（*Pratylenchus* sp.），但以根结线虫为主。

成熟雌虫，乳白色至淡黄色，梨形或近球形，大小为 $550～1\,006\mu m \times 340～736\mu m$。颈部明显，具清晰的环纹，口针强，针锥细，直或稍弯，针杆圆柱形，口针基部具 3 个基部亚球。会阴花纹变异较大，略呈圆形或卵圆形，背弓高，呈弧形或梯形，有的于左边或右边具翼状纹或角质纹，侧线处线纹皱折，阴门裂缝状。周围具纹筛，偶尔于两端处具一条纵向刻线。卵囊附于虫体末端，胶质状，棕褐色。幼虫蠕虫形，大小为 $348～446\mu m \times 11.3～16.6\mu m$，体表具环纹，唇区高，稍缢或无，口针直，口针基部具 3 个明显的基部亚球，背食道腺开口，距口针基部亚球 $3.1～4.4\mu m$，中食道球亚球形，尖端至中食道球中部距离为 $51.2～62\mu m$，排泄孔位于中食道球后方，距头顶 $64～84\mu m$。食道腺覆盖于肠的侧面及腹面，侧线 5 条，侧带区约占体宽的 1/3，尾部渐细，具 2～3 个缢缩，尾端钝圆，尾长为 $44.1～72\mu m$。

传播途径和发病条件　本病主要以卵及少数雌虫在根结中越冬。翌年初春，新生根大量生长时开始活动，在 4～5 月间，2 龄幼虫高峰期，大量侵入新生须根，形成较多细小的根结。7～8 月间，为发病高峰期。地上部开始叶片黄化，落叶，至 10～11 月，根结开始发黑腐烂。

病害发生与品种抗病性有关。一般外来品种，如炭梅、水梅发病率达56.1%；而本地品种，如长蒂乌梅、柴头乌等，发病较轻，发病率为23.9%。树龄与发病关系：树龄愈高发病愈重，幼龄树发病较轻。此外，发病与坡向有关，凡阳坡发病重于阴坡。发病与气候的关系：春季多雨，病情则加重；干旱年份病轻。沙质壤土，排水不良及沟谷，低洼地，发病较重。

防治方法　①严格检疫。严禁从病区引进苗木。发现病株及时挖除烧毁。培育无病苗，是防止病苗传入无病区、保护新区的重要措施。培育无病苗地，必须选用前作为水稻田或禾本科作物的地块播种育苗。苗木调运前，用温汤处理，48℃恒温热水浸根15min，可杀死根部和根结内的线虫。②加强栽培管理。对病园应加强肥水管理，适当增施有机肥（特别是牛栏厩肥），增强树势。沙质土的果园，逐年改土亦有减轻为害的效果。冬季结合清园深翻，或在新根发生前，挖除病根和须根团，保留水平根及较粗的大根后，每株施用石灰1.5～2.5kg，增施有机肥，可有效减少病原线虫，减轻为害。③药剂防治。参照柑橘根结线虫药剂防治部分。④生物防治。国外研制成BIOCON真菌农药制剂（淡紫色拟青霉）用于防治根结线虫，效果很好。

7. 枇杷病害
Diseases of Loquat

枇 杷 叶 斑 病 类
Loquat leaf spots

彩版19·135～136，彩版20·137～144，彩版21·145

为害枇杷的真菌性叶斑病害，常见有枇杷胡麻斑枯病（Entomosporium leaf spot of loquat）、枇杷斑点病（Phyllosticta leaf spot of loquat）、枇杷灰斑病（Gray spot of loquat）、枇杷角斑病（Cercospora leaf spot of loquat）。发病重时，可引起早期落叶，生长衰弱，影响抽梢。灰斑病还会为害果实，常引起果实腐烂，对产量影响较大。

症状　胡麻斑枯病：又名胡麻色斑点病。苗木发生多，常造成成片苗木枯死。发病初期，于叶面生出圆形黑紫色，边缘紫赤色病斑，后期为灰白色或灰色，中央长出黑色小粒点。病斑大小约1～3mm。初发生时表面平滑，随后略变粗糙，叶背病斑淡黄色。病斑多时，愈合成大的不规则形病斑。病叶干枯挂树上。叶脉上的病斑为纺锤形。后期果实上的症状与叶片上的病斑相似。斑点病：病斑近圆形，多数病斑愈合成不规则形，沿叶缘发生，呈半圆形。初期病斑为赤褐色小点，后逐渐扩大，中央灰黄色，外缘仍为赤褐色，紧贴外缘处为灰棕色。后期病斑上长出黑色小点（分生孢子器），轮纹状排列。灰斑病：发病初期，于叶面上生圆形淡褐色病斑，后变为灰白色，表皮干枯，易与叶肉组织脱离。多数病斑愈合成不规则形大斑。病斑边缘明显，为狭窄的黑褐色环带，中央呈灰白色至灰黄色，其上散生黑色小点，粗而稀疏。果实受害，生圆形紫褐色、水渍状、凹陷病斑，其上散生黑色小点（分生孢子盘）。角斑病：病斑以叶脉为界，呈多角形，多数愈合成不规则形大斑。病斑赤褐色，周围有黄色晕圈，后期长出黑色霉小粒点（分生孢子梗和分生孢子）。

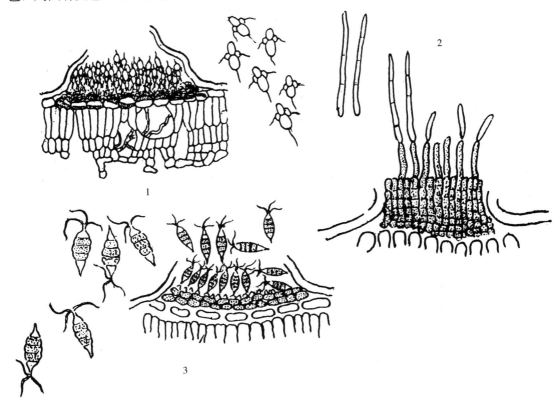

图 1-35　枇杷叶斑类病害病原
1. 枇杷胡麻斑枯病分生孢子盘和分生孢子　2. 枇杷角斑病分生孢子盘和分生孢子
3. 枇杷灰斑病分生孢子盘和分生孢子

病原　主要有下列几种真菌：枇杷胡麻斑枯病菌（*Entomosporium eriobotryae* Takim.）、枇杷斑点病菌（*Phyllosticta eriobotryae* Thuem.）、枇杷灰斑病菌（*Pestalotia funerea* Desm.）、枇杷角斑病菌〔*Cercospora eriobotryae*（Enjoji）Sawada〕。枇杷胡麻叶枯病菌属半知菌亚门，刀形孢属。分生孢子盘初埋生于叶表皮下，后突破表皮外露，直径 162～240μm。分生孢子盘上，簇生短小不分枝的分生孢子梗，无色。分生孢子无色，虫形，4 个细胞成十字形排列，两侧细胞较小，顶部细胞最大，除基部细胞外，其余 3 细胞均有一根无色的短纤毛。分生孢子大小为 20～24.3μm×8.9～11μm，纤毛长 10～16μm。各细胞易分离。枇杷斑点病菌属半知菌亚门，叶点霉属。分生孢子器球形，暗褐色，埋生，稍突破表皮，直径 82～93μm，器壁膜质，褐色，2～3 层细胞，无分生孢子梗，产孢细胞瓶梗型。分生孢子长椭圆形，无色，大小 5～7μm×2～3μm。枇杷灰斑病菌属半知菌亚门，盘多毛孢属。分生孢子盘，大多叶正面生，埋生，后突露，直径 181～220（195）μm。产孢细胞无色，瓶状，未见环痕。分生孢子纺锤形，4 个真隔膜，隔膜间缢缩，17～23μm×7～9μm，中间 3 个细胞暗褐色，其中上 2 个细胞色较深，顶细胞无色，圆锥形，顶端有附属丝 3 根，偶为 2 根，附属丝长 10～20μm。基细胞无色，尖锥形，下端有细柄，长3～4μm。枇杷角斑病菌属半知菌亚门，尾孢属。该菌叶面生，子座较大，球形或近球形，直径60～116μm，分生孢子梗短，密集簇生，榄褐色，顶端较狭，分枝，有隔，无膝状节，顶端圆锥形，孢痕小，不明显，直径1～1.2μm。分生孢子倒棒状，少数线形。无色至淡缆色，直或弯，隔膜多不明显，顶端钝，基部脐点较小，大小46～91μm×2～2.5μm（图1-35）。

传播途径和发病条件　上述4种枇杷叶斑病的病原菌，以分生孢子器、分生孢子盘、菌丝体和分生孢子在病叶或病落叶上越冬。翌年春末夏初，产生分生孢子，借风雨传播。在温暖沿海地区，分生孢子终年不断产生，造成重复侵染。凡土壤瘠薄、排水不良、栽培管理粗放的果园，一般发病重。苗木发病，常重于成株。但果园、苗圃管理好，肥料充足，生长健壮，则发病轻。品种间的抗病性有所差异。灰斑病以鸟儿品种发病重，白沙和红种次之，夹脚、夹脚与鸟儿杂交种较抗病。斑点病以白沙发病较重，鸟儿和红种次之，夹脚、夹脚与鸟儿杂交种较抗病。角斑病则以白沙发病重，夹脚、红种及夹脚和鸟儿杂交种次之，而鸟儿最为抗病。

防治方法　①加强栽培管理。增施有机肥料，提高树体抗病力。梅雨季节，注意搞好果园排灌工作，可减轻病害。②冬季清园。结合修剪，剪除病枝叶及扫除落叶，集中烧毁，以减少越冬菌源。③喷药保护。苗圃和果园，应于新叶抽生后开始喷药，一般在4月上、中旬至5月上旬喷第一次药，每隔15天喷一次，连喷2～3次。可选用1:1:200波尔多液、70%世高水分散粒剂1 500倍液、25%施保克乳油2 000倍液、70%甲基托布津可湿性粉剂800～1 000倍液、50%苯莱特可湿性粉剂1 500倍液、65%代森锌可湿性粉剂500～600倍液等，上述药剂宜交替轮换使用。

枇 杷 轮 纹 病

Loquat zonate leef spot

彩版 21・146～147

症状　为害叶片，多自叶缘先发病，病斑半圆形至近圆形，直径3～7mm，淡褐色至棕褐色，后期中央变为灰褐色至灰白色，边缘褐色，病、健部分界清晰，斑面微具同心轮，上生细小黑点，即病原菌的分生孢子器。受害后引起叶枯，削弱树势。

病原　*Ascochyta eriobotryae* Vogl.，属半知菌亚门的壳二孢属真菌。分生孢子器叶面生，初埋生，后突破表皮，近圆形，稍高，直径96～126μm，孔口周围色泽较深，器壁暗褐色，膜质，分生孢子梗无。产孢细胞安瓿形，瓶体式产孢，分生孢子长卵形、长椭圆形，无色，双胞，隔膜处无缢缩，一端或两端稍狭，大小为13～19μm×2.2～2.8μm。

传播途径和发病条件及防治方法，可参考枇杷叶斑病类。

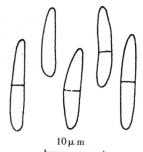

图1-36　*Ascochyta eriobotryae* Vogl. 的分生孢子

（引自《广东果树真菌病害志》）

枇 杷 炭 疽 病

Loquat anthracnose or wither tip

彩版 21 · 148～149

症状 本病常发生于果实成熟和贮运期间，亦可为害叶片。果实受害，初于果面出现淡褐色水渍状圆形病斑，后扩大凹陷，病斑边缘略有轮纹，皱缩，其上密生黑色小点，天气潮湿时，溢出淡红色黏质物（分生孢子）。最后，病果干缩成僵果，挂树上或落于地面。叶片受害，叶上病斑圆形至近圆形，中央灰白色，边缘暗褐色，直径 3～7mm，扩展后可互相连结成大斑，其上生有黑色小点（分生孢子盘）。

病原 主要有下列 3 种真菌：*Colletotrichum acutatum* Simmonds.（半知菌亚门，刺盘孢属的短尖刺盘孢），*Colletotrichum gloeosporioides* Penz.（半知菌亚门刺盘孢属的盘长孢状刺盘孢）*Glomerella cingulata*（Stonem.）Spauld. et Schrenk.，（子囊菌亚门小丛壳属的围小丛壳）分生孢子盘散生，表生，黑色，直径 106～166（130）

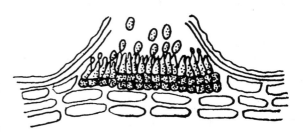

图 1-37　枇杷炭疽病分生孢子盘、
分生孢子梗和分生孢子

μm。刚毛和分生孢子梗均缺。产孢细胞瓶梗型，无色，大小 5～12（9）μm×2.4～3.1（2.7）μm。分生孢子梭形，无色，单胞，2～3 个油球，大小 10～16（13）μm×2.6～4（3.5）μm。常与 *Colletotrichum gloeosporioides* 一起混合侵染。后者分生孢子盘圆形，椭圆形，黑褐色，刚毛有或无，有时数量少，直立，浅褐色至褐色，顶端色淡而钝。产孢细胞瓶梗型。分生孢子圆筒形，单胞，无色，2 油球，内含物颗粒状，两端钝圆至钝，大小 15～22（17）μm×3.6～4.8（4）μm（图 1-37）。

传播途径和发病条件 以菌丝体在病部越冬，翌年春季产生分生孢子，借风雨和昆虫传播。

防治方法 ①冬季清园。结合修剪剪除病果，发病初期定期检查，及时摘除病果，集中烧毁或深埋。②喷药保护。于果实着色前 1 个月，选喷 1∶1∶200 波尔多液、25％施保克乳油 2 000 倍液、25％炭特灵可湿性粉剂 500～800 倍液 1～2 次。及时防治食果害虫。

枇 杷 灰 霉 病

Loquat grey rot

彩版 21 · 150

症状 为害果实。在花期或果实成熟期发生，病果呈现褐色，终至腐烂，病部上生灰色霉层，即病原菌的子实体。

病原 *Botrytis cinerea* Pers. ex Fr.，为半知菌亚门葡萄孢属真菌，参见本书梅灰霉病。

传播途径和发病条件 以菌丝体和分生孢子在病部越冬，翌春，为害花穗和果实。1～2月，解放钟等迟熟品种，花期遇上雨季时发生较多，坐果率下降。4月果实成熟期，也会发生，但为害较轻。

防治方法 花穗现蕾始花期施药保护，可选用50％施保功可湿性粉剂2 000倍液、40％施佳乐（嘧霉胺）悬浮剂1 000～1 500倍液、50％百可得（双胍辛胺）可湿性粉剂800～1 000倍液，间隔7～10天喷一次，连喷2～3次。果实转色前期，喷用50％施保功可湿性粉剂2 000倍液，间隔1周喷一次，连喷2次。

枇 杷 黑 腐 病
Loquat black rot

彩版 21·151

症状 为害果实。受害果实出现近圆形或不规则形病斑，暗褐色至黑色，病斑凹陷，上生黑色小粒，即病原菌的分生孢子团。

病原 *Alternaria* spp.，半知菌亚门链格孢属真菌。参见菠萝黑心病。

传播途径和发病条件 以菌丝体和分生孢子在病果上越冬，翌春，遇适宜条件，产生分生孢子进行传播为害。该病常与炭疽病并发。

防治方法 参见本书枇杷心腐病。

枇 杷 疮 痂 病
Loquat scab

彩版 21·152，彩版 22·153～154

症状 本病为害果实、花、叶片和嫩梢。果实被害，开始于果面生灰黄色或黄绿色绒状小斑点或斑块，后变为绒状或疮痂状锈褐色斑块，或不规则形的锈褐色小斑点。病斑表面木栓化，稍龟裂，不深入果肉。多数果实表皮密布锈褐色小斑点，呈星布状或连成片，形成锈褐色绒状斑块或疮痂，表面粗糙。叶片被害，初于叶面生黄绿色、不规则形块斑，后变为锈褐色斑块，病斑大小差异大，从0.1～0.5cm到大者达3cm以上。通常叶片受害仅中脉上形成条点状褐色病斑，稍突起，疮痂状。花穗被害，花瓣、雄蕊和柱头，生黄褐色坏死斑点，后变成黑褐色，表面形成黑色霉层。严重时，整个花穗腐烂，脱落，不能着果。枝梢和果蒂被害，症状与果实相似，但其表面木栓化组织，多呈纵向龟裂。病部通常被表生茸毛所覆盖，不易发现。

病原 *Fusicladium eriobotryae*，属半知菌亚门，黑星孢属真菌。菌丝体生于果实表皮层细胞中，不深入果肉，橄榄褐色或黑褐色。分生孢子典型椭圆形，双胞，分隔处缢缩，暗褐色，有些单胞，或 2～3 个细胞，圆柱形、椭圆形、棱形或不规则形，淡橄榄色。

传播途径和发病条件　本病在枇杷产区普遍发生，国内尚属首次发现，其消长规律尚待研究。

防治方法　参照本书枇杷炭疽病。

枇 杷 癌 肿 病

Loquat crown gall

彩版 22·155～156

本病又称芽枯病，是一种为害性很大的病害，以为害枝干为多，叶、芽、果和根部也会发生。受害后常引起树势衰弱、产量下降以至全株枯死。日本发生较普遍，我国一些枇杷产区有出现癌肿症状，但未鉴定。

症状　侵染新梢，在新芽上产生黑色溃疡，呈芽枯状，常致侧芽丛生。枝、干、根发生时，初期表现黄褐色不规则斑，表面粗糙，后出现环状隆起开裂线，露出黑褐色木质部，并迅速膨大成癌肿病状。叶片发病，可在其上形成黑色斑点，边缘有明显黄晕，随后病部破裂成孔洞。果实受害时，果面出现溃疡，果梗表面纵裂。

病原　*Pseudomonas eriobotryae* Takimoto. Dowson. = *Pseudomonas syringae* pv. *eriobotrgae*（Takimoto.）Young，Dye et Wilkie.，属假单胞菌属，为短杆状细菌。

传播途径和发病条件　病菌在病叶、病枝干上越冬，翌年雨季，可从病部溢出菌脓，借风雨、昆虫和人工传播，多从叶、枝干的伤口、气孔和皮孔侵入。远距离传播主要依靠带病的苗木、接穗等繁殖材料。伤口与发病有关，凡采果痕、剪口处或蛀心虫、天牛为害造成的伤口，易引起病菌侵染。果实膨大期易发病，近成熟果实发生少。

防治方法　①严格检疫。防止病苗或病穗传到无病区。②加强栽培管理。及时防治害虫，细心采果，减少虫害或采果引起的伤口。搞好开沟排水，科学用肥，增强树势，提高抗病力。修剪时间掌握在 7～9 月为好，以避开病害盛发期。③新梢抽发时抹芽修剪，台风过后喷 0.5％～0.6％石灰等量式波尔多液，或 72％农用硫酸链霉素 3 000 倍液、77％可杀得可湿性粉剂 800 倍液，刮除病部后可用 1 000～1 500mg/L 的链霉素糊剂涂刷消毒。

枇杷枝干褐腐病

Loquat tree dieback

彩版 22·157～158

症状　为害枝干。主干和主枝受害后出现不规则病斑，病、健交界处产生裂纹，病皮红褐色，粗糙易脱落，且留下凹陷痕迹，随后病斑沿凹痕边缘继续扩展。未脱落病皮则连接成片，呈现鳞片状翘裂。受害皮层坏死以至腐烂，严重时可深达木质部，绕枝干一周，致使枝枯以至全树死亡。小枝梢受害，形成不规则病斑，引起落叶枯梢。后期病部可见黑色小粒点，即病原菌的分生孢子器。

病原 *Sphaeropsis malorum* Peck.，属半知菌亚门，球壳孢属真菌。分生孢子器球形，先在基质内，以后外露，黑色，直径 $100\sim200\mu m$；分生孢子长椭圆形，单细胞，有时可有一个隔膜，黄褐色，$22\sim32\mu m\times10\sim14\mu m$。

传播途径和发病条件 病菌以菌丝体和分生孢子器在树皮中越冬。翌春条件适宜时，产生分生孢子器和分生孢子，分生孢子借风雨传播，从皮孔和伤口侵入，嫁接、虫害等造成伤口，常诱发本病。老产区发病较重。

防治方法 ①加强果园管理，增强树势，提高抗病力。②及时整形修剪，改善通风透光条件，降低果园湿度；细心操作，减少树皮受伤。③刮除病斑，结合喷药防治。早期发现病斑，应及时刮除干净，病部涂刷 50％多菌灵可湿性粉剂 200 倍液。刮除部分，就地集中烧毁。未发病茎干、侧枝，可喷 50％退菌特可湿性粉剂 600 倍液，或 25％施保克乳油 1 000～1 500 倍液保护，间隔 15 天用药一次，连喷 2～3 次。

枇杷果实心腐病
Loquat fruit heart vot

彩版 23·159～160

症状 福建新近发现的一种为害成熟果实的病害。受害果初期无明显症状，后期果面出现水渍状软斑，近圆形，直径 6～15mm，病、健组织界限明显，果心及周围变褐色，着生灰白色菌丝，后期病果大量渗出液体，组织腐烂。

病原 *Thielaviopsis paradoxa* （de Seynes）v. Höhnel.，系半知菌亚门的根串珠霉属真菌。产生两种分生孢子：厚垣孢子和内生孢子厚垣孢子梗自菌丝侧生，无色，无分枝，有隔膜；厚垣孢子串生于孢子梗顶部，卵圆形，暗褐色，单胞，大小为 13～24（18）$\mu m\times8\sim19\mu m$。内生孢子参见萝菠黑腐病原菌。

传播途径和发病条件 病菌从伤口侵入，温暖潮湿的季节容易发病。管理粗放、包装和贮运过程损伤多、虫害重的发病亦多。初步观察白梨品种发生多，为害重，其他品种发生少。

防治方法 采果和贮运过程注意细心操作，减少损伤，及时防治果蛀虫。果实套袋前喷一次 25％施保克乳油 2 000 倍液或 10％世高水分散粒剂 1 500 倍液保护，也可兼治此病。

枇杷青果白粉病
Loquat fruit powdery mildew

彩版 23·161

症状 福建新近发现的一种为害枇杷果实的病害。被害青果上着生白色粉状物，果表出现褐斑或褐腐，引起落果。

病原 *Oidium caricae - papayae* Yen，系半知菌亚门的粉孢属真菌，菌丝体表生，匍匐状弯曲；分生孢子梗不分枝，分生孢子长圆形或椭圆形；向基型，3～7 串生，表面多数光滑，无色，大小为 30～57（46）μm×10～18（14）μm。

传播途径和发病条件　尚未进行深入研究。

防治方法　参阅番木瓜白粉病防治部分。

枇 杷 赤 衣 病

Loquat pink disease

彩版 23·162～163

症状　本病为枇杷一种重要枝干病害。枝干染病后，病枝上的叶出现凋萎，病枝外表附着一层粉红色或白色菌丝，有时也会产生稍隆起的小块点（病菌的白色菌丛），发生严重时引起树皮裂开脱落，呈溃疡状，以至枯死。

病原　*Corticium salmonicolor* Berk. et Br.，称鲑色伏草菌，属担子菌亚门伏革菌属真菌。（病菌形态详见杧果绯腐病病原部分）。

传播途径和发病因素　本病以菌丝和白色菌丛在病部越冬，翌春，病菌分生孢子借风雨传播，附着枝条表皮，遇高温多湿则发芽，长出白色菌丝，侵入木质部引起发病，在温暖、潮湿季节发生较烈。一般每年 4 月上旬开始发病，8 月以后发病少。

防治方法　①剪除病枝，集中烧毁，减少侵染源。②3～4 月间及时喷药防治，可用 70% 托布津可湿性粉剂、12.5% 腈菌唑乳油 2 500～3 000 倍液喷治，每 2 周喷一次，连喷 2～3 次。

枇 杷 赤 锈 病

Loquat rust

各产区均有发生，以花期发病最多，严重为害时引起大量落叶、落花，削弱树势，直接影响开花结果。

症状　初发时在叶背呈现粒状的橙黄色至黄褐色锈斑（病原物），因有外膜，故不飞散。而在相应的叶面出现多角形暗褐色斑。

病原　*Coleopuccinia simplex* Diet.，称枇杷鞘柄锈菌，属担子菌亚门的鞘柄锈菌属真菌。冬孢子堆生于叶斑的背面，亚球形或半圆形，橙黄色，后变褐色，直径 0.5～1mm，蜡状胶质；冬孢子成串形成，但随即分散成单细胞，亚球形、卵形、长圆形或纺锤形，30～63μm×11～28μm，外向壁平滑无色，厚 2～3μm，从柄上脱落；柄胶质，长约与孢子的半径相当（图 1-38）。

图 1-38　枇杷鞘柄锈菌
（*C. simplex* Diet.）
冬孢子堆的剖面
（引自《真菌鉴定手册》）

传播途径和发病条件　以冬孢子在病叶上越冬。树冠荫蔽、当年花芽多、营养不足的易发病，其发病规律尚缺研究。

防治方法　①加强果园管理，增强树势，增加花前施肥，结合整枝修剪，清除病叶，减少侵染源。②喷药防治。现蕾后和翌年 2～3 月春梢抽生前，各喷 0.3 波美度石硫合剂 1～2 次，或用 25％粉锈宁可湿性粉剂 2 500 倍液喷治。

枇 杷 疫 病
Loquat phytophora blight

彩版 23•164

症状 为害果实。染病的果实局部或全部呈现褐色，水渍状，病部与健部无明显界限，颇似灰霉病，不同之处在于霉状物为白色且稀疏（即病原菌的子实体）。

病原 *Phytophthora palmivora* (Butl.) Butl.，称棕榈疫霉，属藻状菌亚门疫霉属真菌。在 V_8 汁培养基上菌丛白色，毛绒状，边缘清晰；菌丝宽 4～6μm；孢囊梗合轴式产生，多呈卵形、柠檬形、近椭圆形，大小为 40.5～61.2μm×22.4～29.1μm，长宽比约 1.7～2.5，多具 1 个乳突；乳突明显，高约 2～4μm，基部圆形，柄多中生，易脱落，脱落后留有短柄约 2～3μm，产生大量球形的、端生或间生的厚垣孢生；异宗配合，交配后产生卵孢子；藏卵器球形，无色，直径 20～30μm，壁光滑；雄器围生，较长；卵孢子球形，无色或淡黄色，满器，直径 18～28 μm，本菌生长最高温度 34℃，最低 10℃。除侵染枇杷外，还可为害番木瓜、棕榈、柑橘、无花果等多种植物。

传播途径和发病条件 以卵孢子、厚垣孢子或菌丝体在病残体上越冬，条件适宜时产生孢子囊和游动孢子，侵染寄主后发病。湿度大时，由病部长出孢子囊，借风雨传播，进行再侵染。4～5 月多雨天气，发病较多。

防治方法 参见菠萝心腐病防治。

枇 杷 污 叶 病
Loquat sooty blotch

彩版 23•165

本病为枇杷产区的一种常见病害，发生严重时因病叶密布黑色霉层，影响叶片光合作用，并引起早期落叶，侧芽无力抽发新梢，削弱树势。

症状 病斑多发生在叶背，初为不规则形或圆形暗褐色斑点，后长煤烟状霉层（病原菌），小病斑连成大斑，发生严重时，霉层覆盖全叶。

病原 *Clasterosporium eriobotryae* Hara，属半知菌亚门的枇杷刀孢霉属真菌。菌丝匍匐于叶背，分生孢子梗菌丝状，具隔膜，不易与菌丝区别，大小为 5～12μm×2.0～3.5μm；分生孢子鞭状或丝状，基部略膨大，暗褐色，具隔膜 6～15 个，大小为 50～130μm×3～6μm。

传播途径和发病条件 本病全年均可发生，以分生孢子和菌丝体在病部越冬，翌年条件适宜时，借风雨传播。管理粗放、通风透气差、树势衰弱的枇杷园容易发生，梅雨季节和台风雨后发病较多。

防治方法 ①搞好果园管理，增强树势。结合修剪，清除病叶，减少发病。②喷药防治。在春、夏梢萌发期施药，可选用50％多菌灵可湿性粉剂1 000～1 500倍液，或70％托布津可湿性粉剂800～1 000倍液，或0.5％～0.6％等量式波尔多液，或50％克菌丹，或50％灭菌丹可湿性粉剂400～500倍液，或20％敌力脱（丙环唑）乳油2 500倍液、25％施保克（唑鲜胺）乳油2 000倍液，每10天喷一次，视病情确定喷药次数。

枇 杷 白 绢 病

Loquat white root rot

彩版 23·166

本病又称茎基腐病，寄主范围广，除为害枇杷外，还可为害多种果树（苹果、梨、桃、杧果、葡萄等）、林木（杨、柳、酸枣等）和一年生植物（花生、大豆、黄瓜、番茄等）近百种，是一种分布较广的真菌病害。

症状 主要为害根颈，以离地面5～10cm处发病最多。发病初期，表皮呈现水渍状褐色病斑，随后病部组织腐烂，在病部长出丝绢状的白色菌丝和白色、棕褐色或茶褐色大小似油菜子的菌核。这是识别本病的主要特征。病部附近土壤也布有白色菌丝和菌核。

病原 有性阶段系担子菌亚门的白绢薄膜革菌 [*Pellicularia rolfsii*（Sacc.）West]、无性阶段属半知菌亚门小核菌属的齐整小核菌（*Sclerotium rolfsii* Sacc.）。

传播途径和发病条件 以菌核和菌丝在病部或土壤中越冬，翌春菌核长出菌丝进行侵染。近距离依靠菌核随灌溉水、雨水的移动而传播，也可通过菌丝蔓延传开。远程通过带病苗木传播。土壤黏重、排水不良、管理粗放的果园和在种过易染病植物的土地上建园种植，发病较重。高温多雨季节有利发病。在夏季，病树有时会突然全株死亡。

防治方法 ①加强果园管理，搞好排灌设施，多施有机质肥，增强树势、提高抗病力。②不在发病或种过易感病植物的土地上建园或育苗。③加强苗木检查，剔除病苗，做好苗木消毒。可选用0.5％硫酸铜或70％托布津可湿性粉剂或1 000倍液，浸苗20～30min。④病树治疗。出现病树时应扒开根部土壤，剪除病根或刮除病部，并用1％硫酸铜或50％腐霉利可湿性粉剂500倍液消毒伤口、涂抹10％石灰等量式波尔多浆保护或抗菌剂401的50倍液涂抹伤口，同时应立即除去病部周围土壤。施5406菌肥后，填覆新土。发病初期还可用70％恶霉灵可湿性粉剂2 000～3 000倍液灌根，此外，在病部周围挖沟，有助于防止病害外传。

枇 杷 白 纹 羽 病

Loquat white root rot

彩版 24·167

本病分布广，一般老枇杷区均有发生，除为害枇杷外还会为害桃、苹果、葡萄等果树。

症状 主要为害植株根部。发病初期，病树和病根相对应一侧的叶片黄化，早期落叶，随后逐年扩展，严重发生时将引起全株枯死。根尖形成白色菌丝体，老根或主根上形成褐色菌丝层和菌索。检查病树根部，可在细根和根尖上见到白色菌丝体；老根和主根上形成棕褐色菌膜或菌索。菌索可在土中蔓延，从根尖侵入，穿过皮层侵入形成层至木质部，引起根部枯死，其表皮着生白色菌丝，随后形成黑色菌核和子囊壳。

病原 有性阶段为 *Rosellinia necatrix*（Hartig）Berlese，属子囊菌亚门座坚壳属真菌；无性阶段为 *Dematophora necatrix* Hartig，系白纹羽束丝菌。在自然条件下，病菌主要形成菌丝体、菌索和菌核，有时也形成子囊。

传播途径和发病条件 以菌核和菌索在土中的病根上越冬，可在土中存活多年。靠菌索蔓延传播，子囊孢子和分生孢子在传病上作用很小。病菌也可随苗木传播。在温暖多湿的梅雨季节容易发病，虫害重、树势弱的也易发生，土质黏重、排水不良的发病较重。

防治方法 ①加强果园管理，增施有机肥，适当修剪，注意排水，增强树势，提高抗病力。②发现病树，及时挖除，开沟隔离，防止蔓延。③选好园地，最好不在新伐林地建园，因为该病菌寄主范围广。如要建园，应将烂根清除干净。④施药防治。发现轻度受害病株可及时挖除病根，并用50%托布津可湿性粉剂300～500倍液淋根，或50%多菌灵可湿性粉剂300～500倍液加0.1%盐酸（或食用醋50g），或50%腐霉利可湿性粉剂700倍液，或70%恶霉灵可湿性粉剂2 000～3 000倍液淋根。粉剂每株需1.5kg，与泥土混匀后，撒到根部周围，上盖土壤。

枇杷细菌性褐斑病

Loquat bacterial brown spot

彩版 24 · 168

症状 为害果实。果实转色后期开始发病，果面呈现条形或不规则油渍状的褐色斑，病变组织限于果皮。果被害后，不出现腐烂，但果表外观和果实品质受到影响。

病原 *Xanthomonas* sp.，为黄单胞杆状细菌，参考本书柑橘溃疡病。

传播途径和发病条件 细菌在病果越冬，翌年春雨期间，细菌从病斑溢出，借风雨、昆虫传播，通过水孔、伤口侵入果皮为害。3～5月高温多雨，易于发病，森尾早生、早钟6号等较为感病，受害较重。

防治方法 ①冬季清园，清除树上和落地病果，集中烧毁。②喷药保护。病重果园应在青果期喷药，可选用72%农用链霉素1 000倍液，或70%可杀得可湿性粉剂800倍液，或50%加瑞农（春·王铜）可湿性粉剂1 000～1 500倍液，或80%代森锰锌可湿性粉剂800倍液喷治。

枇 杷 日 灼 病

Loquat sunscald

彩版 24 · 169

本病在枇杷产区普遍发生，有些年份发生重，损失大。

症状　多发生在朝西的主干和主、侧枝上。开始时树皮干瘪凹陷，后皮裂起翘，向阳面形成焦块，深达木质部。病部易感染病菌，也是害虫滋生的场所。果实受害后出现黑褐色的不规则凹陷斑块，果肉干枯。

病因　由高温、烈日直射引起的一种生理性病害。西向的坡地或平地黏质土的果园容易发生，不同品种也有差别。果实由浓绿色转为淡绿色前后极易发生日灼现象。幼果和着色后的近成熟果较少发生。果实转色前后如遇早晨浓雾后烈日、午后无风或微风无云至少云，气温达 27℃时（果面温度常达 30℃以上）此病会严重发生。

防治方法　①尽可能避免在西向坡地上建园种植。②选种不易发生日灼的品种。③加强果园管理，采取防日晒措施。修剪时注意不在树冠顶部和外围留果穗，以防直接被日晒。套袋时避免果实与袋纸直接接触。有喷灌设施的，遇可能发生日灼天气，须在上午 11 时前喷水，可有效防止此病发生。可能发生日灼的树干，夏季可进行刷白或缚秸秆保护。

枇杷裂果病

Loquat fruit split

彩版 24·170

本病为枇杷产区发生较普遍的一种病害，常因裂果而造成品质下降，损失可观。

症状　果实迅速膨大期间，遇连续下雨或久旱骤降大雨，因果肉细胞吸水后迅速膨大，引起外皮胀破，出现不同程度的果肉和果核外露，易染病菌和招致虫害，也是引起果实变质腐烂的重要原因。

病因　由气候因素引起的一种生理性病害。品种间差异较大，在同样气候条件下，解放钟发生裂果少。枇杷果实开始着色前后极易出现裂果，绿果期不易发生，完全着色后发生较少。

防治方法　①选用不易发生裂果的品种。②实行果实套袋，可有效预防裂果发生。③采用塑料大棚栽植和土壤覆盖地膜，亦能有效减少裂果发生。④果皮转淡绿色时，喷施 100mg/L 的乙烯利，有预防裂果和促进早熟的作用。

枇杷皱果病

Loquat fruit wrinkle

彩版 24·171

又称缩果病，是枇杷园常见的一种果实病害，发生较为普遍。因果实皱缩而导致品质下降。

症状　果实从开始膨大至近成熟期间均可发生。一般多在果实成熟前后出现失水、皱缩、干瘪，病果挂在树上。往往整穗果实发生，种子隔膜坏死、变色。结果枝叶片由上而下陆续枯死，枝条顶部皮层和木质部变黑枯死。

病因　病原性质尚未明确。本病发生与品种、树龄、果实发育和气候条件有关。白梨、大钟、解放钟等品种较为感病。幼龄树较少发生，盛果期以后发生严重。近成熟阶段发生较多。采收前遇长期低温、多雨或高温、干旱的天气，均有利发病，明显增加皱果数量。果园土质瘠薄、果枝干枯等亦较易发生皱果。

防治方法　①选育和种植抗皱果病的品种。②加强果园管理，增施有机质肥，做好疏花疏果和剪除病枝梢工作，可减少发病。③全面推广果实套袋，有一定的防病效果。④幼果期进行根外施肥，有条件地区推广喷灌和施用叶面水分蒸发抑制剂（如 ABION - 207 500 倍液），可减少皱果发生，兼有预防日灼病效果。

枇杷叶尖焦枯病

Loquat leafapex wilt

彩版 24·172

症状　本病俗称枇杷瘟，主要为害叶片。一般在嫩叶长 2cm 左右时出现叶尖黄褐色坏死，并逐渐向下扩展，叶尖变黑枯焦。病叶生长缓慢，叶变小、畸形，重病的大部分或全部叶枯焦。有的重病株新生长点枯死，叶片无法抽生，出现枝枯。根系停止生长，种子发育不良，果实生长缓慢，着色差，品质下降，落果严重。重病株树势极度衰弱，以至全株死亡。

病因　病原性质尚未明确。有的认为与缺钙有关。以春、夏梢发生为多，秋梢少发生。田间病株有明显区域性，呈不均匀分布，但其侵染性尚未证实。年份间病情变化大，有的年份发生重。品种间对该病的反应有差别，解放钟、大叶杨墩等品种发病较轻，而长红三号、大红袍等品种较为感病。此外，土壤酸性过强、含钙量不足的较易发生。

防治方法　①选用抗病力较强的品种。②加强果园管理，增强树势，提高抗病力。尤其要注意科学用肥，增施磷、钾肥，剪除病枝梢，促进新梢生长。③发现病株及时喷施钙肥，如喷用 0.4％氯化钙或喷 0.4％氯化钙后增施石灰（每株 5kg）。

枇 杷 果 锈 病

Loquat fruit rust

彩版 24·173

症状　初期多在果实基部形成细条状或斑点状红褐色锈斑，随果实的膨大而逐渐扩大到整个果面，严重影响果实外观，降低果品质量。

病因　生理因素引起。幼果形成期遇低温、高湿及强的直射阳光引起果表茸毛基部细胞损伤、木栓化，形成锈斑。树冠外侧的果实较内膛的果实发病多，不同品种的发病情况存在差异。

防治方法　实行套袋是防治本病的切实有效措施，可在青果横径 2.5～3cm 时，用牛皮纸袋套果，以保护果面茸毛和果粉，保持果面美观。

枇 杷 栓 皮 病
Loquat corky bark

彩版 25 · 174

症状 幼果发病初期，表面呈现油渍状，且较未受害部位深绿。果面茸毛和蜡质大多失落，随幼果增大，病斑呈黄褐色栓皮干燥。果实成熟时，病部形成黄褐色、不规则栓皮斑疤，果皮变脆，伴有爆裂的细屑。病果木栓化变色，严重影响外观和鲜货商品价值。

病因 受霜冻后引起的生理性病害。果面凝霜融化时，因果面局部温度急剧下降而使果皮细胞冻伤，其冻伤部愈合后则形成栓皮。轻微的机械性果面损伤，也可能引起果面表皮木栓化。

防治方法 幼果期套袋护果，冻前采取防冻措施。

枇杷上的地衣与苔藓
Lichen and bryophyte of loquat

彩版 25 · 175～177

枇杷枝干上常见地衣（真菌和藻类的共生体）和苔藓（一类无维管束的绿色孢子植物）附生为害，影响枝梢抽长，严重时可使枝条枯死，也有利于其他病虫的滋生和繁殖。

形态与为害状、传播途径和发病条件以及防治方法，参见龙眼、荔枝地衣和苔藓。

8. 番石榴病害
Diseases of Guajava

番 石 榴 藻 斑 病
Guajava algal spot

彩版 25 · 178

症状 本病主要为害叶片和果实。叶片被害，初于叶片两面，以正面居多，生黄褐色、针头状小点或十字形斑点，后呈放射状，渐向四周扩展蔓延，形成圆形或不正形、灰绿色至绿褐色的病斑，大小 0.5～1mm，病斑表面有细条纹状的毛毡状物，边缘不整齐。后期病斑转为暗褐色，表面平滑。

病原 *Cephaleuros virescens* Kunze.，病原真菌为一种弱寄生性的绿藻。病原藻的营养体为叶状体，由对称排列的细胞组成。细胞长形，从中央向四周呈辐射状长出，病斑上的毛毡状物，即病原藻的孢子囊和孢子囊梗。孢囊梗呈叉状分枝，长 270～450μm，顶端膨大，近圆形，8～12 个卵形孢子囊。孢子囊黄褐色，大小 14.5～20.3μm×16～23.5μm。孢子囊遇水散出游动孢子。游动孢子椭圆形，有 2 根鞭毛，可在水中游动。

传播途径和发病条件　病原藻以营养体在叶片组织中越冬。翌年春季，在潮湿条件下，产生孢子囊和游动孢子。游动孢子萌发，侵入叶片角质层，并在表皮细胞和角质层之间蔓延扩展，一般不进入表皮细胞内部，后叶状体向上，在叶片表面形成孢囊梗和孢子囊，此时病斑呈灰绿色，当孢囊梗成熟时，病斑呈褐色。孢子囊借风雨传播，辗转蔓延为害。由于本病原为寄生性弱的寄生植物，一般仅为害生长衰弱的植株。凡栽培管理粗放、土壤贫瘠、潮湿、荫蔽、通风不良的果园，发病较多。

防治方法　①农业防治。加强栽培管理，搞好果园排灌系统，适当增施磷、钾肥和有机质肥料，增强树势，提高抗病力。②药剂防治。发病严重时，可喷射 0.5% 石灰半量式波尔多液，或 47% 加瑞农可湿性粉剂 700 倍液。

番 石 榴 炭 疽 病

Guajava anthracnose

彩版 25・179～180

症状　主要为害果、枝、叶。成熟果实被害，于果实上生圆形或近圆形、中央凹陷、褐色至暗褐色病斑，大小约 3～30mm，其上生粉红色至橘红色小点；幼果被害一般成干枯脱落。新梢、嫩叶受害，常造成嫩叶枯焦、脱落，或叶尖、叶缘枯斑，枝梢变褐枯死，其上生黑色小点。

病原　*Colletotrichum gloeosporioides* Penz. =*Gloeosporium psidii* Delacr. [*Glomerella cingulata* (Stonem.) Spauld. et Schrenk.]，参照本书柑橘、枇杷炭疽病病原部分。

传播途径和发病条件及防治方法，同番石榴藻斑病。

番 石 榴 焦 腐 病

Guajava diplodia rot

症状　本病主要为害泰国品种大果番石榴的果实。受害果常自果实两端开始发病，初期生淡褐色圆形病斑，后期暗褐色至黑色，果皮发皱，最终全果变黑干腐，病部布满小黑粒，内部果肉褐色至黑色。幼果受害干腐，一般果皮不皱。严重时枝梢变黑枯死。

病原　*Botryodiplodia theobromae* Pat. =*Diplodia natalensis* Pole-Evans (*Physalospora rhodina* Berk. et Curt.)，称可可毛色二孢，属半知菌亚门，球色单隔孢属真菌。分生孢子器埋生，后渐突出，单生或集生，洋梨形至扁球形，黑色，喙短，壁暗褐色，多层细胞，偶有 2 个分生孢子器在一个子座内，直径 253～654μm。分生孢子梗单生，偶有分枝。产孢细胞顶端层出，无色。分生孢子椭圆形至近椭圆形，双胞，隔膜处稍缢缩，暗褐色，平滑，壁稍厚，上有纵纹，大小 19～26μm×9～13μm。未成熟的分生孢子单胞，无色，近卵形或椭圆形，内有许多油球。分生孢子器内有时有许多侧丝。

传播途径和发病条件 以菌丝体和分生孢子器在病果组织内和病枯枝上越冬。翌年春季产生分生孢子，借风雨传播，由伤口侵入。栽培管理不善，树势衰弱，发病较多。

防治方法 ①加强栽培管理。增强树势，提高抗病力。冬季和早春结合修剪，扫除病落果和病枯枝集中烧毁。②喷药保护。应于发病初期，及时喷射 1∶1∶160 波尔多液 50％多菌灵可湿性粉剂 800～1 000 倍液，每次间隔 10～15 天，连喷 2～3 次。

番石榴干腐病（茎溃疡病、焦腐病）

Guajava stem rot

彩版 26·181

症状 本病主要为害枝梢。枝梢受害，多自主枝和侧枝的交叉处，病部渐次干枯，稍凹陷，病健部交界处开裂，干枯发暗的病部翘起，剥离，流出胶液。后期，病部长出许多小黑粒，即子囊座和分生孢子器。果实受害，病斑初期为淡褐色，后变暗褐色至黑色，果皮皱（但幼果果皮不皱），最后整个果实黑腐。

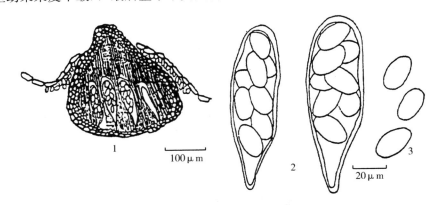

图 1-39 *Botryosphaeria rhodina*（Cke.）Arx
1. 子囊果 2. 子囊 3. 子囊孢子

病原 有性阶段为 *Botryosphaeria rhodina*（Cke.）Arz. = *Lasiodiplodia theobromae*（Pat.）Criff. et Maubl.，属子囊菌亚门格孢腔菌目，葡萄座腔菌科，葡萄座腔菌属真菌。子囊果埋生，近球形，暗褐色，偶有 2 个聚生在子座内，大小为 22.4～280μm×168～280μm，孔口突出病组织，子囊棍棒状，双层壁，有拟侧丝；子囊孢子 8 个，椭圆形，单胞，无色至淡色，大小 21.3～32.9μm×10.3～17.4μm，3～4 月份在树干上产生分生孢子器。分生孢子器为真子座，球形或近球形，直径 112～252μm，单个或 2～3 个聚生在子座内，分生孢子初单胞无色，成熟后孢子双胞褐色至暗褐色，表面有纵纹，大小为 19.4～25.8μm×10.3～12.9μm；在病果上生大量的分生孢子器和分生孢子。无性阶段 *Botryodiplodia theobromae* Pat.，属半知菌亚门壳色单隔孢属的可可毛色二孢（图 1-39，图 1-40）。

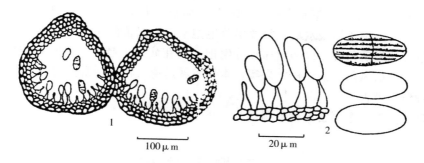

图 1-40 *Botryodiplodia theobromae* Pat.

1. 分生孢子器　2. 分生孢子梗及分生孢子

传播途径和发病条件　以菌丝体、分生孢子器和假囊壳在病部越冬。分生孢子器成熟后，遇雨水或在潮湿条件下，涌出灰白色孢子团，遇水消解。孢子借风雨传播，经伤口、死芽和皮孔侵入。病菌为一种弱寄生菌，树势衰弱，利于病菌侵入，发病较重，反之则轻。干旱季节病重。

防治方法　①加强栽培管理。增施有机肥，改良土壤，提高土壤保水保肥能力。旱季搞好灌溉，是防病的关键措施。②喷药保护。发病初期，喷射 1:1:160 波尔多液、40% 多菌灵悬浮剂 500 倍液，或 50% 甲基托布津可湿性粉剂 800～1 000 倍液 2～3 次。冬季可喷 3～5 波美度石硫合剂 2～3 次。

番 石 榴 紫 腐 病

Guajava purple rot

彩版 26·182

症状　本病主要为害果实。果实被害，初于果皮上生褐色至棕褐色病斑，3～5 天后，全果软腐变褐色，软腐果表面长出许多小黑粒，果肉呈紫蓝色，终至褐色。

病原　*Hendersonula psidii* R. Liu et P. K. Chi，属半知菌亚门的一种真菌。分生孢子器集生于暗褐色垫状的子座内，乳突状孔口突破寄主表皮，近球形，1 个子座内生 3～6 个分生孢子器，直径 121～160μm。无分生孢子梗；产孢细胞细圆筒形，环痕式产孢。分生孢子长椭圆形至长纺锤形，两端

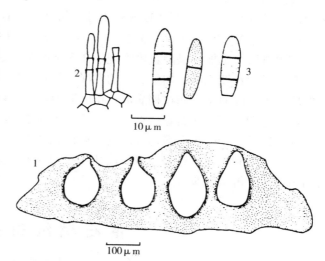

图 1-41 *Hendersonula psidii* R. Liu et P. K. Chi

1. 子座和分生孢子器　2. 产孢细胞　3. 分生孢子

（引自《广东果树真菌病害志》）

稍窄，初单胞，无色，成熟孢子褐色，2～3个细胞，大小 17～22μm×4.5～6.4μm，光滑，无纵纹。分生孢子器吸水后，释放出分生孢子，呈奶黄色（图1-41）。

传播途径和发病条件 以菌丝体和分生孢子器在病果上越冬。翌年春季环境适宜时，放出分生孢子，借风雨传播，侵害果实。本病发展迅速，特别是泰国大果番石榴发病最严重，本地种较少被害。

防治方法 参阅本书番石榴干腐病。

番石榴干枯病

Guajava trunk blight

彩版 26·183

症状 主要为害主干和主枝梢。发病初期症状不明显，病斑两侧略有凹痕，淡褐色，无裂痕，撕开表皮见木质部呈棕色或灰色，灰褐色，病、健部交界明显，随病斑扩大，病健交界处略有裂痕，稍凹陷，不久在病组织表面出现许多泡斑，其上生出白色粉状物（病原子实体）。本病常从根或树干至树梢沿树干一侧发展，叶黄干枯，最后全株枯死。枯死后树皮纵裂，根部腐烂。有时仅个别主枝梢干枯，树干一侧枯死，另一侧仍正常生长。病菌从根部，树干或主枝基部侵入，垂直扩展快，横向扩展慢，田间发病中心明显。

病原 *Paecilomyces varioti* Bain.，属半知菌亚门，丝孢菌纲，丝孢菌目，丛梗孢菌科，拟青霉菌属真菌。分生孢子梗有隔膜，多匍匐，较短，有1～2层分枝。瓶梗稍长；有1隔膜，缢缩，3～4轮生，顶端较尖，大小为15～20μm×3μm。分生孢子长串生，无色，形态多变，近椭圆形或卵形，3～5μm×2～3μm。另一种近圆形，5～10μm×2～3.5μm。

传播途径和发病条件 病菌以菌丝体或分生孢子在病根、树干或主枝梢病部越冬，借风雨传播辗转为害。病害发生期多在4月下旬至6月上旬和6月至11月发生，病后1个月左右枯死。通常发生在雨季气温达25～30℃时发病严重，死亡亦多。2～6龄树发病较重。

防治方法 ①加强果园栽培管理，在多雨季节，应特别注意低洼易积水果园的排水工作。避免果园长期积水，加重病害的发展。②4～11月份，应及时巡视果园发病情况，发病时应立即铲除树干、病枝梢病部，挖除病根，清除病残体，集中烧毁；清除病土，换上新土，并立即撒石灰或石硫合剂残渣消毒。石硫合剂残渣配制法：石硫合剂残渣50％加新鲜牛粪以及少量碎头发搅匀，调成干湿适宜稠浆，施于根部或涂抹树干、枝梢伤口，周围涂抹光滑，利于伤口愈合。也可涂抹1：1：100的波尔多液或2％～3％硫酸铜液，消毒后再涂抹新鲜黄泥浆。

番石榴绒斑病

Guajava brow mold

症状 本病主要为害叶片。叶片受害，初于叶面生赤褐色或污褐色模糊病斑，叶背面生灰煤色至灰褐色病斑，无明显边缘，子实体稀疏分布于叶背病斑上。

病原 *Mycovellosiella myrtacearum* A. N. Rai & Kamal，属半知菌亚门，菌绒孢属真菌。该菌菌丝体半埋生至表生，有些生于叶毛上，直径仅 1.6～2.8μm。分生孢子梗多数从菌丝中产生。单根的分生孢子梗无色至淡榄褐色，上下色泽均匀，直立或稍曲膝状，无分隔或少分隔，老熟后隔膜增多，顶端圆锥形，孢痕明显，大小 16～48μm ×2.5～4.2μm。分生孢子倒棍棒状，近无色至淡榄褐色，偶尔串生，3～6 个分隔，偶有 11 个分隔，基部倒圆锥形，顶端钝，大小 16～92μm × 1.9～3.8μm；串生的孢子双胞，大小 7～13μm×1.8～2.5μm（图 1-42）。

传播途径和发病条件 本病在南方沿海地区全年普遍发生，但为害不大。病菌以菌丝体或分生孢子在病部越冬。分生孢子借气流传播，进行重复侵染。遇潮湿温暖天气，发病较重，泰国大番石榴易发病，本地品种少发生或发病轻。

防治方法 同番石榴藻斑病。

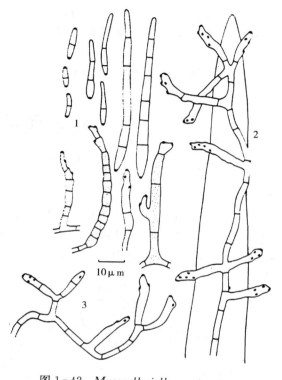

图 1-42 *Mycovellosiella myrtacearum* A. N. Rai & Kamal
1. 分生孢子梗及分生孢子　2. 长在叶毛上的分生孢子梗
3. 表生的分生孢子梗
（引自《广东果树真菌病害志》）

番石榴灰斑病

Guajava gray spot

症状 本病为害叶片。叶片受害病叶上生灰褐色至褐色或灰白色、不规则形病斑，病斑边缘隆起，病部中央生小黑点。

病原 *Pestalotiopsis disseminatum* （Thuem.）Stey.（=*Pestalotia disseminatum* Thuem.），属半知菌亚门拟盘多毛孢属真菌。分生孢子盘黑色，直径 96～138μm。分生孢子有 4 个真隔膜，5 个细胞，近椭圆形，基部窄；中间 3 个细胞黄褐色至榄色，其中 2 个细胞色深，长 11～13μm，两端细胞无色，

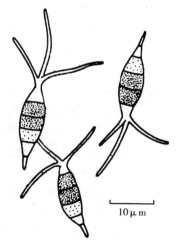

图 1-43 *Pestalotiopsis disseminatum* （Thuem.）Stey. 的分生孢子
（引自《广东栽培药用植物真菌病害志》）

分生孢子大小 $17\sim22\mu m\times3.4\sim6.6\mu m$，顶端有 3 条无色、细长的附属丝，长 $8.5\sim14\mu m$，基部细胞有 1 单细胞短柄，长 $3.4\sim6\mu m$（图 1 - 43）。

传播途径和发病条件　本病在本地种番石榴和泰国大果番石榴上全年发生，但为害不大。

防治方法　参阅本书番石榴干腐病。

番 石 榴 叶 枯 病

Guajava leaf wilt

彩版 26 · 184

症状　本病主要为害叶片。叶片受害，初于叶面生褐色至灰白色、圆形或不规则形病斑，初褐色，后期病斑中央淡褐色，病、健部交界分明，边缘红褐色至暗褐色，最终扩展为斑枯。嫩叶发病，常自叶尖、叶缘枯焦。

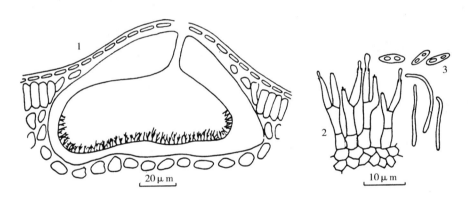

图 1 - 44　*Phomopsis destructum* D. P. C. Rao，Agraval. et Saksena.

1. 分生孢子器　2. 分生孢子梗及产孢细胞　3. 二种类型的分生孢子

（引自《广东省栽培药用植物真菌病害志》）

病原　*Phomopsis destructum* D. P. C. Rao，Agraval. et Saksena.，属半知菌亚门拟茎点霉属真菌。分生孢子器近球形至三角形，顶壁较厚，单生，单室，直径 $77\sim180\mu m$。分生孢子梗分枝，产孢细胞长瓶梗型，内壁芽殖。分生孢子有两种类型：甲型孢子梭形至长椭圆形，单胞，无色，有 2 个油球，大小 $4.5\sim7\mu m\times1.3\sim2.6\mu m$；乙型孢子线状，直或弯，单胞，无色，大小 $15\sim22\mu m\times0.6\sim1\mu m$（图 1 - 44）。

传播途径和发病条件　以菌丝体和分生孢子器在病部组织中越冬，翌年条件适宜时，散出分生孢子，借风雨传播，全年均可发生，但为害不重。

防治方法　参阅本书番石榴干腐病。药剂还可选用 47% 加瑞农可湿性粉剂 700 倍液，或 30% 碱性硫酸铜悬浮剂 400 倍液，间隔 10 天喷一次，连喷 2～3 次。

番石榴果腐病

Guajava fruit rot

彩版 26·185～186

症状 本病主要为害果实。果实受害，于果实表皮生褐色、不规则形病斑，凹陷（泰国大果番石榴）；或淡褐色，中央暗灰色，病斑凹陷（本地种）。其后，于病斑上长出小黑点，随病斑扩大和增多，终至全果腐烂，果肉呈灰色。

病原 *Phoma psidii* Ahmad.，属半知菌亚门茎点霉属真菌。分生孢子器球形或扁球形，埋生，孔口微露，黑色，直径112～148μm，无分生孢子梗。产孢细胞宽瓶梗型，瓶体式产孢。分生孢子单胞，无色，卵形至椭圆形，大小6～11μm×4～5μm（图1-45）。

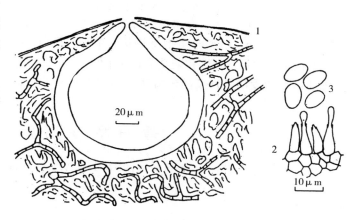

图1-45 *Phoma psidii* Ahmad.

1. 分生孢子器 2. 产孢细胞 3. 分生孢子

传播途径和发病条件 以菌丝体和分生孢子器在病果组织上越冬。翌年条件适宜时散出分生孢子，借风雨传播，近成熟果实发病严重。

防治方法 ①清除田间病残体，集中烧毁。注意果园排灌，保持田间小气候相对湿度在80%以下。②喷药保护。于生长季节发病初期，喷射0.3%～0.5%石灰等量式波尔多液、70%甲基托布津1 500倍液、40%多菌灵可湿性粉剂600倍液、40%百菌清悬浮剂500倍液，宜交替使用，每次间隔期10～15天，连喷3～4次。

番石榴褐腐病

Guajava brown rot

症状 本病主要为害果实。果实被害，多自果蒂开始发病，初生圆形、水渍状、黄褐色病斑，随之全果变褐色腐烂。其后，于病部长出乳白色至淡褐色小点，果肉呈褐色。幼果被害后，多呈干果挂树上。

病原 *Phomopsis psidii* de Camara.，属半知菌亚门拟茎点霉属真菌。分生孢子器扁球形至三角形，黑色，壁较厚，单室，直径125～251μm。分生孢子梗分枝，产孢细胞长瓶梗型，内壁芽殖，内生两种类型分生孢子：甲型分生孢子椭圆形，单胞，无色，大小6～

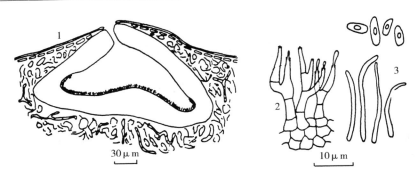

图 1-46　*Phomopsis psidii* de Camara

1. 分生孢子器　2. 分生孢子梗及产孢细胞　3. 二种类型的分生孢子

（引自《广东省栽培药用植物真菌病害志》）

$10\mu m\times1.9\sim3.2\mu m$；乙型分生孢子钩状，单胞，无色，大小 $16\sim26\mu m\times1\sim1.3\mu m$。本病主要发生在泰国大果番石榴和杂交番石榴果实上，一般发病率常达 10% 以上（图 1-46）。

传播途径和发病条件及防治方法　参阅番石榴果腐病。

番石榴褐斑病

Guajava brown spot

彩版 26·187

症状　本病主要为害叶片和果实。叶片受害，于叶面生暗褐色至红褐色、无边缘或边缘不明显的病斑，多自叶缘开始发生，病斑背面生灰色霉状物，即子实体。果实受害，于果面生暗褐色至黑色小点，中央凹陷，边缘红褐色圆形或不规则形病斑，潮湿时，中央生出灰色霉状物。

病原　*Pseudocercospora psidii*（Rengel）R. F. Castaneda, Ruiz & U. Braun.，属半知菌亚门，假尾孢属真菌。子座球形，褐色，直径 $26\sim90\mu m$。分生孢子梗丛生，不分枝，$0\sim1$ 分隔，直或 $1\sim2$ 膝状节，淡榄褐色，顶端无色，稍窄，顶端圆锥形，孢痕不明显，直径 $1\sim1.5\mu m$，大小 $9\sim30\mu m\times3\sim4\mu m$。分生孢子倒棍棒状，直或弯曲，近无色，基部倒圆锥形，$1\sim6$ 分隔，多数 $3\sim4$ 分隔，顶端稍钝，大小为 $17\sim$

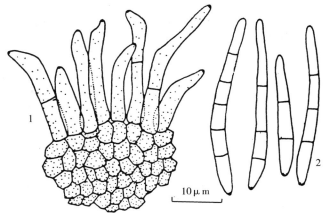

图 1-47　*Pseudocercospora psidii*（Rengel）R. F. Castaneda Ruiz & U. Braun.

1. 子座及分生孢子梗　2. 分生孢子

（引自《广东省栽培药用植物真菌病害志》）

$77\mu m \times 1.9 \sim 3\mu m$（图 1 - 47）。

传播途径和发病条件　参阅番石榴果腐病。本病主要为害泰国大果番石榴和杂交番石榴的果实。严重发生时发病率达 50% 以上，常造成大量落果。

防治方法　加强果园管理，特别是秋冬季清除果园病落果，集中烧毁，是唯一重要措施。参阅番石榴果腐病。

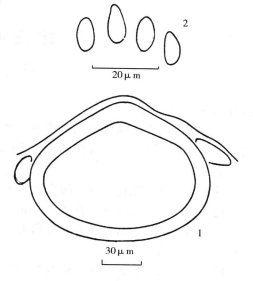

图 1 - 48　*Phyllostictaq psidii* Tassi
1. 分生孢子器　2. 分生孢子
（引自《广东省栽培药用植物真菌病害志》）

番 石 榴 斑 点 病

Guajava spot

症状　本病主要为害叶片。叶片受害，初于叶面生不规则形，红褐色至褐色，边缘枣红色或暗褐色病斑。一般多自叶尖或叶缘开始、扩展后为斑枯，病、健交界明显，自叶尖侵入的病、健交界处呈 V 字形。严重时造成落叶，其后病斑上生小黑点。

病原　*Phyllosticta psidii* Tassi.，属半知菌亚门，叶点霉属真菌。分生孢子器球形或近球形，暗褐色，直径 $51 \sim 115\mu m$，分生孢子卵形，单胞，无色，大小 $7 \sim 9\mu m \times 5 \sim 6\mu m$（图 1 - 48）。

传播途径和发病条件　参阅番石榴叶枯病。

防治方法　参阅番石榴炭疽病。

番 石 榴 煤 病

Guajava sooty

彩版 26·188，彩版 27·189

症状　为害叶片、叶柄、小枝和果实，可在被害处形成一层黑色霉状物。

病原　引起煤病的病原真菌多种，常并发为害。已报道的有子囊菌亚门的 *Capnodium* sp.（煤炱属）和 *Chaetothyrium* sp.，（刺盾炱属）前者菌丝体表生，暗褐色，菌丝呈念珠状细胞串生，长出具长柄的、无分枝的、近梭形的分生孢子器，分生孢子器较少，大小约 $20 \sim 30\mu m \times 14 \sim 16\mu m$；分生孢子较多，无色，单胞，椭圆形，仅 $2 \sim 2.5\mu m \times 1 \sim 2\mu m$。未见有性阶段。后者菌丝体表生，褐色，在叶面长成一层膜状，菌丝体无刚毛，假囊壳球形或外有数根暗褐色的刚毛，长可达 $55 \sim 127\mu m$，子囊圆筒形，直；子囊孢子无色，近椭圆形，具 $2 \sim 3$ 个横隔膜，隔膜处有缢缩，大小 $14 \sim 18\mu m \times 6 \sim 8\mu m$。

传播途径和发病条件及防治　参见本书龙眼、荔枝煤烟病。

9. 橄榄病害
Diseases of Olive

橄 榄 叶 斑 病 类

Olive leaf spots

彩版 27・190～194

　　为害橄榄的真菌性叶斑病有多种，常见有灰斑病、褐斑病、叶斑病、枯斑病、叶枯病、黑斑病等。侵染叶片后会引起叶早衰，以至落叶。

症状

　　橄榄灰斑病　橄榄上的一种常见病害，主要为害叶片。病斑两面生，圆形或多角形，灰白色，边缘暗褐色隆起，直径 1～4mm，后期多个病斑联合成不规则形的大斑。

　　橄榄褐斑病　为害橄榄的常见病害，主要为害叶片，病斑两面生，病斑圆形，淡褐色至褐色，大小约 3～4mm。

　　橄榄叶斑病　为害叶片。染病后叶上呈现圆形、近圆形或不规则形病斑，初期褐色，后变为灰褐色，边缘褐色至红褐色，上生小黑点。

　　橄榄枯斑病　圆形或不规则形，中央褐色、淡褐色或灰白色，边缘深褐色或紫红色，斑面上生小黑点。

　　橄榄叶枯病　从上部叶缘开始发病，病斑灰褐色，边缘有深褐色浅条纹，病斑上生黑色小粒点。

　　橄榄黑斑病　可发生于叶尖、叶缘、叶面，呈现圆形或不规则形，边缘有暗褐色或暗紫色轮纹，外围有淡黄色晕圈，叶背着生黑色霉层，发生严重时引起叶片大面积枯死。

病原

　　橄榄叶斑病的病原有两种。山楂生叶点霉（*Phyllosticta crataegicola* Sacc.），分生孢子器球形或扁球形，埋生，有孔口，大小为 95.0（85.0～170.0）μm×72.0（42.5～100.0）μm；分生孢子近卵圆形，单胞，无色，基部平截，大小为 2.7（1.5～3.3）μm×1.5（1.0～2.0）μm。齐墩果叶点霉（*P. oleae* Patri），分生孢子器球形或扁球形，埋生，有孔口，大小为 111.6（87.5～125.0）μm×87.7（75.0～132.0）μm；分生孢子卵圆形或椭圆形，无色，单胞，大小为 4.7（2.8～6.3）μm×2.5（2.3～3.0）μm。

　　橄榄灰斑病的病原为 *Pseudocercospora canarii* C. F. Zhang et P. K. Chi，属半知菌亚门，假尾孢属。子实体叶背生，无色。分生孢子座近球形，埋生或外露，暗褐色或黑色，15～50μm。初生菌丝内生；匍匐状，淡橄榄色，有隔膜，光滑，1.5～2.8μm。初生分生孢子梗密集成丛，褐色，光滑，顶端钝，直立或弯曲，有时曲膝状，简单或分枝，隔膜 0～6 个，20～80μm×2～5μm。孢痕不厚。次生孢子梗淡橄榄色，1.8～4.5μm。分生孢子单生或短串生，橄榄褐色，近圆筒形或圆筒形至倒棍棒形，基部倒圆锥形，平截；脐不厚，顶端钝，光滑，隔膜 0～8 个，10～106μm×2～5μm。

橄榄褐斑病的病原为 *Coniothyrium canarii* C. F. Zhang et P. K. Chi，属半知菌亚门，盾壳霉属。分生孢子器叶两面生，散生，点状，扁球形，有孔口，半埋生或埋生，褐色，$36\sim144\mu m\times60\sim100\mu m$。器壁由 $2\sim3$ 层拟薄壁细胞构成。无分生孢子梗。产孢细胞无色，光滑，圆筒形，$10\sim23\mu m\times2.0\sim3.5\mu m$，顶端全壁芽生、环痕式产孢。分生孢子单胞，褐色，宽卵形，顶端乳状突起，基部窄，平截，$7.5\sim10.5\mu m\times5.5\sim9.0\mu m$，含单油球，孢壁黑色，密生细刺。

橄榄枯斑病的病原为丝梗壳孢（*Harknessia* sp.），分生孢器球形或扁球形，顶部稍呈锥形突起，壁薄，褐色，大小为 110.5（$77.5\sim162.5$）$\mu m\times81.8$（$50.0\sim115$）μm；分生孢子梗无色，线状，分生孢子暗色，单胞，厚壁，椭圆形至卵圆形，大小为 9.4（$7.8\sim10.5$）$\mu m\times7.3$（$5.5\sim8.8$）μm。

橄榄叶枯病的病原为栗生垫壳孢 [*Coniella castaneicola*（Ell. et Ev.）Sutton]，分生孢子器球形或扁球形，单生，浅褐色，埋生或半埋生，后突破表皮，大小为 106.4（$62.5\sim137.5$）$\mu m\times79.4$（$62.5\sim120.0$）μm；分生孢子器内产孢区稍呈垫状隆起，产孢细胞圆柱形，无色，光滑，分生孢子镰刀状或新月形，淡榄绿色，无隔膜，基部平截，顶部钝圆至尖细，大小为 15.0（$12.5\sim17.5$）$\mu m\times3.0$（$2.5\sim3.8$）μm。

橄榄黑斑病的病原为细链格孢（*Alternaria tenuis* Nees），分生孢子梗丛生，褐色，单枝或分枝，上部弯曲或呈曲膝状，长 72.1（$30.0\sim137.5$）μm，直径 5.5（$4.5\sim7.6$）μm；分生孢子呈链状串生或单生，褐色，倒棍棒形、长椭圆形、卵圆形，表面光滑，有 $0\sim5$ 个横隔和零至数个纵隔。$1\sim2$ 个横隔孢子大小为 20.0（$12.5\sim25.0$）$\mu m\times11.0$（$10.0\sim12.3$）μm；3 个横隔孢子大小为 35.9（$26.2\sim42.5$）$\mu m\times11.8$（$10.0\sim12.3$）μm；4 个横隔孢子大小为 45.3（$27.5\sim60.0$）$\mu m\times11.3$（$10.0\sim12.3$）μm；5 个横隔孢子大小为 64.4（$60\sim72.5$）$\mu m\times11.3$（$10.0\sim12.3$）μm。孢子喙一般为 $1.5\sim14.0\mu m$，基部宽 $1.5\sim2.5\mu m$，无色或淡褐色。

传播途径和发病条件 病菌以菌丝体或分生孢子器在病叶上越冬，翌年环境条件适宜时，产生大量分生孢子，借风雨传播，辗转为害。一般降雨早，雨日多，雨量大，有利分生孢子的产生和侵入，发病早而重，反之亦然。

防治方法 ①冬季结合修剪，扫除枯枝落叶，集中烧毁，减少初侵染源。②喷药保护，应在雨季来临前喷药。可选用 1∶3∶300～600 波尔多液，或 65%代森锌可湿性粉剂 500～600 倍液，或 70%甲基托布津可湿性粉剂 1 000 倍液，连喷 2～3 次即可。每次间隔期 10～15 天。上述药剂宜轮换使用。

橄 榄 采 后 病 害

Olive diseases of pick off

彩版 27·195～196，彩版 28·197

橄榄采后真菌病害常见有橄榄曲霉病、橄榄褐腐病、橄榄疫病、橄榄镰刀菌果腐病、橄榄红粉病、橄榄焦腐病（蒂腐病）等，为害果实造成较大损失。

症状

橄榄曲霉病 被害果初期果面出现许多褐色、不规则形病斑、无明显边缘，后期长出点粒状黑霉，病果不久逐渐干缩。

橄榄褐腐病 主要为害果实，也可为害小枝梢，枝梢受害后枯死，其上生黑色小点，受害果在蒂部出现水渍状、褐色病斑，后变黑色，后期病斑上生小黑点（病原菌子实体）。

橄榄镰刀菌果腐病 受害果实腐烂，生上白色霉状物。

橄榄疫病 发病初期果面出现水渍状病斑，果面局部变褐色，后病斑逐渐扩大，多个病斑互相连接，引起果面大部分腐烂。病斑边缘常有霉状物出现，湿度大时病斑各处均可见到白色霉层。

橄榄红粉病 病果果面产生不规则病斑，褐色稍有凹陷；果实局部腐烂，上生大量粉红色至橙红色霉状物。

病原

橄榄曲霉病病原为 *Aspergillus niger* van Tieghy，属半知菌亚门，丝孢菌纲，丝孢菌目，丛梗孢菌科，曲霉属。分生孢子头球形，常分开成柱状，黑色；分生孢子梗光滑，无色或淡褐色，顶端一段淡褐色至褐色，长 1～2mm，宽 15～20μm，壁厚，有足胞，泡囊球形或近球形，直径 50～70μm，梗基长 10～20μm，瓶梗 5～8μm×2～3μm，极少数泡囊无梗基，直接产生瓶梗。分生孢子球形，串生，表面有细刺，初无色，后暗色，直径3～5μm。

橄榄褐腐病病原为 *Botryodiplodia theobromae* Pat.，参见本书杧果球二孢霉蒂腐病。

橄榄镰刀菌果腐病病原为尖孢镰刀菌（*Fusarium oxysporum* Schlecht）。参见本书杧果根腐病。

橄榄疫病病原为［*Phytophthora palmivora*（Butl.）Butler］。参见本书枇杷疫病。

橄榄红粉病病原为 *Trichothecium roseum*（Pers.）L.K，属半知菌亚门，单端孢属。分生孢子梗无色，50～160μm×2.0～3.0μm，因向基部倒退式产孢而逐渐缩短。分生孢子无色，双胞，卵圆形，15～21μm×5～10μm，孢子基部脐点突起。

传播途径和发病条件 病菌广泛分布于土壤和空气中以及腐烂物上，在南方温暖气候条件下，终年可以无性阶段生存，借气流、昆虫传播，从伤口和自然孔口侵入。在潮湿条件下，病果产生大量分生孢子，通过接触不断进行传播为害。

防治方法 ①采前喷药。如喷 1%石灰等量波尔多液，或 50%多菌灵可湿性粉剂 800 倍液，或 50%托布津可湿性粉剂 800 倍液等，减少或避免病菌潜伏侵染。②采收时细心操作，减少伤口，杜绝病菌侵入。③采后保鲜时，应选用可兼治病害的防腐剂，如用 1 000mg/L 多菌灵加 30～45mg/L 增效剂 B，浸果 3min，保鲜防病效果好。

橄 榄 炭 疽 病

Olive anthracnose

彩版 28·198

症状 为害叶与果实。叶受害常自叶尖、叶缘开始褐色腐烂，病斑边缘深褐色，潮湿时其上生橙红色黏孢团。果实受害初生圆形、褐色病斑，中央稍凹，后期其上轮生小褐点。

病原 有性阶段为 *Glomerella cingulata*（Stonem.）Spauld. et Schrenk，称围小丛壳，属子囊菌亚门围小丛壳属真菌。无性阶段为 *Colletotrichum gloeosporioides* Penz. 称盘长孢状刺盘孢，属半知菌亚门，刺盘孢属真菌。参见杧果炭疽病菌。

传播途径和发病条件及防治方法 参见杧果炭疽病。

橄 榄 煤 烟 病

Olive sooty mold

彩版 28·199

症状 橄榄的叶、枝、果均会受害。在染病的部位表面上产生黑色粉状物，易脱落，严重时叶上布满霉层，影响光合作用，果面受害影响果实外观，降低果实商品价值。

病原 *Capnodium* sp.，为子囊菌亚门煤炱菌属的煤炱菌。

传播途径和发病条件 本病全年均可发生。蚧类、蚜虫等发生为害可诱发煤病。蚧类、蚜虫等害虫发生重的果园，发病亦重。管理粗放、植株荫蔽的果园有利本病发生。

防治方法 参见龙眼、荔枝煤烟病。

橄 榄 流 胶 病

Olive gummosis

彩版 28·200

症状 最近在福建省福州地区橄榄老树主干上发现一种流胶病，病部流出初期为白色，后期为琥珀色树胶，病部以上枝梢生长衰弱，叶片逐渐褪绿变褐，影响树势。

病原 病原性质未定。

防治方法 ①加强栽培管理，增施有机肥，增强树体抗病力。②刮除病斑。初见病斑时，应立即刮除病部至健康组织为止，后用波尔多浆（1∶2∶3）即硫酸铜、生石灰和新鲜牛粪混合成软膏，或 70%甲基托布津可湿性粉剂 200 倍液涂抹伤口。于病死枝梢下部 20～30cm 处剪除，剪口处用上述药剂涂抹。③冬季清园，结合修剪整形，清除病枝梢，集中烧毁。④果实防腐保鲜。可参见本书橄榄果实采后病害的防腐保鲜方法。此外，要注意及时防治天牛等钻蛀性害虫和田间细心操作，以减少伤口或机械伤。

橄 榄 干 枯 病

Olive trunk blight

彩版 28 · 201

症状 为害枝条，引起枝枯。开始时在树皮上形成水渍状褐色长椭圆形病斑，随后在表皮下形成小黑点、病斑扩大，寄主表皮破裂，小黑点突起、粗糙，几个病斑可相连成大病斑。

病原 *Massaria moricola* Miyake，称桑里团壳菌，属子囊菌亚门真菌。子囊座散生，埋于寄主表皮下，顶部有突出的短孔口，球形或椭圆形，大小为 918.0（700.0～1 160.0）$\mu m \times 460.0$（390.0～530.0）μm。子囊圆筒形，具有短柄，无色透明，长 202.0（162.5～225.0）μm，直径 14.9（13.8～17.5）μm。子囊孢子长椭圆形，黄褐色，具 3 个隔膜，隔膜处明显缢缩，大小为 29.3（17.5～33.8）$\mu m \times 11.3$（10.0～12.5）μm。

传播途径和发病条件 不详。

防治方法 参见本书番石榴干枯病。

橄 榄 花 叶 病

Olive mosaic

病状 橄榄花叶病是近期发现的为害橄榄叶片的新病害。被害叶变小，叶片扭曲，叶面粗糙，主脉呈现紫褐色，主、侧脉附近叶肉淡黄，有的叶脉正常，但叶脉周围叶色淡黄，呈现花叶症状。

病原 尚未明确。

传播途径和发病条件 传播途径尚不清楚。初步观察，幼树和成龄树均可发生，目前仅是零星发生。

防治方法 ①严禁从病树取穗嫁接。②远离橄榄区建立苗圃，培育无病状苗。③发现病枝梢，立即截枝烧毁，伤口可用 1∶3∶10 波尔多浆涂抹保护。

橄 榄 上 的 地 衣 与 苔 藓

Lichen and bryophyte of olive

彩版 28 · 202～203

橄榄枝干上常见地衣（真菌和藻类的共生体）和苔藓（一类无维管束的绿色孢子植物）附生为害，影响枝梢抽长，严重时可使枝条枯死，也有利于其他病虫的滋生和繁殖。

形态与为害状、传播途径和发病条件以及防治方法，参见龙眼、荔枝地衣与苔藓。

10. 番木瓜病害
Diseases of Papaya

番 木 瓜 炭 疽 病
Papaya anthracnose

彩版 29 · 204～206

症状 本病主要为害果实，亦为害叶片和叶柄。果实受害，初于果面生 1 至数个污黄白色或暗褐色的小斑，水渍状，后逐渐扩大，大小约 5～6mm，病斑下陷，呈同心轮纹状，其后轮纹上生无数突起小点。突起小点破裂，呈朱红色黏液点，后转为黑色小点，即分生孢子盘。时或朱红色小点，或黑色小点相间排列成同心轮纹。病斑组织由于菌丝体与果肉组织交错发展，结成一硬化的圆锥形结构，用手挖之易脱落。叶片受害，叶上病斑多生于叶尖及叶缘，少数发生于叶中部或叶脉上。病斑形状不规则，褐色，其后生小黑点。叶柄病斑多生于将脱落或已脱落的叶柄上。病、健部无明显界限，其上长出一堆堆黑色小点或朱红色小点，病部不下陷。

病原 有两种真菌，其一为 *Gloeosporium papayae* P. Henn.，属半知菌亚门，盘长孢属，番木瓜炭疽病菌，主要侵害果实和叶柄；其二为 *Colletotrichum papayae* P. Henn.，属半知菌亚门，刺盘孢属，番木瓜炭疽病菌，主要侵染叶片及叶柄，偶尔在病果老病斑上发生。在自然条件下，两菌均仅产生分生孢子。分生孢子生于分生孢子盘上，分生孢子盘初埋生于表皮下，表皮破裂后裸露于表皮外。圆盘孢属番木瓜炭疽病菌的分生孢子梗，无色，短杆状，聚生，无或有 1～2 横隔，大小为 32.5～35μm×5.8～6.6μm。分生孢子顶生于分生孢子梗上，单胞，无色，长椭圆形，两端细胞质较浓厚，中间稀薄，大小为 12.5～32.5μm×3.8～6.8μm，在水中数小时后萌发，分生孢子变成两个细胞，每个细胞均生 1～2 芽管。毛盘孢属番木瓜炭疽病菌的分生孢子盘，约 57.5～100μm，褐色至黑色，刺状刚毛散生于分生孢子盘上，有 1～2 隔膜，不分枝，上尖，基部略宽。分生孢子无色，长椭圆形，内含 1～2 油点，大小为 13～20μm×4～5.8μm。寄主范围，除番木瓜外，尚可侵害杧果和夹竹桃。

传播途径和发病条件 本病菌可以菌丝体或分生孢子，在病树僵果、叶、叶柄和地面植株残体上越冬。翌年分生孢子借风雨及昆虫传播于叶、叶柄和果实上，遇水湿萌发，经气孔、伤口或直接由表皮侵入，辗转为害。高温、高湿是本病流行的主要因素。在福建、广东，本病多于 8～9 月间发生严重。

防治方法 ①加强栽培管理。搞好冬季清园工作，冬季彻底清除病果、病叶、病叶柄，集中烧毁或深埋，后喷射 1% 等时式波尔多液，最好加 0.2% 大豆粉作展着剂，每667m² 用药液量 100～150kg，以喷湿枝叶不滴水为准。在生长季节，注意搞好田间卫生，随时清除病果、病叶和叶柄。②喷药防治。于 8～9 月间，每隔 10～15 天喷药一次，用药液量每 667m² 100～150kg，连喷 3～4 次为宜。药剂可选用 0.5％等量式波尔多液，或 70％甲基托布津可湿性粉剂 1 500 倍液与 75％百菌清可湿性粉剂 500～600 倍液对等混合液，或 25％炭特灵可湿性粉剂 500～800 倍液，或 50％施保功可湿性粉剂 1 000 倍液，或 50％灭菌丹可湿性粉剂 300 倍液等。上述药剂应交替使用。

番 木 瓜 白 星 病

Papaya white scab

彩版 29·207～209

症状 本病为害叶片。初于叶面生圆形、中央白色或灰白色、边缘褐色的小斑，直径 2～4mm，发生多时常相互愈合成不规则形大斑。后期病斑脱落穿孔，其上生黑色小点，即分生孢子器。

病原 *Phyllosticta caricae - papayae* Allesch.，属半知菌亚门，叶点霉属真菌。分生孢子器叶面生，近球形或扁球形，初埋生，后突出，暗褐色，直径 80～120μm。分生孢子椭圆形，无色，直或稍弯，大小 4～5μm×1～2μm。产孢细胞不易看清（图 1-49）。

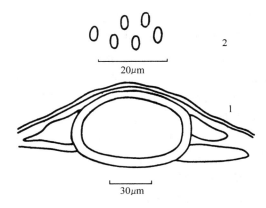

图 1-49 *Phyllosticta caricae - papayae* Allesch.
1. 分生孢子器 2. 分生孢子
（引自《广东省栽培药用植物真菌病害志》）

传播途径和发病条件 本病菌以分生孢子器于病部越冬。翌年环境条件适宜时，分生孢子借风雨传播，7～11 月常见发生，但为害轻，个别年份出现叶片局部枯死。

防治方法 参阅番木瓜炭疽病。

番 木 瓜 霜 疫 病

Papaya downy mildew

彩版 29·210

症状 目前仅发现为害幼苗的枝叶。染病的叶片出现水渍状、不规则形、稍大的褐斑，潮湿时背面产生白色霉状物（病原菌的子实体）。枝上病斑陆续变褐色，呈水渍状，长白霉状物。严重为害时，幼苗变褐死亡。

病原 *Peronophythora litchii* (Chen) ex Ko et al.，一种霜疫霉菌，属鞭毛菌亚门，卵菌纲霜疫霉属真菌。参见荔枝霜疫霉病的病原部分。

传播途径和发病条件 以卵孢子在土壤中越冬。翌年在适宜条件下萌发产生孢子囊和游动孢子，借风雨传播。一般在 9～10 月发生，适温、高湿有利发病。

防治方法 ①发现病苗，及时拔除，集中烧毁。②药剂防治。发病初期，喷药防治，可参考荔枝霜疫霉病的药剂防治。③加强苗期管理，培育壮苗，提高其抗病力。

番 木 瓜 疮 痂 病

Papaya scab

彩版 29·211，彩版 30·212～214

症状 本病发生在广东、广西、云南、福建，主要为害叶。叶被害，病斑多发生于叶背面叶脉附近，初白色，后变黄白色，圆形或椭圆形，其后加厚呈疮痂状，直径 1.7～3mm，发生多时叶片皱缩，果斑与叶斑相似，稍凹陷。

病原 *Cladosporium caricinum* C. F. Zhang et P. K. Chi，属半知菌亚门，芽枝霉属真菌。分生孢子梗单生或束生，暗褐色，顶端或中间膨大成结节状，$39～183\mu m×3.0～6.0\mu m$，光滑，分隔。分生孢子多数无隔，少数 1～2 隔，串生，圆形、椭圆形或圆柱形，表面密生细刺，近无色至淡橄榄褐色，$4～16.2\mu m×2.5～5.0\mu m$，大多为 $5～9\mu m×2.5～4.2\mu m$。

传播途径和发病条件 以菌丝体和分生孢子在病残体上越冬，翌年环境条件适宜时，以分生孢子进行初侵染，借气流和雨水溅射传播，病部不断产生分生孢子，进行再侵染，病害扩展蔓延。

防治方法 ①搞好果园清洁卫生，及时收集病残体集中烧毁或深埋。②发病初期喷 75％百菌清可湿性粉剂 600 倍液，或 80％代森锌可湿性粉剂 500～800 倍液，或 50％甲基硫菌灵可湿性粉剂 600 倍液，间隔 10～15 天，连喷 2～3 次。

番 木 瓜 白 粉 病

Papaya powdery mildew

彩版 30·215～216

症状 主要为害叶片，有时叶柄也会发生。罹病的两面均会产生白粉状斑，发生多时会互相融合。严重时植株生育不良，甚至果实上也会产生白粉状斑。

病原 *Oidium caricae-papayae* Yen，称番木瓜粉孢系半知菌亚门的粉孢属真菌。菌丝体表生，叶两面生，匍匐状弯曲；分生孢子梗不分枝；分生孢子椭圆形至近圆形，向基型，2～7 个串生，表面多数光滑，无色，大小为 $28～53\mu m×10～17.5\mu m$，个别长达 $70\mu m$，未见有性态（图 1 - 50）。

传播途径和发病条件 以菌丝体或分生孢子在病部上越冬，翌春条件适宜，便可产生分生孢子，随风传播，进行再侵染。影响发病的因素不详。

防治方法 发病初期喷 5％灭粉素可湿性粉剂 1 000～1 500 倍液、20％粉锈宁乳油

1 500～2 000 倍液。

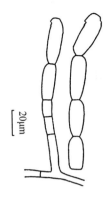

图 1-50 *Oidium caricae - papayae* Yen 的分生孢子及分生孢子梗
（引自《广东果树真菌病害志》）

番 木 瓜 黑 腐 病

Papaya black rot

彩版 30·217

症状　主要为害果实，有时为害叶片。果实受害生圆形至椭圆形或不规则形病斑，褐色，稍凹陷，病斑上生灰色至黑色霉状物。叶上发病为圆形或不规则形病斑，其上生黑色霉层。

病原　*Alternaria alternata*（Fr.）Kiessl.，属半知菌亚门，丝孢菌纲，丝孢菌目，暗色菌科，链格孢属真菌。菌丝体内生或表生，无色、橄榄色或褐色。分生孢子梗单生或丛生，直立或弯曲，不分枝或少分枝，榄褐色，壁光滑，孢痕明显，24～100μm×4.5～6μm。分生孢子孔出，2～10 个串生，倒棍棒状，倒梨形或椭圆形，褐色至暗褐色，光滑或有疣，20～85μm×10～23μm，具横隔 2～10 个、纵隔 0～6 个和斜隔 0～6 个；喙短，不超过 1/3 孢子长，长 14μm，宽 2～5μm。

传播途径和发病条件　病菌以菌丝体或分生孢子在病果上越冬。分生孢子借气流传播。本病多为采果后发生，为害果实，随炭疽病发生后侵入，加剧病情。

防治方法　参阅本书番木瓜炭疽病。

番 木 瓜 疫 病

Papaya blight

彩版 30·218

症状　主要为害果实。被害果初在果实上生水渍状，不规则形褐色病斑，迅速扩大至整个果实，潮湿时病部生白色霉状物（即病菌的菌丝体和子实体），病果终至全果软腐。迄今尚未发现为害根、茎和叶片。

病原 *Phytophthora nicotianae* var. *parasitica*（Dast.）Waterh.，称烟草疫霉，属鞭毛菌亚门，疫霉属真菌。菌丝体形态简单，分枝较少，宽 $3\sim7$（4.4）μm，膨大体少见，球形。厚垣孢子球形，成熟时金黄色，单生，顶生或间生，$15\sim36$（19）μm。孢囊梗分枝不规则或假单轴式分枝，宽 $3\sim6$（4）μm。孢子囊顶生或间生，卵圆形或近球形，基部圆形，$18\sim43$（29）$\mu m\times17\sim33$（24）

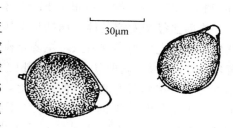

图 1-51 *Phytophthora nicotianae* var. *parasitica*（Dastur）Waterh. 的孢子囊（V_9 汁培养基，25℃，7 天）

（引自《广东省栽培药用植物真菌病害志》）

μm；长宽比值为 $1.1\sim1.3$（1.2）；乳突明显，一般 1 个，极少 2 个，高为 $1.7\sim7\sim10$（8）μm，孢子囊很少脱落，不具柄，成熟后释放游动孢子，出孔宽 $3\sim7$（5）μm，休止时球形，$5\sim8$（7）μm，萌发时为卵形或椭圆形小孢子囊。藏卵器球形，$15\sim28$（23）μm，柄棍棒状；雄器球形，圆筒形或鼓形，围生，单胞，$8\sim17$（12）$\mu m\times9\sim14$（11）μm；卵孢子球形，光滑，满器或不满器，黄褐色，$13.2\sim24.8$（19.8）μm，壁厚 $0.7\sim2$（1.3）μm。在寄主上孢囊梗明显假单轴式分枝；孢子囊顶生，偶同生，长卵形或近球形，绝大部分脱落，脱落后无柄或柄的长度不一致，$18\sim64$（41）$\mu m\times13\sim46$（30）μm；长宽比为 $1.3\sim1.4$；乳突明显，1 个，极少 2 个，高 $1.6\sim10$（5）μm，出孔 $3\sim8$（5）μm；柄长 $2\sim7$（3）μm（图 1-51）。

传播途径和发病条件 本病原菌在何处越冬越夏尚未明确。通常发病较轻，个别年份、个别品种在结果后多雨发生，但不如炭疽病严重。5 月多雨，或营养不良、水分过多，常引起幼苗猝倒。

防治方法 参阅本书番木瓜霜疫病防治。

番 木 瓜 环 斑 病

Papaya ringspot virus

彩版 30·219，彩版 31·220～223

症状 本病是番木瓜上一种毁灭性病害。罹病植株开始仅在顶部叶片的背面产生水渍状圈斑，随后叶片出现花叶，极少变形。新长出的叶有时畸形；顶部嫩茎及叶柄最初产生水渍状斑点，后逐渐扩大、合并成水渍状条纹。果上产生水渍状圈斑或同心轮纹圈斑，2～3 个圈斑可相连成不规则形。天气转冷时，花叶症状不明显。入冬，病叶大多脱落，幼叶尚存，但幼叶变脆且透明，出现畸形、皱缩。为害严重时，病株结小果，甚至不结果，即使结果，风味差。病株在 1～4 年内死亡。

病原 *Papaya ringspot virus*（PRSV），称番木瓜环斑病毒，马铃薯 Y 病毒属。病毒粒体线状，大小为 $700\sim800nm\times12nm$，含有风轮状内含体。核酸为单分子线形正义

ssRNA。钝化温度为 53～55℃，体外保毒期为 56～72h，稀释终点 10^{-3}，根据病毒粒体和在西葫芦上表现的症状特点，该病毒存在 4 个株系。其中 Ys 是优势株系，Vb 次之，Sm 和 Lc 较少见。据台湾报道 PRSV 有 M、SM、SMN 和 DF 等株系。

传播途径和发病条件 病株是本病的主要初侵染源。此病极易通过汁液摩擦传染。自然传毒介体昆虫为多种蚜虫，主要是桃蚜和棉蚜，以非持久性方式传毒。人工接种可传到黄瓜（花叶状）、丝瓜（水渍状圈斑）、苦瓜（花叶状）和西葫芦（褪绿、黄点）上。种子不能传病。本病潜育期，在西葫芦上，日平均气温 20～35℃时为 4～7 天；在番木瓜幼苗上，日平均气温 25℃时为 6～9 天。温暖、干燥年份，发病较重，这与蚜虫的发育、繁殖和迁飞有关。广州地区分别在 4～5 月和 10～11 月出现发病高峰期。夏季高温，病株症状暂时消失。苗期发病较少，开花结果后发病较多。番木瓜成片栽植时发病重，与龙眼、荔枝等果树混栽时发病较轻。广东栽种的当地岭南种较感病，穗中红品种较耐病。

防治方法 ①选用耐病品种。在病区可推广穗中红等耐病品种。②培育无毒苗。秋育春植，施足基肥，适当密植，实行早管，力争当年收果。③及时挖除病株，减少田间毒源。④防治传毒介体蚜虫。掌握在蚜虫发生和迁飞期间做好连片灭蚜工作，还要注意防治番木瓜园周围的桃蚜等传毒介体（见番木瓜桃蚜防治方法）。冬季结合清园，除去园内沟边辣蓼等杂草，以铲除蚜虫的越冬栖息场所。此外，还可在果园周围种植桃蚜、棉蚜喜食的寄主进行诱集，结合喷药灭蚜，将蚜虫消灭在迁飞之前。⑤选育抗病毒品种。国内外报道，采用生物工程技术转 PRSV 外壳蛋白基因，已培育获得新番木瓜品种，对该病毒表现高抗或免疫性能，这是防治该病的新途径，有望用于生产。加强果园栽培管理，增强植株抗（耐）病力。

番 木 瓜 畸 叶 病

Papaya deformed leaf

彩版 31 · 224～225

    症状 成叶和顶部新抽生的嫩叶受害后畸形皱缩，呈现蕨叶状、线叶状或鸡爪状。叶面隆起，部分浓绿，叶肉很少，病株不结果或结小果，果面出现小隆起，果实失去原有风味。

    病原 病毒是番木瓜环斑病毒（PRV）的一个株系或是番木瓜畸形花叶病毒（PLD-MV），尚待进一步研究确认。

    传播途径、发病条件和防治方法参考番木瓜环斑病。

番 木 瓜 瘤 肿 病

Papaya cancer

彩版 31 · 226

    症状 叶片变小，叶柄缩短，幼叶叶尖变褐枯死，叶可卷曲脱落，雌花可变雄花，花常枯死。染病果实，很小时就大量脱落。在果实、嫩叶、花、茎干上有乳汁流出，其流出部位有白色干结物。病果从幼果至成熟期均有乳汁流出，果皮出现汁液后会慢慢溃烂、变软。没有溃烂果实，则有凹凸不平的瘤状突起。严重的病果种子败育，幼嫩白色种子变褐坏死。

病因　主要由土壤缺硼引起的一种生理性病害。

防治方法　采用两种方法及时补硼：一种是土壤施硼，在植株旁挖小穴，每穴施 2～5 克硼砂或 3 克硼酸，施用 1～2 次；另一种是根外喷施 0.2％硼酸水，间隔 1 周喷一次，共 3～5 次。补硼时间应在番木瓜现蕾时完成。

11. 杨桃病害
Diseases of Carambola

杨 桃 果 炭 疽 病

Carambola anthracnose

症状　本病主要为害果实。果实被害，果面初生暗褐色，圆形小斑，后逐渐扩大，内部组织腐烂，具酒味，病斑上生出许多朱红色，黏质小粒点，严重时全果腐烂。

病原　有性阶段为 *Glomerella cingulata* （Stonem.） Spauld. et Shrenk.，称围小丛壳，属子囊菌亚门小丛壳属真菌。无性阶段为 *Colletotrichum gloeosporioides* Penz. 称盘长孢状刺盘孢，属半知菌亚门，刺盘孢属真菌。分生孢子盘生于病果表皮下。分生孢子梗单胞，不分枝，无色，大小 10～13.8μm×3.5～4.3μm，集生于分生孢子盘上。分生孢子顶生于分生孢子梗上，长椭圆形，或不正形，大小为 12.8～18.8μm×5～7.5μm。刚毛褐色，或暗褐色，上端尖锐，大小为 45～65μm×3.8～5μm。无隔膜，或有 1～2 隔膜，生于分生孢子盘上，但有时无刚毛。人工接种番木瓜，同样发生炭疽病。病菌形态、大小，与番木瓜炭疽病菌相似。所以，此菌可能与番木瓜炭疽病菌 *Colletotrichum papayae* 同属一个种。

传播途径和发病条件　本菌以菌丝体，或分生孢子盘在迟熟及残留在树上的果实上越冬。翌年，分生孢子借风雨传播，从伤口侵入果实。

防治方法　①冬季清园。采果后，清除遗留在树上小果或地面落果、烂果，深埋土中或集中烧毁。②采果时，注意避免果实机械伤，可减少贮运期发病。③喷药防治。一般情况下，不宜喷药。严重发病的果园，可喷氧氯化铜悬浮剂 600～800 倍液、80％炭疽福美可湿性粉剂 600 倍液，或 25％施保克乳油 500～1 000 倍液，成年树用药液量 7.5～10kg/株，着重喷果，间隔 10～15 天喷药一次，连喷 2～3 次。药液不得污染果实。此外，亦可施用甲基托布津、多菌灵、苯菌灵（苯莱特）、灭菌丹等。具体用法参照番木瓜炭疽病。

杨 桃 赤 斑 病

Carambola red spot

彩版 31 · 227

症状 主要为害叶片。叶片受害，初生细小、周围不明显的黄色小点，后逐渐扩大，变赤色，病斑周围有不明显的黄晕。病斑中部，偶呈暗赤色或紫褐色，边缘赤色，病斑外有黄色圈。后期，病斑中部转为灰褐色或灰白色，组织死亡干枯，终至脱落成穿孔。病斑大小约 3～5mm，圆形或不正形，发生于叶缘的病斑多呈半圆形。叶上病斑多时，全叶变黄脱落。

病原 *Cercospora averrhoae* Petch，属半知菌亚门，尾孢属真菌，杨桃赤斑病菌。分生孢子梗成束，自病斑表面和病斑背面的气孔伸出，半透明至浅褐色，不分枝，直立或稍弯曲，无或有 1～6 隔膜，大小 30～85μm×4～7.5μm。分生孢子着生在分生孢子梗上，无色，短而直，或稍弯曲，无或有 1～8 隔膜，大小 20～92.5μm×4～5.3μm。

传播途径和发病条件 以菌丝体在病叶上越冬。翌年春季 4 月间，在适宜环境条件下，病叶上越冬病菌的拟子座组织，产生分生孢子，借气流和雨水传播到叶片上，辗转传播、蔓延。

防治方法 ①冬季或早春结合清园，剪除树上病叶枝梢，扫除地面枯枝落叶，集中烧毁，或结合翻耕深埋。②加强栽培管理。特别是应搞好果园培土工作，增强树势，提高抗病力。③喷药防治。3 月下旬至 4 月，新叶初生时，喷射 0.6% 石灰等量式波尔多液、50% 施保功乳油 1 000～1 500 倍液，或 70% 代森锰锌可湿性粉剂 800 倍液，成株用药液量 7.5～10kg/株，每隔 7～10 天喷一次，连喷 2～3 次。

杨 桃 褐 斑 病

Carambola brown spot

彩版 32 · 228～229

症状 主要为害叶片。初于叶上生近圆形病斑，扩大后成半圆形或不规则形，大小 1～5mm，褐色至灰白色，边缘紫褐色，外有黄色晕圈。

病原 *Pseudocercospora wellesiana* (Well.) Liu et Guo = *Cercospora averrhoae* Welles，属半知菌亚门，假尾孢属真菌。子座主要生在叶正面，半埋生，表生，球形，大小 30～50μm，褐色。分生孢子梗淡橄榄褐色，0～1 个隔膜，不分枝，6～25μm×2～3μm。分生孢子近无色至青黄色，倒棍棒形，直或稍弯，有 2～7 个隔膜，12.5～46μm×2.0～3.2μm（图 1 - 52）。

传播途径和发病条件 本菌以菌丝体或分生孢子在病叶上或病落叶上越冬，翌年春，病菌借气流和风雨传播，潜育期 10 天。高温、多雨有利于发病。

防治方法 ①加强栽培管理。结合冬季修剪，剪除病枝梢，扫除枯枝落叶，深埋或集中烧毁。病害较重果园，春季萌芽前喷一次2～3波美度石硫合剂，发病初期及时摘除病叶，可减少初侵染和再侵染源。②适时喷药防治。于发病初期，每隔10～15天喷药一次，连喷2～3次。可选用70%甲基托布津可湿性粉剂1 000～1 500倍液，或80%炭疽福美可湿性粉剂800～1 000倍液，或50%超微多菌灵可湿性粉剂600倍液。上述药剂宜交替使用。

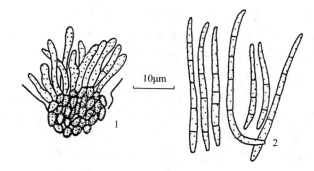

图1-52 *Pseudocercospora wellesiana* (Well.) Liu et Guo 的子座及分生孢子梗、分生孢子
1. 子座及分生孢子梗　2. 分生孢子
（引自《广东果树真菌病害志》）

12. 杜果病害
Diseases of Mango

杜果梢枯流胶病

Mango shoot blight gummosis

彩版32·230

症状　本病主要发生在主干和枝梢上。主干枝梢染病后，皮层坏死呈溃疡状，初流出白色、后转为褐色的胶状物。病斑以上枝梢逐渐枯萎。在枯死枝梢上长出黑色小粒点。病部以下，有时会抽生小枝梢，但叶片褪色。剥开病部皮层，可见形成层和邻近组织变黑色，迅速向上扩展，致使上部枝梢枯死。

病原　有性阶段为 *Physalospora rhodina*，称流胶病菌，属子囊菌亚门，囊孢壳属真菌。其无性阶段，为壳色单隔孢属流胶病菌（*Diplodia natalensis* Evans），属半知菌亚门。本病原与引致柑橘和桃流胶病，以及柑橘黑色蒂腐病的病原真菌相同。分生孢子器散生，初埋生在寄主组织内，后突出于寄主组织外，黑色，喙长150～180μm；分生孢子椭圆形，有一横隔，不缢缩，黑色，大小为24μm×15μm，孢子外膜有纤细纹。病菌生长适温为30℃，在潮湿、荫蔽条件下，有利于病菌生长发育（图1-53）。

传播途径和发病条件　以菌丝体、子囊壳、分生孢子器在病部和病残体上越冬。翌年越冬的子囊孢子、分生孢子及菌丝体产生的分生孢子，借风雨传播，萌发芽管，由伤口侵入寄主组织，转辗为害。高温、高湿和荫蔽的环境条件，有利于本病发生流行。果园管理粗放，天牛为害较多和树势衰弱的植株，发病较重；反之则轻。

防治方法 ①加强果园管理。增施有机质肥料，增强树势，及时防治天牛，提高树体抗病力。②剪除病部和枯死枝梢。初发病时，及时迅速将病部剪除，后用波尔多浆（1 份硫酸铜、2 份新鲜生石灰、3 份牛粪混合成糊状），或托布津浆（200 倍托布津混合牛粪）涂封剪口。枝干枯死部应从病部下 20～30cm 处锯断，切口亦用上述药剂处理。枯枝干和病组织要及时收集烧毁。③喷药防治。花期喷射硫磺粉和氧氯化铜，或任何一种含铜杀菌剂的混合粉剂（比例 1：1）。幼果期，幼果直径 1cm 时，喷射 1% 石灰等量式波尔多液，隔 10～14 天一次，连喷 2～3 次。或喷托布津、多菌灵、百菌清、灭菌丹、代森铵等，交替使用。具体浓度和方法，参照杧果炭疽病防治部分。

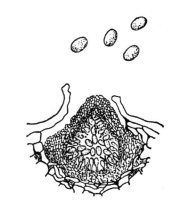

图 1-53 杧果梢枯流胶病病原菌的
分生孢子器及分生孢子
（引自《果树病害防治·广东农作物病害防治丛书》）

杧 果 疮 痂 病

Mango scab

彩版 32·231～234，彩版 33·235～236

症状 本病为害嫩叶、新梢、花穗和果实。嫩叶受害，初于叶上生针头大小、褐色或深褐色病斑，后扩大，呈圆形或不规则形，大小为 0.5～2.0mm。随叶片成长老熟，病斑停止扩展，形成木栓化组织，稍凸起，灰色至紫褐色。发病严重的叶片，常扭曲、畸形。叶脉受害，生椭圆形凸起病斑，中央开裂。新梢受害，其症状与叶片症状相似，后期病斑呈灰色，不规则形。花穗受害，花器和小梗初期病斑与叶片症状相似，严重受害的花穗，后期全穗变黑，枯死，落花严重，不能结实，着果率甚低。果实受害，多为落花后幼果出现病斑，黑褐色小病斑，后逐渐扩大，病斑中间组织粗糙，木栓化，灰褐色。严重发病的果实，后期大部分果皮粗糙，灰褐色，病斑连成一片。

病原 有性阶段为 *Elsinoë mangiferae* Bilancourt et Jenkins，称杧果痂囊腔菌，为子囊菌亚门痂囊腔菌属真菌。无性阶段为 *Sphaceloma mangiferae* Jenk.，为半知菌亚门，痂圆孢属的杧果痂圆孢。分生孢子盘褐色，有时为分生孢子座。分生孢子较小，圆柱形，极少卵形，无色，直或略弯曲，中央无油球，大小为 5.0～7.5（6.8）$\mu m \times 1.9～2.5$（2.1）μm，后期淡褐色。

传播途径和发病条件 本病菌以菌丝体在病部组织上越冬，翌年春季借气流和雨水传播，侵染新梢，花穗和幼果等幼嫩组织，引致发病。远距离传播，主要是带病种苗。影响病害发生流行的主要因子，是植株器官组织的幼嫩程度，并和环境条件关系密切。凡是春季暖和，雨季提早，高温、高湿条件，病害发生早而重；反之则轻。病害发生的温度范围为5～35℃，适宜温度范围为15～25℃。

防治方法 ①实行苗木检疫。严禁病区苗木和接穗引入新区和无病区。②加强栽培管理。结合冬季清园，剪除病枝、病叶及过密枝梢，清除地面枯枝落叶、落果，并集中烧毁。③喷药防治。春梢萌发后，或圆锥花序抽出后，应开始喷药保护新梢和幼果，每隔7～10天一次，连喷3～5次。药剂可交替选用1∶1∶160波尔多液，或50％克菌丹可湿性粉剂400～500倍液，或70％代森锰锌可湿性粉剂500倍液，或70％甲基托布津可湿性粉剂1 000～1 500倍液。冬季喷射3～5波美度石硫合剂，或1％石灰等量式波尔多液，可减少发病。

杧 果 炭 疽 病

Mango anthracnose rot

彩版33·237～241，彩版34·242～243

症状 本病主要为害杧果叶片、枝梢、花和果实。引起叶斑、茎斑、花疫和果实粗皮、污斑与腐烂等症状。嫩叶受害，初生黑褐色的圆形、多角形或不规则形小斑。后多个小斑愈合成大的枯死斑，病斑脱落，穿孔，落叶，成秃枝梢。嫩梢受害，生黑褐色斑，扩大至环绕枝梢一圈，病斑上部枝梢枯死，表面生褐黑色小粒点（分生孢子盘）。老叶受害，多生近圆形、多角形病斑，其上散生小黑褐色粒点。花梗受害，初生细小、褐色或黑色斑，后逐渐扩大，多个病斑融合成不规则形大斑，花序受害后，花凋萎枯死，通称"花疫"。幼果受害，在果核尚未形成前生小黑斑，扩展迅速，引致部分或全果皱缩、变黑、脱落。果核形成后，被感染的幼果生针头大小的病斑，不扩展，至果实将近成熟时迅速扩展。天气潮湿时，病斑上生出分生孢子堆。成熟果实受害，生黑色、形状不一的病斑，略凹陷，有裂痕。常多个病斑愈合成大斑块。深入果肉，致使果实在田间或贮运期中腐烂。当大量分生孢子从感病枝梢或花序上，随雨水冲溅到果实上时，于果皮上生出大量小斑，形成粗皮症或污斑。

病原 *Colletotrichum gloeosporioides* Penz. ＝ *C. mangiferae*，称盘长孢状刺盘孢。属半知菌亚门，刺盘孢属真菌。有性阶段 *Glomerella cingulata*（Stone.）Spauld. et Sch.，称围小丛壳。属子囊菌亚门，小丛壳属真菌。其形态、生理及寄主范围等，可参阅柑橘炭疽病有关部分（图1-54）。

传播途径和发病条件 本病的侵染循环，与柑橘炭疽病的侵染循环相同，参看本书柑

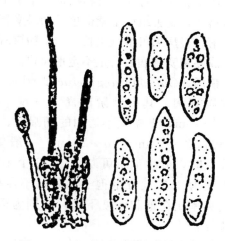

图1-54 杧果炭疽病病原菌的分生
孢子盘及分生孢子

（引自《果树病害防治·广东农作物病害防治丛书》）

橘炭疽病。本病的发生流行，要求高温（24～32℃）、高湿，特别是在嫩梢期，开花期至幼果期，如遇多雨重雾，则此病严重发生。不同品种，抗病性有所差异。一般秋杧品种感病性强，吕宋品种感病性较弱。目前推广的紫花杧品种，在个别年份，果实中度成熟期发病。

防治方法 ①选用抗病品种。②改进栽培管理。株行距合理，栽植不得过密。冬季清园，剪除病枝梢，病叶，集中烧毁。③适时喷药保护。一般在盛花期，花开2/3时喷药为宜。药剂可交替选用70％安泰生可湿性粉剂500倍液，或25％施保克乳油500～1 000倍液，或25％炭特灵可湿性粉剂500倍液，或25％应得悬浮剂1 000倍液，或70％甲基托布津可湿性粉剂1 500倍液，或氧氯化铜＋甲基托布津800倍混合液，或50％多菌灵1 000倍液，或65％代森锌可湿性粉剂500～600倍液，或75％百菌清可湿性粉剂500～800倍液，或50％克菌丹可湿性粉剂500～600倍液。每次间隔期为10～15天，连喷3～5次。④采收后，用52～55℃的50％多菌灵可湿性粉剂500mg/kg药液，处理果实15min，有较好防效。

杧 果 白 粉 病

Mango powdery mildew

彩版 34·244

症状 本病主要为害花序、幼果和嫩叶。花器受害，萼片易感病，花瓣较抗病。花和花柄感病后停止生长，不能开花，2～3天后脱落，但有时亦能继续生长和结实。在花序的轴和分枝上，全部布满白色霉粉层，最后变黑。抗病品种，仅部分花序分枝感病，花序轴基部感病不重。嫩叶受害，多在叶背发病，但亦有正、反两面发病，有时甚至叶面发病更为严重。在叶背面，霉粉层常发生于中肋区，致使叶片卷缩扭曲。老叶亦可感病。霉粉层脱落后，受害组织呈紫褐色。幼果受害，果面常布满白霉粉层，病果通常长到豌豆大小时脱落，轻病果可继续生长，白霉粉层脱落后，果皮呈紫褐色，有时病部果皮龟裂，木栓化。成熟果实感病后，生不定形斑块。

病原 *Oidium mangiferae* Berthet.，称杧果白粉病菌。无性阶段属半知菌亚门，粉孢属真菌。其有性阶段尚未发现。本病菌菌丝体有隔。分生孢子梗不分枝，长64～163μm，末端生半透明的椭圆形、单细胞分生孢子。分生孢子大小不一，常见的大小为33～43μm×18～28μm，一般单生，偶成对生，但在置于密闭容器内的离体叶片上时，分生孢子可以20～40个串生。分生孢子萌发温度范围为9～32℃，最适宜温度为22℃。分生孢子萌发，不需要很高的相对湿度。相对湿度20％～60％时，其发芽率比在饱和湿度下高，分别为70.6％、42.7％和32.6％。分生孢子在日光下很快死亡。

传播途径和发病条件 本病以菌丝体在老叶及枝梢组织内越冬。翌年环境条件适宜时，产生分生孢子，借气流传播辗转为害。最后，又以菌丝体在老叶和枝梢组织内越冬。此病发生流行适宜温度为20～25℃，湿度对本病的影响不大，无论在较潮湿的沿海平原，还是在较干旱地区，此病同样可以发生流行。品种抗病性差异很大，印度 2 号和象牙杧最为感病，其次为吕宋杧。

防治方法 ①加强栽培管理。种植抗病品种，搞好冬季清园，采果后开花前，应结合修剪，剪除病枝梢、叶，集中烧毁。②药剂防治。硫剂，如石硫合剂、胶体硫，特别是细硫磺粉，对防治本病有特效。春梢和秋梢期，喷射 0.4～0.5 波美度石硫合剂。夏季用 0.2～0.3 波美度，冬季用 0.8 波美度喷射。用药液量，成株为 5～7.5kg/株。或用硫磺粉及可湿性胶体硫防治。花期最好喷布硫磺粉，或喷可湿性胶体硫（1：150 倍液），开花前后喷一次，花谢后成小果时，再喷一次。硫磺粉最好以 300～325 目为宜，喷粉宜于早晨露水未干前进行。亦可选用 20％粉锈宁乳油 1 000 倍液，或 6％乐必耕（氯苯嘧啶醇）可湿性粉剂 4 000 倍液，或 50％甲基托布津可湿性粉剂 1 500 倍液，或 50％多菌灵可湿性粉剂 1 500 倍液，或 50％代森锌可湿性粉剂 500 倍液，或 75％百菌清可湿性粉剂 500～800 倍液，或 50％灭菌丹可湿性粉剂 500～600 倍液，或 50％退菌特可湿性粉剂 800～1 000 倍液，或 50％二氯萘醌可湿性粉剂400～600 倍液等。上述药剂，应注意交替使用。

杧 果 根 腐 病

Mango root rot

彩版 34·245

症状 地上部叶软弱凋萎，易脱落。根部呈现黑褐色坏死腐烂，后整株枯死。

病原 多种真菌，常见的有 *Fusarium oxysporum* Sch. ex Fr.（为半知菌亚门镰孢属的尖孢镰刀菌），*Fusarium solani*（Nlart.）Sacc.（为半知菌亚门镰孢属的痂病镰刀菌），和 *Botryodiplodia theobromae* Pat.（为半知菌亚门壳色单隔孢属的可可毛色二孢）。

防治方法 ①及时挖除病株、烧毁。②做好果园排水。③药剂防治。发病初期可用 70％恶霉灵可湿性粉剂 2 000～3 000 倍液淋灌根部。

杧 果 煤 污 病

Mango sooty blotch

彩版 34·246

主要为害果实，污染果面，降低果实商品价值，同时亦易诱发其他病害，缩短贮存寿命；本病亦为害枝梢和叶片。广东、广西、云南、海南、福建等地均有此病发生。

症状 果实发病初生暗黑色、近圆形或圆形，直径 2～5mm 的病斑，一病斑由几十个微小黑点组成，果上病斑多达 5～20 个，集中于背光一侧，病斑后期联成片，全果变为污黑色，但病部局限于表皮。老熟枝条发病症状与果实症状相似。

病原 *Gloeodes pomigena* (Schw.) Colby.，属半知菌亚门黏壳孢属真菌。

传播途径和发病条件 病菌在枝梢及叶片上越冬，成为翌年初侵染源。在广东省湛江地区和海南省杧果产区，病菌可终年繁殖。主要靠风雨传播，分生孢子靠雨水冲刷到新梢和果实上，潜育期约 2～3 个月，在枝梢老熟后，果实生长后期出现病斑。病害发生与品种抗性有关，广东以秋杧果感病，粤西 1 号次之，紫花杧、桂香杧、绿皮杧、串杧和红象牙杧较轻；早熟品种比中、迟熟品种发病轻；发病程度还与种植密度、树龄和修剪有关。广东主栽种紫花杧密度为每 667m²60 株，一至三年生果园发病较轻，四年生以上果园开始封行，树冠荫蔽，病害逐年加重，层塔形树通风透光，发病少，圆头形树冠荫蔽，湿度大，病重。幼果期到果实膨大期病轻，果实稳定后期，成熟度提高，发病加重，果实绿熟期发病最重。果园栽培管理差，特别是同翅目昆虫多果园病重。

防治方法 ①栽培管理。冬季清园，剪除病虫枝叶，集中烧毁，夏季中耕除草，增施有机肥，增强树势。及时防治介壳虫、叶蝉、蚜虫、白蛾蜡蝉。②喷药防治。果实生长中后期喷 30％氧氯化铜悬浮剂 800 倍液，或 70％甲基托布津可湿性粉剂 800 倍液。

杧果煤病和烟霉病

Mango sooty and sooty mold

彩版 34·247～248

主要为害果实和叶片，影响光合作用和果实外观，降低果实商品价值，缩短果实贮藏期。广东、广西、海南、云南和福建等地均有发生。

症状 果实、花序、枝梢和叶片上的症状相似。叶片上布满一层疏松、网状黑色霉状物，但易整层从叶面抹去；霉层在花序上影响正常开花授粉；幼果易脱落，果实生长后期，果面布满黑色霉层。

病原 我国有两种真菌：*Capnodium mangiferae* P. Henn. 和 *Cladosporium herbarum* (Pers.) Link.，前者属于子囊菌亚门煤炱属，引起的病害称煤病；后者属半知菌亚门芽枝霉属，称烟霉病。国外报道有关病原菌近 10 种。

传播途径和发病条件 病菌的分生孢子或菌丝体常随同同翅目昆虫（如蚜虫、蚧类、叶蝉、白蛾蜡蝉）和红蜘蛛分泌的蜜露黏附于寄主叶面、果实上，病菌在蜜露上大量繁殖，成为一层黑霉状物覆盖于枝梢叶片、果实上。病菌在广东、广西、海南、云南和福建等地终年可以繁殖。本病发生轻重与当年同翅目昆虫的虫口密度有关。凡果园白蛾蜡蝉、蚜虫、红蜘蛛密度大的果园病重。栽培管理差、密植、荫蔽潮湿、修剪粗放的果园发病亦重。

防治方法 ①加强栽培管理，搞好冬季修剪，特别是紫花杧、红象牙杧、绿皮杧和粤西 1 号应适当重剪，树龄大的果园应回缩树冠，使果园通风透光。②增施有机肥、磷、钾肥，避免偏施氮肥。③及时防治同翅目害虫。④药剂防治参考本书龙眼、荔枝煤烟病。

杧 果 绯 腐 病

Mango pink

彩版 34 · 249

本病对杧果幼树或成年树均可为害。成年树受害重者 1～2 年死亡。该病原菌寄主范围广，有 200 余种寄主，除杧果外，尚可为害多种经济作物，如橡胶、可可、咖啡、茶、金鸡纳、苹果、梨、枇杷、柑橘等。

症状 为害主干、主、侧枝及小枝，但以主枝及侧枝受害较多，枝干受害后于受害处覆盖一层薄的粉红色霉层，故称赤衣病。被害枝干最初在背光面树皮上可见很细的白色薄网，边缘呈羽毛状（病菌菌丝体），后于病斑两端薄网中产生白色疱状物（即病菌的白色菌丛）。翌年 4～5 月在病斑边缘背光面可见红色痘疱状小泡（即担子层），边缘仍为白色羽毛状，霉层后龟裂成小块，可被雨水冲刷脱落，病部树皮后期龟裂剥落，露出木质部。病斑多从枝干分枝处发生，病害多在 6、7 月发生，受害枝干环切后，枝干上部叶片发黄凋萎，整枝枯死。

病原 *Corticium salmonicolor* Berk. et Br.，为鲑色伏革菌，属担子菌亚门的伏革菌属真菌。有性阶段的子实层托扁平，膜质，平滑，有突出瘤状物，典型的呈粉红色，边缘白色，中生宽阔的单细胞棍棒状担子，担子平行排列。担子上生 4 个小梗，每个小梗上着生 1 个担孢子。担孢子无色透明，卵圆形或梨形，顶端有乳状突起，大小为 8.6～15.8μm×6～11.2μm。无性阶段，子实体埋生于树皮内，后突破树皮，露出橙红色、圆形或不规则形的杯状孢子座（红色菌丛），孢子座内着生分生孢子，孢子单细胞，无色透明，椭圆形、近球形或三角形，大小为 10.5～38.5μm×7.7～14μm。分生孢子聚集一起呈橙红色，菌丝生长温度为 10～30℃，最适温度为 25℃，35℃以上则不能生长，分生孢子萌发适温为 25～30℃，最适相对湿度为 100%，在水滴中萌发率最高。在适温下的水滴中，孢子 2 小时即可萌发，一般芽管 1～3 个。红色菌丛（无性孢子座）可存活 94 天，并能不断产孢，雨后产孢特多。

传播途径和发病条件 该菌以菌丝及白色菌丛在病部越冬。翌年 2 月下旬白色菌丝，逐渐向四周扩展，菌丝体开始从病部向健部蔓延。3 月上旬开始于病健交界处红色菌丛中产生分生孢子，通过雨水传播，从伤口侵入，引起初侵染。4 月下旬，枝干上开始形成红色的子实层，5 月初形成担孢子，但担孢子在侵染循环中的作用尚未明确。6 月后在担子层两端菌丝中逐渐形成白色菌丝。本病的发生流行与气候条件关系密切。温度与降雨量对菌丝，分生孢子，担孢子的产生、传播以及新病斑和白色菌丛的形成至关重要，雨水不仅利于红色菌丛的形成，分生孢子的产生和传播，而且亦利于孢子的萌发与侵入。此外，病害发生轻重与果园土壤质地，含水量，树龄以及品种均有一定关系，土壤黏重，低洼排水不良果园，树龄大的果园发病重。

防治方法 ①加强栽培管理。在土壤黏重，低洼排水不良果园，应种植绿肥，改良土壤，开沟排水，降低土壤含水量，增施有机肥。结合修剪，剪除病枝、枯枝，扫除病枝落叶，集中烧毁。②石灰水刷干。春季用 8% 石灰水刷干。刷干前先刮除病疤上的菌丝体、白色菌丛及红色菌丛，集中烧毁后刷白。③喷药保护。3 月上旬当红色菌丛出现后即喷射 50% 退菌特可湿性粉剂 400～600 倍液，连喷 3～5 次，间隔 1 个月喷一次。即可控制老病部扩展又可预防新病斑产生。④及时刮治病部。5～6 月发病盛期应及时检查和刮治病部。刮治及时，彻底，应将腐烂变色部的组织全部刮除，伤口最好与树干成平行棱形，边缘平整，容易愈合，刮除后立即喷 50% 退菌特 600 倍液一次。

杧 果 膏 药 病

Mango felt fungus

彩版 35・250

主要为害枝干，侵害杧果、柑橘、桃、梨。

症状　在枝干上附生一层圆形或不规则形子实体，后不断向枝干四周扩展呈褐色，子实体表面平滑，湿度大时，叶片也受害。

病原　*Septobasidium bogoriense* Pat.，为白隔担耳菌，属担子菌亚门，隔担耳属真菌。

传播途径和发病条件　以菌丝体在病枝干上越冬，翌年春、夏季温湿度适宜时，菌丝生长成子实层，产生担孢子，借气流或昆虫传播为害。病菌以蚧类害虫或蚜虫分泌的蜜露为营养，因此，凡蚧类、蚜虫多的果园病重。荫蔽潮湿、管理粗放的果园发病较多。

防治方法　①加强栽培管理，合理修剪密闭枝梢，清除病枝梢。及时防治蚧类害虫和蚜虫。②生长季节膏药病盛发期，用煤油对加 100 倍晶体石硫合剂喷射枝干病部；冬季用 5～6 波美度石硫合剂涂抹病部。

杧果叶点霉穿孔病

Mango shot hole

彩版 35・251～252

主要为害叶片。

症状　叶片发病初呈现小圆斑，中央浅褐色，边缘暗褐色，后期生小黑点（分生孢子器），病斑易破裂穿孔，每叶约有 5～20 个孔。

病原　*Phyllosticta* sp. 属半知菌亚门，叶点霉属真菌。

传播途径和发病条件　病菌以分生孢子器在病叶组织内越冬，翌年当温湿度适宜时产生分生孢子，借风雨传播转辗为害。本病多发生在夏、秋雨季，分生孢子借风雨传播，从植株气孔或伤口侵入。

防治方法　参考杧果炭疽病的防治方法。

杧 果 灰 斑 病

Mango grey leaf spot

彩版 35·253～254

灰斑病又称杧果盘多毛孢叶斑病，主要为害叶片，导致叶片早衰、易落。国内广东、海南有发生，马来西亚亦有此病。

症状 病斑圆形或不规则形，褐色，边缘深褐色，病斑逐渐扩展，病斑大小从几毫米到几厘米不等，后期病斑浅灰色，其上生黑色小粒点，即分生孢子盘。

病原 *Pestalotiopsis mangiferae*（Henn.）Steyaert（异名 *Pestalotia mangiferae* Henn.），称拟盘多毛孢，为半知菌亚门，拟盘多毛孢属真菌。

防治方法 一般发生较轻，无需专门防治，局部地区严重时，可在发病初期喷射75％百菌清可湿性粉剂 500～600 倍液，或 50％多菌灵可湿性粉剂 800～1 000 倍液。

杧果大茎点霉叶斑病

Mango macrophoma leaf spot

本病在广东、广西和福建均有发生。

症状 春梢嫩叶受害，生浅褐色圆斑，边缘水渍状，大小约 0.5～1cm。后期灰褐色，不规则形，其上生黑色小粒点（分生孢子器）。

病原 *Macrophoma mangiferae* Hin.，称杧果大茎点霉。为半知菌亚门，大茎点菌属真菌。

传播途径和发病条件 尚未明确。

防治方法 参考杧果灰斑病。

杧果壳二孢叶斑病

彩版 35·255

症状 为害叶片。染病后病斑呈小圆形或稍不规则形，灰白色，后期病斑上生小黑点（病原菌分生孢子器）。多个病斑可愈合成大块病斑，叶片局部坏死，终至落叶。

病原 *Ascochyta* sp.，属半知菌亚门壳二孢属真菌。

传播途径和发病条件 以分生孢子器在病部越冬，翌春条件适宜时，产生分生孢子，借风雨传播，辗转为害，春、秋季节发生较多。

防治方法 参考杧果炭疽病防治。

杧果褐星病（杧果小点霉或灰斑病）

Mango brown spot（or mango gray spot）

彩版 35 · 256

症状 为害叶片，病斑近圆形至不规则形斑点，大小 1～2mm，灰褐色或黑褐色，病斑边缘有清晰黄色晕圈。其上生微细黑色霉状物（病原菌的子实体）。

病原 *Stigmina mangiferae*（Koorders）M. B. Ellis [*Cercospora mangiferae* Koord.（灰斑病）]，称小点霉，为半知菌亚门小点霉属真菌。子实体叶背生，子座大，近球形，直径达 150～200μm（Chupp C. 描述仅 25～50μm）；分生孢子梗多数丛生，较短，暗褐色，直或稍弯，顶端淡色，较窄，且上有一至数个环痕；分生孢子倒棍棒状、圆柱形，褐色，顶端色淡，基部倒圆锥截形，顶端钝，2～5 隔膜，表面光滑或粗糙，大小为 22～56μm×3～4μm（Chupp C. 描述 28～80μm×2～4μm）。

传播途径和发病条件 尚未明确，常见病，但为害轻。

防治方法 发病初期喷射 50％多菌灵可湿性粉剂 800 倍液，或 50％甲基硫菌灵可湿性粉剂 600 倍液。

杧 果 藻 斑 病

Mango algal spot

彩版 35 · 257

主要为害叶片。染病后病斑呈近圆形，开始灰绿色，后变为紫褐色，上生橙褐色绒状物，严重时病斑密集成片，影响光合作用，削弱树势。

病原 *Cephaleuros virescens* Kunze.，一种弱寄生性藻类。

传播途径和发病条件 以营养体在叶片组织中越冬，翌年春季，遇潮湿条件，产生孢子囊和游动孢子，游动孢子借风雨传播，辗转为害。一般为害生长衰弱植株，栽培管理粗放、潮湿荫蔽、通风不良的果园较易发生。

防治方法 ①加强栽培管理。搞好果园排灌系统，增施有机质肥，增强树势，提高抗病力。②药剂防治。发病严重时，可喷射 50％甲基托布津可湿性粉剂 1 000 倍液，或 0.5％石灰半量式波尔多液，或 30％氧氯化铜悬浮剂 600 倍液。

杧果球二孢蒂腐病

Mango botryodiplodia stem‐end rot

彩版 36 · 258

本病为杧果贮运期的主要病害，又称黑腐病或焦腐病。本病尚可为害香蕉、柑橘、番石榴、番木瓜等。果实受害引致果实黑色腐烂。广东、广西、海南和云南、福建均有发生。

症状 发病初期蒂部呈暗褐色，无光泽，病健部交界明显，湿热条件下，病部由蒂部向果身扩展，果皮由暗褐色转为深褐色或紫黑色，果肉组织软化，流汁，具蜜甜味，3～5天全果腐烂变黑，病果皮上密集生出黑色小粒点（分生孢子器）孢子角黑色，具光泽，从果皮伤口或皮孔侵入，引起皮斑。枝梢被害，裂皮、流胶。从枝梢剪口侵入，引起剪口回枯。

病原 *Botryodiplodia theobromae* Pat.，为半知菌亚门壳色单隔孢属真菌。异名常见有 *Diplodia natalensis* Pole‑Evans、*Lasiodiplodia triflorae* Higgins. 和 *L. theobromae* (Pat.) Griff. et Mauld.。

传播途径和发病条件 侵染源来自枯枝、树皮和落叶上的病菌，由雨水传播，分生孢子在水中4～5h萌发，从受伤的果柄、果实剪口或机械伤口侵入，果实成熟前处于潜伏侵染期，果实成熟后迅速腐烂。本病发生与温、湿度关系密切，紫花杧常温25～35℃贮藏，烂果速度较其他两种蒂腐发病快。Johnson（1990）报道，在25～30℃温度下，球二孢霉蒂病在肯辛顿果实上病斑扩展速度比小穴属蒂腐发病快。

防治方法 ①冬季清园，减少初侵染源，果园修剪后，应及时将枯枝烂叶清除集中烧毁；修剪时应贴近枝梢分枝处剪，避免枝梢回枯。②果实采收时采用一果二剪法，可减少病菌从果柄侵入的速度。一果二剪法即在果园采收时第一次剪，留果柄5cm，至加工场进行二次剪，留果柄长0.5cm。放置时果蒂部朝下，防止胶乳污染果面，采果剪每剪一次必须用75％酒精消毒后剪果柄。③果实采收后用45％特克多悬浮剂450～900倍液进行52℃热药处理5min或45％咪鲜安乳油500～1 000倍液常温（31℃）浸果2min。④采用一定浓度的植物激素（920、比久）涂抹果蒂，可保持果蒂青绿，降低蒂腐病的病果率。⑤低温贮藏可延缓本病的发生和发展。

杧果小穴壳属蒂腐病（白腐病）

Mango dothiorella stem‑end rot（mango white rot）

杧果小穴壳属蒂腐病是杧果贮藏期重要病害，果实受害后腐烂，影响果实商品价值。

症状 黄熟果上有三种症状：①蒂腐型。常见症状，发生较严重，发病初期果蒂周围呈现水渍状浅黄褐色病斑。高温、高湿时，迅速向果身扩展，病健交界模糊，病果迅速腐烂，流汁，果皮也出现大量深灰绿色菌丝体，湿度较低情况下，果皮上出现大量黑色小粒点。②皮斑型。此类症状与炭疽病症状相似，初期病斑呈淡褐色，下凹，圆形，逐渐扩展，病斑呈轮纹状，其上现小黑粒，潮湿时呈深灰绿色的菌丝体。③端腐型。果实端部腐烂，常发生于贮藏后期。

病原 *Dothiorella dominicana* Pet. et Cif.，属半知菌亚门，座囊菌目，小穴壳菌科，小穴壳孢菌属真菌。在马铃薯培养基上生长快，初暗灰绿色或灰黑色，后转黑褐色至黑色，基质灰黑色转黑色。菌丝不旺盛，15天可产孢。病果皮上菌丝体旺盛，深灰绿色，菌丝较细，均匀；分生孢子器球形，孢口明显，集生，极少单生，大小100～250μm，产孢细胞近葫芦形，无分生孢子梗及附属丝；有两种类型的分生孢子，大分生孢子长梭形，少数棍棒状，基部平截，初无色，后渐转淡黄色，大小13.8～22.5μm×3.8～6.0μm；小分生孢子单胞，无色，短杆状，大小2～3μm×1μm。

传播途径和发病条件　病菌在枯枝落叶上越冬，分生孢子于3～5月雨季借雨水传播到花穗和幼果上，从受伤的果柄或果皮侵入。发病最适温度为25～30℃。在常温贮藏下，用聚乙烯薄膜袋包装，袋内湿度大，果实从发病到全果腐烂仅需3～5天。台风雨极易扭伤果柄，擦伤果皮，分生孢子易从伤口侵入。

防治方法　参考杧果球二胞蒂腐病。

杧 果 叶 枯 病

症状　为害成叶。多从叶尖或叶缘开始发生，有的从叶尖或叶缘向内扩展，形成周围深褐色中央灰白色的半圆形或不定形病斑；有的从叶尖向两边延伸，中央蔓延较两边快，呈现灰褐色的V形病斑。常见多个病斑连成斑块，引起叶枯。后期病斑上生小黑点（病原物）。

病原　*Pestalotia mangiferae* P. Henn. 和 *Phomopsis* sp. 均属半知菌亚门，前者系盘多毛孢属，后者系拟茎点霉属，可参见本书枇杷灰斑病和番石榴灰斑病的病原部分。

传播途径和发病条件　以菌丝体和分生孢子器在病株和病残体上越冬，翌年温、湿度适宜时，病部产生分生孢子，借风、雨传播，进行初侵染与再侵染。全年均可发生。温暖潮湿天气、管理粗放和阴蔽潮湿的果园较易发生。

防治方法　①加强果园管理，搞好冬季清园，及时整枝修剪，清除枯枝落叶并集中烧毁。②药剂防治。参考杧果炭疽病。

杧果拟茎点霉属蒂腐病

Mango phomopsis stem - end rot

本病又称褐色蒂腐病。广东和云南均有此病发生。

症状　果实受害主要发生在果蒂部。发病初期果蒂周围呈浅黄褐色，扩展慢，病健交界明显，病部褐色，果皮上无菌丝体出现，剖开病果可见果肉中有大量白色菌丝体，果肉逐渐液化，酸味，果实常自果柄的一端变褐，逐渐扩展，后期果皮上出现小黑粒，孢子角白色或淡黄色。除为害果实外，尚可为害茎干，枝梢流胶。

病原　*Phomopsis mangiferae* Ahmad.，属半知菌亚门拟茎点霉属真菌。

传播途径和发病条件　病菌在枯枝和树皮上越冬。翌年春夏季靠风雨传播，从果蒂伤口侵入。

防治方法　参考球二胞霉蒂腐病防治部分。

杜果细菌性黑斑病

Mango bacterial black spot

彩版 36·259～262

症状 本病主要为害叶片、叶柄、果实、果柄及嫩梢。叶片受害，初于叶面生出许多小黑点，后发展成多角形病斑，周围有黄晕。严重时，病斑愈合成不规则形，成片坏死。叶柄和叶脉被害，局部发黑，开裂，终至大量落叶。果实受害，初于果面生针头大小、水渍状、暗绿色小点，扩大后为黑褐色、圆形或不规则形，中央龟裂，流出胶液，大量细菌可随雨水流淌，在果皮表面出现成条、微黏的条状污斑。果实最终腐烂，但腐烂速度较炭疽病缓慢。

病原 *Xanthomonas campestris* pv. *mangiferae* (Patel，Moniz & Kulkarni.) Robbs, Riberiro & Kimura，本病由黄色假单胞属细菌引致。在肉汁洋菜培养基上，菌落黄色，生长良好，杆状，单胞，一极生鞭毛，革兰氏染色阴性。此菌除为害杜果外，尚可侵害腰果和一种学名为 *Spondias mangifera* 的植物。

传播途径和发病条件 以细菌在病枝梢组织上越冬，翌年借风雨溅打传播到叶片、果实上辗转为害。果实贮运期中，湿度大，可继续传病。一般在高温多雨条件下，特别是台风暴雨后，发病严重。品种间有抗病性差异，印度品种 Alphonso、Bombay green 抗病。叶片发病程度与果实发病程度有相关性。

防治方法 ①清洁果园。冬季彻底清除枯枝落叶、烂果，集中烧毁。②药剂防治。适时喷药保护，应于3月份春梢抽生期开始喷药，每次间隔期15天，连喷3～5次。可选用农用链霉素100mg/kg，或1:1:100波尔多液，或50%瑞璃农可湿性粉剂800～1 000倍液，或70%甲基托布津800倍液与氧氯化铜800倍液混用，防治效果最佳。③防止种子、苗木带菌传播。育苗时，苗圃应远离杜果园，从外地购入的种子必须消毒后方可种植；外来接穗和苗木应严格检疫，并用120mg/kg链霉素溶液消毒后方可嫁接或定植。

杜 果 流 胶 病

Mango gummosis

彩版 36·263

本病在我国广东、广西、海南、云南、福建均有发生，国外印度、菲律宾、巴西、波多黎各、墨西哥亦有报道。主要为害枝梢主干，引起枯干，损失严重。

症状 幼苗受害多从芽接点或伤口处发生，呈现黑褐色坏死斑，迅速向上、下发展，接穗部迅速枯死；茎或枝梢受害，皮层坏死呈溃疡状，病部初期流出白色后期为琥珀色树胶。病部以上枝梢逐渐枯萎，其上叶片逐渐褪绿变褐色，向上翻卷脱落，病梢上果实逐渐干缩，不易脱落。枯死枝梢上长出许多小黑点（分生孢子器）。病部以下偶而会抽出新梢，长势差，叶片褪色，终至枯死。剥开病部树皮，形成层相邻近组织变黑色。花梗受害纵向裂缝，病斑扩展至幼果致使幼果变黑脱落。果实受害一般发生在成熟果实。软熟期表现症状，初于果柄周围的蒂部呈水渍状软斑，迅速扩展成灰褐色大斑，渗出黏稠汁液，剥开果皮，果肉变淡呈褐色软腐，腐烂面积较果皮上病斑大 1 倍，其后病果表面长出小黑点。

病原 *Botryodiplodia theobromae* Pat.，称可可毛色二孢菌。为半知菌亚门，壳色单隔孢属真菌。分生孢子器梨形或球形，有疣状孔口突出表皮；分生孢子椭圆形，成熟时暗褐色，1 分隔。有性阶段为子囊菌，少见。

传播途径和发病条件 病菌以菌丝体，分生孢子在病组织中越冬，翌年春季，潮湿条件下从分生孢子器孔口溢出分生孢子，依靠风雨或昆虫传播，进行初侵染。生长季节可持续产生分生孢子转辗侵染，高温、高湿、多雨、果园不通风透光，适于病害流行，凡受天牛为害的植株，发病较重。

防治方法 ①苗期防治。芽接苗应种植在通风干燥处，保持接口部位干燥；从健壮母树上选取芽条；嫁接刀具应用 75% 酒精消毒；芽接成活解绑后要注意通风透光。②冬季清园。结合修剪整形，彻底清除病枝梢，落叶，枯枝，烂果，集中烧毁。③刮除病斑。主干、枝梢已初见病斑，应立即刮除病部，刮至健康组织为止，后用波尔多浆（1：2：3），即用硫酸铜、生石灰和新鲜牛粪混合成软膏，或 70% 甲基托布津可湿性粉剂 200 倍液混合牛粪涂抹伤口。病死枝梢下部 20～30cm 处剪除，剪口亦用上述药剂涂抹。④加强果园管理。增施有机肥，及时防治天牛等钻蛀性害虫，田间操作防止造成机械伤。⑤药剂防治。花期开始喷射 3% 氧氯化铜悬浮剂 800 倍液；幼果期喷射 1：1：160 波尔多液，或 70% 甲基托布津可湿性粉剂 800～1 000 倍液，或 50% 多菌灵可湿性粉剂 500 倍液，间隔 10～15 天喷一次，连喷 2～3 次。⑥选种抗病品种。国外较抗品种有黑登、爱德华、伊略赖、苏雪多劳等品种。成熟果实的防腐保鲜，参照杧果炭疽病的防治。

杧果叶缘焦枯病

Mamgo leafedge wilt

彩版 36 · 264

症状 通常发生在三年生以下幼树。开始时叶尖及叶缘出现水渍状褐色波纹斑，向中脉横向扩展，逐渐变成叶缘焦枯，后期病斑呈褐色，叶片脱落，一般不枯死，还可长出新梢，但生长衰弱。

病因 该病与营养失调、根系活力下降和植地环境因素有关。叶片钾离子过剩，会引起叶缘灼烧状；昼夜温差大、气候干旱、表土温度高、水分含量低、盐分浓度高等不利因素，抑制了根系活力，加大了叶片的蒸腾作用，因水分失调而导致叶缘焦枯。

防治方法 ①选择土层深厚、疏松、肥沃的土壤建园，多用绿肥压青改土，增加土壤有机肥，以利根系生长。②加强肥水管理，增施有机质肥，秋旱注意灌溉，保持树盘潮湿。

杧果上的地衣

Lichen of mango

彩版 36·265

　　杧果枝干上常见地衣（真菌与藻类的共生物）附生为害，影响枝梢抽长，也有利于其他病虫发生为害。

　　形态与为害状　壳状地衣的叶状体青灰色或灰绿色，形同膏药，大小不一，紧贴枝干上，不易剥离。

　　传播途径和发病条件及防治方法　可参见龙眼、荔枝地衣与苔藓。

13. 树菠萝病害
Diseases of Jackfruit

树菠萝灰霉病

Jackfruit grey mold

彩版 37·266～268

　　症状　本病为害叶、花和幼果。叶片被害，常自叶缘开始发生。出现褐色、水渍状病斑。花被害造成花腐。幼果被害，呈褐色、水渍状，果肉发软腐烂。全果长出灰色毛绒霉状物，经久挂树上或脱落。

　　病原　*Botrytis cinerea* Pers.，称灰葡萄孢菌，为半知菌亚门，葡萄孢属真菌。分生孢子梗丛生，直立，淡色至褐色，246～1 321μm×13.2～19.8μm。顶部树状分枝，分枝顶端略膨大成安瓶形。产孢细胞多芽殖，表面齿状，数量稍多。分生孢子卵形至椭圆形，单生，顶生，无色至淡褐色，单胞，平滑，大小 9.2～14.9μm×6.9～12.5μm。本菌生长发育最适温度 20～25℃，最低温 0～2℃，最高温 35℃。有的菌系在－2℃下尚能生长（图 1-55）。

　　传播途径和发病条件　病菌以菌丝体在病残组织中，营腐生生活。翌年开花结果时，由气流传播，直接侵入寄主组织为害。低温、高湿有利于发病。开花期和幼果期，最易受病菌侵染为害，造成花腐和果腐。花期、幼果期若遇多雨则发病重。

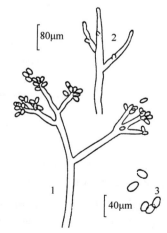

图 1-55　树菠萝灰霉病菌
1. 分生孢子梗和分生孢子　2. 分生孢子梗
分枝的顶端　3. 分生孢子
（黄清珠等图）

防治方法　①田间病残体及时清除，集中烧毁。②喷药保护。应于花期至幼果期，喷50%多菌灵可湿性粉剂或50%速克灵可湿性粉剂500～800倍液，或50%托布津可湿性粉剂500倍液，或75%百菌清可湿性粉剂600～800倍液，或1∶1∶340～400倍波尔多液等，该菌最易产生抗药性，上述药剂应注意交替使用。

树 菠 萝 软 腐 病

Jackfruit rhizopus rot

彩版 37·269～270

症状　本病主要为害幼果。幼果被害，变褐色软腐，表面密生灰白色绒毛，上有点状黑霉，即病菌的孢子囊。

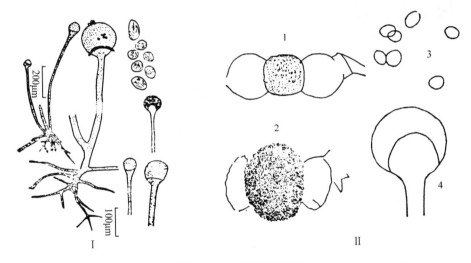

图 1-56　树菠萝软腐病

Ⅰ. *Rhizopus stolonifer* 的孢囊梗、孢子囊、囊轴、孢囊孢子及假根

（引自 Domsch & Gams 图）

Ⅱ. *Rhizopus sexualis* 　1. 发育中的接合孢子及配囊柄（×233）

2. 成熟的接合孢子，配囊柄崩解（×233）

3. 孢囊孢子（×933）　4. 孢子囊与囊轴（×600）

（引自 Lunn J. A. 图）

病原　*Rhizopus stolonifer*（Ehrenb. ex Fr.）Vuill，称匍枝根霉，为接合菌亚门，接合菌纲，根霉属真菌。早春温度高时，产生的性殖根霉 [*R. sexualis*（Smith）Call.] 与匍枝根霉（*Rhizopus solani* Kühn），菌丝体茂盛，白色，孢囊梗 1～3.5mm，淡褐色，无隔膜，光滑，自匍匐菌丝生出 3～5 根，与假根相对。孢子囊球形或近球形，基部略扁平，黑色，直径 100～300μm。囊轴近球形，基部平，淡褐色，孢子囊崩解后，残留囊颈或否。孢囊孢子不规则形、近圆形至多角形，淡褐色，表面有纵纹，大小 6～17μm×4～14μm。有性阶段，异宗配合，须与能亲和的性系交配，产生接合孢子。接合孢子球形，

近配囊柄处稍扁平，黑褐色，厚壁，表面疣状突起，直径 $90 \sim 150 \mu m$。在 37℃ 下，不能生长。性殖根霉与匍枝根霉的区分是：性殖根霉为同宗配合。此外，在 PDA 上菌落扩展迅速，但气生菌丝较少而稀疏，不似匍枝根霉很快布满整个培养皿。孢囊梗大多 1～2 根（少数 3～4 根），自匍匐菌丝上，于假根相对的位点上生出，颇短，$30 \sim 466 \mu m$。孢子囊也比匍枝根霉小，仅 $52 \sim 180 \mu m$，囊轴椭圆形或圆形，囊颈有或无残存。孢囊孢子近球形至宽卵形，灰褐色，大小 $6.6 \sim 11.2 \mu m \times 6.6 \sim 9.9 \mu m$，壁稍厚。接合孢子黑色，表面不平，球形或扁球形，近成熟时配囊柄常崩解。37℃ 下无生长。本病与灰霉病的区别，在果实上布满灰白色绵毛状的菌丝体，其上密生点点黑霉而不呈灰色。但两种根霉只能在显微镜下及培养皿中区别。一般性殖根霉引起的软腐，在病果上的绵毛很短（图 1-56）。

传播途径和发病条件　本病菌广泛存在于土壤内、空气中及各种病残体上。自伤口侵入，匍枝根霉的孢子萌发后，并不能直接侵染，必须生长一定量后才能为害幼果。通常先在靠近地面的果实上为害，潮湿情况下，产生大量孢子囊，借风雨、气流传播，进行再侵染。病菌为伤夷菌，没有伤口，不能侵入。气温 5～23℃ 下，匍枝根霉是主要侵染源，温度较高即 23～28℃ 时，性殖根霉为主，相对湿度高达 95% 以上，或低于 60% 以下，均不利于发病。

防治方法　参阅树菠萝灰霉病。

14.

西番莲病害
Diseases of Passionfruit

西 番 莲 茎 腐 病
Passionfruit base rot

彩版 37・271～273

　　症状　本病又称茎基腐病、萎蔫病。主要为害茎基部和根部。幼苗染病后叶褪色、脱落，整株枯死。成株期染病先在茎基部表皮出现深褐色病斑，后逐渐扩展形成环缢，皮层变软腐烂，维管组织变深褐色。在阴湿处病部可见白色霉状物，即分生孢子和菌丝体。病部向上、下扩展，上部枝蔓和叶片出现黄化、凋萎，幼果果皮皱缩；病部蔓延至根部，其主根和大侧根皮层变褐色、坏死、下陷，严重时全株死亡，在病茎蔓上可见粉红子囊壳。

　　病原　*Fusarium oxysporum* Schlecht.（镰孢属的尖镰孢菌）和 *Fusarium solani* (Mart.) Sacc.（镰孢属的茄镰孢菌，其有性阶段为 *Nectria haematococca* Berk. et Br.），均属半知菌亚门真菌。气生菌丝白色絮状，有隔膜，产生大型分生孢子，小型分生孢子和厚垣孢子。尖镰孢菌的小型分生孢子梗为单出短瓶状，其上形成假头状的小型分生孢子，数量大，易脱落，椭圆形、肾形、梨形或卵形，无隔，大小为 $4.0 \sim 8.8 \mu m \times 2.0 \sim 4.7 \mu m$；大型分生孢子椭圆形、镰刀形或纺锤形，壁薄，大部分 3 隔，部分 4 隔，极少数

1、2 或 5 隔，顶端细胞稍狭细，直或稍弯，脚胞不明显，3 分隔和 4 分隔的大小分别为 22.9～35.0μm×4.7～5.9μm 和 30.9～37.0μm×5.4～6.7μm。厚垣孢子近球形至球形，壁厚，表面光滑或粗糙，顶生或间生，单生、双生或串生，大小为 7.4～13.5μm×6.1～12.8μm。茄镰刀菌的分子孢子在瓶梗状的产孢子细胞上聚集成团，椭圆形或卵圆形，大多单孢，极少数 1 个隔膜，无色透明，大小为 3～15μm×2～4μm；大型分生孢子纺锤形至镰刀形，无色，顶细胞较短，脚细胞有或无，壁稍厚，3～5 隔膜，多为 3 个隔膜，3 个隔膜的大小为 15～35（32）μm×4～6（5）μm。厚垣孢子椭圆形至矩圆形，无色或淡黄色，顶生或间生，单生或两个成串，表面光滑。有性阶段为 *Nectria haematococca* Berk. et Br. 子囊壳在茎蔓上散生或集生，球形，橙红色，壳壁表面粗糙，直径 150～178μm，子囊圆筒形或棍棒形，单层壁，无色，大小为 46～70μm×6.5～10μm，内含 8 个子囊孢子。子囊孢子单列或双列，近椭圆形，无色，极少数淡榄色，中央一个隔膜，隔膜处稍缢缩，大小为 8～15μm×3～6μm（图 1 - 57）。

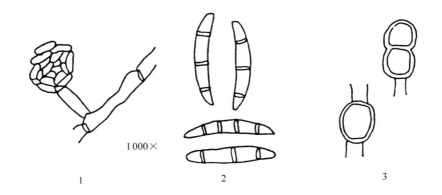

图 1 - 57　*Fusarium oxysporum* Schlecht.

1. 小型分生孢子 Microconidia　2. 大型分生孢子 Macroconidia 1 000×

3. 厚壁孢子 Clamydospores 1 000×

（引自郑加协等）

传播途径和发病条件　病菌可在病株、病残体或土中越冬，为翌年本病初侵染源。借风雨、灌水、农具、肥料和昆虫传播。从根部伤口侵入。福建 3～10 月份均可发病，5～7 月份出现发病高峰。高温、高湿和台风多的年份，易引起本病流行。本病发生还与品种、土壤酸度、地势、栽培管理等因素有关。紫果种较黄果种抗病，土壤偏酸（pH3.8～4.0）易发病，通气差、地势低、排水不良、连作、过度荫蔽、前作为农地的均易发病。搭水平架比人字架或篱笆架的发病重。

防治方法　①选择生荒坡地建园，建立排灌系统，防止大水漫灌，雨季及时排水，实行高畦或深沟窄畦种植；建篱笆架或人字架，及时上架绑蔓，这些是防病基本措施。②下足基肥，增施磷、钾肥，对偏酸土壤应适当增施石灰，降低酸度，pH 调到 5.3～6.0 为宜。病株残体不宜作堆肥，应及时清除，集中烧毁或深埋。③推广营养钵（塑料袋）育苗和果园化学除草或种植绿肥覆盖，以减少种植时因伤根或除草时伤及基部而有利病菌侵入。④病重田块可与葱、蒜类蔬菜、禾本科作物实行轮作 3～4 年。⑤喷药防治。发病初期，可用 70％甲基托布津可湿性粉剂 800 倍喷植株基部。雨季来临时，可在病株根颈部淋灌 50％多菌灵可湿性粉剂 500 倍液，或 70％恶霉灵可湿性粉剂 2 000～3 000 倍液，10～15 天淋灌一次，连续 2～3 次。在刮除病斑后可选用 80 倍液的 70％甲基托布津，或80％代森锌可湿性粉剂，加矿物油及石灰制成 200 倍的黏糊剂刷干保护，结合上述药液淋灌防效更好。如诊断由寄生疫霉引起的茎腐病，可改用 40％三乙磷酸铝可湿性粉剂 400倍液淋灌。定植时还可用 70％甲基托布津可湿性粉剂，或 50％多菌灵可湿性粉剂与 50 倍细沙土配成菌土，拌匀后撒施定植穴，每 667m^2 用药量为 1～1.25kg。

西 番 莲 疫 病

Passionfruit phytophthora blight

彩版 38·274

症状 本病可侵染茎、叶、花、果等部位，轻则引起落叶、落果，重则引起全株或大面积死亡。小苗染病后先在茎叶上出现水渍状病斑，随着病斑迅速扩大，引起整片叶或整株死亡。气候适宜时，几天内会导致小苗成片枯死。大田植株染病后，茎叶上开始出现水渍状病斑，多从叶尖开始，随后迅速扩大。成龄叶病斑也由水渍状变成半透明状，最后叶变褐色坏死。病斑未布满全叶，便可引起落叶，果上病斑表现为灰绿色水渍状，达到一半果面积时，会引起落果。主蔓染病初期，出现水渍状小斑，深达木质部，随后迅速向纵、横方向发展，形成环状褐色坏死圈或条状大斑，最后引起整株枯死。有时在中、后期病斑上可见红色小颗粒，此为病菌子囊果。遇持续高温、高湿天气，病部会出现白色绒毛状物，镜检可见到病菌孢子囊。

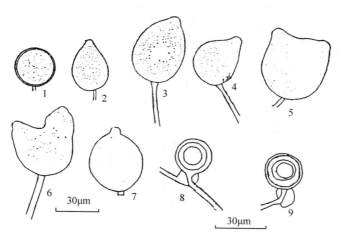

图 1-58　烟草疫霉
1. 厚壁孢子　2～6. 孢子囊及孢囊梗　7. 脱落的孢子囊具短柄
8～9. 藏卵器、卵孢子及围生雄器
（引自西番莲病害研究课题组）

病原 *Phytophthora nicotianae* B. de Haan.，称烟草疫霉，属藻状菌亚门，疫霉属真菌。气生菌丝粗细不一，宽 6～9μm，厚垣孢子有或无，球形，壁厚，顶生，直径 25～40μm。孢囊梗简单合轴分枝或不规则分枝，宽 3～5μm。孢子囊近球形至卵形，少数椭圆形，顶生，有的不对称，长、宽为 28～57μm×21～29μm，乳突 1 个，少数 2 个，大多明显，厚度为 3～7.2μm，排孢孔宽 4～8μm。成熟孢子囊偶尔脱落，具短梗，长 1.5～4μm，藏卵器球形，壁光滑，直径 18～26μm，雄器围生，近圆形（图 1-58）。

传播途径和发病条件 以菌丝体或卵孢子在病残体或土中越冬，为翌年本病的侵染来源。发病后以游动孢子或孢子囊借风、雨或流水传播。此病多发生于春末夏初的梅雨和台风季节。机械伤口有利发病。高温、高湿有利病害发生与流行。品种对病害的抗性有差异，黄果种较抗病，紫果种较感病。偏施氮肥、种植过密、排水不良等会加重发病。

防治方法 ①选用较抗病的黄果种西番莲种植。②实行轮作。重病地可与禾本科作物轮作数年，但不要与茄科蔬菜轮作。③加强田间栽培管理，搞好排灌系统，降低田间湿度。④喷药保护。发病初期可选用 25%甲霜灵（瑞毒霉）可湿性粉剂 800～1 000 倍液，或 0.3%石灰等量式波尔多液，或 10%霜脲氰可湿性粉剂 400～600 倍液，或 75%百菌清可湿性粉剂 800 倍液喷治，10～15 天喷一次，连喷 2～3 次。

西 番 莲 炭 疽 病

Passionfruit anthracnose

症状 本病主要为害叶片和果实。叶片受害，生圆形至近圆形病斑，淡褐色，边缘褐色，有时多个病斑愈合成不规则形大斑，其上生黑色小粒点，即病原菌的分生孢子盘。潮湿时，生橙红色的黏质粒，即病原菌的分生孢子团。果实受害，初期多在果蒂部附近生淡褐色至褐色病斑，水渍状，有时边缘色深，最终呈黑褐色，稍凹陷，其上生许多小黑点，严重时果上病斑累累，迅速腐烂。

病原 *Colletotrichum capsici* (Syd.) Butler. & Bisby，属半知菌亚门，刺盘孢属真菌。分生孢子盘叶两面生，密集，圆形至椭圆形，黑色，多刚毛，常在分生孢子盘边缘，直立，分隔，黑褐色，基部膨大，顶端色淡、尖锐。分生孢子梗有分枝；产孢细胞瓶梗形，呈瓶体式产孢。分生孢子无色，单胞，镰刀形，顶端尖锐，末端钝圆，大小为 19～23μm×2.5～4μm。附着胞丰富，暗褐色，椭圆形、圆形或棍棒形，边缘大多规则。另一种为 *Colletotrichum gloeosporioides* Penz.，为半知菌亚门，刺盘孢属的盘长孢状刺盘孢。有性阶段为 *Glomerella cingulata* (Stonem.) Spauld. et Scurenk.。为子囊菌亚门，小丛壳属的围小丛壳。子囊壳近球形，基部埋生于子座中，散生，嘴喙明显，孔口处暗褐色，大小 180～190（184）μm×132～144（140）μm。子囊棍棒形，单层壁，内含 8 个子囊孢子，大小 48～77（59）μm×7～12（9）μm，未见侧丝。子囊孢子单行排列，无色，单胞，长椭圆形至纺锤形，直或微弯，大小 15～26（21）μm×4.8μm（图 1-59）。

传播途径和发病条件 本病菌以菌丝体潜伏于病组织和落叶病残组织中，贮运期间的菌源主要是田间的病果。翌年春暖期间产生分生孢子，由风、雨及昆虫传播，萌发后经气孔、皮

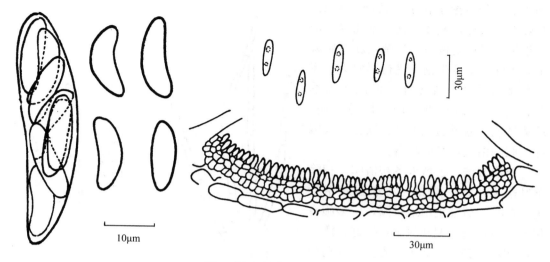

图1-59　西番莲炭疽疽菌
1. *Glomerella cingulata* (Stonem.) Spauld. et Schrenk 的子囊及子囊孢子
2. *Colletotrichum gloeosporioides* Penz. 的分生孢子盘、产孢细胞及分生孢子
（引自《广东省栽培药用植物真菌病害志》）

孔、伤口或直接由表皮侵入叶片或嫩梢。枝叶病斑上产生的大量分生孢子，可不断进行再侵染。病害在果实上呈明显的被侵染。贮运期间可继续通过接触传染。本病发生、流行要求高湿和高温（24～32℃），关键是湿度，特别是嫩梢期与开花期，天气多雨重雾，常严重发生。

防治方法　①冬季清园。扫除枯枝落叶集中烧毁。②喷药保护。生长季节和开花2/3时开始，喷射甲基托布津800倍和30％氧氯化铜悬浮剂800倍混合液5～6次，还可用25％炭特灵可湿性粉剂500～800倍液喷治。每次间隔期10～15天，防治效果较好。

西 番 莲 黑 斑 病

Passionfruit black spot

彩版38·275

　　症状　本病为害果实和叶片。果实被害，初生暗绿色、水渍状病斑，扩大后为近圆形、稍凹陷的褐斑，周围经常保持暗绿色、水渍状，病果最终干缩。叶片受害，生近圆形、褐色、边缘色较深的病斑。果实及叶片病斑上，均生有暗灰色霉状物，即病菌的子实体。

　　病原　*Alternaria passiflorae* Simmons.，属半知菌亚门，链格孢属真菌。分生孢子梗单生，或3～5根簇生，淡褐色，偶有分枝。分生孢子孔出，单生，宽椭圆形或倒棍棒形，黄褐色，光滑，3～10个隔膜，0～3个纵隔膜，极少数为斜隔膜，隔膜处缢缩，孢子大小为32～39（51）μm×10～15（12）μm，嘴喙端部无色，长9～40（28）μm（图1-60）。

　　传播途径和发病条件　以菌丝体在病叶和病果上越冬，翌年春季产生分生孢子，借风雨传播。分生孢子在水湿情况下萌发，穿破寄主表皮，或经气孔、皮孔侵入寄主组织，进行初侵染。病菌在新老病斑上，不断产生分生孢子进行再侵染。在整个生长季节均能发生，但以多雨季节、气温在 24～28℃ 时，最易发病。地势低洼或通风透光不良、缺肥，或偏施氮肥的田块，发病较重。

防治方法 ①秋末冬初清园。扫除落叶落果，集中烧毁。②加强栽培管理。对红、黄壤土山地果园，应多施有机质肥料，避免偏施氮肥，搞好排灌工作，增强树势，提高抗病力。③喷药防治。应于春季萌芽后、开花前或谢花后，各喷一次 0.3%～0.5% 石灰过量式波尔多液。雨季或夏季，每隔 15～20 天喷一次，连喷 2～3 次。可选用 80% 代森锰锌 600～800 倍液，或 65% 代森锌可湿性粉剂 500 倍液，或 50% 退菌特可湿性粉剂 600～800 倍液喷治。

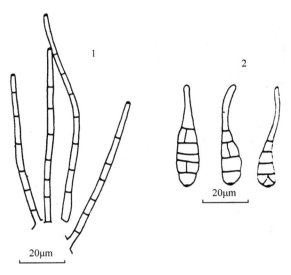

图 1-60　*Alternaria passiflorae* Simmons
1. 分生孢子梗　2. 分生孢子
（引自《广东省栽培药用植物真菌病害志》）

西 番 莲 叶 斑 病

Passionfruit leaf spot

彩版 38·276～277

症状　叶片被害，初于叶面生淡黄色小点，后逐渐扩大为圆形、椭圆形或不规则形大斑，灰白色，稍隆起，边缘黄褐色。后期叶片正面病斑上生出小黑点，即病菌的假囊壳。

病原　*Mycosphaerella passiflorae* J. F. Lue et P. K. Chi，属子囊菌亚门球腔菌属真菌。假囊壳叶面生，球形至近球形，褐色，初埋生，后突出组织，散生，直径 105～115（110）μm，壳壁薄。子囊束生，圆筒形，具短柄，双层壁，内生 8 个子囊孢子，大小为 37～50（43）μm×7～8.5（8.1）μm，无假侧丝。子囊孢子长椭圆形或近梭形，无色，中央 1 分隔，隔膜处稍缢缩，大小 9～12（11）μm×3～4.2（3.5）μm（图 1-61）。

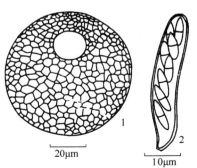

图 1-61　*Mycosphaerella passiflorae*
J. F. Lue et P. K. Chi
1. 假囊壳　2. 子囊及子囊孢子
（引自《广东省栽培药用植物真菌病害志》）

传播途径和发病条件　以子囊壳在病组织中越

冬，翌年春季散出子囊孢子，借风雨传播侵入为害。

防治方法　参阅本书西番莲炭疽病。

西 番 莲 褐 腐 病

Passionfruit brown rot

症状　本病主要为害果实。初于果面生油渍状小斑，后逐渐扩展为淡橄榄褐色圆斑，边缘水渍状。后期病斑色泽转深，其上生褐色小点，即病原菌分生孢子器。

病原　*Phomopsis passiflorae* J. F. Lue et P. K. Chi，属半知菌亚门，拟茎点霉属真菌。分生孢子器褐色，扁球形或三角形，埋生或半埋生，散生，直径248～317（262）μm，双腔，少数单胞，器壁较厚。分生孢子梗无色，分枝，有隔膜。产孢细胞瓶梗形，无色，瓶体式产孢。甲型分生孢子椭圆形或卵圆形，大小6～8（7）μm×2～2.2（2.1）μm；乙型分生孢子线形，直或稍弯，一端常呈钩状，无色，单胞，大小13～22（15）μm×0.8～1.2（1）μm（图1-62）。

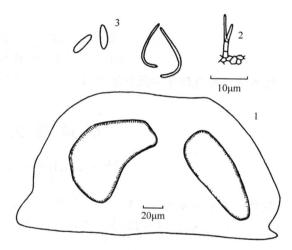

图1-62　*Phomopsis passiflorae* J. F. Lue et P. K. Chi
1. 子座及分生孢子器　2. 分生孢子梗及产孢细胞
3. 两种类型的分生孢子

传播途径和发病条件　以分生孢子器在病组织中越冬，翌春散出分生孢子，借风雨传播侵入果实。

防治方法　参阅本书西番莲炭疽病。

西 番 莲 叶 枯 病

Passionfruit leaf blight

症状　本病主要为害叶片。叶片被害，初于叶上生圆形或不规则形病斑，灰褐色，边缘灰白色，严重时病斑融合，引起叶尖或叶缘干枯，其上密生小黑点，即病菌的分生孢子器。

病原　*Phomopsis tersa*（Sacc.）Sutton，属半知菌亚门拟茎点霉属真菌。分生孢子器叶面生，扁球形或三角形，暗褐色，散生，初埋生，后稍突出，直径129～208（167）μm。分生孢子梗长，无色，分枝，有隔膜。产孢细胞瓶梗形，瓶体式产孢。甲型分生孢子纺锤形，少数椭圆形，无色，单胞，大小5～7（6）μm×1.6～2.2（1.9）μm。无乙型分生孢子（图1-63）。

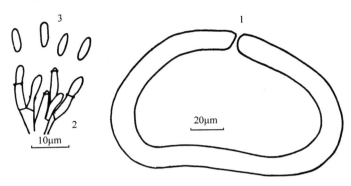

图1-63 *Phomopsis tersa*（Sacc.）Sutton
1. 分子孢子器 2. 分生孢子梗及产孢细胞 3. 甲型分生孢子
（引自《广东省栽培药用植物真菌病害志》）

传播途径和发病条件及防治方法 参阅本书西番莲炭疽病。

西 番 莲 灰 斑 病

Passionfruit gray spot

症状 本病主要为害叶片。叶片被害，初于叶上生灰白色、边缘褐色、较大病斑，与叶斑病症状较难区分。后期病斑上生出小黑点，即分生孢子器。

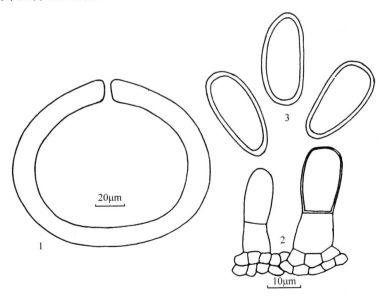

图1-64 *Sphaeropsis passifloricola* Grove.
1. 分子孢子器 2. 产孢细胞 3. 分生孢子
（引自《广东省栽培药用植物真菌病害志》）

病原 *Sphaeropsis passifloricola* (Grove.) P. K. Chi et J. F. Lue，属半知菌亚门，球壳孢属真菌。分生孢子器叶面生，球形，散生，初埋生，后微露，直径为 149～178 (163) μm，器壁厚达 15μm。分生孢子梗缺，产孢细胞近葫芦形，顶端层出一、二次产孢。分生孢子椭圆形或卵形，淡橄色，大小23～30（26）μm×12～15（13）μm，壁稍厚，约 1.7μm（图 1-64）。

传播途径和发病条件 病菌以分生孢子器在病叶上越冬。翌年环境适宜时，分生孢子借风雨传播辗转为害。

防治方法 参见西番莲炭疽病防治。

西 番 莲 病 毒 病

Passionfruit virus

彩版 38・278～280

症状 本病又称鸡蛋果病毒病。病叶表现皱缩、花叶、畸形、环斑，枝条易断；幼果上形成圆形环斑，大果外果皮加厚变硬；有的出现顶端枯死，叶片变小，节间缩短，植株严重矮化、黄化、不结果等症状。

病原 *Passionfruit virus* (PFV) 称西番莲病毒。据国外报道，侵染西番莲的病原病毒尚有：西番莲木质化病毒（PWV）、西番莲黄花叶病毒（PFYMV）、西番莲花叶病毒（PFMV）、西番莲潜隐病毒（PLV）、西番莲潜病毒（PFLV）、西番莲环斑病毒（PFRSV）等多种病原物。福建采样鉴定结果，为害西番莲的病毒病属黄瓜花叶病毒（CMV）中的菠菜株系和普通株系。病毒粒体球状，大小为 28～30nm。分离物 PPV-26 的钝化温度为 50～55℃，稀释终点为 10^{-3}～10^{-4}，体外存活期 4～5 天；另一分离物 GPV-6 的钝化温度为 55～60℃，稀释终点为 10^{-5}～10^{-6}，体外存活期超过 10 天。

传播途径和发病条件 嫁接能传病，蚜虫（桃蚜等）是自然传毒介体，以非持久性方式传播。由带毒的无性繁殖材料和病果作远距离传播。枝条扦插、嫁接的传染率高。田间还可通过污染病害的修剪工具传染。苗木带毒率和蚜虫发生量直接影响该病的发生与流行程度。品种间的抗病性存在差异，西番莲杂交种的发病率明显高于本地的紫果种和黄果种。

防治方法 ①培育和种植无毒苗。②选用抗（耐）病品种。在重病区可种植紫果种和黄果种。③清除田间毒源。新植果园，要加强检查，发现病株立即挖除，补种无毒苗。④防治传毒介体蚜虫。在蚜虫大量发生和迁飞之前，及时施药防治，所用药剂见本书番木瓜桃蚜防治部分。

二、落叶果树病害

Diseases of Deciduous Fruit Trees

15. 猕猴桃病害
Diseases of Actinidia Chinesis

猕 猴 桃 黑 斑 病

Actinidia black spot

彩版 39・281～286，彩版 40・287

症状 本病为害叶片、果实和枝蔓。

叶片受害，初于叶背生灰色、绒状小霉斑，后逐渐扩大，呈暗灰色或黑色霉斑。叶面病部初为褪绿色，后渐变为黄褐色或褐色，圆形或不规则形坏死斑，病、健界不明显，病叶提早脱落。果实受害，初于果面生灰色绒状小霉斑，扩大后为灰色或黑色大绒霉斑，绒霉层逐渐脱落，呈近圆形凹陷病斑。病部果肉形成圆锥形或陀螺状硬块，品质变劣，不堪食用。病果早期脱落，或采后容易腐烂。枝蔓受害，初期病部呈现黄褐色或红褐色水渍状病斑，梭形或椭圆形，稍凹陷或肿胀，后纵裂呈溃疡状，其上生灰色绒霉层或黑色小粒点。

病原 有性阶段为 *Leptosphaeria* sp.，属子囊菌亚门小球腔菌属真菌。假囊壳球形或近球形，具短喙和孔口，黑色，初埋生，后突出表皮。子囊近圆柱形，双层壁，无色，平行排列于子囊壳基部，具分隔假侧丝。子囊孢子长梭形，无色，3 横隔膜，少数 1～2 隔膜，分隔处缢缩。无性阶段为 *Pseudocercospora actinidiae* Deighton.，属半知菌亚门，假尾孢属真菌。菌丝发达，表生，浅褐色至黑褐色，分隔，分枝，并具有齿突，1.8～3 μm 宽。子座生于叶正面，球形、近球形、褐色，直径 15～50 μm；分生孢子梗丛生于子座或直接生于次生菌丝上，黄褐色，时有分枝，2～3 个隔膜、曲膝或无，13～55 μm×4.7～6.2 μm，孢痕小，不明显或较明显；分生孢子淡褐色，至榄褐色，圆筒形或棍棒状，直或稍弯曲，基部钝圆，3～11 隔膜，25～105 μm×3.8～7.5 μm。

传播途径和发病条件 主要以菌丝体和子囊壳在枝蔓病部，或菌丝体在病株残体落叶、落果上和潜伏侵染的枝蔓上越冬。翌年春季枝蔓病部上成熟的子囊孢子或分生孢子，是初侵染来源。子囊孢子和分生孢子，借气流、风雨传播，于生长季节辗转为害，一般潜育期 10 天。通常叶上发病始期在 4 月下旬至 5 月下旬，发病盛期在 6 月上、中旬至 7 月中、下旬。果实发病始期在 5 月下旬至 6 月上旬，发病盛期在 6 月中旬至 7 月下旬，枝蔓上病菌多在夏、秋生长季节潜伏侵染，翌年 3、4 月间，病斑扩展，产生子囊孢子和分生孢子，侵染新梢叶片、幼果和枝蔓。本病发生流行，与品种抗病性有关。不同品种的抗病性有所差异。叶片以 D - 25、78 - 1 品种最感病，D - 13 和 79 - 3 次之，外来品种布鲁诺和海沃德较抗病。果实以 D - 25 和 79 - 3 最感病，78 - 1 和 D - 13 次之。布鲁诺和海沃德在成熟前抗扩展，但不抗侵入，因此后期发病亦较严重。一般山地果园，以山麓、山坳底部发病严重，半山腰和山坳中部较轻，山顶发病最轻。平地和缓坡地果园，常采用大棚架栽培，较阴蔽潮湿，透光性差，发病较重；而坡度较大的果园，采用等高平台、或 T 形小棚架栽培，通风透光良好，则发病轻。一般老果园发病较重，新果园发病较轻。本病发生与气温关系成正相关。气温达 23～28℃，有利于病害发生流行。相对湿度和降雨对本病影响不大。总之，高温多雨，有利于病害发生流行。

防治方法 ①加强栽培管理。结合冬季修剪，剪除病枝蔓，扫除枯枝、落叶、落果，深埋或集中烧毁，至关重要。同时，于春季萌芽前，喷射一次 3～5 波美度石硫合剂。5～6 月间发病初期，及时剪除发病中心枝蔓，可减少初侵染和再侵染来源。②适时喷药防治。自 5 月上旬至 7 月下旬，每隔 10～15 天喷药一次。可选用 70%甲基托布津可湿性粉剂 1 000～1 500 倍液，或 80%炭疽福美可湿性粉剂 800～1 000 倍液，或 10%世高（苯醚甲环唑）水分散粒剂 1 500～2 000 倍液等，连续喷 4～5 次。以上药剂宜交替轮换使用。

猕 猴 桃 膏 药 病

Actinidia plaster disease (or Actinidia branch felt)

彩版 40·288

症状 本病主要为害树干和一年生以上枝蔓。受害树干、枝蔓，初生近圆形的白色菌丝层。菌丝层随病斑扩展增大，中间褐色，边缘白色，最后变深褐色。病斑绕枝蔓扩展为害，多个病斑相连，枝干上长满海绵状子实体。子实体上有褐色突起，每个突起内部有一个介壳虫。

病原 *Septobasidium kameii* Ito.；*Septobasidium acasiae*，属担子菌亚门，隔担耳属真菌。子实层颜色稍淡。担子球形，无色，直径 11.0～16.8μm，壁厚 2μm。外担子呈圆筒形，上尖下平，直或稍弯，无色，有隔膜 1～5 个，大小为 52～81μm×4～6μm。小梗长 4～12μm，

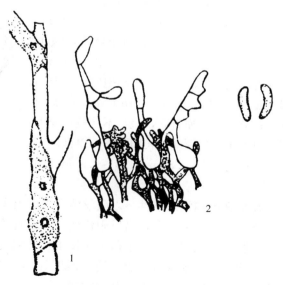

图 2-1　猕猴桃膏药病病菌
1. 症状　2. 有性世代
（引自《猕猴桃病虫害及其防治》）

担孢子无色，圆筒形或长卵形，大小为 $18\sim22\mu m\times3\sim6\mu m$（图 2-1）。

传播途径和发病条件　以菌丝体在病枝干上越冬，借气流和介壳虫传播。故介壳虫多的果园，发病较重。此外，偏施氮肥、生长茂密、果园荫蔽、管理不良等，均有利于该病的发生。

防治方法　①及时防治介壳虫。②刮除树干菌膜，涂药治疗。及时用竹刀或小刀刮除菌膜，集中烧毁，后用 3～5 波美度石硫合剂，或用新鲜水牛尿、3 波美度石硫合剂、1：1：15 波尔多浆或 1：20 生石灰浆等涂抹伤口。③冬季清园。结合修剪，清除病、枯枝落叶，集中烧毁或深埋。

猕 猴 桃 白 粉 病

Actinidia powdery mildew

症状　本病为害叶片。初于叶面生针头大小、圆形病斑，扩大后为不规则形褪绿斑，叶背面为淡黄色至黄色褪绿斑，边界不明显，其上生出白色乃至黄白色粉状物。后病斑变褐色，坏死，其上散生许多黄褐色至黑褐色小粒点，提早落叶。

病原　*Phyllactinia actinidiae - latifoliae* Saw.，属子囊菌亚门球针壳属真菌。菌丝体叶背生。闭囊壳球形，直径447.2～452.5μm，深褐色至黑色；附属丝生于赤道部，针形，基部膨大，有 17～25 根，长260.0～431.6μm；子囊多个，囊状，淡黄色，大小为 57.2～78$\mu m\times$26.0～26.5μm，内含 2 个子囊孢子；子囊孢子卵形，淡黄色，大小为13.1～15.6$\mu m\times$5.2～6.4μm。无性阶段属半知菌亚门拟小卵孢属，称拟小卵孢霉菌（*Ovulariopsis imperialis*）；菌丝外生；分生孢子梗直立，短，不分枝；分生孢子单生于梗的顶端，长卵圆形，单孢，无色，大小为5.2～5.8$\mu m\times$1.9～2.3μm（图2-2）。

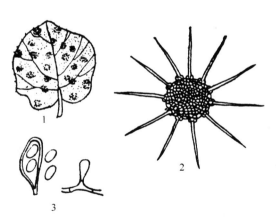

图 2-2　白粉病病菌
1. 病叶　2. 闭囊壳　3. 子囊孢子和分生孢子
（引自《猕猴桃病虫害及其防治》）

传播途径和发病条件　以菌丝体在被害组织内，或潜伏于芽鳞片间越冬。翌年在适宜条件下，产生分生孢子，借风雨传播，萌芽直接侵入，菌丝蔓延寄主表皮下，以吸器伸入细胞内吸取寄主营养。分生孢子萌发生长适温为 25～28℃，在 29～35℃下发病最盛。分生孢子萌发无需水滴或水膜。适宜湿度为 75% 左右。一般在适温、少雨或闷热天气，有利于发病。常年在 7 月上旬开始发病，7 月下旬至 9 月中下旬进入盛发期。栽植过密、偏施氮肥过多、枝叶幼嫩徒长、通风不良等，均有利于发病。

防治方法　①加强栽培管理。增施磷、钾肥和有机肥，提高植株抗病力。②注意及时摘心、绑架，做好夏季修剪，使枝梢在架面上分布均匀，保持通风透光良好。结合冬季修剪，清除枯枝落叶，集中烧毁。③喷药保护。于发病初期，选用25％粉锈宁2 000倍液，或45％硫黄悬浮剂500倍液，或5％灭粉霉素可湿性粉剂1 000～2 000倍液，或50％甲基托布津可湿性粉剂800倍液等。上述药剂宜注意交替使用，每隔7～10天喷射一次，连喷2～3次。

猕 猴 桃 褐 斑 病

Actinidia brown spot

彩版40·289

症状　本病主要为害叶片。发病初期，多自叶缘生近圆形，暗绿色，水渍状病斑。多雨时病斑发展迅速，成大型近圆形或不规则形病斑。后期，病斑中央为褐色，周围呈灰褐色或灰、褐相间，边缘深褐色，其上生黑色小点。叶片卷曲、破裂、干枯，易脱落。

病原　有性阶段为 *Mycosphaerella* sp.，称小球腔菌，属子囊菌亚门，球腔菌属真菌。子囊腔球形，有孔口，棕褐色，大小为 $145.6～182\mu m×130～140.4\mu m$。子囊呈棍棒形，大小 $35.1～39\mu m×6.5～7.8\mu m$。子囊孢子双行排列于子囊内，长卵圆形或长椭圆形，双胞，淡绿色，成熟时上胞较大，分隔处缢缩，大小 $10.4～13.6\mu m×2.86～3.25\mu m$。无性阶段为 *Phyllosticta* sp.，称叶点霉，属半知菌亚门，叶点霉属真菌。分生孢子器球形，棕褐色，有孔口，大小 $97～112\mu m×108～121\mu m$，生于叶表皮下，后突出。分生孢子无色，卵圆形至椭圆形，单胞，大小 $4～6\mu m×2～3\mu m$。

传播途径和发病条件　以菌丝体或分生孢子器在病残体内越冬。翌春菌丝分化形成分生孢子器，产生分生孢子，遇雨，从孔口溢出大量分生孢子，借风雨传播，萌发侵入叶片组织，辗转为害。在高温条件下，发病较重。一般在5～6月开始发病，7～8月间进入盛发期，9月份如多雨、湿度大，发病严重。

防治方法　①加强果园栽培管理。清沟排水，增施有机肥，适时修剪，及时清除病残体，集中烧毁。②喷药保护。应于发病初期，选喷50％多菌灵可湿性粉剂500倍液，或50％甲基托布津可湿性粉剂500倍液，或75％百菌清可湿性粉剂500倍液，或70％代森锰锌可湿性粉剂400～500倍液，或50％甲霜锰锌可湿性粉剂400倍液等药剂。并注意交替使用，每隔7～10天喷射一次，连喷2～3次。在采果前30天，再用上述药剂喷射1～2次，可延长叶片寿命，提高果实品质。

猕 猴 桃 溃 疡 病

Actinidia canker

彩版40·290

症状　本病为害树干、枝梢和叶片。发病多自茎蔓幼芽、皮孔、叶痕、枝梢分叉处开始。发病初期，病部呈水渍状，后逐渐扩大，颜色加深，皮层与木质部分离，手压呈松软感。后期病部皮层开裂，流出清白色黏液，后转为红褐色。病斑迅速绕茎扩展，皮层和髓部变褐腐烂，皮层具大量细菌，髓部充满乳白色黏液。受害茎蔓上部叶片萎蔫枯死。枝蔓发病，上部枝梢枯死，后又可萌发新梢，翌年染病后再次枯死，如此往返2～3年后，全株死亡。叶片发病，初于新生叶上，散生深褐色、不规则形或多角形的小斑，直径2～3mm，周围有较宽的黄晕圈，病斑迅速扩展，有时不产生黄晕圈。病斑在新展开的叶上大量形成，直至梅雨期结束。秋季产生的病斑呈暗紫色，暗褐色或黄色透明病斑，叶易脱落。花蕾受害，变褐枯死。

病原 *Pseudomonas syringae*，属丁香假单胞杆菌。细菌菌体短杆状，两端钝圆，单生，菌体大小 1.565～2.065μm×0.369～0.449μm，鞭毛极生，1～2根，少数2根，无荚膜，无芽孢（图2-3）。

传播途径和发病条件 以菌体在病枝蔓上越冬，或随病残体在土壤中越冬。翌年春季细菌从病部溢出，借风雨、昆虫传播，或借修剪等农事操作时，由剪刀、农具传播，从气孔、水孔、皮孔和伤口侵入。潜育期为3～5天，辗转传播。全年中有两个发病期：一是春季，在伤流期至谢花期；二是秋季，在果实成熟前后，但以春季发病最重。本病为低温高湿性病害。春季旬均温在0℃左右时，开始扩展，旬均温在10℃时，遇雨或阴雨高湿，病害容易流行，旬均温达16℃时，则停止发展。病害轻重，与冬季冰冻程度有关。病害发生迟早，依不同年份春季气温回升早晚、雨量和雨月多寡有关。地形、地势与海拔高度同发病程度有关，一般坐北朝南、背风向阳的坡地发病较轻，反之则重。海拔高、风大、冬季易受冻，病重。栽培管理与发病的关系：果园套种其他作物，因农事操作频繁，修剪次数过多，施肥过量，树冠郁闭，过度徒长，田间积水等发病较重，反之则轻。品种间抗病性有较大差异。一般野生植株、雄株和砧木实生苗发病很轻，栽培品种发病较重。如湖南主要品种（系）中，以79-09最感病，78-16较抗病。在猕猴桃周年生长期中，以伤流期发病最重。春季发病期，几乎与伤流期一致。

图2-3 溃疡病病原细菌
（引自《猕猴桃病虫害及其防治》）

防治方法 ①选用抗病品种，培育无病苗木。目前我国选育出的优良品种（系）很多，应选用高产抗病的优良品种，在无病区培育无病苗木。②严格实行检疫制度。严禁从病区引进苗木，对外来苗木要进行消毒处理。③加强栽培管理。果园不套种其他作物，施足基肥，多施有机肥。清沟排水，降低果园湿度，提倡夏、秋季修剪，杜绝冬、春季修剪。冬季用波尔多浆或石灰水涂刷树干以防寒冻。④冬季清园。结合修剪，剪除病枯枝，扫除地面枯落叶，集中烧毁。新建园应选海拔较低、背风朝阳、土质较肥沃的丘陵地。搞好排灌系统。营造防护林。⑤喷药保护。采收后结合冬季清园工作，喷射一次0.3～0.5波美度石硫合剂，或1:1:100波尔多液。立春后至萌芽前，可选用1:1:100波尔多液，或50%DT（琥胶肥酸铜）可湿性粉剂500倍液，每隔7～10天一次，连喷1～2次。萌芽后至谢花期，用农用100mg/kg链霉素液，或50%DT500倍液，或25%叶枯唑可湿性粉剂600～800倍液，或50%加瑞农可湿性粉剂1000倍液等，每隔7～10天，交替喷射上述药剂一次。树干上溢出菌脓时，可选用50%DT可湿性粉剂20倍液，或农用链霉素 300mg/kg 涂刷树干，先刮除病斑而后涂刷。

猕猴桃根腐病
Actinidia root rot

彩版 40·291

症状　从苗期至成株均可受害。发病部位均在地下根部。症状因病原而异，可分为两类：一类是由病原真菌蜜环菌（*Armillariella* spp.）引致的症状。初期根颈部皮层呈现黄褐色块状斑，皮层渐变黑，软腐。韧皮部易脱落，内部组织变褐色腐烂。病株新梢细弱，叶小，色淡，树势衰弱。当土壤湿度大时，发展迅速，逐渐向下蔓延，导致整个根系变黑腐烂，病部流出许多棕褐色汁液，木质部呈淡黄色，上部叶片变黄脱落，全株萎蔫枯死。在果树旺长期或挂果期以后，遇久雨突晴，或连日高温，病株突然萎蔫死亡。后期病组织内充满白色菌丝体，腐烂根部产生许多淡黄色、成簇的伞状子实体，多在高温多雨季节产生，丛生，一般 6~7 个，多者达 20~50 个以上。菌盖浅蜜黄色至淡褐色，有蜜状黏稠物，直径 2.6~8（0.5~11）μm。另一类病原真菌为疫霉菌（*Phytophthora* spp.），由其引致的症状，一是由根尖开始感病，后渐向内部发展，地上部生长衰弱，萌芽迟，叶小，枝蔓顶部枯死，严重时全株死亡。二是根颈部发病，初于根颈部出现环状腐烂。在土壤潮湿或发病高峰期，病部产生白色霉状物。

病原　*Armillariella mellea*（Vahl ex Fr.）Karst.，蜜环菌菌丝体乳白色，绒毛状，先端稍弯曲，有隔，每细胞中有 1~2 核，后期菌丝纵横交错，网结成结块或菌索，在菌丝块上分化生出无色，单胞，棒状的担子，大小 16~19.5μm×7~8.6μm。担子顶生 4 个细胞，无色，倒卵形的担孢子，大小 7~9.6μm×5~6.5μm。疫霉菌 *Phytophthora* spp. 包括下列几个种：*P. cactorum*（恶疫霉），*P. cinnamomi*（樟疫霉），*P. citricola*，*P. lateralis*，上述病原菌的共同特征是，形成游动孢子囊和游动孢子。游动孢子囊囊状、梨形或柠檬形，有乳突。游动孢子有鞭

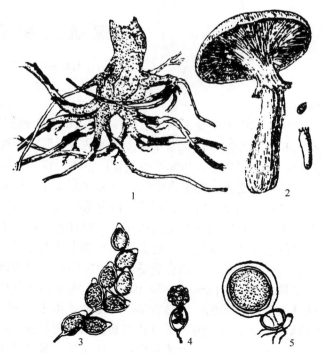

图 2-4　根腐病病菌
1. 症状　2. *A. mellea*　3~5. *P.* spp.
（引自《猕猴桃病虫害及其防治》）

毛，能游动，有性态，产生圆形或近圆形卵孢子（图 2-4）。

传播途径和发病条件　本病原菌均为土传病害。蜜环菌以菌体、菌丝块或菌索在土壤病组织中长期存活，病株或病残体上菌索不断生长，每年可延长 1～4m，接触侵染，或随耕作和地下昆虫传播，带病苗木是远距离传播途径，从嫁接部位或根尖伤口侵入，亦可直接侵入。疫霉菌主要以卵孢子在病残组织中越冬。翌春，卵孢子萌发产生游动孢子囊，孢子囊内释放游动孢子，借风雨或流水传播，从伤口或嫁接口侵入，辗转为害。一般 4 月前后，随气温回升，遇雨开始发病，气温达 25℃时，进入发病高峰期，特别是在夏季高温、高湿情况下，病害则扩展流行。凡果园地势低洼，排水不良，地下害虫猖獗，病株未及时处理彻底，均会加重病害的传播与为害。

防治方法　①农业防治。培育无病苗木，选用多年种植禾本科植物的无病地育苗。注意搞好果园卫生，及时挖除病株，并对周围土壤用石灰消毒，对病株附近的植株周围挖沟，并用塑料薄膜加以隔离，防止病害传播扩展。适时防除地下害虫，如蛴螬、地老虎等，用 90% 晶体敌百虫 150g 30 倍稀释液，加麸皮、谷糠 5kg，制成毒饵，撒入苗圃地。开沟排水，搞好排灌系统。②喷药保护。苗木移植或定植前，用 30% DT（琥胶肥酸铜）悬浮剂 100 倍液浸根和根颈部 3 小时。成株发病，可用 30% DT（琥胶肥酸铜）悬浮剂 100 倍液，或 40% 多菌灵悬浮剂 500 倍液，或 70% 恶霉灵可湿性粉剂 2 000～3 000 倍液，以 0.3～0.5kg/株剂量灌根，均有显著防治效果。

猕 猴 桃 立 枯 病

Actinidia soreshin

彩版 40·292

症状　本病主要为害刚出土至株高 10cm 左右的实生幼苗和成株期基部新梢近地面的嫩叶。叶片受害，多自叶缘开始，病斑呈半圆形或不规则形，水渍状，淡褐色，严重时全叶腐烂，或干缩变黑。病部产生大量白色菌丝体，并形成近圆形白色菌核，后变褐色或黑褐色。茎基部受害，初呈水渍状，颜色逐渐加深，后变黑，缢缩腐烂。病株易折断，严重时全株枯死。湿度大时，病部长出白色霉状物，受害植株基部叶片干缩或脱落，或全株叶片青卷下垂，直至植株萎蔫倒伏死亡。初发病时，地上部无明显症状，在感病 2～3 天后，幼茎基部组织才受到破坏，地上部叶片和生长点才开始萎蔫。发病初期，地上部叶片白天萎蔫，晚间或清晨恢复。特别是久雨后突晴，常出现成片幼苗萎蔫死亡。

病原　*Rhizoctonia solani* Kuehn.，称立枯丝核菌，属半知菌亚门，丝核菌属真菌。菌丝体有隔，初无色，老熟后呈浅褐色至黄褐色，菌丝体近直角分枝，分枝基部稍缢缩。老熟菌丝呈藕节状湿泡，藕节状细胞的菌丝交织在一起形成菌核。菌核无一定形状，浅褐色、棕褐色或黑褐色，质地疏松，表面粗糙，菌核之间有菌丝相连。菌核抗逆性强，生长适温 17～28℃，在 12℃以下或 30℃以上，生长受抑制（图 2-5）。

传播途径和发病条件　以菌丝体或菌核在土壤中或病残体上越冬，腐生性强，在土壤中可存活 2～3 年。在适宜条件下，菌核萌发成菌丝，从幼苗茎基部或根部的伤口侵入，或直接穿透寄主表皮侵入为害，亦可通过雨水、流水、病土、农具、病残体及带菌堆肥等传播为害。湿度是病害流行的主要条件，高温高湿则发病重。苗床管理不善，湿度大，播种过密，间苗不及时，通风透光不良等，则发病重。组织幼嫩易发病。

防治方法 ①加强栽培管理。苗床应设在地势较高、排水良好、灌溉方便处。播种前，苗床要充分翻晒与消毒处理，苗床施用 5406 菌肥与床土混合，基肥要腐熟，施肥要均匀。苗床荫棚高度，约 100cm 为宜，既可保证幼苗不

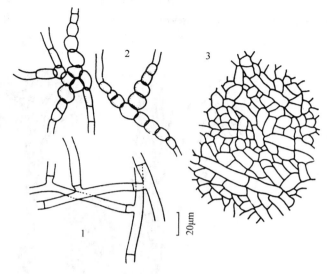

图 2-5 *Rhizoctonia solani* Kuehn
1. 菌丝体　2. 菌丝细胞逐渐膨大成唸珠状
3. 菌核剖面的细胞组织
（引自《广东省栽培药用植物真菌病害》）

受烈日曝晒和干热风吹，又利于通风透光。发现病株应及时拔除。用草木灰加石灰（8：2）撒施苗床。②药剂防治。喷射 20％甲基立枯磷乳油 75～100ml 对水 50L，或 70％甲基托布津可湿性粉剂 1 000 倍液，或 5％井冈霉素水剂 1 000～1 500 倍液，隔 7～10 天再喷一次。亦可用 75％敌克松可湿性粉剂 800 倍，或 75％百菌清可湿性粉剂 600 倍液喷射。

猕猴桃白纹羽病

Actinidia white root rot

彩版 41·293～294

症状　本病主要为害根部。多自细根开始发病，后扩展到侧根和主根。病根皮层腐烂，深达木质部。当根部皮层全部腐烂后，坏死的木质部上，布满白色或灰白色、放射状菌索。随后形成黑色菌核和子囊壳。受害植株地上部生长衰弱，叶片黄化，早期落叶，并逐年扩展，最终全株枯死。

病原　有性阶段为 *Rosellinia necatrix*（Hortig.）Berlese.，称褐座坚壳，属子囊菌亚门，座坚壳属真菌。无性阶段为 *Dematophora necatrix* Hortig.，称白纹羽束丝菌，属半知菌亚门真菌。老熟菌丝体在分节的一端膨大，后分离，形成圆形的厚垣孢子。无性阶段形成孢梗束和分生孢子。分生孢子梗基部集结成束状，具横隔膜，淡褐色，上部分枝，无色。分生孢子无色，单胞，卵圆形，大小 2～3μm，易脱落。有性阶段子囊壳不常见。子囊壳黑色，球形，着生于菌丝膜上，顶端有乳状突起，内有很多子囊。子囊无色，圆筒

形，大小 220～300μm×5～7μm，有长柄，子囊内有 8 个子囊孢子，排成一行。子囊孢子单胞，暗褐色，纺锤形，大小 42～44μm×4～6.5μm。菌核生于腐朽的木质部，黑色，近圆形，直径 1mm 左右，大者 5mm（图 2-6）。

图 2-6　猕猴桃白纹羽病病菌
1. 子囊壳剖面　2. 子囊及侧丝　3. 子囊孢子
4. 孢囊梗　5. 分生孢子梗及分生孢子

传播途径和发病条件　本病菌以菌丝体、根状菌索或菌核随病根遗留在土壤中越冬。翌年春季环境条件适宜时，菌核或菌索长出营养菌丝，侵害新根的柔软组织。被害细根，软化腐朽以至消失。后渐延及粗根。病、健根互相接触也可传病。远距离传播，则通过带病苗木的运输。本病菌的寄主范围较广，可侵害多种林木，故旧林地改建的猕猴桃园，常发病严重。

防治方法　参见猕猴桃紫纹羽病防治。

猕猴桃紫纹羽病

Actinidia purple root rot

症状　本病主要为害根部。病株地上部症状：叶小，黄化，叶柄和中脉发红，枝梢节间缩短，生长衰弱。根部被害，从细根开始逐渐向大根蔓延，病势发展缓慢，一般情况下，病株要经过数年才会死亡。病根初期生黄褐色不定形病斑，外表较健康者色泽深，内部皮层组织呈褐色。病根表面，披有浓密的紫色绒毛状菌丝膜，并长有紫色的根状菌索。

病根表面还生有紫色小型半球状的菌核。后期病根皮层腐朽，木质部腐烂。

病原 *Helicobasidium mompa* Tanaka.，本病原菌属担子菌亚门，卷担菌属真菌。菌丝体在病根外表集结成菌丝膜和根状菌索，紫色。菌丝膜外表着生担子和担孢子。担子无色，圆筒形，隔膜3个，分成4个细胞，大小 25～40μm×6～7μm，向一方弯曲，在每个细胞上各长出一小梗，小梗无色，圆锥形，5～15μm×3～4.5μm。担孢子无色，单胞，卵圆形，顶端圆，基部尖，大小 16～19μm×6～6.4μm，着生于小梗上。菌核半球形，紫色，大小 1.1～1.4mm×0.7～1mm。菌核外层紫色，稍内黄褐色，中心部白色（图2-7）。

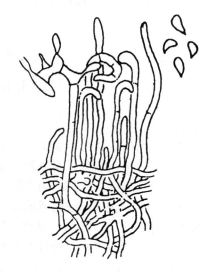

图2-7 病原担子及担孢子

传播途径和发病条件 本病菌以菌丝体、根状菌索和菌核在病根上，或遗留在土壤中越冬，根状菌索和菌核在土中能存活多年。环境条件适宜时，由菌核或根状菌索上长出菌丝，遇到寄主根系时侵入为害。先侵害细根，后渐延及粗根。病、健根相接触也可传病。带病苗木是远距离传播的重要途径。本菌寄主范围较广，如刺槐、甘薯等是紫纹病菌的重要寄主，接近刺槐的苹果树易发生紫纹羽病。

防治方法 ①加强果园管理。凡地下水位高的果园，要搞好排灌系统。增施有机肥，果园路边沟边种植绿肥作物，以改良土壤，提高肥力。适当增施钾肥。苗木定植时，嫁接口要露出地表数厘米。以防止土壤中的病菌从嫁接口侵入。紫纹羽病常通过刺槐传播到果园，故用刺槐作防护林的果园，应注意挖深沟隔离，对已进入果园的刺槐根应彻底挖除。新建果园，切忌用刺槐作防护林，或前作是种过有病的甘薯地。②病树治疗。定期巡视植株生长情况，症状初见时应扒开根部，及时检查，采取措施，防止病害扩展蔓延。如发现生长不良，叶小、黄化时，应扒开根部周围土壤检查。根据病害种类进行不同处理。如是白绢病，应先将根颈部病斑彻底刮除，用抗菌剂402的50倍液或1%硫酸铜液消毒伤口，后外涂伤口保护剂，再于根部周围土壤灌施药液或撒施药粉消毒。如是白纹羽病、紫纹羽病或根朽病，则应切除烂根，再灌药液或撒施药粉。刮除的病组织，切除的烂根及病根周围扒出的土壤，均应携出果园，并换上无病新土。可选用下列药剂：70%五氯硝基苯粉剂 1∶50～100，与换入的新土混合，均匀地分层撒施于根系分布的土中。成株（8～10年生树）用药 150～300g/株，二至三年生幼树，用药 50～100g/株。此药防治白绢病和白纹羽病效果好，对紫纹羽病防效较差。还可用 70%恶霉灵可湿性粉剂 2 000～3 000 倍液，或 70%甲基托布津 500～1 000 倍液灌注土壤，用药量同上。亦可用 50%退菌特 250～300 倍液，或硫酸铜 100 倍液等灌注。施药时间上半年可在4、5月间，下半年于9月或休眠期进行。③发现病株及枯死株立即挖除，将病残根集中烧毁，病土灌注 40%甲醛 100 倍液消毒。如发病面积大，病、死株较多，则施用石灰氮消毒，用量每 667m²50～75kg。施后要间隔15天以上方可种植果树。④选用抗病砧木，种植无病苗木及进行苗木消毒处理。

苗木出圃要检查，汰除病株。用70％甲基托布津500倍液浸根10～30min，或45℃温汤浸苗20～30min，然后种植。

猕猴桃白绢病

Actinidia sclerotium blight

彩版41·295

症状　本病主要为害成株及苗木的根颈部。发病初期，根颈表面生出白色菌丝体，表皮呈水渍状，褐色病斑。菌丝继续生长，直至根颈部布满白色菌丝体，状若丝绢。潮湿情况下，菌丝层蔓延至病部周围的地面，病部继续发展，根颈皮层腐烂，有酒糟味，溢出褐色汁液。后期，在病部或附近的地表裂缝中，长出许多棕褐色或茶褐色油菜子状的菌核。病株地上部症状为：叶小，发黄，枝梢节间缩短，结果多而小。茎蔓基部皮层腐烂，病斑环绕树干一周后，于夏季全株突然枯死。

病原　*Pellicularia rolfsii*（Sacc.）West.，为担子菌亚门的白绢薄膜革菌。病菌除形成菌核外，在湿热环境条件下，能形成担子和担孢子。担孢子传病作用不大。菌核初白色，后淡黄色至棕褐色或茶褐色，表面平滑，球形或近球形，直径0.8～2.3mm，近似油菜子。担子无色，单胞，$16\mu m \times 6.6\mu m$，其上生4小梗，小梗无色，单胞，长3～5μm，顶端着生担孢子。担孢子无色，单胞，倒卵圆形，$7\mu m \times 4.6\mu m$。

传播途径和发病条件　以菌丝体在病树根颈部，或以菌核在土壤中越冬。翌年生出菌丝体侵染寄主植物。菌核在自然条件下，可在土中存活5～6年。近距离传播主要靠菌核，或借雨水、灌溉水传播，以及菌丝体的蔓延；远距离传播则通过带病苗木。一般在4月上中旬至10月下旬均可发病，但以7～9月为发病盛期。菌核在5月上旬开始形成，多分布于地表5cm的土层中，亦可蔓延至地面的杂草和落叶上。8～9月为菌核形成盛期。

防治方法　发病初期用70％甲基托布津或50％多菌灵500倍液灌施苗木茎基部，7～10天一次，连续2～3次。参阅本书猕猴桃白纹羽病和紫纹羽病。

猕猴桃疮痂病

Actinidia scab

彩版41·296

症状　本病主要为害果实。多于果肩或朝上果面上，发生近圆形，红褐色的较小病斑，初突起呈疱疹状，果实上许多病斑连成一片，果面粗糙，疮痂状，病斑仅局限于果皮组织，不深入果肉，为害性较小，但影响外观和商品价格。本病多于果实生长后期发生。

病原　*Septoria* sp.，称球壳孢菌，属半知菌亚门，壳针孢属真菌。分生孢子器生于病部表皮下，分散形成，球形或扁形，褐色，具乳突状孔口，大小为 20～50μm×60～100μm。分生孢子线形，多胞，4～10 个横隔膜，无色，大小为 32～40μm×3～4μm。

传播途径和发病条件　以菌丝体在病果残体上越冬，翌春条件适宜时，产生分生孢子器和分生孢子，借风雨传播，亦可借助农具或农事活动传播。在有水滴情况下，萌发产生芽管，从伤口或直接侵入，病菌在细胞内蔓延。潮湿、多雨，是分生孢子传播和萌发的必要条件。在温度 20～25℃，多雨高湿条件下，病害发生较重。

防治方法　①加强田间管理。适时施肥，搞好果园排灌系统。采收后，结合冬季修剪，彻底扫除田间枯枝、落叶、落果，集中烧毁或深埋。②喷药保护。参照本书猕猴桃黑斑病。

猕 猴 桃 灰 纹 病

Actinidia gray scald

彩版 41 • 297

症状　本病为害叶片。病斑多自叶片中部或叶缘发生，病斑圆形或近圆形，病健部交界不明显，灰褐色，具有明显轮纹，其上生灰色霉状物。病斑较大，1～3cm，大者达 5cm 以上。春季发生较普遍。此病系国内首次报道。

病原　*Cladosporium oxysporum* Berk. & Crut.，属半知菌亚门，芽枝霉属真菌。菌丝表面生或表皮细胞间生长，淡黄褐色，粗壮，分生孢子梗黄褐色，大小 15～20μm×525～905μm，有分隔，顶端着生孢子，孢子孔明显，有些中部局部膨大，并有孢子孔。分生孢子淡黄色至黄褐色，椭圆形，单胞或双胞，大小 3.8～13μm×5～17.5μm。

传播途径和发病条件　未明。

防治方法　参阅本书猕猴桃黑斑病。

猕 猴 桃 干 枯 病

Actinidia stem blight

症状　本病为害枝蔓。初于枝蔓部表皮呈现红褐色、稍突起的坏死斑，扩大后为条状或不规则长形斑，其上生出黑色小粒点，导致枝蔓整段枯死，多于 4～5 月发生。

病原　*Phomopsis* sp.，本病菌属半知菌亚门拟茎点霉属真菌。分生孢子器生于子座中，球形或扁球形，器壁厚，暗褐色。分生孢子有二型：A 型分生孢子大小为 5～9μm×2～3μm；B 型分生孢子大小为 15～21μm×2μm。

传播途径和发病条件　本病菌以菌丝体和分生孢子器在病枝蔓上越冬，翌春散出分生孢子，借风雨传播，辗转为害。

防治方法　彻底剥除腐烂组织后，喷 50％多菌灵可湿性粉剂 800～1 000 倍液或 50％托布津可湿性粉剂 1 000～1 200 倍液。

猕 猴 桃 青 霉 病

Actinidia blue contact mold

症状　本病为害成熟果实。初于果实表面生水渍状、淡褐色的圆形病斑，后迅速扩大，引致果实变软腐烂。3 天后，病部生出白色霉层，后中部长出青色的粉状霉层，病斑周围有一圈白色霉层带，深入果肉，致使全果腐烂。

病原　*Penicillium italicum* Sacc.，属半知菌亚门青霉属真菌。分生孢子梗 120～520μm，2～3 次分枝。分生孢子单胞，无色，椭圆形，大小为 3～5μm×2～3μm（参见柑橘青霉病菌）。

传播途径和发病条件　本病菌为有机物上的腐生菌，借气流传播，从伤口侵入。此外，病、健果直接接触亦能传病。一般在室温 18～27℃、相对湿度 95％～98％时，发病严重。

防治方法　①避免雨后或雾露未干时采果。湿果采收不仅增加病菌的接触传病，且增加果实机械伤的机会。②搞好贮运工具和贮藏库、室的消毒。在采收、分级、装运过程中，尽量防止果实机械伤。采果时果柄剪口与果面齐平，切忌连叶带果柄装箱（筐）。避免装箱过满压伤或擦伤果实。③采前 1 周，喷射 70％甲基托布津可湿性粉剂 1 000～1 500 倍液，或 50％多菌灵可湿性粉剂 1 200～1 500 倍液。采后 2 天内，果实用 50％施保功可湿性粉剂 1 000～2 000 倍液浸种 1min 捞起晾干，可收较好的保鲜防效。

猕 猴 桃 褐 心 病

Actinidia internal browning（Actinidia fruit cracking）

彩版 41 · 298

症状　本病主要为害果实。果实被害，果皮无光泽，红褐色，果肉靠近脐部中心组织变褐坏死，严重者组织消解，形成果实中心部褐色空洞，并有白色霜状物，无腐烂变味现象。果实多数发育不良，形成小果、畸形果，但大果亦有发生。

病因　本病为缺硼引致的生理性病害。硼对植物生殖生长至关重要。缺硼，会引致花药和花丝萎缩，授粉不良，落花、落果、畸形，小果，果肉中心部变褐色，坏死。硼是不易被再利用的矿质营养元素之一，当植株缺硼时，往往是植株生长顶端组织或枝梢末端的果实，容易表现症状。本病发生与果园立地条件有关。一般以红、黄壤丘陵陡坡地发病较重，果实发病率 20％～30％，严重者达 100％。而平缓的丘陵山地果园发病较轻。

防治方法　果园缺硼，可通过施用硼肥，如硼砂来矫正。生长期中，叶面喷施含硼物质，如硼酸有较好效果。但从长远来看，土壤施用硼肥更为有效。必须注意，猕猴桃对硼过量十分敏感，因此在施用硼肥时要特别小心。最好先作土壤分析，根据缺硼程度，进行小面积的使用浓度和施硼肥数量的试验，而后大面积使用为妥。过磷酸钙与氯化钾等化肥的施用，均可增加土壤硼含量，以补偿果实带走的硼。

猕猴桃锈病

Actinidia rust

症状 本病主要为害叶片。初于叶上生小斑点。黄白色，稍隆起，后扩大，呈现出褐色夏孢子堆。后期，在夏孢子堆上转为黑褐色冬孢子堆。

病原 *Uromyces* sp.，称单胞锈菌，属担子菌亚门单胞锈菌属真菌。夏孢子堆盘状，突破表皮。夏孢子球形至椭圆形，有刺，淡褐色，$11.7\sim21\mu m\times8.3\sim19.5\mu m$，壁厚 $1.9\sim2.3\mu m$。冬孢子褐色，平滑，亚球形至椭圆形，$33\sim42\mu m\times34\mu m$，顶部圆或平，顶壁厚 $5.5\sim8.5\mu m$，下部稍窄，壁厚 $2.5\sim2.7\mu m$，柄无色，长 $60\mu m$。

传播途径和发病条件 以冬孢子随同病残体在落叶上越冬，翌春萌发产生芽管和担孢子，借气流传播，从寄主气孔侵入，于生长季节辗转为害。高温高湿，是诱发本病发生的主要因素，叶面上的水滴，是病菌孢子萌发侵入的必要条件。凡果园地势低、排水不良、荫蔽、通风透气不良等，均有利于病害发生。

防治方法 ①加强栽培管理。冬季清园，结合修剪，剪除病枝落叶，扫除枯枝落叶，集中烧毁。②喷药防治。发病初期可选用50%粉锈宁可湿性粉剂 1 000～1 500 倍液，或65%代森锌可湿性粉剂 500 倍液，或70%甲基托布津可湿性粉剂 1 000 倍液，或45%硫黄悬浮剂 500 倍液等药剂，每隔 7～10 天喷药一次，连喷 2～3 次。上述药剂，最好交替轮换使用。

猕猴桃菌核病

Actinidia sclerotium blight

症状 主要为害花和果实，亦可为害花柄和新梢。雄花成簇被害，受害花水渍状，变软，衰败凋残成褐色团块。雌花受害后，花蕾褐色，凋萎。花柄感病后扩展蔓延至当年生新梢止，病部软腐变色，天气潮湿时，病部可见白色霉状物。果实受害，生大块白化水渍状斑，病斑凹陷软腐，遇干旱时，病果表面上的凹陷病斑消失，留下一个伤痕，果实仍留藤蔓上，发育成正常果实，但不耐贮运，易腐烂，受害严重果实1～2周，全脱落。

病原 *Sclerotinia sclerotiorum*，属于囊菌亚门，柔膜菌目，核盘菌科，核盘菌属。本菌不产生分生孢子，由菌丝形成菌核。菌核黑褐色，小，形状不规则。菌核抗逆性强，耐低温干燥，可在土壤中存活 1 年以上。菌核怕湿热，在水中浸泡 1 个月即死亡。在适宜环境下，菌核萌发产生高脚酒杯状子囊盘。子囊盘黄褐色，其上密生栅状排列的子囊，子囊棍棒状，内生 8 个子囊孢子。子囊孢子无色，单胞，椭圆形，单行排列于子囊内。

传播途径和发病条件 病菌以菌核随病残体在土壤中越冬，翌年春季，在环境条件适宜时，菌核萌发生子囊盘，放射出子囊孢子。子囊孢子随风雨传播，直接侵入，转辗为害。当气温在20℃，相对湿度达85%时利于菌核的萌发侵入。高温干旱天气对菌核萌发有明显的抑制作用，病害少。凡地势低洼，排水不良，密植、修剪不及时，以及通风不良、偏施氮肥的果园容易发病。未进行疏花疏果，病残体清除不彻底的果园，有利于病害的发生。

防治方法　①加强栽培管理。合理密植，做好排灌系统，适时修剪，疏花疏果，增强果园通风透气，采收后彻底清园，扫除枯枝落叶、病果，减少初侵染源。②药剂防治。在菌核萌发高峰期，结合气象预报，及时喷药，最好在开花后和落花后喷药。在有菌核病的果园，在盛花期前（即气温在20℃潮湿时）应增喷一次药，常用药剂有50％速克灵（腐霉利）可湿性粉剂或50％扑海因可湿性粉剂1 000～2 000倍液，或50％多菌灵可湿性粉剂500倍液，或50％农利灵可湿性粉剂1 000倍液等。重点喷在花和果实部位，隔7～10天喷一次，连续2～3次。

猕猴桃蒂腐病

Actinidia stem end rot

症状　果实受害，初于果蒂处呈现水渍状斑，病斑均匀向下扩展。果实病部保持正常形态，手感柔软且有弹性，其他部位与健果无异。切开病果，果蒂部腐烂，其腐烂部分在果肉中向下扩展蔓延至全果，果顶保持完好。腐烂的果肉为水渍状，有透明感，呈酒味，果肉呈浅红色或浅黄色。花期遇雨，受侵染花瓣不脱离子房，花瓣病菌易感染幼果，引起落果或果实变形。病花瓣落在叶片上，引起叶片发病，其上产生灰白或黄褐色病斑。果实受害初期无明显症状，其后病果的果皮上生出均匀一层灰白色霉状物。最终为灰霉，并于灰霉上生大量褐色分生孢子梗，或与菌丝体交织一起，形成不规则形扁平黑色小菌核，紧贴于果实上，呈灰色。

病原　*Botrytis cinerea* Pers.，称灰葡萄孢菌，属半知菌亚门葡萄孢属真菌。分生孢子梗单生或丛生，直立，有隔膜，梗顶端为6～7个分枝，分枝顶端簇生分生孢子，分生孢子倒卵形至近圆形，光滑，无色，成堆时呈淡黄色。菌核黑色，扁平或圆锥形。

传播途径和发病条件　病菌以菌核随病残体在土中越冬，温暖地区亦可以分生孢子在残体上越冬。翌春环境条件适宜时，菌核产生菌丝体，其上生分生孢子。当猕猴桃开花后期至落花期，正逢病菌产生大量分生孢子。分生孢子借风雨传播，侵入花瓣引起花腐。谢花期遇阴雨天，腐烂花瓣落在叶上或幼果上时，侵害叶与幼果，在病部产生大量菌丝体或分生孢子转辗为害。后期形成菌核越冬。本病的发生流行，尤以谢花期遇雨高湿，受侵花瓣不易脱落，或粘附果面、叶片上时，病害流行，干旱少雨则病害不发生或发病轻。病菌亦能通过伤口侵入果实内部。因此，在采收时果蒂受伤或果实分级及贮运期碰伤时病重。田间管理不当，氮肥过多，生长茂密，修剪不及时，果园通风不良，湿度大时易发病。

防治方法　①加强栽培管理，及时修剪，清沟排水，降低果园湿度，搞好冬季清园工作，清除病残体，减少越冬初侵染源。②带柄采果时，应避免或减少果实受伤，包装时应轻拿轻放，可推迟发病时期，减轻发病程度。③喷药防治，应掌握在开花后期，落花初期和采果前7天内各喷一次药，可选用50％苯菌灵可湿性粉剂2 000倍液，或80％敌菌丹可湿性粉剂1 000倍液，或70％代森锰可湿性粉剂800倍液喷治。病重果园宜在开花期和落花期增喷一次，间隔期10～15天。④采果后可用上述药剂处理伤口或用药液浸果。

猕猴桃腐烂病

Actinidia valsa canker

症状 果实受害初期症状不明显，一般在果实采收后熟过程中呈现症状，初期受害果实病斑微凹陷，褐色，酒窝状，大小 5cm，病斑生于果实的一侧，凹陷病斑表面不破裂，凹陷内部果肉淡黄色，较干。当果实后熟时，病部腐烂、软腐，病斑表面症状为拇指纹状，中央为乳白色，周围黄绿色，最外缘为浓绿色细环，果皮易与下层果肉分离。病部呈圆锥形深入到果肉内部，果肉内部细胞间成空洞，呈海绵状。枝干症状：主要为害衰弱植株的枝梢，受侵枝梢初生紫褐色病斑，随后病斑迅速绕茎扩展，深达木质部，皮层组织迅速坏死，枝梢萎蔫干枯死亡，病部产生黑色小粒点，即病菌的子座和子囊腔。

病原 *Botryosphaeria dothidea*，称葡萄座腔菌，属子囊菌亚门，葡萄座腔菌属真菌。子座生于皮层下，不规则形，内生 1 至数个子囊腔，扁圆形或洋梨形，黑褐色，有乳头状孔口，子囊长棍棒状，无色，子囊孢子无色，单胞，椭圆形，双列。无性阶段为 *Macrophoma*，分生孢子器散生，扁圆形，分生孢子无色，单胞，长椭圆形。

传播途径和发病条件 本菌以菌丝体或子囊腔越冬，翌年春气温回升后，子囊孢子或分生孢子弹射到空气中，借风雨传播，侵害花或幼果，在果内潜伏侵染，直至果实后熟期才呈现症状，病菌侵害枝干则从伤口或皮孔侵入，病菌在枝梢上越冬，为翌年初侵染源。病菌传播和侵入均需高温高湿，病菌生长适温为 24℃，低于 10℃时不能生长发育。子囊孢子释放需要雨水，当气温升高、降雨 1h 内子囊孢子就能开始释放，2h 后达最高峰。贮藏温度与发病关系密切，温度 20℃时发病率达 70%，15℃为 41%，10℃为 19%，故宜低温贮藏。冬季清园工作不彻底，果园周围防护林带树木管理不善，有利于病害发生。冬季冻害，排水不良，地势低洼，土壤瘠薄，肥、水不足，氮肥过多，树势衰弱，则病重。

防治方法 ①加强果园管理，注意清沟排水，适时疏花疏果，增施有机肥，合理施肥，增强树势，提高抗逆能力。②加强防护林管理工作，做好防护林喷药工作，可减少病菌孢子的传播，喷施铜制剂、多菌灵或敌菌丹等药剂，均有良好效果。③做好冬季清园工作，剪除病枝病果，扫除枯枝残叶，集中烧毁，对减少翌年初侵染源、减轻该病发生有重要作用。④做好测报喷药工作，在子囊孢子大量产生传播期，从猕猴桃开花至幼果期和采果前半个月喷 50%甲基托布津可湿性粉剂 800 倍液，或 50%多菌灵可湿性粉剂 1 000 倍液，或 80%敌菌丹可湿性粉剂 1 000 倍液，可获良好防治效果。⑤在常年发病较重果园，应于高温多雨期实行果实套袋，是一种极有效的防治措施。

猕猴桃细菌性花腐病

Actinidia bacterial blossom blight

症状　本病主要为害花序。感病花器，首先是雄蕊变黑褐色，后侵入花瓣和子房，在花萼上出现褐色下凹斑块。随花蕾膨大，花瓣呈橙黄色，剖开花蕾，可见内部器官呈深褐色，腐烂，花蕾不能开放，终至脱落。受害轻的花蕾虽能开放，但开花较慢或不能全开。在此种花蕾中，花药与花丝常受害变褐色腐烂。雌花器官变粗短，褐色，早期脱落。受害轻者可着果，但果小，畸形，提早脱落。

病原　*Pseudomonas viridiflava* Burk.，本病原菌属假单胞杆菌。细菌菌体短杆状，极生，单鞭毛。亦可由 *Pseudomonas syringae* 侵染发病（图 2-8）。

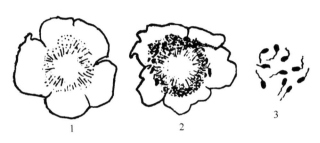

图 2-8　花腐病
1. 正常花　2. 病花　3. 病原细菌
（引自《猕猴桃病虫害及其防治》）

传播途径和发病条件　本病原菌以菌体潜伏于植株体内越冬。翌春，遇适宜条件，借风雨传播，辗转为害花序。猕猴桃从现蕾至开花期间，降雨量与病害发生呈正相关。此期间月均降雨量在 10mm 以上，则病害发生流行，反之则轻。果园地势低洼，排水不良，田间湿度大，修剪不合理，通风透光差等，则发病重。

防治方法　①农业防治。选择地势较高地建园。搞好排灌系统，适时修剪，改善果园通风透光条件。②喷药保护。应于萌芽初期至开花始期及初见花蕾时，开始喷药。可选用 0.5％石灰等量式波尔多液，或石硫合剂，或农用链霉素 100mg/kg 等药剂，宜交替使用。每次间隔 10 天，连喷 2～3 次。

猕猴桃细菌性根癌病

Actinidia bacterial crown gall

症状　本病为害根颈和根系。根颈被害，初呈乳白色，后逐渐变为褐色至深褐色表面粗糙、凹凸不平、大小不等的癌肿，大的可达 10cm 以上，木质化而坚硬，终至腐烂。受害植株生长势逐渐衰弱，矮小，叶小，黄化，提早落叶、落果，果少而小，降低产量和品质。严重发生时，全株死亡。

病原　*Agrobacterium tumefaciens*（Smith. et Townssnd.）Conn.，为土壤杆菌属根癌土壤杆菌。细菌菌体短杆状，单生或链生，具 1～4 根周生鞭毛，有荚膜，无芽孢。革兰氏染色阴性反应。病菌发育适温为 22℃，最高温 34℃，最低温 10℃，致死温度为 51℃ 10min。最适 pH 7.3，耐酸碱范围 pH 5.7～9.2，本菌寄主范围广泛，除为害猕猴桃外，尚可为害多种果树，达 59 科 142 属 300 余种。

传播途径和发病条件 主要以菌体在癌肿的表层组织中越冬，或随病残体在土壤中越冬，一般可存活 1 年以上，借雨水、灌溉水和昆虫、线虫传播。苗木是远距离传播的重要途径。从伤口侵入，凡土质黏重、排水不良、碱性土壤的果园发病重，反之则轻。此外，耕作不慎、地下害虫为害、使根部受伤或苗木嫁接口埋入土中过深等，均有利于病菌侵入，增加发病机会。

防治方法 将果苗根部浸渍在 10% 硫酸铜溶液 10min 或 Dygall 药液中消毒。Dygall 为放线土壤杆菌（*Agrobacteritm radiobacter*）的专利配方。参阅本书李、柰根癌病。

猕猴桃根结线虫病
Actinidia root knot nematoda

彩版 42 · 300～303

症状 本病主要为害根系。病株根系萎缩，受害新根上形成大小不等、圆形、单个或呈念珠状的根瘤，或数个愈合成根结团。根瘤初期色泽与新根同色，表面光滑，后色泽逐渐加深呈黑色，终至腐烂。成株受害，树势衰弱，发梢少而纤弱，长势不旺，叶片发黄，提早落叶，结果少，果小，僵硬，品质差，抗其他病害能力下降。在新梢迅速生长期或开花期，遇久雨后突然放晴，重病树突然呈现全株萎蔫死亡。剖检未腐烂的根瘤，可见乳白色、梨形或柠檬形的病原线虫。苗期受害，植株矮小，新梢短而纤弱，叶黄易落，生长不良。夏季高温天气的中午，叶片常表现失水状，早晚恢复原状。挖取病株根部检查，可见根系有大量根结。

病原 *Meloidogyne javanica*，*Meloidogyne incognita*，本病属垫刃目，垫刃亚目，根结科，根结线虫属，由爪哇根结线虫和南方根结线虫组成的混合种群，但以爪哇根结线虫为优势种。

爪哇根结线虫。雌虫虫体梨形，颈部明显，唇盘和中唇联结成哑铃状，侧唇大，与中唇分开，会阴花纹近圆形或卵圆形，背弓低平，在肛门上方有小尾螺纹，螺纹两侧，有双侧线延伸。雄虫唇区高，无环纹，侧带有 4 条沟纹，幼虫细长，加热杀死后，略朝腹面弯曲，近尾端处，有 1～2 次缢缩，尾端钝圆。

南方根结线虫。该种在混合群体中所占比例很小，主要鉴别特征是，雌虫口针锥朝背面弯曲，排泄孔位于口针基部附近，唇盘与中唇愈合，侧唇大，会阴花纹背弓高，由平滑到波浪状线纹组成，由此线纹弯向阴门。

传播途径和发病条件 本病原群体，寄主范围极广，特别是南方根结线虫，可为害 2 000 余种植物。主要以成虫、幼虫和卵（包匿于卵囊中）在土壤中或受害根部越冬。带病土壤和病根，是本病主要初侵染来源。染病苗木，是远距离传播的主要途径。翌年借雨水传播，以 2 龄幼虫侵染新根辗转为害，经 2～3 次脱皮发育为成虫。雌成虫产卵于体末端胶质囊内或土壤中，卵经过一段时间，孵化成幼虫，一般自卵发育至成虫约 35 天左右。阶段间有明显重叠现象。线虫的生长发育，与气温和降雨量有关。一般适温在旬均温20～25℃，低于 10℃，线虫基本停止活动。适温和雨水，有利于线虫活动侵入与繁殖；而低温、高温和干旱，则对线虫活动有抑制作用。凡土壤黏重、板结、透气性差的土壤，发病较轻；通气性好的沙质土壤发病较重。

防治方法 ①苗木检疫。严禁病苗进入无病区或新果园。培育无病苗木，是防治本病的重要措施。育苗地应选用水稻田或无病区。②对发病的嫁接苗和实生苗，移栽前应彻底清除、烧毁。发病轻的应剪除带瘤病根后，用 44～46℃ 温汤浸苗 5min，或克线丹水溶液浸根 1h，效果显著。③新建果园应选用无病原线虫地。对旧园改造，应在移栽前 1 个月彻底清园，清除病残体集中烧毁，园土深翻晒白，亦可于夏季盖上黑色或灰色塑料薄膜晒白。④加强果园栽培管理。增施有机肥，冬前春后深翻，将病株残体及表土层 5～15cm 内的病根和细根团彻底清除烧毁。⑤药剂防治。病园施用 10% 益舒宝颗粒剂，每 667m² 有效成分 250g，掺适量的干土或细沙混匀施用。苗圃可施入根侧 5～6cm 深的沟内，用药后盖土，浇水（湿土可不浇水）湿透为宜。成年树，结合施肥将药施入树冠周围环状沟内，盖土，灌透水。每隔 3 个月施药一次，连施 2～3 次。还可用 1.8% 爱福丁乳油 680g 对水 200L（每 667m²）浇施于 15～20cm 深耕作层，可有效控制此类病害。

猕 猴 桃 日 灼 病
Actinidia sun scorch

彩版 42·304

症状 果皮凹陷，表皮似皮革质，后期病斑为红褐色。被害果实不耐贮藏，易变软腐烂，即使加工也不能食用。一般在遮荫处生长的果实转而暴露阳光下或西晒的果实，较易引起日灼病。其次是果园管理不当，对一些生长过密的枝梢实行夏季重剪后，将果实暴露在阳光下或未立支架固定的藤蔓，被大风吹翻后未及时固定，藤蔓上果实曝晒于阳光下，均易产生灼伤。

防治方法 目前尚无理想的防治方法，下述措施仅能起到减轻发病的效果。①在连续高温烈日的天气喷射石硫合剂或石灰水，喷药时间最好应于上午 9 时前或下午 4 时后进行，用药浓度以 0.1～0.2 波美度为宜（石灰水浓度为 2%～5% 为宜）。②高温季节定期灌水，调节土壤水分和果园小气候，促进果实发育，减少日灼病发生。③果实套袋，发现果实受害立即用报纸或塑料袋套果，受害轻的数天后可恢复正常。

猕 猴 桃 缺 钙 症
Actinidia calcium deficiency

症状 植株生长不良，叶片僵硬，叶基部叶脉变黑坏死，叶缘坏死，终至全叶干枯，着果率低，果小，畸形，落叶，落果严重，根系生长发育不良，新根少，根尖坏死。

病因 多由土壤缺钙或土壤磷、钾含量过高所引致。叶分析表明，福建猕猴桃产区叶片含钙量仅 0.567%，比正常标准含量 2.37% 低 4 倍，为严重缺钙症。

防治方法 果园推广施用石灰或含钙量较高的肥料，如过磷酸钙、硝酸钙、磷酸钙等，均可有效矫治缺钙症。

16. 柿病害
Diseases of Kaki

柿 角 斑 病
Kaki angular leaf spot

彩版 42 · 305～306，彩版 43 · 307～309

柿角斑病分布颇广，华北、西北山区，四川、云南、贵州、浙江、江西、广东、广西、福建、湖北、安徽、江苏、台湾等省、自治区均有发生。受害的多为叶片和果蒂，常造成早期落叶，枝梢衰弱，果实发软，早期落果，严重影响树势和产量，并常诱发柿疯病。除为害柿外，尚为害君迁子。

症状 叶受害，初期正面出现不规则形褪绿晕斑，其中细叶脉变黑色；病斑扩大后叶面受叶脉限制，呈现深褐色或灰褐色多角形病斑，边缘黑色。后期病斑中央呈灰白色，其上散生黑色小粒点，即分生孢子座。叶背面，由淡黄色变褐色或黑褐色，边缘黑褐色，但不如叶面明显，分生孢子座亦较叶面稀少。最后病叶变红色，早期脱落。果蒂受害，病斑发生在蒂的四角，由蒂尖向内扩展，病斑褐色或淡褐色，有黑色或明显的边缘，病斑两面均可生黑色小粒点，较正面明显。严重时提早 1 个月落叶。落叶后，果实变软，大量落果，果蒂挂树上经久不落。

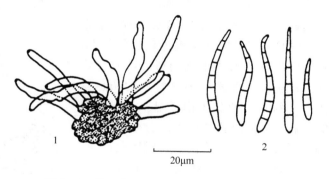

图 2 - 9 *Pseudocercospora kaki*（Ell. et Ev.）
T. K. Gob et W. H. Hsieh
1. 子座及分生孢子梗 2. 分生孢子
（引自《广东省栽培药用植物真菌病害志》）

病原 *Pseudocercospora kaki*（Ell. et Ev.）T. K. Gob et W. H. Hsieh，本菌属半知菌亚门，假尾孢属真菌。子实体叶两面生，主要叶面生，子座球形，近球形，黑色，直径 $34\sim60\mu m$；分生孢子梗较短，不分枝，$0\sim1$ 隔膜，淡褐色，顶端较窄，$5\sim18\mu m\times3.5\sim5\mu m$；孢痕不明显，直径 $1\sim1.5\mu m$，分生孢子倒棍棒状，无色至淡黄色，数个隔膜，直或稍弯，顶端钝，基部孢痕小而不明显，大小 $25\sim90\mu m\times3\sim5\mu m$，脐点直径 $1\sim1.5\mu m$（图 2 - 9）。

传播途径和发病条件 病菌以菌丝体潜伏于病蒂和病叶上越冬。翌年 6～7 月，产生新的分生孢子，成为初侵染源。上年的病残体可不断产生新的分生孢子，借风雨传播，自叶背侵入，潜育期 25～38 天。带病果蒂中的病菌可存活 3 年以上。因此，病蒂中的病菌在侵染循环中占重要位置。生长季节中的雨量与此病的发生和流行有密切关系。如 5～8 月雨量大，雨日多，则病重，大量落叶，反之则病轻。落叶愈早，落果损失愈大。果多成软柿，不能加工。

防治方法 ①搞好清园。冬季落叶后至春季萌芽前，结合修剪，剪除病枯枝，剔除病残蒂，集中烧毁。②药剂防治，6～7 月间发病季节，及时喷射 1∶5∶400～500 倍波尔多液 1～2 次，或 62.25％腈菌唑·锰锌可湿性粉剂 500～800 倍液。③避免柿树与君迁子混栽。

柿 炭 疽 病

Kaki anthracnose

彩版 43·310～311

柿炭疽病分布广泛，山东、河北、河南、江苏、浙江、广东、广西、福建、台湾等省、自治区均有发生，个别产区为害严重，此病菌只为害柿树。侵害枝梢造成大量枝梢折断枯死，果实被害变红、变软，提早脱落。

症状 果被害初生褐色至黑色小点，扩大后成近圆形或不规则形的凹陷深色病斑；病斑中部密生环纹排列的灰色至黑色小粒点，即分生孢子盘。天气潮湿时，病斑上涌出粉红色黏质分生孢子堆。病菌深入皮层，至果肉后，成黑色硬块，一个病果生 1～2 个病斑，多则数十个，造成柿"烘"，提早落果。新梢受害，初生黑色小圆斑，扩大后呈椭圆形，褐色，病斑中央凹陷纵裂，其上生黑色小粒点。皮层下木质腐朽，上部新梢枯死，易折断。叶部病斑不规则形，黑色，中央灰白上生小黑粒点。

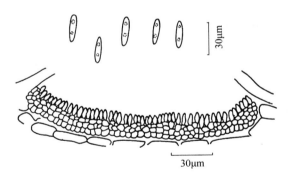

图 2-10 *Colletotrichum gloeosporioides* Penz. 的分子孢子盘、产孢细胞及分生孢子
（引自《广东省栽培药用植物真菌病害志》）

病原 *Gloeosporium kaki* Hori.（=*Colletotrichum gloeosporioides* Penz.，）属半知菌亚门，黑盘孢目、盘长孢属真菌。黑色小粒点为病菌的分生孢子盘，盘上聚生分生孢子梗。分生孢子梗无色，有 1 至数分隔，大小为 $15～30\mu m×3～4\mu m$。其上着生分生孢子，孢子无色，单胞，圆筒形，或长椭圆形，大小 $15～28\mu m×3.5～6\mu m$。病菌发育最适温度为 25℃，最高 35～36℃，致死温度为 50℃（10min）（图 2-10）。

传播途径和发病条件 病菌主要以菌丝体在枝梢病斑中越冬，亦可在病果、叶痕和冬芽中越冬。翌年春末夏初产生分生孢子，借风雨和昆虫传播，由伤口或直接侵入新梢、幼果，辗转重复侵染。潜育期3～10天。一般年份，于6月上旬开始发病，6月下旬至7月为发病盛期，严重时早期落果。本病发生流行与降雨量和高温呈正相关。

防治方法 ①冬季清园。结合冬季修剪，剪除病枝梢，扫除落果，集中烧毁。春季萌芽前，喷射5波美度石硫合剂一次。②选用无病苗，并用1∶3∶80波尔多液浸苗10min，而后定植。③喷药防治。6月上旬，喷射1∶5∶400波尔多液一次，每隔15～20天，连喷2～3次，也可喷65%代森锌500～600倍液、10%世高水分散粒剂2 000～2 500倍液、20%施保克可湿性粉剂1 500～2 500倍液，宜轮换使用。

柿 圆 斑 病

Kaki leaf spot

彩版43·312～313

柿圆斑病分布甚广，在华北、西北、江南山区普遍发生，个别地区为害严重。发病后，常造成早期落叶，果实提早变红，变软，落果，严重减产，削弱树势，常诱发柿疯病。

症状 主要为害叶，柿蒂亦可受害。叶被害，于叶面生淡褐色的圆形小斑，边缘不清晰，扩大后形成深褐色、边缘黑色的圆形斑，大小2～3mm。病叶渐变红色，病斑周围呈现黄绿色晕环；其外层为黄色晕。病斑数少则数十，多则上百。后期病斑背面生黑色小粒点，叶片干枯早落。柿蒂发病较叶片迟，病斑较叶片小，圆形，褐色。

病原 *Mycosphaerella nawae* Hiura et Ihata，病菌属子囊菌亚门，球腔菌属真菌。子囊果初埋生在叶表皮下，后顶端突破表皮外露。子囊果球形或洋梨形，黑褐色，直径50～100μm，顶端有小孔口。子囊丛生于子囊果底部，无色，圆筒形，大小24～45μm×4～8μm，内有8个子囊孢子。子囊孢子在子囊内排成两行，无色，纺锤形，双胞，成熟时上胞较宽，分隔处稍缢，大小6～12μm×2.4～3.6μm。在自然条件下，该菌不产生无性孢子，但在人工培养基上易产生。分生孢子无色，长纺锤形或圆筒形，具1～3隔膜（图2-11）。

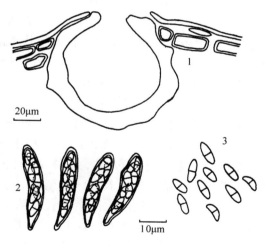

图2-11 *Mycosphaerella nawae* Hiura
1. 假囊壳 2. 子囊及子囊孢子 3. 子囊孢子
（引自《广东省栽培药用植物真菌病害志》）

传播途径和发病条件 本菌以未成熟的子囊果在病落叶上越冬。翌年子囊果成熟，子囊孢子于6～7月间成熟散出，借风雨传播，经叶片气孔侵入，潜育期最短10天，最长达100天。田间一般在8～9月间开始发病，9月底为发病盛期，10月中旬至下旬停止发生，每年只侵染一次。病害发生与流行，跟越冬菌源量和侵染期的雨量成正相关。一般5～6月份雨季早，雨量偏多，气温高，则发病早且严重;反之发病晚而轻。此外,柿园土壤贫瘠、栽培管理粗放、树势衰弱的病重。

防治方法 ①冬季搞好清园。落叶后至翌年 6 月前,彻底清除柿园病落叶,集中烧毁,减少侵染源,可控制病害发生。②加强栽培管理。适时施肥,中耕除草,合理排灌,增施有机肥,增强树势。③适时喷药防治。于落花后孢子成熟前喷药,可用 1:5:400～500 倍波尔多液或 65% 代森锌 500～600 倍液,交替使用,间隔 15～20 天喷一次,连喷2～3 次。

柿 白 粉 病
Kaki powdery mildew

症状 主要为害叶片。通常在叶背面生白粉状斑,可使病叶提前脱落,后期叶背面生出许多黑色小粒,即病原菌的闭囊壳。

病原 *Phyllactinia kakicola* Saw.,称柿生球针壳,属子囊菌亚门,球针壳菌属真菌。菌丝体主要叶背面生,不消失;闭囊壳多集生,扁球形,直径 100～196μm;附属丝8～15根,基部膨大成球形,顶端钝圆,长度为闭囊壳直径的 1～2 倍,无色;无隔膜;闭囊壳顶端部有一些帚状细胞,其主干淡褐色,壁厚,较短,仅 37～45μm 长,主干上的分枝十数根,无色;子囊很多,约 14～16 个,长椭圆形或椭圆形,有柄,42～76μm×18～36μm;子囊孢子椭圆形、矩圆形,无色,20～35μm×15～22μm,每子囊内 2 个子囊孢子(图 2-12)。

传播途径和发病条件 病菌以菌丝体在被害组织内越冬,或闭囊壳在落叶和病梢上越冬。翌年春末夏初,闭囊壳破裂,释放出子囊孢子,借风雨传播,侵染新叶、嫩梢、幼芽,辗转为害。秋末,于病叶上产生闭囊壳越冬。一般栽植过密,果园通风透光不良,施氮肥过多,徒长,新梢不充实,容易发病。天气干旱,病害蔓延迅速。

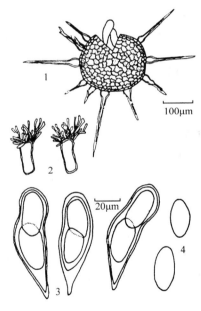

图 2-12 *Phyllactinia kakicola* Saw.
1. 闭囊壳 2. 帚状细胞
3. 子囊及子囊孢子 4. 子囊孢子
(引自《广东省栽培药用植物真菌病害志》)

防治方法 ①加强栽培管理。冬季深翻。结合修剪,剪除病枝梢,扫除落叶,集中烧毁或深埋,减少翌年初侵染源。②苗圃宜建于通风透光处,苗木株行距不宜过密。高床深沟以利排水,不偏施氮肥,使用有机肥,增强树势,提高抗性。③喷药保护,于冬末或翌春萌芽前喷一次 2 波美度石硫合剂。发病初期喷 62.25% 仙生可湿性粉剂 600～800 倍液或 12.5% 速保利可湿性粉剂 3 000～5 000 倍液,7～10 天喷一次,连喷 2～3 次。

17. # 李、奈病害
Diseases of Plum

李、奈干腐病
Plum stem rot

彩版 44・314～317

症状 本病又称流胶病，为害主干、主枝和侧枝。主干、枝梢受害，初生褐色、紫褐色小斑，稍隆起，光泽，后扩大呈椭圆形或长椭圆形，褐色至红褐色大斑，病部凹陷。后期病部渗出大量胶液，隆起，呈疣状，皮层开裂，反卷，翘起，呈溃疡状，其上生近圆形、梭形的黑色小粒点（子座、分生孢子器和子囊座）。一般当年发病枝梢不流胶，翌年于溃疡病斑中流胶，导致树势衰弱，枝梢枯死，寿命缩短，严重时全株枯死。

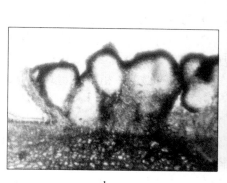  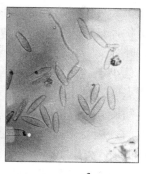

1   2   3

图 2 - 13　李干腐病病原
1. 子座　2. 子囊和子囊孢子　3. 分生孢子

病原 *Botryosphaeria dothidea* (Mowmg. ex Fr.) Ces. et de Not.，属子囊菌亚门，葡萄座球腔菌属真菌。无性阶段为 *Fusicoccum* sp.，属半知菌亚门壳校孢属真菌。子座发达，垫状，黑色。子囊腔近球形，黑色，具孔口，聚生，埋生于子座中。子囊棍棒状，双层壁，无色，大小为 70.4～81.6μm×17.5～20.9μm；子囊间有假侧丝；子囊孢子单胞，无色，长卵圆形至纺锤形，两端钝圆，大小为 15～25.5μm×6.8～10.6μm。无性阶段分生孢子器生于子座中，黑色，近球形，单生或丛生。分生孢子长椭圆形或长梭形，单胞，无色，大小 12.5～33.9μm×4.5～8.5μm。病菌发育最适宜温度 24～38℃，孢子萌发温度 15～38℃，最适温为25～30℃（图 2 - 13）。

传播途径和发病条件 本病菌以菌丝体、子座在枝干病组织内越冬，翌年春季产生孢子，借风雨、昆虫传播，经伤口或皮孔侵入，潜育期一般为 6～30 天。温暖多雨天气有利于发病，夏季高温季节病害发展受抑制。7月以后，当气温高达31℃以上时，则停止发病。本菌是一种弱寄生菌。一般树龄较大、果园管理粗放、树势衰弱的李、奈园发病较重。

防治方法　①加强栽培管理。采收后应及时增施有机肥料，促进树势恢复，生长健壮，提高抗病力。冬季搞好清园，结合修剪，剪除病枯枝，集中烧毁。及时做好树干害虫防治，冬季树干刷白，防冻，减少伤口，防止发病。②刮除病部。本病发生初期，仅限于枝干皮层部位，应于立春后，加强检查，及时刮除病部。刮除后，用抗菌剂401或402 50倍液，或50%多菌灵可湿性粉剂100倍液消毒刮口，后再外涂波尔多浆或石硫合剂残渣保护。③喷药保护。凡发病普遍较重的果园，在李、奈春季萌芽前，全面喷射70%代森锰锌可湿性粉剂500倍液。生长季节结合炭疽病或其他病害防治，在喷射杀菌剂时，应注意全面喷湿主干和大枝，以保护枝干，防止病菌侵入。

李、奈炭疽病

Plum anthracnose

彩版44·318

症状　本病为害果实、叶片和新梢。主要为害幼果。幼果受害，初生淡褐色水渍状小斑，扩大后呈圆形或椭圆形大斑，后迅速扩展至果实大部或全果。病部红褐色至暗褐色，软腐状，具波浪状轮纹，其上生橘红色黏液小点，病果早期脱落，或干缩成僵果挂枝梢上。叶片受害，初生褐色或深褐色、近圆形或不规则形病斑，大小0.2~1.0cm，其上散生黑色小点。病部组织脱落成穿孔。枝梢受害，病斑褐色或暗褐色，稍凹陷，其上生橘红黏液点或黑色小点，常引致枝梢枯死。

病原　*Colletotrichum gloeosporioides*（Penz.）Sacc.，称盘长孢状刺盘孢，属半知菌亚门，刺盘孢属真菌。分生孢子盘具黑色刚毛。分生孢子长椭圆形，单胞，无色，内含2个油球，大小11~20μm×4~6μm。参见本书柑橘炭疽病。

传播途径和发病条件　以菌丝体在病梢组织内越冬，也可在树上僵果中越冬。翌春产生分生孢子，借风雨、昆虫传播，侵害新梢、叶片和幼果，引起初侵染，在李、奈整个生长期中辗转为害。一般在4月下旬开始发病，5~6月为发病盛期，为害最烈，造成大量落果。6月下旬基本停止发生。当果实近成熟期遇高温多雨，发病则严重。病菌从伤口或直接侵入，菌丝在寄主细胞间蔓延后，在表皮下形成分生孢子盘及分生孢子，突破表皮外露，分生孢子被雨水溅散或昆虫传播，辗转为害。开花期及幼果期低温多雨，有利于发病。近成熟时遇高温高湿，发病则较重。凡栽培管理粗放、留枝过密、土壤黏重、排水不良、树势衰弱的果园，发病严重。

防治方法　①加强栽培管理，搞好冬季清园。早春及时翻耕适当增施磷、钾肥，增强树体抗病力。剪除病枝梢僵果，清除枯枝落叶和僵果，集中烧毁。②喷药防治。春芽萌动喷用5波美度石硫合剂，以杀死越冬病菌。落花后幼果豆粒大小时喷药防治，间隔10~15天喷一次，连喷2~3次。可选用50%施保功可湿性粉剂1 000~1 500倍液，或25%施保克乳油500~1 000倍液，或80%炭疽福美可湿性粉剂800倍液，或70%代森锰锌可湿性粉剂 500 倍液等药剂，宜轮换使用。

李、奈褐腐病

Plum brown rot

彩版 44 • 319

症状 本病主要为害果实，花和嫩梢。幼果受害，初于果面生圆形、褐色水渍状病斑，后扩展蔓延至果实大部或全果，褐色，软腐状，其上布满灰色霉层。病斑多呈逐级扩大，各级扩大的病斑边缘为深褐色，其余部分为浅褐色，其上生灰色霉层，形成明显波浪状轮纹，病果早期脱落，或干缩成僵果悬挂树上。花和嫩梢受害，病斑初为水渍状，褐色，导致花腐、凋萎。嫩梢、叶片受害，初如开水烫伤，后呈褐色乃至暗褐色，枯萎，最后呈黑色。

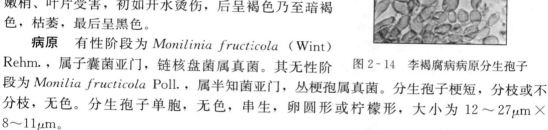

图 2 - 14 李褐腐病病原分生孢子

病原 有性阶段为 *Monilinia fructicola* （Wint）Rehm.，属子囊菌亚门，链核盘菌属真菌。其无性阶段为 *Monilia fructicola* Poll.，属半知菌亚门，丛梗孢属真菌。分生孢子梗短，分枝或不分枝，无色。分生孢子单胞，无色，串生，卵圆形或柠檬形，大小为 $12 \sim 27\mu m \times 8 \sim 11\mu m$。

传播途径和发病条件 病菌以菌丝体在僵果和枝梢病斑上越冬。翌春产生分生孢子，借风雨或昆虫传播，引起初侵染，被侵染的花、叶、枝上所产生的分生孢子可进行再侵染。花期和幼果期遇低温多雨，果实近成熟期雨多雾重，有利花腐和果腐发生。果园管理粗放，树势衰弱，虫害重的发病亦重。

防治方法 ①秋冬季结合修剪，清除枯枝僵果，集中烧毁。②发病初期喷射 50％速克灵可湿性粉剂 1 000～2 000 倍液，间隔 7～10 天，连喷 1～2 次。③雨季做好果园排水；增施有机肥，不偏施氮肥，增施磷、钾肥，增强抗病能力。

李、奈膏药病

Plum plaster disease （or Plum branch felt）

彩版 44 • 320～321

症状 主要为害树干和一年生以上枝条。受害树干和枝梢，初生近圆形的白色菌丝层，菌丝层随病斑扩展而增大、加厚，中间淡褐色，边缘白色。菌丝层绕树干、枝梢扩展为害，多个病斑相连，绕枝梢一圈长满海绵状子实体。最终全部为淡褐色或灰白色膏药状。受害枝梢生长逐渐衰弱，严重时导致枝梢枯死。

病原 *Septobasidium* sp.，本病原菌属担子菌亚门，隔担耳属真菌。病原形态参考猕猴桃膏药病。

传播途径和发病条件 以菌丝体在病枝干上越冬，借气流和介壳虫传播。凡介壳虫多的果园，发病较重。此外，偏施氮肥，生长茂密，果园阴蔽，管理不良等，均有利于该病的发生。

防治方法 ①及时防治介壳虫。②刮除树干上的菌膜，涂药治疗。及时用竹刀或小刀刮除菌膜，集中烧毁，后用 3～5 波美度石硫合剂涂抹伤口，或用新鲜水牛尿或 3 波美度石硫合剂，或 1∶20 生石灰浆或 10％石灰等量式波尔多液涂抹伤口。③冬季清园。结合修剪，清除病枝、枯枝落叶，集中烧毁。

李、奈白粉病

Plum powdery mildew

彩版 45・322～323

症状 本病为害叶片和果实。叶片受害，幼叶淡灰色，扭曲状，表面履盖一层白色粉状物。严重时，叶片枯萎。果实受害，于果面上覆盖一层白色粉状物，幼果发育不良，畸形，后期果实表面粗糙，轻微龟裂。

病原 *Ovulariopsis* sp.（半知菌亚门拟小卵孢属真菌），*Oidium* sp.（半知菌亚门粉孢属真菌），前者分生孢子草履虫状，单胞，无色，单生。后者分生孢子卵形或椭圆形，单胞，无色，串生。未见有性阶段。

传播途径和发病条件及防治方法 参阅本书柑橘白粉病或板（锥）栗白粉病。

李、奈红点病

Plum red spot

彩版 45・324

症状 本病为害叶片和果实。叶片受害，初于叶面生黄色至橙黄色褪绿圆斑，稍隆起，后逐渐扩大，大小 0.2～1.0cm，颜色加深，由橙黄色变为黄褐色，病部组织明显增厚，叶正面稍凹陷，背面凸起，其上生许多红色小点。后期，病斑变为红黑色，其上形成黑色小粒点。病叶早期脱落。果实受害，病斑圆形，初为黄色，后红黑色，其上散生红色小粒点，果实畸形，早期脱落。

病原 有性阶段为 *Polystigma rubrum*（Pers.）DC.，属子囊菌亚门，疔座霉属真菌。无性阶段为 *Polystigmina rubra*（Desm.）Sacc.，属半知菌亚门真菌。子囊壳红褐色，具乳状孔口，大小 120～270μm。子囊棍棒状，无色，大小 70～88μm×10～12μm。子囊孢子单胞，无色，长椭圆形或圆柱形，直或稍弯曲，大小为 10～14μm×3～4μm。分生孢子器埋生，器壁鲜色。分生孢子线形，弯曲，或一端呈钩状，单胞，无色，大小24～60μm×0.5～1.0μm。成熟后，分生孢子器内挤出杏黄色、卷须状的孢子角（图2-15）。

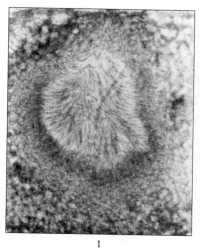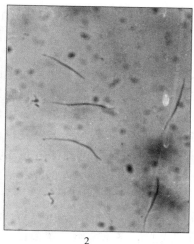

图2-15 李红点病病原显微照片
1. 分生孢子器与分生孢子　2. 分生孢子

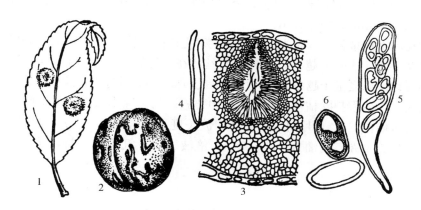

图2-16 李红点病
1. 病叶　2. 病果　3. 性孢子器　4. 性孢子　5. 子囊　6. 子囊孢子
（引自《果树病理学》浙江农业大学等主编）

传播途径和发病条件　以子囊壳在病叶上越冬。翌年春季开花末期，子囊壳破裂，散出大量子囊孢子，借风雨传播辗转为害。此病从展叶盛期到10月均能发生，尤其在雨季发生更为严重。

防治方法　①适时喷药保护。在开花末期和展叶期喷药为宜。可用0.5：1：100倍波尔多液，或80％代森锌可湿性粉剂500倍液，或70％代森锰锌可湿性粉剂500倍液喷治。②加强果园栽培管理。冬季彻底清除果园地面病叶、病枝梢、落果，集中烧毁或深埋。注意搞好排水，避免果园积水，及时中耕除草。

李、奈褐锈病

Plum rust

彩版 45·325～326

症状　本病为害叶片。初期于叶背面生圆形、褐色疱疹状小斑点，稍隆起，叶面相应处出现褪绿小斑，后逐渐变黄色或黄红色，以后叶背疱疹病斑破裂，散出黄褐色粉末（夏孢子堆）。秋后，于病部形成黑褐色或深栗色小点（冬孢子堆），严重时，病叶提早变黄，枯焦脱落。

病原　*Tranzschelia pruni-spinosae*（Pers.）Diet.，属担子菌亚门，冬孢菌纲，锈菌目，疣双胞锈菌属。夏孢子长卵圆形，长椭圆形或纺锤形，壁厚，黄褐色，有刺，大小 $26～34\mu m$

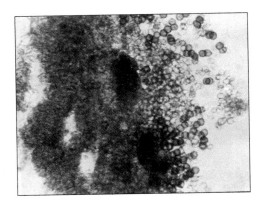

图 2-17　李褐锈病病原显微照片

$×15～18\mu m$。冬孢子长椭圆形，双胞，分隔处明显缢缩，外表密生粗瘤，果褐色，具短柄，大小为 $25～39\mu m×18～28\mu m$。

传播途径和发病条件　本病为完全型转主寄生锈菌。转主寄主为白头翁和唐松草属植物。主要以冬孢子在落叶上越冬，也可以菌丝体在上述转主寄主的宿根或天葵的病叶越冬。南方温暖地区以夏孢子越冬。6～7月开始侵染，8～9月进入发病盛期。

防治方法　①冬季扫除枯枝落叶，并集中烧毁。②铲除李园附近的中间寄主白头翁、唐松草。③药剂防治。4、5月间，喷射 0.5 波美度石硫合剂 2～3 次，间隔 10～14 天。发病初期喷 20% 粉锈宁乳油 3 000～4 000 倍液、30% 氟菌唑（特富灵）可湿性粉剂 1 500～2 000 倍液。

李、奈茎点霉叶斑病

Plum leaf spot

症状　本病为害叶片。病斑多从叶尖或叶缘开始发生，初褐色，后深褐色，不规则形，病健交界不明显，其上散生黑色小点，严重时引致叶片枯死。

病原　*Phoma* sp.，属半知菌亚门，茎点霉属真菌。分生孢子器近球形，褐色，分散埋生于寄主组织中。分生孢子单胞，无色，椭圆形或近圆形，大小 $7～11\mu m×6～7\mu m$。

传播途径和发病条件　以分生孢子器在病叶上越冬。翌春分生孢子借风雨传播辗转为害。

防治方法　参照本书李、奈炭疽病。

李、奈褐斑穿孔病

Plum brown shot hole

彩版 45 · 327

症状 本病主要为害叶片。初于叶面生褐色或红褐色、圆形或近圆形小斑（0.5cm），其上生稀疏灰褐色霉状物，病斑中央部常干枯脱落，穿孔。

病原 *Cercospora circumscissa* Sacc.，属半知菌亚门，尾孢属真菌。分生孢子梗自分生孢子座上形成，丛生，橄榄色，不分枝，直或曲梗状，偶有分隔。分生孢子鞭状，或圆柱形，褐色，直或稍弯，3～10 个分隔，大小 24～120μm×3～5μm。

传播途径和发病条件 以分生孢子或菌丝体在病叶组织中越冬。翌春产生分生孢子，借风雨传播辗转为害。

防治方法 参照本书李奈炭疽病防治。

李、奈疮痂病

Plum scab

症状 本病为害果实、新梢和叶片。果实受害，仅侵害果皮表层组织，且多在果肩部发生。初生暗褐色、圆形小斑，多数病斑扩展连成一片，形成大的紫黑色或黑色霉状污斑，用手抹不掉。严重时，果实表皮皱缩或轻度龟裂，果畸形。新梢受害，病斑为椭圆形，紫褐色，稍隆起，后变灰褐色。严重时致使枝梢干枯。叶片受害，生褐色或紫红色、多角形或不规则形病斑。

病原 *Cladosporium carpophilum* Thum.，属半知菌亚门，丝孢纲，芽枝霉属真菌。菌丝褐色，或黑褐色，分隔，从寄主表皮细胞间长出。分生孢子梗菌丝状，橄榄色或褐色，表面光滑，以芽殖生分生孢子。分生孢子圆柱状，椭圆形，淡色至深橄榄褐色，单生或链生，大小 8～30μm×3～5μm。

传播途径和发病条件及防治方法 参阅本书梅疮痂病。

李、奈红腐病

Plum red rot

症状 本病为害果实。初于果面生褐色至黑褐色圆形小斑，后迅速扩大至果实的大部分甚至全果，软腐状，其上生白色或粉红色霉状物。

病原 *Fusarium* sp.，属半知菌亚门，丝孢纲，镰孢属真菌。分生孢子有大小二型：大型分生孢子镰刀形，3～6 个分隔，无色，大小 30～40μm×3～5μm；小型分生孢子单胞，圆形，无色，大小 $3\sim8\mu m\times4\sim9\mu m$。

传播途径和发病条件　以分生孢子在病果组织或病残体上越冬，翌年果实近成熟时，借风雨传播辗转为害。高温多雨病重。

防治方法　参照本书李、奈炭疽病。

李、奈根癌病

Plum crown gall

症状　本病为害根颈和根系，病部形成瘤状癌肿，大小不一，初为乳白色，或与新根同色，表面光滑。后逐渐增大，如拳头大小或更大，色渐变深褐或黑褐色，表面粗糙，开裂，受害植株生长不良，矮小，夏季遇干旱叶片易萎蔫发黄。严重时，引致苗木或幼树成片死亡，成年树大为减产或绝收。

病原　*Agrobacterium tumefaciens*，属根癌土壤杆菌。细菌菌体短杆状，单生或连生，大小为 $1.2\sim5\mu m\times0.6\sim1\mu m$，$1\sim4$ 根周生鞭毛，有荚膜，无芽孢。革兰氏染色阴性。发育最适宜温度为 22℃，最高温为 34℃，最低温为 10℃，致死温度为 51℃（10min）。发育最适 pH 7.3，范围为 pH $5.7\sim9.2$（图 2-18）。

传播途径和发病条件　以菌体在癌瘤组织的皮层内越冬，或在癌瘤破裂脱皮时，进入土壤中越冬（在土中能存活 1 年以上）。雨水和灌溉水是传病主要媒介。此外，地下害虫如蛴螬、蝼蛄、线虫等，在病害传播上亦起很大作用。苗木和土壤带菌，是远距离传播的重要途径。癌瘤形成与温度关系密

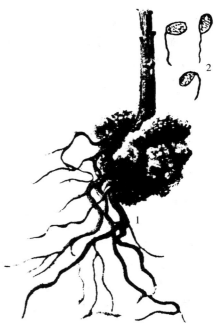

图 2-18　李根癌病
1. 症状　2. 病原

切，最适温为 22℃，18℃或 26℃形成小瘤，$28\sim30$℃时，不易形成癌瘤，30℃以上则几乎不能形成。酸性土壤不利于发病。病菌在 pH $6.2\sim8.0$ 范围内，均能致病。当 pH 5 以下时，带菌土壤不能引致发病。土壤黏重，排水不良，发病重；土质疏松，排水良好的沙质土或沙质壤土发病少。嫁接方式与发病有关。切接苗木伤口大，愈合较慢，伤口与土壤接触时间长，发病率高；芽接苗木接口在地表以上较高，伤口小愈合快，很少发病。

防治方法　①苗木检查和消毒。对用于嫁接的砧木苗在移植时应进行检查，出圃的嫁接苗尤应认真检查，发现病苗应予淘汰并集中烧毁。调出苗木应于萌芽前，将嫁接口以下部位，用 1%硫酸铜液浸泡 5min，后放入 2%石灰水中浸 1min，或以 K$_{84}$制剂，每毫升含 10^6 菌量，用于浸根，浸接穗，或嫁接伤口的保护。②加强栽培管理，改进嫁接方法。选择无病区作苗圃或用无病土营养钵育砧苗；应用芽接法育苗，嫁接工具使用前后，须用 75%酒精

消毒；碱性土壤，应适当施用酸性肥料，增施有机肥（如绿肥），改变土壤 pH。施用 K_{84}（放射土壤杆菌）生物制剂育苗，砧木种子用 K_{84} 每毫升含 10^6 菌量浸种后播种，嫁接苗则应用 K_{84} 涂抹伤口保护。③癌瘤处理。定植后发现根颈或根部有癌瘤时，应立即彻底切除，后用 100 倍硫酸铜液、或 50 倍抗菌剂 402 溶液消毒切口，再外涂波尔多浆保护，亦可用 400 单位链霉素涂抹切口，外加凡士林保护。切除的癌瘤应立即集中烧毁。病株四周的土壤，用 402 抗菌剂 2 000 倍液灌注消毒。④及时防治地下害虫。⑤生物防治。除上述处理外，还可用放射土壤杆菌（每克含 200 万活芽孢）可湿性粉剂加 1 倍水调匀蘸根或刮除根瘤后涂抹。

李、柰煤烟病

彩版 45 · 328

症状 为害叶片、枝梢和果实，表面产生黑色粉状物，易脱落。严重发生时，叶面布满黑色粉状物，影响光合作用，引起树势衰弱、叶片早落。

病原 *Capnodium* sp.，称煤炱，属子囊菌亚门煤炱属真菌。菌丝细胞膨大成唸珠状，有的菌丝局部断裂成桶状的分生孢子，分生孢子器具长喙，黑色，直径 $40\sim60\mu m$，产生许多无色卵形的分生孢子，$2\sim4\mu m\times1.5\sim2.5\mu m$。未见有性阶段。

传播途径和发病条件 本病全年均可发生，以 5～8 月发病较重，在介壳虫、蚜虫等发生为害重的果园，会诱发本病、发生亦重。株间湿度大、通风透光差、植株荫蔽的果园，有利本病发生。

防治方法 ①治虫防病，及时防治介壳虫、蚜虫等害虫。②加强果园管理，做好采后修剪和雨后排水工作，改善果园生态条件，以利通风透光，增强树势。③喷药防治。初发时可选用 40% 克菌丹可湿性粉剂 400 倍液，40% 多菌灵悬浮剂 600 倍液，或 1∶1∶100 波尔多液喷治，15 天左右喷一次，视病情酌治 1～2 次。

李、柰白粉病

Plum powdery mildew

症状 李、柰常见病害，叶、枝梢、果实均可发生。病叶多在叶背产生白粉状物，叶面呈现紫红色不规则斑纹；幼叶染病，其叶面不平、呈波浪状；发病后期，叶背产生菌丝丛及小黑点，病叶早落。枝梢受害后表面出现白粉状物，后期产生菌丝丛。果实发病后表面呈现淡褐色、稍凹陷、硬化病斑，斑面初期形成白粉状物及菌丝丛。

病原 *Podosphaera tridactyla*，为叉丝单囊壳，属子囊菌亚门，叉丝囊壳属真菌。菌丝体叶两面生，形成无定形白色薄斑，消失至近存留。闭囊壳散生至近聚生，球形、近球形，暗褐色，直径 $85.0\sim100.0\mu m$；壳壁细胞不规则多角形，直径 $7.5\sim12.5\mu m$。附属丝 2～4 根；簇生于闭囊壳顶部，顶端双叉式分枝 3～5 次，第一次分枝特长，向两边成钝角平展，或近平角，末枝钝圆或平截，短，不反卷；主干直或弯曲；全长略近等粗，但局部不匀；壁平滑，较厚，但不愈合；3～5 横隔，末隔以上的顶端无色，其下部分淡褐至深褐色，基部均深褐色；同一闭囊壳上的附属丝长短不等，长 185.0～240.0μm，基部宽 6.5～7.5μm，顶端宽 5.5～7.5μm。子囊 1 个，近球形，近无柄，69.0～79.0μm×66.5～72.5μm。子囊孢子 8 个，卵形、偏卵形、矩圆形或矩圆卵形，无色，17.5～25.0μm×10.0～15.0μm。

传播途径和发病条件　病菌在脱落的病叶上越冬，翌年产生子囊壳或分生孢子，借风、雨传播、蔓延。

防治方法　①冬季清园。扫除落叶，集中烧毁，减少初侵染源。②药剂防治。发病初期可用 20％三唑酮乳油 1 500～2 500 倍液，或 30％特富灵（氟菌唑）可湿性粉剂 1 500～2 000 倍液喷治，间隔 10～15 天喷一次，视病情酌治 2～3 次。

李、柰细菌性黑斑（穿孔）病

Plum bacterial hole

彩版 45·329，彩版 46·330

症状　又称细菌性穿孔病。叶、枝梢和果实均可发生，以叶片被害为主。叶片染病初期为水渍状小圆斑，后逐渐扩大为直径 2～3mm 的圆形或近圆形褐色病斑。病斑边缘有黄、绿色晕环，潮湿时病斑背面常溢出黄白色黏性的菌脓。病斑干枯后边缘形成一圈裂缝，容易脱落穿孔。枝梢发病后形成溃疡症状出现小疱斑或暗紫色凹陷斑，病斑表面开裂，潮湿时溢出黄白色菌脓。果实初侵染时表现为褐色水渍状圆斑，稍凹陷，后期病斑呈褐色，稍有扩大，遇天气干燥时，病斑常开裂。

病原　*Xanthomonas campestris* pv. *pruni* (Smith.) Dye. 为甘蓝黑腐黄单胞菌桃、李致病变种。细菌菌体短杆状，大小为 0.67μm×1.37μm，两端钝圆，极生鞭毛 1 至数根。格兰氏染色阴性。病菌发育温度 3～37℃，最适温度 24～28℃，致死温度 51℃。

传播途径和发病条件　病菌在枝条皮层组织内越冬、翌年春季形成溃疡病斑。开花后病菌由病部溢出，借风雨传播，从叶片气孔、枝条和果实的芽痕、皮孔等自然孔口侵入。温暖多雨及雾重的天气，有利发病，果园管理粗放、树体长势衰弱的发病亦重。品种间对本病的抗性存在差异。

防治方法　①加强果园管理、增强树体抗病力。具体可参观李疮痂病炭疽病等的防治方法。②喷药防治，发芽前可喷施 5 波美度石硫合剂或 1：1：100 波尔多液。初芽及叶初展期间选用 72％农用链霉素可湿性粉剂 3 000 倍液、20％龙克菌悬浮剂 500～600 倍液、25％叶青双可湿性粉剂 500～800 倍液进行喷治。

李 假 痘 病

Plum pseudopox

彩版 46·331

症状 染病后果面出现环斑或形态各异的灰蓝色洼陷病斑，用手按之，病斑坚硬，用刀切时，可见病部只限于果皮，不侵入果肉。

病原 Apple chlorotic leaf spot Trichovirus（ACLSV）称苹果褪绿叶斑病毒，纤毛病毒属。病毒粒体线状，弯曲，大小为 600～825nm×12nm，具明显横纹。螺旋对称，螺距 3.8nm。钝化温度为 52～55℃。稀释限点 10^{-4}，体外存活期（20℃）约 1 天。

传播途径和发病条件 病毒通过无性繁殖材料和汁液传播，尚未发现自然传毒介体。植株之间传播主要靠芽接或嵌芽接，潜育期 9～10 个月。草本寄主有昆诺阿藜，可通过机械接触传染。指示植物有两种桃，即 *Prunus persica* cv. Elberta 和 *Prunus persica* cv. GF 305。可侵染李、杏、桃、甜樱桃、苹果等多种蔷薇科植物。

防治方法 培育和种植无毒苗是防治本病的根本措施，而从来源可靠处获得无毒苗木是防治本病的关键。一年生苗木经 37～38℃热处理 1 个月，然后取梢尖繁殖，可获得无毒苗；通过茎尖培养也可获得无毒苗。

李、奈根结线虫病

Plum root knot nematode

彩版 46·332

症状 本病为害根部，受害根部形成根瘤。根瘤初期乳白色。表面光滑，后变为褐色至黑褐色，大小 0.5～1.5mm。严重时，新根上形成许多根瘤，串珠状，后根系变黑色，甚至腐烂，影响植株生长。

病原 *Meloidogyne incognita*，属垫刃目，根结科，根结线虫属，为南方根结线虫。雌雄异型。雄虫线状，雌虫梨形（图 2-19）。

鉴别特征 背弓高，近方。侧区侧线明显，平滑至波浪纹，有断裂纹和叉状纹。角质膜纹粗，平滑至波形，有时呈"之"字形纹。尾端常有明显的轮纹。

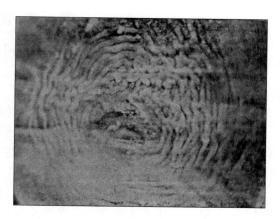

图 2-19 李、奈根结线虫病雌虫会阴花纹
（引自《果树病虫害防治图册》）

传播途径和发病条件及防治方法 参阅本书猕猴桃根结线虫。

李、奈粗皮病

Plum roughbark disease

彩版 46·333

症状　本病主要为害树干和枝梢。病株主干或枝梢表皮密生成许多疣状小突起，如沙鱼皮，表皮粗糙，木栓化，龟裂。引致植株生长衰弱，矮小，严重时枝梢枯死，终至全株枯死。

病原　病因未明。初步确定为缺硼引起。

防治方法　在生长期于叶面喷射0.2％硼砂，结合土壤施用硼砂效果更好。

李、奈皱果病

Plum curly fruit

彩版46·334

本病又称缩果病，是李、奈园一种果实病害，因果实皱缩而影响产量和品质。

症状　从果实开始膨大至近成熟期间均可发生。一般多在果实成熟前后出现失水、皱缩、干瘪，挂在树上。

病因　病原性质尚未明确。采收前遇低温多雨或高温干旱天气有利发病，果园土质瘠薄、果枝干枯等较易发病。

防治方法　参考枇杷皱果病。

李、奈黄化症

Plum yellowing

彩版46·335

症状　多以新梢顶端的嫩叶出现症状。叶肉黄色，叶脉保持绿色，呈绿色网状纹。

病因　由缺铁引起的一种生理性病害。土壤含有碳酸钙或其他碳酸盐过多，铁素易被固定成不溶性化合物而造成土壤缺铁，在一些灌水过多的果园，由于铁素易被淋失，也会引起缺铁。

防治方法　①改良土壤。增施有机质肥，行间套种绿肥。②搞好果园排灌水，避免果园积水或干旱。③补充铁元素。可在改土和增施有机质肥的基础上于李树发芽前，喷施0.3％～0.5％硫酸铁溶液。生长期需重复喷用多次，方可收效。

李（奈）缺锌症

Plum zine deficiency

彩版46·336

症状　新梢顶部生长的叶片较正常的小，新梢节间短、顶部叶聚在一起，形成簇状，也称小叶病。

病因　缺锌引起的一种生理性病害。沙地果园土质瘠薄，含锌量低、透水性好和灌水过多的果园，可溶性锌盐易流失，发病较重。土壤黏重，根系发育不良的和施用化肥尤其是氮肥过多（树体需锌量增加）的果园易出现缺锌症。

防治方法　①土壤改良、增施有机肥，降低土壤 pH，释放被固定的锌元素，以利树体吸收利用。②补充锌元素。树体发芽前可喷 3％～5％硫酸锌或发芽初期喷施 1％硫酸锌和花后 3 周喷 0.2％硫酸锌加 0.3％尿素，均可明显减轻症状。

18. 梅病害
Diseases of Mume

梅 炭 疽 病
Mume anthracnose

彩版 47·337～340

症状　本病主要为害苗木及幼树，造成苗木全株枯死，幼树枝梢干枯，成龄树早期落叶。叶片受害，叶上呈现圆形或近圆形病斑，直径 1～3mm，褐色或紫褐色，后期病斑中央灰色至灰白色，边缘紫红色，其上生许多小黑点（分生孢子盘）。枝梢受害，生椭圆形病斑，初呈褐色、紫褐色，后期病斑中央变灰白色，其上生许多小黑点，严重时造成大量早期落叶，幼苗或幼树枝梢枯死。

病原　有性阶段为 *Glomerella cingulata*（Stonem.）Spauld et Schrenk，属子囊菌亚门，小丛壳属的围小丛壳。无性阶段为 *Colletotrichum gloeosporioides* Penz.，属半知菌亚门，刺盘孢属的盘长孢状刺盘孢。分生孢子盘圆形、椭圆形，黑褐色，刚毛有或无，有时数量少，直立，浅褐色至褐色，顶端色淡而钝。产孢细胞瓶梗型。分生孢子圆筒形，单胞，无色，2 个油球，内含物颗粒状，两端钝圆至钝。子囊壳近球形，基部埋生于子座中，散生，咀喙明显，孔口处暗褐色。子囊棍棒形，单层壁，内有 8 个子囊孢子，无侧丝。子囊孢子单行排列，单胞，无色，长椭圆形至纺锤形，直或稍弯（图 2-20）。

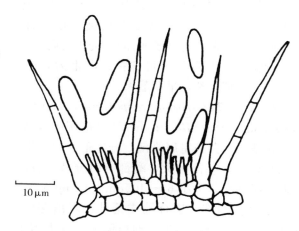

图 2-20　*Colletotrichum gloeosporioides* Penz. 的分生孢子盘、刚毛、产孢细胞及分生孢子
（引自《广东省栽培药用植物真菌病害志》）

传播途径和发病条件　主要以菌丝体或分生孢子潜伏在寄主枝梢、叶片上和病残组织

中越冬。果实贮藏期间的菌源，来自田间病果。翌年春季产生分生孢子，借风雨及昆虫传播，孢子萌发后，经气孔、皮孔、伤口，或直接由表皮侵入叶片、嫩梢、幼果，辗转为害。本病发生流行要求高温（24～32℃）、高湿，特别是嫩梢与开花期，遇多雨重雾，常严重发生。

防治方法 ①加强栽培管理。搞好冬季清园，结合修剪剪除病枝梢、病叶，扫除地面病残枝叶，集中烧毁。②喷药防治。开花期自盛花（花开 2/3 左右）开始，喷射 20％施保克乳油 1 000～1 500 倍液、80％炭疽福美可湿性粉剂 600～800 倍液、25％炭特灵可湿性粉剂 500～600 倍液，每次间隔 10～14 天，连喷 3～5 次。

梅 疮 痂 病

Mume scab

彩版 47·341

症状 本病主要为害叶片和果实。叶片受害，于叶上生圆形、暗色病斑，叶背生黑色霉状子实体。果实受害，于果上生圆形、淡褐色病斑，大小 2～4mm，常多个病斑互相融合，其上密生黑色霉状物（子实体）。为害轻时，无明显影响，其上霉状物可抹掉；严重为害时，则果小，病部开裂，早期落果。

病原 *Cladosporium carpophilum* Thuem. (*Venturia carpophila* Fischer.)（疮痂病），属半知菌亚门，芽枝霉属真菌。分生孢子梗单生，或数根簇生，基部稍大，端部有时分枝，直或稍曲，榄褐色，大小 62～105μm×4～6μm。产孢细胞多在端部，呈合轴或延伸，多茁芽殖，顶生或间生，近圆筒形，孢痕明显。分生孢子单生或串生，呈假链状分枝，圆筒形至长梭形，

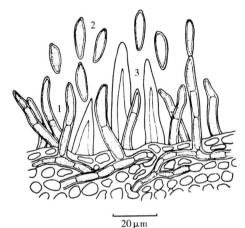

图 2-21 *Cladosporium carpophilum* Thuem.
1. 分生孢子梗　2. 分生孢子　3. 叶毛
（引自《广东省栽培药用植物真菌病害志》）

淡榄褐色，多数无隔，光滑或微疣，孢痕凸出于一端或两端，大小 7～26μm×3.5～4.5μm，众多分生孢子聚成小而较松的分生孢子头（图 2-21）。

传播途径和发病条件 以菌丝体在枝梢病部越冬，翌年 4～5 月间，产生分生孢子，经风雨传播，为初侵染来源。5～6 月发病最盛。幼果期因果面茸毛稠密，不易受病菌侵染，一般在花谢后 6 周的果实才开始被害。病菌在果实上的潜育期较长，为 40～70 天；在新梢及叶片上的潜育期为 25～45 天。当年生的枝梢被害后，夏末才显现症状，至秋季始产生分生孢子，这些病斑上的病菌，是翌年初侵染的主要来源。本病菌除为害梅外，尚可侵害桃、李、柰。

枝梢病斑在 10℃以上时，开始形成分生孢子，以 20～28℃为最适宜，孢子萌发温度

范围为 10～32℃，以 27℃ 最为适宜。多雨、潮湿天气有利于分生孢子的传播。因此，春季和初夏降雨多是影响本病发生的重要条件。果园地势低洼，排水不良，树冠郁闭，通风透光不良，均能促进发病。

防治方法 ①加强果园栽培管理。搞好冬季清园，结合修剪，清除病枝梢，扫除病落叶、落果，集中烧毁，减少初侵染源。适度整形修剪，使树冠通风透光良好，降低果园湿度，可减轻发病。②喷药保护。春季萌芽前，喷射 5 波美度石硫合剂一次。落花后半个月至 6 月间，每隔 10～15 天，喷射一次 75％二噻农可湿性粉剂 700～800 倍液，或 65％代森锌可湿性粉剂 500 倍液，或 75％百菌清可湿性粉剂 800～1 200 倍液。

梅 干 腐 病

Mume stem rot

彩版 47 · 342

症状 本病主要为害枝梢，一般多发生于主枝和侧枝的交叉处。病部渐次干枯，稍凹陷，病健交界处常开裂，干枯处病皮逐渐翘裂、剥离，流出胶液。后期病部表面生出许多小黑粒，即子囊座和分生孢子器。冬季遭受冻害，果园栽培管理不善，树势衰弱，病部可深达木质部，但通常只限于皮层受害。

病原 *Botryosphaeria berengeriana* de Not.〔＝*B. ribis*（Tode.）Gross. et Dugg.（干腐病）〕，属子囊菌亚门，葡萄座腔菌属真菌。子座呈梭形，内含 1 或 2～3 个假囊壳。假囊壳扁圆形，近球形，黑褐色，有孔突，大小 250～384μm×220～365μm。子囊棍棒形，壁厚，无色，大小 50～110μm×19～30μm，子囊间混生拟侧丝，子囊孢子 8 个，不规则排成 2 列，椭圆形，单胞，无色至黄褐色，25～34μm×11～16μm。分生孢子器近球形、扁球形，有时与假囊壳混生于一子座中，大小 110～205μm×115～185μm。分生孢子近梭形、卵圆形，无色至榄褐色，大小 10～21μm×3～5μm（图 2 - 22）。

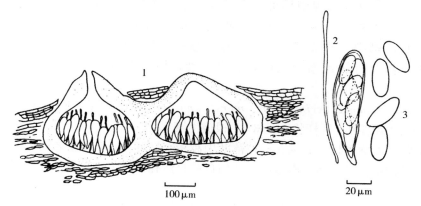

图 2 - 22 *Botryosphaeria berengeriana* de Not.
1. 子座及假囊壳　2. 子囊、子囊孢子及侧丝　3. 子囊孢子
（引自《广东省栽培药用植物真菌病害志》）

传播途径和发病条件 春末夏初，症状明显，有的梅园发病较多，群众称"流胶病"。以分生孢子器假子囊壳在病部越冬，翌年春、夏由伤口侵入，如锯口，枯芽处病中心引起的伤痕及枝干增粗过程中树皮生理裂口。

防治方法 ①加强肥水管理，冬季刷白，防霜冻害。②春末夏初刮除病部，及时用杀菌剂涂抹伤口（具体药剂种类参阅本书李、奈干腐病）。

梅 白 粉 病

Mume poudery mildew

彩版 4·343

症状 夏季叶片感病，果实果面 5 月开始出现白色粉状，扩大至果面一半，后期果皮组织干枯，成浅褐色，凹陷，硬化龟裂。

病原 *Podosphaera tridactyla*，称叉丝单囊壳，属子囊菌亚门叉丝单囊壳属真菌。

防治方法 ①发病期喷 0.3 波美度石硫合剂，或 25％粉锈宁可湿性粉剂 1 500～2 000 倍液，或 12.5％速保利（烯唑醇）可湿性粉剂 3 000～4 000 倍液 1～2 次。②秋季落叶后清园。

梅 溃 疡 病

Mume canker

彩版 47·344，彩版 48·345

症状 小枝枯死，严重者大树死亡。为害枝干、叶片、花和果实，主要为害二年生枝条和果实。叶展后新叶生水渍状初紫红色后变黑褐色、不规则形病斑，大部分穿孔，早期不脱落。花在开花过程中均可被害，多发生在病斑较多的枝条上，花呈褐色水渍状腐烂。果实受害初生针头大小病斑，扩大后黄型病斑黑色水渍状，直径 2～10mm，周围生紫红色的晕圈。枝条感病多为二年生枝条，病斑紫红色后期为长形褐色病斑，上有小裂缝，潮湿时病斑溢出菌脓，病斑龟裂，周围形成隆起的愈伤组织。易被风折断。

病原 *Pseudomonas syringae* pv. *morsprunorum*（Wormald）Young，Dye et Wilkie，为极毛杆菌属细菌。短杆状，具 3～4 根极生鞭毛。

传播途径和发病条件 病菌在病枝落叶中越冬，次年 3～4 月在老病斑上扩展，病斑开裂，春雨后溢出菌脓，借风雨传播，从伤口或自然孔口侵入，落花后 1 个月内为叶及果实发病盛期。

防治方法 ①选用无病苗木，注意果园通风，种植防风林。②药剂防治。落花后发病盛期喷射农用链霉素 100～200mg/kg，或 75％二噻农可湿性粉剂 700～800 倍液，或 95％敌克松可湿性粉剂 500 倍液。③冬季清园，剪除病枝。

梅 膏 药 病

Mume felt fungus

彩版 48 · 346

病状 灰色膏药病在我国多种果树上均可发生，在桃、李、梅树上常可发生。在树枝干上生圆形或不规则形的菌膜，像贴膏药状，初呈灰白色或暗灰色，表面比较光滑，最终由灰白色变为紫褐色或黑色。

病原 *Septobasidium bogoriense* (Schw.) Pat.，属担子菌亚门，隔担菌目，隔担耳属真菌。表生于介壳虫体上，菌丝无锁状联合，每个担子上生 4 个担孢子，担孢子有明显的梗，菌体分 2~3 层，每层形成小室和坑道，昆虫可潜居其中。

传播途径和发病条件 病菌以菌膜在被害枝干上越冬，6~7 月间，产生担孢子，通过风雨或昆虫传播，生长期病菌以介壳虫的分泌物为养料，所以在介壳虫发生严重的果园，此病发生严重。

防治方法 ①及时防治介壳虫。②刮除枝干上的菌膜，集中收集烧毁，在病部涂抹 5 波美度石硫合剂。③加强栽培管理，增施有机肥。

梅 灰 霉 病

Mume grey mould

彩版 48 · 347

症状 为害花果。幼果受害影响生长，重则造成落果，严重影响产量，成熟果受害形成凹陷病斑，降低商品价值。开花末期幼果在花瓣脱落后，雄蕊和萼片为茶褐色或赤褐色，并在其上长出灰色霉层，即分生孢子梗和分生孢子。侵害幼果，发病严重时，大量落果；发病轻时，病果不易脱落，在树上成僵果。果实受害初生黑色小病斑，随果增大，成淡褐色凹陷病斑，呈同心轮纹状。

病原 *Botrytis cinerea* Pers.，属半知菌亚门葡萄孢属真菌。分生孢子梗灰色，丛生，顶端膨大，上有小突起，分生孢子单生于小突起上。分生孢子球形或椭圆形，单孢，无色或淡色，大小为 $9\sim15\mu m\times6.5\sim10\mu m$。

传播途径和发病条件 寄主范围广，寄生作物种类多，梅园外蔬菜、花卉、杂草都为梅侵染源，受侵花器为果实初侵染源。2~31℃均可发生，最适温度为 23℃。花瓣脱落时至幼果期，降雨多，发病重，昼夜温差大，发病重。结果多树和幼树，发病重。品种不同抗性亦异。

防治方法 ①加强栽培管理，注意果园通风透光，清除病残体，搞好肥水管理，增强树势，提高抗性。②开花期和幼果期喷药保护幼果，可选用 70%甲基硫菌灵超微可湿性粉剂 1 000~2 000 倍液，或 50%速克灵可湿性粉剂 2 000 倍液，或 50%农利灵可湿性粉剂 1 000～1 500 倍液，或 50％福美双可湿性粉剂 500～800 倍液等药剂，注意交替使用。

梅 锈 病
Mume rust

症状　春季萌芽期开始发病，6 月中、下旬果实收获时发病停止，萌芽时染病叶及花芽异常，叶变厚而狭细，呈丛生状，叶面生有圆形、椭圆形等多种形状的鼓胀突点，后变为橙黄色，破裂散出橙黄色粉状物。

病原　*Blastospora smilacis* Dietel.，属担子菌亚门苗痂锈菌属真菌。

防治方法　及时剪除病枝叶烧毁或掩埋。发病初期可喷 25％粉锈宁可湿性粉剂 1 500～2 000 倍液，或 10％世高水分散粒剂 1 000～1 500 倍液。

梅 白 霉 病
Mume white mould

症状　病斑不明显，叶面呈黄色斑驳状，受叶脉限制，叶背生白色霉状物，即病原菌的子实体，通常叶片不枯死。

病原　*Miuraea degenerans* （H. & P. Syd.）Hara.（半知菌亚门，三浦菌属真菌）（＝*Clasterosporium degenerans* Syd.，属半知菌亚门，刀孢霉属真菌）。菌丝体自寄主气孔伸出，叶背面生无色菌丝，宽 2.5～3μm，分生孢子梗短小；分生孢子初期长椭圆形或梭形，顶生，单生，直或稍弯，无色，后期有的孢子呈褐色，3～7 隔膜，偶有 1～2 个纵隔，无或稍缢缩，大小 20～37μm×4～7μm（图 2-23）。

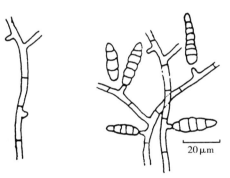

图 2-23　*Clasterosporium degenerans* Syd.
的分生孢子梗和分生孢子
（引自《广东省栽培药用植物真菌病害志》）

传播途径和发病条件　普遍发生，为害轻，一般在 10、11 月发生，分生孢子在病部越冬，翌年秋，分生孢子经风雨传播，自气孔侵入。

防治方法　参照本书梅炭疽病。

梅 轮 斑 病
Mume ring rot

症状　主要为害叶片，病斑圆形，近圆形，灰白色，有 2～3 圈轮纹，边缘红褐色，大小 3～8mm，后期病斑也生出黑色小粒点的分生孢子盘。

病原 *Pestalotiopsis adusta*（Ell. et Ev.）Stey.，称茶褐斑拟盘多毛孢，属半知菌亚门，腔孢菌纲，黑盘孢菌目，拟盘多毛孢属真菌。分生孢子初埋生，后突破表皮外露散生，大小 188～232（214）μm；产孢细胞圆筒形，环痕式产孢；分生孢子 5 个细胞，长纺锤形，大小为 15.0～19.0（17.0）$\mu m \times 4.8～5.6$（5.1）μm；中央 3 个细胞榄褐色，总长 7.6～12.0（10.5）μm，基细胞倒圆锥形，无色。具长约 2.6μm 的短柄，顶细胞无色，具 3 根无色的附属丝，附属丝长 6.2～8.2（7.1）μm（图 2-24）。

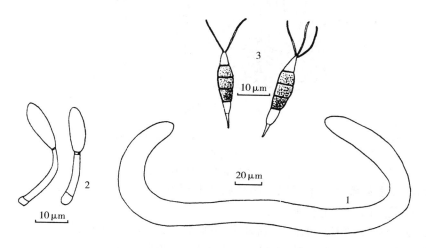

图 2-24　*Pestalotiopsis adusta*（Ell. et Ev.）Stey.
1. 分生孢子盘　2. 刚开始形成分生孢子时的产孢细胞　3. 分生孢子
（引自《广东省栽培药用植物真菌病害志》）

传播途径和发病条件　本病以分生孢子在病叶上越冬，翌年环境条件适宜时，分生孢子散出，风雨传播，普遍发生，但为害轻。

防治方法　以农业措施为主，做好冬季清园工作，加强栽培管理，提高树体抗性。结合梅的炭疽病防治可以减轻为害。

梅 穿 孔 病

Mume shot hole

彩版 48·348

症状　主要为害成叶，病斑圆形，直径 1～3mm，中央灰色，边缘红褐色，主要在叶背面生黑色霉状物，即病原菌的子实体，病斑最终穿孔。

病原 *Pseudocercospora circumscissa*（Sacc.）Y. L. Guo et X. J. Lia＝*Cercospora circumscissa* Sacc.，属半知菌亚门，假尾孢属真菌。子实体叶两面生，主要叶背生，子座多在气孔内，分生孢子梗 15～20 根丛生，榄褐色，顶端较狭，不分枝，短，0～2 个膝状节，0～1 个隔膜，12～36$\mu m \times 3～5\mu m$，产孢细胞合轴生，孢痕不显著，较小，直径

1.5～1.8μm，分生孢子针形或倒棒状，榄褐色，直或弯，基部倒圆锥形；孢痕多数不清晰，少数明显，顶端略尖，多隔膜，大小21～120μm×3～4.5μm（图2-25）。

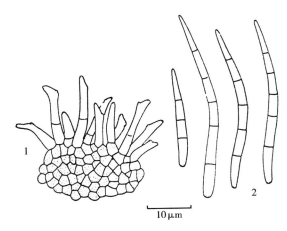

图2-25　*Pseudocercospora circumscissa*（Sacc.）Y. L. Guo et X. J. Liu
1. 子座及分生孢子梗　2. 分生孢子
（引自《广东省栽培药用植物真菌病害志》）

传播途径和发病条件　本病以子座在病叶上越冬，翌年9～11月发生，一般不重，但个别年份遇低温多雨，发生较重。

防治方法　①加强梅园管理。搞好果园排灌系统，增施有机肥，合理修剪，增强通透性。②药剂防治。采果后，喷射70％代森锰锌可湿性粉剂500倍液，或70％甲基硫菌灵超微可湿性粉剂1 000倍液，或75％百菌清可湿性粉剂700～800倍液。

梅 斑 点 病

Mume spot disease

症状　为害成叶，病斑圆形、近圆形，病斑中央灰白色，边缘褐紫色，其后于病斑上生黑色小点，即病原菌子实体。

病原　*Phyllosticta bejeirinakii* Vuill.，属半知菌亚门，叶点霉属真菌。分生孢子器埋生在叶面组织内，暗褐色，散生，后突破叶面表皮，扁球形，直径107～119（111）μm×89～107（96）μm，无分生孢子梗；产孢细胞近筒形，环痕式产孢；分生孢子椭圆形，无色，单胞，大

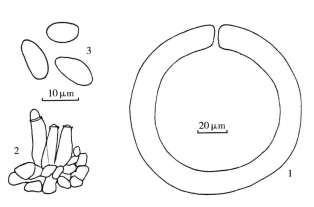

图2-26　*Phyllosticta bejeirinakii* Vuill.
1. 分生孢子器　2. 产孢细胞　3. 分生孢子
（引自《广东省栽培药用植物真菌病害志》）

小 9～12（10）μm×5～6（5.5）μm（图 2-26）。

本病以分生孢子器在病部越冬，翌年环境适宜时，通过风雨传播，转辗侵染。

防治方法 参阅本书梅穿孔病。

梅 叶 斑 病

Mume leaf spot

症状 主要为害叶。受害叶初生褐色小点，扩展后为圆形或近圆形病斑，中央灰白色，边缘红褐色，2～4mm，后期病斑上生出小褐点，为病原菌的假囊壳。

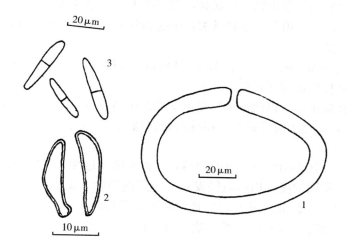

图 2-27 *Mycosphaerella* sp.
1. 假囊壳 2. 子囊 3. 子囊孢子
（引自《广东省栽培药用植物真菌病害志》）

病原 *Mycosphaerella* sp.，属于囊菌亚门，腔菌纲，座囊菌目，座囊菌科，球腔菌属真菌。假囊壳叶面生，扁球形，散生，褐色，初埋生，后突破表皮外露，90～95（93）μm×63～66（4）μm，壳壁黄褐色；子囊圆筒形、近圆筒形，双层壁，27～35（30）μm×8.5～11（9.4）μm；子囊孢子 8 个，双列，长梭形或近棍棒形，无色，中间有一隔膜，分隔处稍缢缩，下面的细胞较窄，10～13（11）μm×2.2～3.0（2.5）μm。

传播途径和发病条件 老叶发病，病菌在病叶上越冬，翌年环境适宜时，孢子借风雨传播，转辗侵染，一般年份发病时期在 10～11 月份，发病较轻。

防治方法 参阅本书炭疽病防治。

19. 无花果病害
Diseases of Fig

无 花 果 锈 病
Fig rust

彩版 48 · 349～351

症状 主要为害叶片。叶受害后，背面初生黄白色小疱斑，随后病斑色泽加深，呈黄褐色斑隆起，继而破裂，散出锈色粉状物，为害严重时，疱斑密布，且可连成大小不等的斑块，叶面被锈色粉状物覆盖。疱斑破裂，引起病叶蒸腾失水加剧，叶片部分或大部分焦枯或卷缩，叶片早落。

病原 *Phakopsora fici - erectae* Ito. et Otani. 和 *Uredo sawadae* Ito. 分别属担子菌亚门的层锈菌属和夏孢锈菌属真菌。

传播途径和发病条件 以菌丝体和夏孢子堆在病部越冬，以夏孢子借助气流传播。主要在 8～9 月发生，湿度大时发病重。植株荫蔽、通气差的果园，有利于发病，偏施氮肥的植株容易感病。

防治方法 ①加强果园管理，及时修剪，改善果园通透性，避免偏施或过施氮肥，雨后及时排水，降低果园湿度，均可减轻发病。②药剂防治，发病初期喷洒 25％粉锈宁可湿性粉剂 1 000～1 500 倍液，或 12.5％速保利可湿性粉剂 3 000～5 000 倍液，或 20％萎锈灵乳剂 400～500 倍液，7～15 天喷 1 次，视病情酌治 2～3 次。

20. 板栗、锥栗病害
Diseases of Chestnut

板栗、锥栗干枯病
Chestnut blight

彩版 49 · 352～353

症状 为害苗木、大树主干和枝条。染病后树皮最初呈现不规则形锈褐色溃疡，病组织柔软，稍隆起，有酒糟气味。后期病部洼陷，露出许多黑色小点，为病原菌的子座，在潮湿环境，溢出许多黄色孢子角。接着病部粗糙开裂，并在溃疡周围形成愈伤组织。病菌由于为害形成层，深入到木质部，把病皮剥开，常见到稍黄色菌丝体，呈扇状，是本病特征。

病原 *Endothia parasitica* （Murr.） P. J. et H. W. Anderson，称寄生内座壳，属子囊菌亚门内座壳属真菌。子座长于皮层，或稍微从树皮露出。通常分开，也有在一起，扁圆锥形，黄色至茶褐色，横径 0.75～3mm，高 0.5～2.5mm。子座内有分生孢子器。分生孢子器内腔无一定形态，多室，内壁密生分生孢子梗。分生孢子梗无色，圆筒形，顶端稍尖，分生孢子圆筒形，无色，单胞，大小 3～4μm×1.5～2.0μm。子囊壳直径 300～400μm，埋生子座内，黑褐色，球形、烧瓶形，有长达 600μm 的细长颈部。子囊长椭圆形，大小 30～60μm×7～9μm。子囊孢子透明，双胞，分隔处缢缩，椭圆形，7～11μm×3.5～5μm。具胶膜。

传播途径和发病条件 病菌以菌丝体及分生孢子器在树皮越冬，春天开始侵染，3～4月病斑扩展最快，此时常引起枝条枯死。以后病斑逐渐停止扩展，5～6月病斑出现孢子角，借雨水传播，从伤口侵染；昆虫和鸟的活动，造成伤口，携带孢子，助长病害的蔓延。干旱、缺肥、冻害和栽植过密等因素，均有利于病害的发生。日本板栗、美洲板栗较感病。

防治方法 ①加强果园管理。包括施肥灌水防治虫害和冬、夏季树干涂白等，使植株生长健壮，提高抗性，减少伤口和防止日灼、冻伤等。②刮除病皮，涂 10 倍浓碱水、1∶5∶15 倍波尔多浆或 40％退菌特可湿性粉剂 50 倍液；清除重病株。③加强苗木检疫，防止病苗传入新区。④选用抗病品种。茅栗、锥栗砧木较抗病。

板栗、锥栗溃疡病（枝枯病）

Chestnut corynium canker

症状 本病为害主、侧枝及一二年生枝条，引起树皮溃烂，枝条枯萎，造成整枝甚至全树枯死。树皮感病初略肿胀，失水后不规则干缩下陷，呈暗褐色，皮孔显著增大，并长有散生或群生小黑点，其周围表皮稍外翘。

病原 *Coryneum kunzei* Corda var. *castaneae* Sacc. & Roum.，称栗棒盘孢，属半知菌亚门，棒盘孢属真菌。分生孢子盘黑色，盘状，埋生于表皮下，成熟后外露。分生孢子梗细。分生孢子褐色，纺锤形，两头尖，向一侧弯曲或直，具 3～4 个分隔，大小 50～75μm×10～14μm。

传播途径和发病条件 病菌以分生孢子盘在病部越冬。树势生长衰弱的植株发病多。

防治方法 ①清除病原。苗圃有病的嫁接苗，应剪掉病部并烧毁，待砧木芽长出后另行嫁接。及时剪除病虫害枝。刮去主干及侧枝上的病皮，然后用 5 波美度石硫合剂或 1％石灰水涂抹。②加强土肥管理，以增强树势，提高抗性。

板栗、锥栗黑腐病

Chestnut dothiorella canker

症状 为害栗实、苗木及大树上的小枝条。采收脱苞后，病栗壳表面即有黑褐色斑块。种仁初期有黑褐色斑点，后期局部或全部变为灰黑色干腐状，种仁表面或内部长有灰黑色菌丝。秋季，栗壳上长出许多黑色瘤状子座。被害苗木根颈嫁接处病斑不明显，被害幼茎和小枝条上产生褐色、凹陷的长圆形或不规则形病斑，后在枯死的苗木和小枝条上产生许多黑色瘤状子座。

病原　*Dothiorella gregaria* Sacc.，称小穴壳菌，属半知菌亚门。此菌在病栗壳内产生黑色子座后顶破壳皮外露，直径 0.5～4mm。每子座内形成数个近圆形、黑色、有孔口的分生孢子器，高 170.9～313.7μm，直径 149.5～339.8μm。分生孢子单胞，无色，纺锤形，大小 17.9～22.1μm×4.8～5.5μm。病菌子座发育良好。病菌在紫外线照射下才能产生孢子。孢子萌芽适温为 20～25℃，最适相对湿度为 100%。菌丝扩展适温为 20～30℃，10℃以下停止生长。

传播途径和发病条件　病菌以菌丝体在落地栗苞及树上病枯枝中越冬，翌年形成分生孢子，为初侵染源。栗苞的外露柱头是病原菌的主要侵染途径，其次是幼嫩苞壳。病菌在 6 月上、中旬至 7 月中、下旬已侵入栗实，到 9 月上旬至下旬采收后，在贮运时才发病，有潜伏侵染现象。病害的发生与 6、7、8 月份的降雨量关系密切，降雨量大则发病率高，降雨量小，则明显降低。品种感病程度有差异，油栗病轻、板栗病重。病菌寄主范围较广，据接种试验，可引起苹果、梨树、泡桐和杨树发病。

防治方法　①冬、春季清除树上、树下病枯枝及落地栗苞，集中烧毁。②花后及栗实生长期喷 50% 退菌特 800 倍液，1∶2∶300 波尔多液，或 70% 代森锰锌 800 倍液。15～20 天喷一次，喷 2～3 次。③加强土肥管理和培蔸，增强树势，提高抗病力。

板栗、锥栗实红粉病

Chestnut pink rot

症状　采收脱苞后，病栗壳表面即有黑褐色斑块。种仁上初期产生黄褐色斑点，后期局部或全部变黄褐色干腐状。病栗壳及种仁表面或内部长白色菌丝或红粉状孢子堆，病栗实由于变质，味苦，不堪食用，丧失经济价值。

病原　*Trichothecium roseum* (Bull.) Link.，称粉红单端孢，属半知菌亚门，单端孢属真菌。菌丝匍匐状。分生孢子梗直立，有分隔，不分枝。分生孢子顶生、单生或成团，双胞，分隔处缢缩，基部细胞较顶细胞小，无色至粉红色，略呈梨形，大小 12～17μm×8～10μm。病原物在寄主表面呈现粉红色薄层，粉状。

传播途径和发病条件　病菌是到处发生的弱寄生菌，从各种伤口侵入寄主。

防治方法　参照板栗黑腐病。

板栗、锥栗白粉病

Chestnut powdery mildew

症状　主要为害叶片、嫩梢及幼芽。发病初期，叶片生近圆形或不规则形褪绿斑块，扩大连片后，于病斑正、反两面，布满灰白色菌丝层及粉霉状分生孢子堆。粉层有的容易消失或不易脱落。秋末在灰白色菌丝层中，产生初为黄白色，逐渐变黄褐色，最后为黑褐色粒状物，即病菌的闭囊壳。嫩叶、新梢、幼芽被害，其表面亦布满灰白色菌丝层和粉霉状分生孢子堆。严重时，嫩梢、叶片畸形，嫩梢、芽枯死。

病原 *Phyllactinia corylea* （Pers.） Karst.，无性阶段为 *Ovulariopsis* Pat. et Har.；*Microsphaera alni* （Wallr.） Salm. =*M. alphitoides* Griffon. et Maublane.，无性阶段为 *Oidium quercinum* Thum.，该病常见病原有两种：一为 *Phyllactinia corylea* （Pers.） Karst.，属子囊菌亚门，球针壳属真菌。闭囊壳球形，黑褐色，外有附属丝5～21根，长度比闭囊壳直径长1～3倍，基部膨大，内有子囊12～30个，近圆筒形至长卵形，柄稍偏生。子囊内含子囊孢子2个，偶有1～3个，单胞，椭圆形，无色。无性阶段为 *Ovulari-opsis* Pat et Har.，属半知菌亚门，拟小卵孢属。菌丝外生，分生孢子梗直立，不分枝。分生孢子单生于分生孢子梗顶端，单胞，无色。另一种为 *Microsphaera alni* （Wallr.） Salm. =*M. alphitoides* Griffon. et Maublanc.，属子囊菌亚门，叉丝壳属真菌。菌丝体生于叶之两面，易消失或不易脱落。闭囊壳较前者小，散生或群生。扁球形，外有附属丝20～24根，硬，无色，无隔，近基部处浅褐色，有一横隔，顶端4～5次双叉分枝，最上层的小枝反卷，内有5～8个子囊，卵形至近球形，有短柄，子囊孢子卵圆形，无色透明。无性阶段为 *Oidium quercinum* Thum.，属半知菌亚门，粉孢属。分生孢子卵圆形，链状着生于分生孢子梗上（图2-28）。

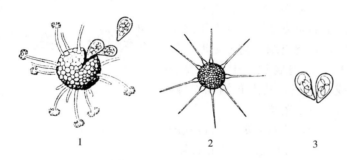

图 2 - 28　栗白粉病病原
1. 叉丝属子囊壳、附属丝、子囊和子囊孢子　2. 针丝属子囊壳和附属丝
3. 子囊和子囊孢子

传播途径和发病条件　以闭囊壳在病落叶和病枝梢上越冬。翌年春末夏初，闭囊壳破裂，释放出子囊孢子，借风雨传播，不断产生分生孢子，辗转为害。秋末，于病叶上产生闭囊壳越冬。一般栽植过密，果园通风透光不良，施用氮肥过多，幼树徒长，新梢不充实，容易发病。一般在4月上旬开始发生，以分生孢子进行重复侵染，6～8月为发病盛期，8～9月间形成闭囊壳。10～11月，闭囊壳成熟并进入越冬阶段。天气干旱，病害蔓延迅速。

防治方法　①加强栽培管理。冬季全园深翻，结合修剪剪除病枝梢，扫除病落叶，集中烧毁或深埋，减少翌年初侵染源。苗圃宜设于通风透光处，播种量要适当，苗木株行距合理。高床深沟，以利排水，不偏施氮肥，增强树势，提高抗病力。②药剂防治。苗木和幼树，于冬末或翌春萌芽前，喷射一次2波美度石硫合剂。发病初期，喷射0.2～0.3波美度石硫合剂，或 5％硫悬浮剂 300～500 倍液，或 25％粉锈宁可湿性粉剂 1 500～2 000 倍液。或 12.5％速保利可湿性粉剂 4 000～5 000 倍液喷雾。每隔 7～10 天喷射一次，连续喷射 2～3 次。

板栗、锥栗炭疽病

Chestnut anthracnose

彩版 49·354

症状 叶片受害，初于叶上产生褐色、不规则形或圆形病斑，多沿叶脉或叶柄蔓延，常有红褐色细边缘。后期，病斑上散生小黑粒点，为病菌的分生孢子盘。早春侵染嫩芽和新梢，初呈水渍状，如开水烫伤，迅速萎蔫，最终引起芽或新梢枯死，潮湿时，其上产生粉红色的分生孢子堆。小枝受害，易遭风折。栗棚受害，于基部出现褐斑，其上生小黑粒点。果实受害，多自果顶开始发病，沿果实侧面扩展到果底部。受害果实的果皮变黑，其上生出灰白色的菌丝体，侵入果肉组织，初近圆形，黑褐色或黑色坏死斑，果肉腐烂，干缩并显空洞，果肉灰白色或浅褐色，其上布满菌丝体。生长期发病，常造成早期落果。

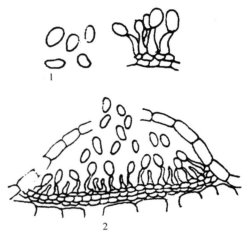

图 2-29 栗炭疽病病原
1. 分生孢子 2. 分生孢子盘
（引自《果树常见病虫害防治彩色图四》）

病原 该菌有性阶段为 *Glomerella cingulata* （Steneman.） Spaulding. et Schrenk.，属子囊菌亚门小壳属的围小丛壳。无性阶段为 *Colletotrichum gloeosporioides* Penz.，属半知菌亚门，刺盘孢属的盘长孢状刺盘孢。分生孢子盘生于表皮下，后突破表皮外露，盘状，无刚毛。分生孢子梗长圆形。分生孢子长圆形，单胞，无色。本菌生育温度 5～35℃，最适温 25℃。有性阶段属子囊菌亚门，围小丛壳属。其形态、生理及寄主范围等，可参看本书柑橘炭疽病部分（图 2-29）。

传播途径和发病条件 以菌丝体在病芽、病枝梢组织内越冬，或在感病落栗棚上越冬。翌年春季栗树萌芽时形成分生孢子，借风雨传播，为害幼芽和新梢，经皮孔或表皮直接侵入，并于病部产生大量分生孢子，辗转为害栗棚。一般从落花后的幼果即可感病，但以生育后期病情发展较快。凡栽培管理粗放、缺肥、枝梢纤弱、栗瘿蜂等害虫较多的栗园，发病普遍且严重。着果期遇雨、日照不足、多雨年份，病害猖獗流行。通常采果后第一个月内为腐烂危险期，这期间若果实失水越多，则烂果越严重。采后栗棚，如大量堆积不予迅速散热，则栗果腐烂严重。采收期气温高达 16～18℃，湿度大时，有利于栗果腐烂。

防治方法 ①加强栽培管理。冬季深翻，结合修剪清除果园内病枯枝叶、病落果、栗棚皮等，集中烧毁或深埋。翌年春季萌芽前，喷射一次 3 波美度石硫合剂。加强土、肥、水管理，以增强树势，提高抗病性。②喷药防治。4～5 月间和 8 月上旬，各喷药一次。常用药剂有 0.2～0.3 波美度石硫合剂，或 0.5％石灰半量式波尔多液，或 65％代森锌可湿性粉剂 800 倍液，或 50％苯莱特可湿性粉剂 2 000～3 000 倍液，或 25％炭特灵可湿性粉剂 600 倍液等。适时防治虫害，特别是栗瘿蜂，可减轻发病。

板栗、锥栗锈病

Chestnut rust

彩版 49 • 355～356

症状 板（锥）栗锈病，只发生在叶片上。发病初期，叶背面散生淡黄绿色小点，后逐渐长出黄褐色突起，即夏孢子堆，橙黄色，圆形。夏孢子堆初堆生于叶背的表皮下，后破裂，散出黄色粉状物，即夏孢子，并于叶正面相对应部位，呈现褪绿色小点，边缘不规则，后变为黄色或暗褐色，无光泽。秋末冬初，冬孢子堆生于叶背表皮下，黄色或黄褐色，稍突起，但不突破叶背表皮。

病原 *Pucciniastrum castaneae* Diet.，称栗膨痂锈菌，属担子菌亚门，锈菌目，无柄锈菌科，膨痂锈菌属真菌。夏孢子堆生于叶背表皮下，圆形，橙黄色，包被顶部开孔，细胞平滑壁薄，侧丝多，棍棒形，无色，平滑。夏孢子卵形至长椭圆形，壁厚，无色，有刺，内含物橙黄色。冬孢子堆多生于叶背，黄色或黄褐色。冬孢子生于细胞之间，以叶表皮下为多，卵形至长椭圆形，壁厚，淡黄色。

传播途径和发病条件 以冬孢子堆在落叶上越冬。一般在 6 月中、下旬开始发病，8、9 月为发病盛期，并开始落叶，9 月下旬，出现冬孢子堆。8～9 月夏孢子数量最大，不断进行再侵染。干旱、气温高的年份和较郁闭的栗园，发病早而严重。

防治方法 ①冬季结合培肥管理和修剪，剪除病枝，连同落叶集中烧毁。②药剂防治。春季萌芽前，用 3 波美度石硫合剂喷射一次。发病初期，喷用 0.3 波美度石硫合剂，或 25％粉锈宁可湿性粉剂 1 500～2 000 倍液，每 667m² 药液用量 50～100kg，每隔 15 天一次，连喷 2～3 次。炎夏晴日喷射，容易发生药害，可改用 20％萎锈灵乳油 800 倍液喷射。

板栗、锥栗果实霉烂病

Chestnut rot

彩版 49 • 357～358

症状 本病主要为害栗果种仁。采收后，在贮运期中，常造成大批栗果发霉腐烂。感病初期，病果外观绝大多数无异常，主要是内部种仁产生各种类型的坏死斑。初期种仁症状，可分为 3 种类型：①褐斑型：以采收、收购期发生较多。种仁生褐色坏死斑。②黑斑型：一般采收期较少发生，但在贮运阶段逐渐增多，随贮运期延长而大量发生，后期愈益严重。种仁生黑色坏死斑。③腐烂型：此类型症状，应是前两类型坏死性斑点的后期症状。此时果肉腐烂，果实内外生有绿色、黑色、白色或粉红色等霉状物，种仁变褐、黑、白色腐烂，或变为僵果，具苦、霉、酸味，不堪食用。

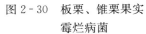

病原　本病由多种真菌侵染所致，常见的有 4 属 6 种，都是由半知菌亚门所引起的。

有性阶段围小丛壳 *Glomerella cingulata*（Stonem.）Spauld. et Schrenk.，无性阶段 *Colletotrichum gloeosprioides* Penz.，参阅本书板栗、锥栗炭疽病病原。

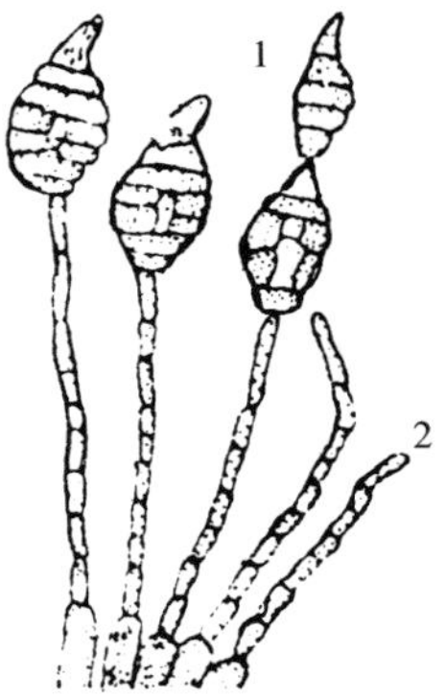

图 2-30　板栗、锥栗果实
霉烂病菌
1. 分生孢子　2. 分生孢子梗

链格孢菌 *Alternaria alternata*（Fr.）Keissl。

镰刀菌 *Fusarium solani*（Mart）App. et Wr.（痂病镰刀菌），*F. moniliforme* Sheld.，（串珠镰刀菌）*F. tricintum*（Cda.）Sacc.（三线镰刀菌），分生孢子较细长。大型分生孢子两端的弯曲度，较中部为大，基部有瘤状突起，或有足细胞，多 3～5 个隔膜，间有 6～7 个隔膜的。3 个隔膜的，$31～60\mu m\times4.6\mu m$，5 个隔膜的，$36～70\mu m\times4.5～6\mu m$。群集时呈褐白色、象牙色至淡褐色，或因子座的绿蓝色或草褐色渗入而呈铜绿色、灰色、咖啡色以至黑色。厚垣孢子顶生或间生，褐色，单生，球形或洋梨形，单胞，$8～11\mu m\times7.5～9.3\mu m$。

扩张青霉菌 *Penicillium expansum*（Link.）Thom.，菌落粒状或绒状，仅在后期呈束状，有时形成孢梗束，暗绿色，有白色边缘，最后变褐色，分生孢子梗长达 $500\mu m$ 以上，壁光滑或微粗糙，直径 $3～3.5\mu m$，间枝 3～6 个，$10～15\mu m\times2.2～3.0\mu m$，小梗 5～8 个，$8～12\mu m\times3\mu m$。分生孢子多，但一般孢子层不形成壳状，先呈椭圆形，部分变亚球形，光滑，$3～3.5\mu m$，排成纤结的链。

黑斑型病斑，以围小丛壳和链格孢菌为主，分离率较高。褐斑型病粒，以镰刀菌的分离率较高，仅种仁变色，或无色，通常切面为白色条纹状空隙。一般斑点型病果，与栗实霉烂不同，前者在清水中不易浮起，难以水选汰除，通称“沉腐粒”，而腐烂型病果，霉烂栗果则可用水选汰除。

传播途径和发病条件　本病一般在田间即可发生，为数较少，采收后逐渐增多。常温下 15～25 天，病粒率增加最快，在适温下，种仁霉烂迅速扩展。通常年份，从栗果采收期到加工期为 15～25 天，长者达 1 个月以上。此后气温逐渐下降，病情扩展逐渐缓慢。贮运期间的温度，是病害流行的决定因素。贮运期温度 20～25℃，最适宜本病扩展，10℃时扩展缓慢；5℃以下病害停止发生。其次是本病发生发展与种仁的失水程度有关，种仁表层失水，会促进病情的发展。田间发病与栗瘿蜂发生轻重有关。此外，本病发生尚与栗果成熟度有关，凡用打棚法采收，一次性全部打落栗棚，一般有 60%～70% 的栗实未充分成熟，栗实霉烂病则严重发生。凡有机械伤的栗果亦易发病。

防治方法　果实近成熟时选喷一次 50% 多菌灵可湿性粉剂 800 倍液、70% 甲基托布津可湿性粉剂 800 倍液或 50％扑海因可湿性粉剂 1 500 倍液等，可防控病害发生。采收后 10～15 天内，是控制栗实斑点霉烂病的关键时期。①严格掌握采收的各个环节。必须适时采收，应待栗棚呈黄色，栗棚顶部出现十字状开裂时，以拾栗法采收。凡供远运与外销者，尤应提倡用拾栗法采收。就近内销者，亦可用打棚法采收，但必须分次进行。采收期间每 2～3 天打棚一次。因未充分成熟的栗果，容易失水霉烂。打棚后当日拾果，以上午 10 时前拾果为宜，栗果重量损失较少。②采后栗果应迅速摊开散热，以产地沙藏为宜。埋沙前，应先将沙以噻菌灵 500mg/kg 溶液消毒处理。贮温以 5～10℃ 为宜。亦可将栗果埋于经噻菌灵 500mg/kg 溶液浸泡的细锯木屑内，贮于 8～10℃，相对湿度 80％～90％的低温贮藏库（室）内，可保鲜不脱水达 2 个月左右。如供远运外销者，栗果经产地湿沙低温预贮后，改用聚乙烯薄膜袋包装，置于温度 −2～0℃、相对湿度 90％以上，在 CO_2 低于 5％条件下，可贮藏保鲜 7 个月以上。③减少经营中间环节，加快收购运输进程，尽可能缩短在常温下的贮运时间，采后栗果及时散热、保湿、冷藏。

害　虫

INSECT PESTS

一、常绿果树害虫

Insect Pests of Evergreen Fruit Trees

21. **柑橘类害虫**
Insect Pests of Citrus Fruit Trees

柑 橘 全 爪 螨

Citrus red mite

彩版 50·1

学名 *Panonychus citri*（McGregor），蛛形纲，蜱螨目，叶螨科。

别名 柑橘红蜘蛛、瘤皮红蜘蛛。

寄主 为害柑橘类。

为害特点 幼螨、若螨和成螨以口器刺破叶片、嫩绿枝梢及果实表皮，吸食汁液，是柑橘的重要害虫，尤以苗圃和幼龄树受害严重。叶片受害较重，被害叶面呈现许多灰白色细碎条斑，严重时全叶灰白，大量落叶，影响树势。

形态特征

成螨 雌成螨体长 0.3～0.4mm，椭圆形，暗红色；背面有瘤状突起，上生白色刚毛；足 4 对。雄成螨较雌成螨略小，鲜红色，后端较狭，呈楔形。

卵 卵球形略扁，红色有光泽，上有 1 柄。柄端有 10～12 条细丝，向四周散射伸出，附着于叶面上。

幼螨 幼螨体长 0.2mm，体色淡，足 3 对。

若螨 若螨形似成螨，个体较小，体长 0.25～0.3mm，足 4 对。

生活习性 一年发生世代数因各地温度高低而异。浙江、福建一年发生 12～17 代，世代重叠。多以卵、部分以成螨和幼螨在叶背或枝条裂缝内越冬。一年中春秋两季为害春梢和秋梢最为严重。4～5 月春梢期，老叶上的红蜘蛛迁移到新梢为害；6～7 月气温较高，当旬平均气温超过 25℃时，虫口迅速下降，7～8 月高温季节虫口数量很少；9～10 月气温渐降，虫口又复上升，为害秋梢。行两性生殖，有时也行孤雌生殖。一雌螨一生平均产卵 30～60 粒，春季世代产卵量最多。卵产于叶片、果实及嫩枝上，以叶背主脉两侧为多。在气温 25℃，相对湿度 85％时，卵期约 5.5 天，幼螨期 2.5 天，若螨 5.5 天，成螨产卵前期 1.5 天，一世代约 16 天。

柑橘全爪螨天敌种类甚多，有食螨瓢虫、捕食螨、捕食性蓟马、食螨隐翅虫、草蛉、花蝽、蜘蛛等，尤其食螨瓢虫和捕食螨抑制作用显著，已在生产上大面积应用。

防治方法 ①化学防治。于始盛期喷药，可选用15%哒螨灵乳油1 000～2 000倍液，或10%联苯菊酯乳油2 500～5 000倍液，或胶体硫400倍液，或20%速螨酮可湿性粉剂4 000～4 500倍液，或25%苯丁锡可湿性粉剂1 000～1 200倍液，或25%三唑锡可湿性粉剂1 000～1 200倍液，或20%三磷锡乳油1 500～2 000倍液等，都有很好的防治效果。②生物防治。食螨瓢虫和捕食螨对柑橘全爪螨的控制作用显著，应注意保护利用或助迁、繁殖释放。10%浏阳霉素乳油1 000倍液有良好的防治效果。③橘园种植覆盖植物，改善水灌条件，调节小气候，可减轻发生为害程度。

柑 橘 始 叶 螨

Citrus yellow mite

彩版50·2

学名 *Eotetranychus kankitus* Ehara，蛛形纲，蜱螨目，叶螨科。

别名 柑橘黄蜘蛛、柑橘四斑黄蜘蛛。

寄主 柑橘类、桃、葡萄、豇豆等。

为害特点 为害柑橘的叶片、嫩梢、花蕾及果实，以春梢嫩叶受害最重。喜群集于叶背主脉、支脉及叶缘，叶片被害处呈退黄斑块，且凹陷畸形。猖獗年份常造成大量落叶、落花、落果，影响树势和产量。

形态特征

成螨 雌成螨体长0.35～0.42mm，体近梨形，腹末宽钝，雄成螨体较小，腹末尖削。体橙黄色，体背有明显的黑褐色斑纹4个，前部两侧有橘红色眼点1对，足4对。

卵 卵球形略扁，直径0.12～0.14mm，乳白色至橙黄色，顶端有1柄。

幼螨 幼螨体近圆形，长约0.17mm，初期淡黄色，不久雌性背面可见4个黑斑，足3对。

若螨 若螨相似，体较小，足4对。

生活习性 在南京一年发生13～20代，世代重叠。以卵和成螨在叶背、卷叶等处越冬。多在柑橘开花前后大量发生，4～5月在春梢叶片上猖獗为害，6月以后虫口急剧下降，10月后再次上升，为害秋梢叶片亦颇严重。尤其被潜叶蛾为害的秋梢叶片，虫口密度较大，也是越冬的主要场所，其虫口密度可作为翌年春季柑橘花前害虫发生测报的依据之一。卵多产在叶背主脉和支脉两侧。发育繁殖的适温范围为20～25℃，25℃以上虫口数量下降，超过30℃死亡率增高，7～8月高温季节数量消减。气温20℃时卵期8.4天，幼螨期4.7天，若螨期8.6天，成螨产卵前期2～3天，一世代约24.2天。

柑橘始叶螨天敌颇多，其种类与柑橘全爪螨相似，控制作用显著。

防治方法 同柑橘全爪螨。

柑 橘 裂 爪 螨

Citrus green mite

彩版 50·3

学名 *Schizotetranychus baltazarae* Rimando，蛛形纲，蜱螨目，叶螨科。

寄主 柑橘、黄皮果。

为害特点 幼螨、若螨和成螨为害柑橘的叶片和果实，也为害黄皮果的叶片。被害的叶面及果面形成密集的灰白色小圆斑，叶片生长受阻，果实品质降低，树势衰弱。

形态特征

成螨 雌成螨体长约 0.36mm，体及足淡黄绿色，须肢和前两对足的端部橙红色。体近梨形，较扁，后端钝宽，体背面各有一行 4、5 个断续的暗绿色斑块，体毛短，体前部两侧有红色眼点 1 对。足 4 对。雄成螨体长 0.33mm，与雌成螨相似，但后端较尖削，阳具末端弯向背面；第一对足特别长，基节粗大。卵扁球形，浅黄色，顶端有柄。

幼螨 幼螨体幼小，足 3 对。

若螨 若螨似成螨，体较小，足 4 对。

生活习性 一年发生多代，在叶片和果面分散为害。也常生活于叶片背面的主脉两侧。通常在山区类型柑橘园发生较多，平原丘陵也有发生。

防治方法 参考柑橘全爪螨。

柑 橘 锈 螨

Citrus rust mite

彩版 50·4～5

学名 *Phyllocoptruta oleivora*（Ashmead），蛛形纲，蜱螨目，瘿螨科。

别名 柑橘锈瘿螨、锈蜘蛛、锈壁虱。

寄主 柑橘类。

为害特点 若螨和成螨群集在果面、叶背面为害，刺破表皮细胞，吸食汁液。被害果变为黑褐色，品质低劣；被害叶背面初呈黄褐色，后变黑褐色，提早落叶，影响树势。

形态特征

成螨 成螨体长约 0.15mm，胡萝卜形，淡黄色至橙黄色。体前部有足 2 对，腹部背面具环纹 28 个，腹面的环纹为背面的 2 倍，腹末具伪足 1 对。

卵 卵圆球形，灰白色，透明有光泽。

若螨 若螨似成螨，体形较小，淡黄色，半透明，腹部环纹不明显。

生活习性　福建一年发生 24 代，浙江 18 代，湖南 18～20 多代，世代重叠。以成螨在柑橘腋芽和卷叶内过冬。翌年 3～4 月，日平均气温达 15℃ 左右时，越冬成螨开始活动繁殖，先在春梢新叶上为害，5 月之后虫口迅速增加，逐渐向果实和夏秋梢转移为害，7～10 月盛发猖獗为害。行孤雌生殖。卵散产于叶背和果面凹陷处。性喜荫蔽，通常在树冠内部和下部、叶背和果实的下方及背阳方向虫口密度较大。夏秋季高温干旱有利于发育繁殖。栽培管理粗放、土壤瘠薄而干燥的橘园，往往发生较重。锈螨可借风力、昆虫、苗木、农具及其他农事操作而传播蔓延。气温 30℃ 左右，卵期2～3 天，若螨期 3 天，成螨期 2～4 天，一世代历时 9～10 天。成螨产卵前期一般 1～2 天。

天敌有汤普森多毛菌、捕食螨、捕食性蓟马和瘿蚊等，都有一定的控制作用。

防治方法　①柑橘园内种植覆盖植物，旱季适当灌溉，保持园内阴湿生态环境，可减轻发生为害。②夏秋季可选用 0.1～0.2 波美度石硫合剂、25％苯丁锡可湿性粉剂 1 000～1 200 倍液、1.8％阿维菌素乳油 3 000～4 000 倍液、5％霸螨灵（唑螨酯）悬浮剂 1 000～2 000 倍液等，都有良好的防治效果。③保护利用天敌，尤其在阴雨天气，应用汤普森多毛菌菌剂防治，最为适宜。

褐　圆　蚧

Florida red scale

彩版 50·6

学名　*Chrysomphalus aonidum* (Linnaeus)，同翅目，盾蚧科。

异名　*Chrysomphalus ficus* Ashmead。

寄主　除柑橘外，寄主植物有 200 余种。

为害特点　蚧虫固定在寄主叶片和果实上吸食，导致叶片早落，果实生长不良，影响果品价值。

形态特征

成虫　雌介壳圆形，直径约 2mm，暗紫褐色，边缘灰褐色，中央隆起较高，第一龄和第二龄蜕皮壳黄褐色，壳点红褐色。雌成虫体长约 1.1mm，淡橙黄色，倒卵形。雄介壳较小，颜色与雌介壳相似，边缘一侧扩展，灰白色，第一龄蜕皮壳黄褐色较暗淡。雄成虫体长 0.75mm，淡橙黄色，触角细长，翅 1 对，腹末具淡色交尾器。

卵　卵淡黄色，椭圆形。

若虫　若虫淡橙黄色，雄第二龄后期出现黑色眼斑。

生活习性　广东一年发生 5～6 代，福建 4 代，台湾 4～6 代，以若虫越冬。福建福州第一龄若虫盛发期，第一代为 5 月中旬，第二代 7 月中旬，第三代 9 月上旬，第四代 11 月下旬。一年中以夏季为害果实最严重。行两性生殖，产卵于介壳下。初孵若虫（爬动若虫）爬离介壳，不久后固定，开始吸食为害，体背随即分泌绵状蜡质物（绵壳期），第一次蜕皮后为二龄若虫，足和触角均消失。继续分泌蜡质物，又蜕一次皮，变为雌成虫，并继续分泌大量蜡质物，使介壳增大完整。雄若虫蜕第二次皮，变为前蛹，然后变为蛹，最后羽化为雄成虫。这种发育经过和习性，是蚧类尤其是盾蚧类的特点。雌虫多固定于叶背和果实上为害，雄虫多固定于叶面。每雌产卵量80～145粒。

天敌有小蜂多种，以纯黄蚜小蜂 *Aphytis holoxanthus* DeBach 最为普遍，此外有红点唇瓢虫、细缘唇瓢虫、整胸寡节瓢虫、草蛉、红霉菌等。

防治方法 ①苗木检疫。②冬季剪毁严重蚧害枝。③第一龄幼蚧盛发期喷洒25%扑虱灵（噻嗪酮）可湿性粉剂1 500～2 000倍液，或48%乐斯本乳油1 000倍液，或50%辛硫磷乳油800～1 000倍液，或柴油乳剂或机油乳剂（含油量2%～5%）。④保护利用天敌寄生蜂和瓢虫等。

红 圆 蚧

California red scale

彩版 50 · 7

学名 *Aonidiella aurantii* (Maskell)，同翅目，盾蚧科。

别名 红圆肾盾蚧。

寄主 除柑橘外，尚有苹果、梨、桃、梅、柿等近200种。

为害特点 寄生于枝叶、果实上吸食，受害部分边缘发黄，严重的枝叶枯死。

形态特征 雌介壳圆形，扁薄，直径约1.8mm，橙红色至红褐色，边缘淡橙黄色，中央稍隆起。第一龄蜕皮壳近黑褐色。雌成虫淡橙黄色至淡橙红色，肾形，从介壳背面可隐约透见虫体。雄介壳较小，卵形，长约1.2mm，色较雌介壳淡。

生活习性 一年发生2～4代，以受精的雌成虫越冬，2代区第一代成虫于8月间出现，第二代10月中旬出现。雌成虫卵胎生，直接产下若虫，爬动若虫爬动约30min后在柑橘树的适当场所固定吸食。每雌平均产若虫160头，多者350头。

天敌有多种食蚧瓢虫和多种小蜂。

防治方法 参考褐圆蚧。

黄 圆 蚧

Yellow scale

彩版 50 · 8

学名 *Aonidiella citrina* (Coquillett)，同翅目，盾蚧科。

别名 黄圆肾盾蚧。

寄主 柑橘、苹果、梨、无花果等30多种植物。

为害特点 固定于叶片、果实、枝条吸食，严重时枝叶枯死，影响树势。

形态特征 雌介壳圆形，扁平，薄而透明，可见到介壳下黄色虫体，壳点略偏心。雌成虫黄色，肾形。雄介壳长卵形，颜色和质地同雌介壳，壳点近前端。

生活习性 一年发生3代，可以各种虫态越冬，但以第二龄若虫越冬的为多数。一世代历时65~90天。一雌虫能产100~150头若虫。主要在叶片上为害，严重影响树的生长发育。

天敌有多种小蜂等。

防治方法 参考褐圆蚧。

糠 片 蚧
Chaff scale

彩版 51·9

学名 *Parlatoria pergandii* Comstock，同翅目，盾蚧科。

异名 *Parlatoria sinensis* Maskell。

寄主 柑橘、苹果、梨、梅、葡萄等果树。

为害特点 为害叶、枝干和果实，影响树势和产量，果实受害处还出现绿色斑点，影响品质。

形态特征 雌介壳长圆形，长1.5~2mm，灰褐色或淡黄褐色。第一次蜕皮壳小，椭圆形，叠于第二次蜕皮壳的前方边缘，第二次蜕皮壳近圆形，颇大，黄褐色或深褐色，均有背脊。雌成虫分泌的蜡质物上有数条不完整的脊纹，壳点位于前端，暗黄褐色，雌成虫体长约0.8mm，圆形或椭圆形，淡紫色。雄介壳灰白色，窄长且小，两边近平行，壳点位于前端。

生活习性 四川一年发生3~4代，湖南3代，浙江2代，以雌成虫和卵越冬。湖南1~3代若虫发生期，依次为5月、7月和8~9月。四川1~4代若虫发生期，依次为4~5月、6~7月、8月和10月。第一代主要寄生于枝叶，第二代以后向果实迁移为害，7~10月发生量最大。喜寄生在荫蔽或光线不足的枝叶上，果上则多寄生在果蒂附近为害。

天敌有多种小蜂、食蚧瓢虫、日本方头甲等，控制作用都很显著。

防治方法 参考褐圆蚧。

矢 尖 蚧
Arrowhead scale

彩版 51·10~11

学名 *Unaspis yanonensis* (Kuwana)，同翅目，盾蚧科。

寄主 柑橘、龙眼、茶。

为害特点 寄生于果、叶及枝干上吸食为害，雄蚧常群集于叶背，发生严重时，叶片干枯、卷缩，树势衰弱。

形态特征　雌介壳箭头形，长 3.5～4mm，棕褐色至黑褐色，第一、二次蜕皮壳位于介壳前端，黄褐色，介壳背面有明显纵脊，其两侧有许多向前斜伸的横纹。雌成虫橙黄色。雄介壳较细小，长 1.2mm，粉白色，背面有 3 条纵隆脊，一龄蜕皮壳黄褐色，位于介壳前端。

生活习性　甘肃、陕西一年发生 2 代，湖北、湖南和四川 3 代，福建 3～4 代，以受精雌成虫和部分若虫越冬。福建各世代一龄若虫发生盛期分别于 4 月中下旬、7 月上旬和 9 月中旬，一龄若虫敛迹于 12 月中旬；各世代二龄若虫发生盛期分别于 5 月上中旬、7 月下旬和 9 月下旬；雌成虫在田间全年可见，在 6 月上中旬、8 月中旬至 9 月中旬和 10 月下旬，虫口数量各有一次高峰，其中越冬代雌成虫高峰持续期最长。卵产于介壳下，每雌产卵 130～190 粒。

天敌有日本方头甲、寡节瓢虫、盔唇瓢虫和多种小蜂。日本于 1980 年从中国四川引进矢尖蚧黄蚜小蜂（*Aphytis yanonensis* DeBach et Rosen）和褐黄异角蚜小蜂［*Coccobius fulvus* (Compere et Annecke)］控制矢尖蚧取得成效。

防治方法　参考褐圆蚧。幼蚧盛孵至低龄若虫期，可喷 30％硝虫硫磷乳油 800～1 000倍液。

黑　点　蚧

Citrus black scale

彩版 51 · 12

学名　*Parlatoria zizyphus*（Lucas），同翅目，盾蚧科。

异名　*Chermes aurantii* Boisduval；*Mytilaspis flavescens* Milazzo。

寄主　柑橘类、枣、椰子、槟榔、油棕、月季、茶树等。

为害特点　成虫和若虫群集于果、叶和枝条上吸食为害，被害处周围组织发黄，发生严重时，可使枝叶枯死，影响果实品质和树势。

形态特征　雌介壳长椭圆形，长 1.5～2mm，第一次蜕皮壳小，椭圆形，漆黑色，位于介壳最前端；第二次蜕皮壳甚大，长方形，黑色；两者均有背脊；介壳末端附有成虫分泌的灰褐色或灰白色蜡质物；介壳边缘呈灰白色。雌成虫倒卵形，淡紫红色。雄介壳狭长，较小，灰白色；第一次蜕皮壳椭圆形，漆黑色，最位于介壳前端。

生活习性　浙江、福建一年发生 3 代，四川 4 代，以雌成虫和卵越冬。各柑橘区普遍发生，局部严重。4～5 月第一代若虫陆续出现，在柑橘春梢嫩叶及幼果上定居为害。第二代初龄若虫 7 月盛发，蔓延至当年秋梢。第三代若虫于 10～11 月发生，继续在叶和果上繁殖为害。凡生长衰弱、郁闭的果园为害较重。

天敌有整胸寡节瓢虫、红点唇瓢虫、日本方头甲及多种小蜂。其中以长缨恩蚜小蜂［*Encarsia citrina* (Craw)］为优势种，寄生于未成熟的雌成虫。此蜂寄主范围广，可寄生多种盾蚧，寄生率高，具有保护利用的价值。

防治方法　参考褐圆蚧。

蛇目臀网盾蚧

Cocoa round scale

彩版 51·13

学名 *Pseudaonidia trilobitiformis* (Green)，同翅目，盾蚧科。

别名 蚌形蚧、半蚌圆盾蚧、可可三叶圆蚧、三叶网纹盾蚧。

寄主 柑橘类、无花果、杧果、椰子、枇杷、梨、凤梨、李、葡萄、茶等。

为害特点 多群集在植物的枝叶及果实上寄生吸食，尤其在叶面沿主脉处虫口密度大，影响植株正常生长。

形态特征 雌介壳半圆形，长约 3mm，扁平，微突起，淡褐色，壳点 2 个，淡橙色，位于介壳中部。雌成虫体卵形，体长 1.5～2mm，头与前胸宽阔，后部向腹末变窄，其间深缢明显，淡褐色。雄介壳略小，长 1.8mm，色泽与质地同雌介壳，壳点偏向一边。

生活习性 一年发生 2～3 代，以若虫或雌虫越冬。

天敌有小蜂等。

防治方法 参考褐圆蚧。

长 牡 蛎 蚧

Glover scale

彩版 51·14

学名 *Cornuaspis gloverii* (Packard)，同翅目，盾蚧科。

异名 *Lepidosaphes gloverii* (Packard)。

寄主 柑橘、金橘、柚子、菠萝、椰子、茶、木兰、黄杨、柳等。

为害特点 为害枝条、叶和果实，受害枝条常因养分损失过多而枯死，受害叶发黄而脱落，严重影响产量和树势。

形态特征 雌介壳窄长，长约 3.5mm，棕黄色或暗棕色，两侧几近平行，后端稍宽，隆起，前端第一、二次蜕皮壳色较淡；成虫分泌的蜡质物占介壳的大部分，其上有明显的横曲纹。雌成虫体窄长，淡紫色，后端黄色。雄介壳形似雌介壳，但较细小，长约 1.5mm，前端只有第一次蜕皮壳，后面的大部分都是第二龄若虫的分泌物。

生活习性 一年发生 2 代，以受精雌虫越冬，翌春 3 月间产卵。第一代发生于 7 月间，第二代于 10 月间。多寄生在枝条及叶面上，果实上偶尔也有。在枝叶荫蔽处发生较多，为害严重。

天敌有多种小蜂，具有一定的自然控制作用。

防治方法 参考褐圆蚧。

龟 蜡 蚧

Florida wax scale

彩版 51·15

学名 *Ceroplastes floridensis* Comstock，同翅目，蚧科。

别名 龟甲蜡虫、白蜡介壳虫、佛州龟蜡蚧。

寄主 柑橘、柿、梨、桃、梅、李、枇杷、杧果、茶、山茶、冬青等20多种。

为害特点 固定在寄主的叶片和枝条上为害，影响植株正常生长，常导致落叶落果，煤病滋生，重者树势衰弱，枝条枯萎，甚至全株枯死。

形态特征 雌成虫椭圆形，红褐色，体长 1.0～3.5mm，体外覆盖厚的蜡质分泌物，蜡壳近圆形，隆起略呈半球形，灰白色或略带浅粉红色，表面呈龟甲状凹线。前、后气门带明显。蜡壳一般长 1.5～4mm。

生活习性 福建一年2代，若虫期3龄，以雌成虫和少数3龄若虫越冬。第一代发生于3月至7月，第二代从7月到翌年3月。越冬雌成虫于3月下旬开始产卵，4月为盛卵期，5月为幼龄若虫盛期。第二代8月上中旬为盛卵期，9月初为幼龄若虫盛期。

龟蜡蚧行孤雌生殖。每雌平均产卵500多粒。卵椭圆形，橙红色。雌蚧开始产卵后，蚧体腹面逐渐向背面凹进，最后紧贴背面上，蜡壳下方呈半球形空腔，卵产于空腔内。初孵若虫从蜡壳下的缝隙爬出，多寄生在叶片上为害，常常沿着叶面叶脉顺序排列，固定后若虫不爬动，并开始泌蜡。老龄若虫在蜕皮后又大量迁往嫩枝上再行固定寄生。至成虫期枝条上的虫口密集分布，并诱发煤烟病，严重影响植株生长。

天敌有小蜂总科的8种寄生蜂，其中以长盾金小蜂 *Anysis* sp. 数量最多，次为夏威夷食蚧蚜小蜂（*Coccophagus hawaiiensis* Timberlake）和斑翅食蚧蚜小蜂［*Coccophagus ceroplastae*（Howard）］，最高寄生率可达26.3%。

防治方法 参考褐圆蚧。但由于龟蜡蚧蜡层厚，以5月间第一代低龄若虫盛发披蜡初期为药剂防治的适期。药剂可选择柴油乳剂、松脂合剂等。

吹 绵 蚧

Cottony cushion scale

彩版 51·16

学名 *Icerya purchasi* Maskell，同翅目，硕蚧科。

寄主 柑橘、木麻黄、相思树、重阳木、木豆、山毛豆、茶、玫瑰等250多种植物。

为害特点 若虫、成虫常群集在柑橘等植物的叶芽、嫩枝或枝干上为害，使叶色变黄、枝梢枯萎，引起落叶落果，树势衰弱，并诱致发生煤烟病，严重影响光合作用。

形态特征

　　成虫　雌成虫体长 5~7mm，椭圆形，橘红色或暗红色，背脊隆起，背面着生黑色短毛，被白色蜡粉，腹气门 2 对，雌成虫发育到产卵期，在腹部后方分泌出白色卵囊，卵囊上有隆脊 14~16 条。雄成虫体长约 3mm，橘红色，触角黑色，1 对前翅，紫黑色，后翅退化为平衡棒；腹端两突起上各有长毛 3 条。

　　卵　卵长椭圆形，长 0.65mm，橘红色，密集于雌虫卵囊内。

　　若虫　若虫椭圆形，橘红色或红褐色，背面覆盖淡黄色蜡粉。

　　蛹　雄蛹长约 3.5mm，椭圆形，橘红色，触角、翅芽和足均淡褐色。茧长椭圆形，质地疏松，覆盖有白色蜡粉。

　　生活习性　中国长江流域至东南、西南地区一年发生 2~4 代，福建一年发生 3 代，世代重叠。以若虫和雌成虫越冬。福建第一代发生于 4~6 月，第二代 7~9 月，9 月以后为第三代。初孵若虫分散活动，多寄生于嫩枝及叶背的主脉两侧，二龄以后迁移到枝干及果梗等处聚集寄生。吹绵蚧具发达的足，营半固定生活，仅在若虫每次蜕皮后迁移到另一处再固定下来，有群集性，成虫定居后不再移动，体后分泌卵囊，产卵其中。每雌可产卵数百粒，多者达 2 000 粒。雄虫数量甚少，多行孤雌生殖。

　　天敌有澳洲瓢虫、大红瓢虫、小红瓢虫和红环瓢虫等，都有极显著的控制作用，国内外大面积引进利用，均获得成功。

　　防治方法　①生物防治。在南方 5 月间是助迁、移殖天敌澳洲瓢虫、大红瓢虫和小红瓢虫的有利时期，对吹绵蚧自然控制作用显著。②苗木检疫。防止传播蔓延。③剪除蚧害枝。④药剂防治。在第一龄幼蚧盛发期，选喷机油乳剂（含油量 2%~5%）、松脂合剂 10~15 倍液、48%乐斯本乳油 1 000 倍液、2.5%功夫乳油 3 000~5 000 倍液等农药。

草　履　蚧

Giant mealy bug

彩版 52·17

　　学名　*Drosicha contrahens* Walker，同翅目，硕蚧科。

　　寄主　柑橘、荔枝、龙眼、梨等果树，对桑和木麻黄为害常较严重。

　　为害特点　初孵若虫群集于小枝上为害，2 龄后分散为害，11 月中旬后发育为成虫，多栖息于粗大枝干上或树杈处，继而越冬。受害树枝梗枯黄，甚至死亡。

　　形态特征　是一种大型的介壳虫。

　　成虫　雌成虫体长 11~13mm，椭圆形，背面稍隆起，多皱纹，背面赤黄色，边缘橘黄色，密生灰白色毛，触角及足黑色，体表附有一层稀薄的蜡粉。雄成虫体长 3~4.5mm，紫红色，翅 1 对，腹末有 2 对发达的尾瘤。

　　卵　卵长约 1mm，淡黄色，卵囊棉絮状，扁长筒形。

　　生活习性　浙江一年发生 1 代，以卵越冬，福建一年发生 1 代，以成虫和极少数 3 龄若虫在枝干上越冬。4 月中旬春暖后，成虫爬入土中分泌棉絮状卵囊，并产卵于其中，也会在树干裂缝内分泌卵囊产卵，老成虫随后死亡。6 月底、7 月初新若虫孵化上树，常数十头群集于小枝上为害，2龄以后稍分散，11月中旬后发育为成虫，多栖息于粗大枝干上或树杈处，并在这些场所越冬。

防治方法 ①保护利用天敌瓢虫。②挖除土中成虫和卵。③新若虫孵化上树前，或成虫入土前在枝干涂胶，防止若虫上树或成虫入土。④若虫集中树梢为害阶段喷药防治，适用农药参考吹绵蚧。

堆 蜡 粉 蚧

Citrus spherical mealybug

彩版 52·18

学名 *Nipaecoccus vastator* (Maskell)，同翅目，粉蚧科。

别名 橘鳞粉蚧。

寄主 柑橘、棉、葡萄、木槿、桑、合欢、枣、杧果等。

为害特点 若虫和成虫群集于嫩梢、果柄、果蒂、叶柄和小枝上为害，受害枝梢扭曲，新梢停发，果实畸形脱落，树势衰弱。

形态特征 雌成虫体长约 2.5mm，椭圆形，灰紫色，体表被覆厚厚的蜡粉，每一节上蜡粉分作 4 堆，全体自前而后形成 4 行，体周缘蜡丝粗短，仅末端 1 对略长。产卵期分泌的卵囊状若棉团，白色，略带黄色。

生活习性 华南一年发生 5～6 代，世代重叠，以若虫、成虫在树干、枝条裂缝和卷叶等处越冬。越冬成虫、若虫于翌年 2 月间恢复活动，各代若虫盛发期，第一代 4 月上旬，第二代 5 月中旬，第三代 7 月中旬，第四代 9 月上旬，第五代 10 月上旬，第六代 11 月中旬。一年中 4～5 月和 9～10 月虫口密度最大，通常雄虫数量极少，行孤雌生殖。一雌产卵量 500～1 000 余粒。

天敌有孟氏隐唇瓢虫、圆斑弯叶毛瓢虫等多种小毛瓢虫及多种小蜂。

防治方法 参考吹绵蚧。

橘 臀 纹 粉 蚧

Citrus mealybug

彩版 52·19

学名 *Planococcus citri* (Risso)，同翅目，粉蚧科。

别名 橘粉蚧。

寄主 柑橘类、菠萝、柿、葡萄、茶、桑、咖啡、橡胶、重阳木、梧桐、巴豆以及松科、茄科、旋花科等多种植物。

为害特点 常寄生于嫩梢、芽、叶、枝梗以及果蒂上，成堆聚集为害，亦见于根部和树干裂缝。影响植株生长发育，树势衰弱。

形态特征　雌成虫体长约 2.4mm，扁椭圆形，体被白色蜡粉，但背中线上蜡粉较薄，显露出一道纵纹。体周缘有 18 对短的细蜡丝，蜡丝从虫体头端向腹端渐长，末一对蜡丝仅比前一对略长。

生活习性　我国东南部地区一年发生 6 代，以带卵雌成虫越冬，5 月中旬盛发为害。天敌有瓢虫和小蜂等。

防治方法　参考吹绵蚧。

柑 橘 根 粉 蚧

Citrus root mealybug

彩版 52·20

学名　*Rhizoecus kondonis* Kuwana，同翅目，粉蚧科。

寄主　柑橘。

为害特点　寄生于柑橘细根，被害细根根皮脱离或腐烂剥落，新根减少。被害树芽少，叶小褪色，果实发育不良，落叶落果。

形态特征　雌成虫体长 1.5～2.2mm，长椭圆形，被白色蜡粉，体周缘无蜡丝，体末端无钩状物。触角短，5 节。体背前后部各有唇裂 1 个，第三、四腹节腹面各有脐斑 1 个，圆形，后一个较大，肛门环上有刚毛 6 根。雄成虫体长约 0.67mm，无翅，是常见的雄蚧虫中特有的无翅种类。

生活习性　是典型的土栖粉蚧。福建一年发生 3 代，以若虫和新生的雌成虫越冬。成虫于 4 月开始产卵。第一代虫口密度较小，第二代虫口上升，第三代于越冬前虫口密度最大。各代卵盛发期分别为 4 月下旬至 5 月下旬、7 月下旬至 8 月上旬和 9～10 月。土中若虫和成虫周年可见，各代若虫盛发期为 6 月、8 月和 9～11 月。各代成虫盛发于 7 月下旬、9 月中下旬及翌年 4～5 月。雨季中橘园浸水可造成根粉蚧大量死亡，7 天内连续降雨，自然死亡率达 60%～70%。适宜的温度范围为 15～25℃，土壤的含水量为 27.6%～52.5%。成虫和若虫在细根周围活动，以口针插入细根内吸收养分，被害根腐败后则向新根移动。成虫分泌疏松的卵囊于细根附近土粒间，一个卵囊内有卵 20～120 粒。

防治方法　①有水利条件的果园，连续灌水 3 天左右，可以收到良好的防治效果。②用40%速扑杀乳油 2 000 倍液，或 40%速蚧克乳油 1 000～2 000 倍液，喷洒于虫害株树冠下的土面后，再松土，对杀卵、杀虫效果均佳。

柑 橘 地 粉 蚧

Citrus ground mealybug

彩版 52·21

学名　*Geococcus citrinus* Kuwana，同翅目，粉蚧科。

寄主 柑橘。

为害特点 与柑橘根粉蚧相似。

形态特征 雌成虫体长约 3mm，体形与柑橘根粉蚧相似，但腹末的一对臀瓣呈圆锥形突出，其末端各具 1 个大刺钩，钩端略向上，在肛环的正背方，还有 1 对较小刺钩位于腹部尾端中央，钩端向外。

生活习性 该蚧的寄生部位、为害及生活习性与柑橘根粉蚧十分相似。可参考柑橘根粉蚧。

防治方法 参考柑橘根粉蚧。

柑 橘 木 虱

Citrus psylla

彩版 52·22～23

学名 *Diaphorina citri* Kuwayama，同翅目，木虱科。

寄主 枸橼、柠檬、雪柑、芦柑、红橘、柚、金橘、罗浮、月月橘、黄皮、九里香等。

为害特点 嫩梢期的一种重要害虫。成虫在叶和嫩芽上吸食，若虫群集于嫩梢、幼叶和新芽上吸食为害，被害的嫩梢、幼芽干枯萎缩，新叶畸形扭曲。若虫的排泄物撒布枝叶上，能引致煤烟病，影响光合作用。柑橘木虱是传播柑橘黄龙病的媒介。

形态特征

成虫 成虫体长（至翅端）2.8～3.0mm，全体青灰色而有褐色斑纹，被白粉；头部前方的 2 个颊锥突出，触角末端具 2 条不等长的硬毛；前翅半透明，散布褐色斑纹，近外边缘上有 5 个透明斑。

卵 卵杧果形，橙黄色，有 1 短柄，插于嫩芽组织中，无规则聚生。

若虫 若虫扁椭圆形，背面稍隆起，共 5 龄，体鲜黄色，复眼红色，三龄起各龄后期体色黄褐相间，各龄若虫腹部周缘分泌有短蜡丝，自头部至腹部第四节背中线为黄白色或黄绿色，第五龄若虫体长约 1.59mm。

生活习性 在浙江南部一年发生 6～7 代，台湾、广东、四川 8～14 代，福建 8 代，世代重叠，以成虫群集叶背越冬。柑橘木虱的繁殖发生期与寄主春、夏、秋新梢抽发期相一致，以秋梢期虫量最多，为害严重，秋芽常被害枯死，次为春梢和夏梢。成虫分散在叶的背面叶脉上和芽上栖息吸食，能飞善跳，卵产于嫩芽的缝隙里，一个芽多的有卵 200 余粒。卵期 3～4 天（26～28℃），若虫期 12～34 天（19～28℃），春夏间（22～28℃）一世代历时 23～24 天，秋末冬初（19.6℃）一代历时 53 天。温暖季节成虫历期约 1 个半月多，越冬代成虫寿命长达半年。苗圃和幼年树经常抽发嫩芽新梢，容易发生木虱为害。成虫喜在空旷透光处活动，果园暴露，树冠稀疏，虫害常较重。

天敌有六斑月瓢虫、双带盘瓢虫、八斑和瓢虫、异色瓢虫、龟纹瓢虫、草蛉及寄生蜂等。

防治方法　①成片果园种植同一品种，加强栽培管理，使枝梢抽发集中整齐，并且摘除零星嫩梢。②果园种植防护林，使环境荫蔽，不利木虱发生。③砍除失去结果能力的衰弱树，减少木虱的虫源。④嫩梢抽发期，木虱发生时，可喷洒20％除虫脲悬浮剂1 500～2 000倍液、48％乐斯本乳油1 000倍液、10％吡虫啉可湿性粉剂3 000倍液，或25％亚胺硫磷乳剂500～800倍液等农药保梢。⑤保护利用天敌。

黑 刺 粉 虱

Citrus spiny whitefly

彩版52·24

学名　*Aleurocanthus spiniferus* Quaintance，同翅目，粉虱科。

别名　刺粉虱。

寄主　柑橘、苹果、梨、枇杷、柿、茶、蔷薇、月桂、柳、香樟等数十种植物。

为害特点　若虫聚集在叶片背面，吮吸汁液，叶被害处黄化，并能分泌蜜露，诱发煤烟病，导致枝叶发黑、落叶，树势衰弱。

形态特征

成虫　成虫体长0.9～1.3mm，橙黄色，薄敷白粉；前翅褐紫色，有6～7个白纹；后翅小，淡紫褐色。

卵　卵杧果形，长约0.25mm，黄褐色，有1小柄，直立附着在叶上。

若虫　若虫体披刺毛，黑色，有光泽，体躯周围分泌有一圈白色蜡质物。

蛹　蛹壳近椭圆形，长0.7～1.1mm，漆黑色，周围有较宽的白色蜡边，背面显著隆起，胸部有9对刺毛，腹部有10对刺毛，雌蛹壳边缘有11对刺毛，雄蛹壳边缘有10对刺毛。

生活习性　福建、湖南、四川一年发生4～5代，以若虫在叶背越冬。越冬若虫3月间化蛹，4月羽化为成虫。成虫喜较阴暗的环境，常在树冠内的枝叶上活动，卵产于叶背，散生或密集呈圆弧形，数粒至数十粒在一起。若虫共3龄，初孵若虫多在卵壳附近爬动吸食，2、3龄若虫固定寄生。若虫每次蜕皮壳均留叠于体背。各代若虫发生期：第一代4月下旬至6月，第二代6月下旬至7月中旬，第三代7月中旬至9月上旬，第四代10月至翌年2月。卵期9～16天（23～29℃），若虫期18～23天（21～28℃），蛹期13～22天（19～24℃），成虫寿命6～7天（21～24℃）。

天敌有刺粉虱黑蜂（*Amitus hesperidum* Silvestri），田间自然寄生率平均高达71.1％；黄盾恩蚜小蜂［*Encarsia smithi* (Silvestri)］分布广，寄生率高。捕食性天敌中有刀角瓢虫、黑缘红瓢虫、草蛉及芽枝霉菌等，控制效果较好。

防治方法　①合理修剪，果园通风透光，可减轻发生为害。②若虫盛发期喷洒25％扑虱灵可湿性粉剂1 000～1 500倍液、3％啶虫脒乳油1 500～2 000倍液，或48％乐斯本乳油1 000～1 500倍液等农药。③保护利用天敌。

柑 橘 潜 叶 蛾

Citrus leaf-miner

彩版 53·25～26

学名 *Phyllocnistis citrella* Stainton，鳞翅目，潜叶蛾科。

别名 橘潜蛾。

寄主 柑橘、枳壳。

为害特点 幼虫潜入柑橘嫩茎、嫩叶表皮下钻蛀为害，成银白色的蜿蜒隧道，受害叶严重卷曲，易于脱落，影响树冠扩展。苗木、幼树发生严重。叶片被咬食的伤口，常诱致溃疡病发生。

形态特征

成虫 成虫体长 2mm，翅展 5mm，全体银白色。触角丝状。前翅为披针形，翅基部有 2 条黑褐色纵纹，翅中部有黑色 Y 形纹，末端缘毛上有 1 黑色圆斑。后翅针叶形，缘毛长。

卵 卵椭圆形，长 0.3～0.6mm，白色透明。

幼虫 幼虫体黄绿色，扁平无足，尾端尖细，老熟幼虫长约 4mm，腹部末端有 1 对细长尾状物。

蛹 蛹体长 2.8mm，纺锤形，黄褐色，腹部第一至六节两侧各有 1 瘤状突，其上各生 1 根长刚毛，末节后缘两侧各有 1 肉质刺。头顶有倒 Y 形破茧器，蛹体外有黄褐色薄茧。

生活习性 浙江一年发生 9～10 代，四川 10 代左右，福建 11～14 代，广东和广西约 15 代，世代重叠，以幼虫和蛹越冬。平均温度 26～29℃时，完成一代需 13～15 天，卵期 2 天，幼虫期 5～6 天，蛹期 5～8 天，成虫寿命 5～10 天，成虫选择产卵的嫩叶长度为 3～4cm，超过这一长度范围的嫩叶极少有卵，卵产于嫩叶背面主脉附近，每雌产卵 20～81 粒。初孵幼虫直接从卵底钻入叶表皮下蛀食叶肉，形成弯曲隧道。幼虫共 4 龄，3 龄幼虫为暴食期，4 龄幼虫不取食，口器特化为吐丝器，老熟幼虫将叶缘卷起，吐丝结茧，化蛹其中。一年中在 5～9 月夏、秋期发生最盛，以 8～9 月虫口密度最大，秋梢受害最为严重。

天敌有幼虫和蛹寄生蜂、草蛉等 10 多种，其中以橘潜蛾姬小蜂［*Citrostichus phyl-locnistoides*（Narayanan）］为优势种，寄生幼虫，有明显的自然控制作用。

防治方法 ①及时抹芽控制夏梢和早发的秋梢，切断虫源。②加强肥水管理，使夏、秋梢抽发整齐健壮，缩短为害期。掌握在虫卵低落期统一放梢，可大大减轻为害。③放梢后 7～10 天起，选用三氟氯氰菊酯乳油 3 000～4 000 倍液、25％杀虫双 700 倍液、5％卡死克乳油 1 000～2 000 倍液、拟除虫菊酯类 2 500～5 000 倍液、10％吡虫啉可湿性粉剂 1 500～2 500 倍液、5.7％百树得乳油 2 000～3 000 倍液等喷洒 1～2 次保梢。

柑 橘 潜 叶 甲

Citrus leaf beetle

彩版 53・27～28

学名　*Podagricomela nigricollis* Chen，鞘翅目，叶甲科。

别名　橘潜蛴。

寄主　柑橘类。

为害特点　成虫在叶背取食叶肉，仅留叶面表面呈透明斑块。幼虫潜入叶表皮下蛀食叶肉成长形弯曲隧道，使叶片萎黄脱落。

形态特征　成虫体长 3～3.7mm，卵圆形，头、前胸、足均为黑色；触角基部 3 节黄褐色，其余黑色；鞘翅橘黄色，每鞘翅上有纵列刻点 11 行。卵椭圆形，长径 0.7～0.8mm，米黄色。老熟幼虫体长 4.7～7mm，深黄色，腹部各节前窄后宽呈梯形。蛹体长 3～3.5mm，黄色，腹末有 1 对叉状突起。

生活习性　南方柑橘区一年发生 1 代，以成虫在树干的翘皮裂缝、地衣、苔藓下和树干基部松土中越夏、越冬。越冬成虫于翌年 3 月下旬开始活动产卵，4 月为产卵盛期。此虫主要为害柑橘春梢。3 月下旬至 4 月是越冬成虫为害期，4～5 月是新一代幼虫为害期，4 月下旬至 5 月下旬化蛹，5～6 月上旬是当年羽化成虫为害期，此后成虫蛰伏越夏、越冬。成虫能飞善跳。卵散产于嫩叶背面或边缘，一生产卵 300 余粒，卵期 4～11 天。成虫寿命 200 多天。初孵幼虫潜入叶片表皮下，蛀食叶肉成隧道。幼虫老熟时随落叶坠地，不久脱叶入土约 3cm 深处做土室化蛹，化蛹位置多在树冠下周围半径 1m 左右的松土中。

防治方法　①清除橘树上的地衣、苔藓和可能越冬潜存的处所，减少越冬虫源。②及时扫除、烧毁被害落叶，消灭幼虫于入土之前，同时在树冠土面喷洒 5％西维因农药，毒杀准备入土化蛹的幼虫。③越冬成虫出蛰活动期和产卵高峰期，在树冠下的土面和树上喷药，药剂可选用 2.5％敌杀死乳油 3 000～4 000 倍液、20％灭扫利乳油 2 500～3 000 倍液，或 25％亚胺硫磷乳油 1 000 倍液。

橘　　蚜

Citrus aphid

彩版 53・29

学名　*Toxoptera citricidus*（Kirkaldy），同翅目，蚜科。

异名　*Aphis citricidus* Kirkaldy。

寄主　柑橘类、桃、梨、柿等果树。

为害特点　柑橘新梢的主要害虫。若虫和成虫群集在新梢的嫩叶和嫩茎上吮吸汁液，被害嫩叶卷缩，阻碍生长，并能诱发煤烟病，且是柑橘衰退病的传毒介体。

形态特征

成虫 无翅胎生雌蚜体长约 1.3mm，全体漆黑色，触角灰褐色，复眼红黑色；腹管呈管状，尾片上生丛毛。有翅胎生雌蚜与无翅胎生雌蚜相似，但触角第三节有感觉圈12～15个，呈分散排列，翅白色透明，前翅中脉分三叉。

若虫 若虫体褐色，有翅蚜的若虫3～4龄时翅芽显现。

生活习性 南方柑橘区一年发生20多代。越冬习性因地区而异；浙江、江西和四川以卵在橘树枝条上越冬；广东和福建全年可在橘树上行孤雌繁殖。繁殖适温为24～27℃，以晚春和早秋繁殖最盛，春秋两季抽梢期发生为害较重。

天敌有多种食蚜瓢虫、草蛉、食蚜蝇、蚜茧蜂等，自然控制作用较为显著。

防治方法 ①冬季、早春剪除蚜害枝，以减少虫源。②保护利用天敌。③当发现有25％新梢发生蚜虫时，可选用50％抗蚜威可湿性粉剂1 000～2 000倍液、10％吡虫啉可湿性粉剂3 000倍液、2.5％鱼藤酮乳油800～1 000倍液、20％好年冬（丁硫克百威）乳油1 000～1 500倍液、10％氯氰菊酯乳油3 000倍液等，都有效果。

星 天 牛

Citrus trunk borer

彩版 53·30

学名 *Anoplophora chinensis* (Förster)，鞘翅目，天牛科。

寄主 柑橘、荔枝、枇杷、无花果、法国梧桐、白杨、柳、苦楝、桑、洋槐等果树和林木。

为害特点 幼虫在近地面的树干及主根皮下蛀害，破坏树体养分和水分的输送，导致树势衰退，重者造成"围头"现象，整株枯死。

形态特征

成虫 成虫体长19～39mm，黑色有光泽，触角甚长，雌者稍长于体，雄者超过体长1倍；前胸背板中瘤明显，侧刺突粗壮；鞘翅基部密布颗粒，表面散布许多白色斑点。

卵 卵长椭圆形，乳白色，长5～6mm。

幼虫 末龄幼虫体长45～67mm，淡黄白色，前胸背板前方左右各有黄褐色飞鸟形斑纹，后方有1块黄褐色凸形大斑纹，略呈隆起；胸足退化，中胸腹面、后胸及腹部第一至七节背、腹两面均具有移动器。

蛹 蛹长30mm左右，乳白色，触角细长卷曲。

生活习性 一年发生1代，以幼虫在树干基部或主根内越冬。翌年春天化蛹，5～6月成虫羽化，继而为产卵盛期。成虫出洞后飞向树冠啃食枝条皮层或食叶成缺刻。卵产于树干基部离土面3～6cm范围的树皮下，产卵前雌虫用上颚咬破树皮呈L或T形伤口，卵散产于皮下，产卵处表面湿润。每雌产卵70余粒。卵期9～14天。成虫寿命1～2个月。幼虫孵化后，在树干皮下向下蛀食，蛀食范围在地面下15cm左右，如遇主根可沿根蛀食。常因 2～3 头幼虫环绕树干基部皮下蛀食成圈，造成"围头"，致使树体养分输送断绝，整株枯死。幼虫在皮下蛀食 3～4 个月后蛀入木质部，转而向上，形成隧道，隧道一般与树干平行，故钩杀幼虫较为容易。上端出口为羽化孔，幼虫咬碎的木屑和粪便，部分推出积聚在树干基部周围。幼虫于 11～12 月开始越冬。幼虫期约 10 个月。蛹期短者 18～20 天，长者 1 个多月。

防治方法 ①成虫多在晴天中午栖息枝端，黄昏前后在树干基部产卵，及时组织捕杀。②根据产卵征状，用利刀刮卵及皮下幼虫。③钩杀木质部幼虫。④用棉球蘸敌敌畏或乐果 5～10 倍液塞洞，再用湿泥封堵，也可用 50% 辛硫磷原液加柴油（1：20）注射虫孔毒杀幼虫。

褐 天 牛

Citrus trunk cerambycid

彩版 54 • 31

学名 *Nadezhdiella cantori*（Hope），鞘翅目，天牛科。

别名 橘褐天牛。

寄主 柑橘类。

为害特点 幼虫蛀害柑橘主干和主枝，一般在距地面 16cm 以上的树干中为害，受害的树干内蛀道纵横，影响养分和水分输导，以致树势衰退，重则整枝枯萎或整株死亡。

形态特征

成虫 成虫体长 26～51mm，黑褐色，被灰黄色短绒毛，头顶两复眼间有一深纵沟；触角基瘤隆起；雄虫触角超过体长 1/2～2/3，雌虫触角较体略短；前胸背面呈致密的脑状皱褶。

卵 卵椭圆形，黄白色，卵壳表面有网纹及细刺突。

幼虫 末龄幼虫体长 46～56mm，乳白色，前胸背板有 4 块横列棕色宽带，中央 2 块较长，两侧较短，胸足细小；中胸的腹面、后胸及腹部第一至七节背、腹两面均具移动器。

蛹 蛹淡黄色。

生活习性 2 年发生 1 代，有成虫和幼虫同时在树干隧道中越冬。4～8 月都有成虫出洞活动，5～9 月都有成虫产卵，5～6 月为产卵盛期。越冬成虫自羽化孔钻出后，白天潜伏树洞内，晚 8～9 时出洞最盛，尤以闷热夜晚出洞为多。卵产于树干伤口或洞口边缘、裂缝及表皮凹陷处，一处一粒。从主干距地面 30cm 至主侧枝 3m 高处均有卵分布，以主干分杈处产卵最多。每雌产卵数十粒至百余粒，产卵期持续 3 个月左右。初孵幼虫在皮下蛀食，树皮表面呈流胶现象。稍大的幼虫蛀入木质部，先横向蛀行，然后向上蛀食，如遇障碍物，便改变方向，因而造成若干岔道。老熟幼虫在蛀道内吐出白磁质物，封闭两端，造成长椭圆形蛹室，随即化蛹。5～6 月间卵期 7～15 天，幼虫期夏卵孵出的为 15～17 个月，秋卵孵出的为 20 个月左右。蛹期约 30 天。成虫钻出蛹室后寿命为 3～4 个月。

防治方法 ①加强栽培管理，增强树势，保持树干光滑，以减少成虫产卵。②闷热夜晚，捕杀出洞成虫。也可用黏土堵塞枝干孔洞。③用利刀刮杀树皮流胶处皮下的幼虫。④药物毒杀幼虫方法，参考星天牛。

光 盾 绿 天 牛

Green long - horned beetle

彩版 54 · 32

学名 *Chelidonium argentatum* (Dalman)，鞘翅目，天牛科。

别名 橘枝绿天牛、橘光绿天牛。

寄主 柑橘类。

为害特点 幼虫蛀害枝条，状如洞箫，发生多者严重影响树势。

形态特征

成虫 成虫体长 24～27mm，墨绿色，有光泽；腹面绿色，披银灰色绒毛；雄虫触角略长于体。

卵 卵长约 4.7mm，长扁圆形，黄绿色。

幼虫 老熟幼虫体长 46～51mm，淡黄色；前胸背板前方有 2 块褐色硬板，两侧各有 1 块小硬板；胸足细小；中胸至腹部第七节背、腹两面具移动器。

蛹 蛹长 19～25mm，黄色，翅芽伸至腹面第三节，背面披褐色刺毛。

生活习性 一年发生 1 代，以幼虫在枝条虫道中越冬。成虫于 5 月下旬至 6 月中旬盛发，栖息枝间。卵产于嫩绿的细枝分杈处，或叶柄与嫩枝的分杈口上，一处 1 粒。卵期约 18～19 天。6 月中旬至 7 月幼虫盛孵，初孵幼虫从卵壳下蛀入小枝条，先向梢端蛀食，被害枝梢枯死，然后转身向下，经小枝蛀入大枝。幼虫蛀道每隔一定距离向外蛀一个排粪通气孔，状似箫孔，有"吹箫虫"之称。最下一个洞孔下方不远处，即为幼虫潜居处所。老熟幼虫在蛀道中化蛹，蛹室两端有白磁质分泌物堵隔。幼虫期 290～320 天，蛹期 23～25 天。

防治方法 ①6～7 月幼虫盛发期，剪除被害枝梢。②枝桠间捕杀成虫。③被害枝最后第二孔洞，用小枝梗塞住，然后从最后孔洞中刺杀幼虫。④药物毒杀幼虫（参考星天牛）。

双 线 盗 毒 蛾

Cashew hairy caterpillar

彩版 54 · 33

学名 *Porthesia scintillans* (Walker)，鳞翅目，毒蛾科。

别名 棕衣黄毒蛾。

寄主 柑橘、梨、桃、龙眼、枇杷、茶、甘蔗、甘薯、玉米、棉花等。

为害特点 幼虫食害叶片成缺刻，有时也食害枇杷、桃、柑橘、龙眼的果实成孔洞。

形态特征

成虫 成虫体长 10～13mm，翅展 20～38mm；体黄色；前翅赤褐色，内线与外线黄色，前缘与外缘亦黄色，外缘黄色部被赤褐色部分分隔成 3 段，后翅黄色。

幼虫 末龄幼虫体长 21～28mm，体灰黑色，头部褐色，胸腹部暗棕色，前、中胸和第三至七及第九腹节背线黄色，其中央贯穿红色细线；有毒毛，毛瘤呈天鹅绒黑色，上有白色斑点。

蛹 蛹褐色，有疏松的棕色丝茧。

生活习性 福建一年发生 3～4 代，以幼虫在叶片间越冬。成虫有趋光性，卵成块产于叶片背面，覆有黄褐色毛。初龄幼虫具群集性，吃叶下表皮和叶肉，残留上表皮，3 龄后分散食叶成缺刻。老熟幼虫入土结茧化蛹。

天敌已知有姬蜂和小茧蜂，寄生幼虫。

防治方法 ①捕杀初龄群集幼虫。②初龄幼虫盛发期喷洒 15％杀虫灵乳油 3 000～4 000倍液，或 10％高效灭百可乳油 3 000～4 000 倍液。

油 桐 尺 蠖

Tung-oil tree geometrid

彩版 54·34

学名 *Buzura suppressaria*（Guenée），鳞翅目，尺蛾科。

别名 大尺蠖。

寄主 油桐、柑橘、梨、茶、油茶、乌桕、苦楝等。

为害特点 幼虫取食叶片，大发生时可把整片柑橘园、茶园或油桐林的叶片吃光，仅余秃枝，严重影响产量。

形态特征

成虫 雌成虫体长 22～25mm，翅展 60～65mm，雄成虫略小，体灰白色，散布黑色小点；雌触角丝状，雄羽毛状；前、后翅白色，杂以灰黑色小点，有 3 条黄褐色波状纹，雄蛾的内外 2 条呈黑褐色。

卵 卵椭圆形，蓝绿色，堆成卵块，覆有黄褐色绒毛。

幼虫 末龄幼虫体长 60～72mm，深褐色、灰褐色或青绿色；头部密布棕色小斑点，顶部两侧有角突，前面中央下凹而色深；前胸背板有 2 个瘤突；腹足 2 对。蛹长 22～26mm，黑褐色；头顶有角状小突起 2 个；臀棘末端刺状物有小分叉，臀棘基部两侧和背方突出物连成大半圈，上有凹凸刻纹。

生活习性 河南一年发生 2 代，浙江和湖南 2～3 代，福建、广西 3 代，广东 3～4 代，以蛹在土中越冬。成虫 3 月底、4 月初羽化。各代幼虫发生期依次为：4～6 月、6～8 月、8～10 月、9～11 月，其中以第二、三代幼虫为害最严重。成虫多在雨后夜间羽化出土，卵产于寄主叶背或树皮裂缝处，一头雌蛾产卵 800～1 000 余粒。成虫寿命约 5 天，卵期 10～15 天，幼虫期 24～32 天，蛹期 17～25 天，越冬代蛹期长达 4 个月。初孵幼虫吐丝下坠，随风飘落，扩散为害。老熟幼虫沿树干下爬或吐丝下坠，多在树干周围 50～60cm 范围内的浅土中化蛹。

防治方法 ①挖除 3cm 土中越冬代和第一代的蛹，减少虫源。②老熟幼虫入土化蛹前，用塑料布铺在树干周围，上堆湿度适中的松土 7～10cm，诱集幼虫化蛹。③低龄幼虫期用 24％米满（醚菊酯）悬浮剂 1 500～2 000 倍液、5％卡死克乳油 1 500～2 000 倍液、10％高效灭百可乳油 3 000～4 000 倍液，或每克含 100 亿活芽孢青虫菌粉 1 000 倍液等喷洒。

白 痣 姹 刺 蛾

Glue slug moth

彩版 54 · 35

学名 *Chalcocelis albiguttata*（Snellen），鳞翅目，刺蛾科。

别名 胶刺蛾。

寄主 柑橘、李、梨、茶、咖啡、刺桐等。

为害特点 幼虫食叶，初龄幼虫食叶下表皮和叶肉，残留上表皮，呈透明小斑，3 龄后从叶尖向内取食，渐及基部，被害叶呈截切状，余下基部一小段残叶，然后再另觅他叶为食。

形态特征

成虫 成虫体长 11～14mm，翅展 25～30mm；雌蛾体褐黄色，前翅中央下方斑纹红褐色，较大，白点位于斑纹的内侧；雄蛾烟褐色，前翅中央下方有一黑褐色近梯形斑，斑内侧红褐色，上方有一白点。

卵 卵乳白色，扁平椭圆形。

幼虫 末龄幼虫体长 18～20mm，椭圆形，除头部褐色外，全体淡碧绿色，体表光滑无刺，披透明胶状物，背面隐约可见 5 条白色纵线，中央一条较粗，足退化。

蛹 蛹长 12～16mm，短圆形，褐色。茧暗褐色，外披白色粉状物。

生活习性 广东一年发生 3～4 代，福建 2 代，以末龄幼虫在叶片间结茧越冬。4 代区幼虫发生期依次为 4～5 月、6 月下旬至 7 月中下旬、8 月中旬至 9 月下旬、10～11 月，2 代区为 5 月中旬至 6 月和 9～10 月，蛾发生期在 4～6 月和 9 月上旬。成虫有趋光性，卵产于叶背面，散产或数粒产在一起，每雌产卵数十粒。幼虫多栖息于叶背食害，多数于 11 月在叶间结茧越冬，翌年 4 月间化蛹。

防治方法 ①摘除越冬茧和虫叶。②喷洒 5％卡死克乳油 1 500～2 000 倍液、40％乐斯本乳油 1 500～2 000 倍液，或 2.5％敌杀死乳油 3 000～5 000 倍液等农药。

22. 香蕉类害虫
Insect Pests of Banana

香 蕉 交 脉 蚜
Banana aphid

彩版 54 • 36～37

学名　*Pentalonia nigronervosa* Coquerel.，同翅目，蚜科。

别名　蕉蚜、蕉黑蚜。

寄主　主要为害蕉属，亦可为害姜、木瓜、小豆蔻及羊齿类植物。

为害特点　主要群聚于蕉株的下部，以群聚心叶的基部为多，也常在嫩叶的荫蔽处为害。通过刺吸汁液，影响寄主生育。为害性更大的是该虫为香蕉束顶病的传毒介体，经刺吸香蕉束顶病病株后能将病毒传给健株，引起该病的传播、蔓延。

形态特征　体形小且柔软，近棕黑色，腹部近后端背侧有 1 对圆筒形的腹管向两侧突出。分有翅蚜和无翅蚜两类型，有翅蚜体长 1.3～1.7mm，棕色，其翅透明，呈屋脊状覆盖于体背两侧。翅脉附近有许多密集的黑色小点。前翅径分脉（Rs）与中脉（M）的上支有段交会，称"交脉"，到将近翅端处时又分为两支，形成四边形的闭室，后翅的翅脉退化，只有一根斜脉。腹管圆筒形，约与第三节触角等长。尾片上有 4～6 根弯曲的毛。

生活习性　一年发生多代，世代重叠。孤雌生殖，卵胎生，一头成蚜一般可产30～60头，若虫 4 龄。在平均气温 20～30℃下，从若虫出生至最后一次蜕皮时间为8～9 天，最后一次蜕皮后 1～3 天，即开始生殖，成蚜寿命 15～50 天不等，多数为 20～40 天，平均约 31 天。无翅蚜一般在原寄主上繁殖数个世代后，群落虫口密度较大或心叶逐渐老化时，即产生有翅蚜迁飞，或随气流传播。也能以无翅蚜爬行或随种苗、土壤人为传播。干旱条件下，蚜虫发生量和有翅蚜出现均较多。低温、寒冷或干旱季节香蕉生长停滞时，蚜虫多藏匿于叶柄、球茎或根部，并在其上越冬。到条件适宜香蕉生长时，蚜虫开始活动、繁殖，逐渐向上移动，在心叶最多。有翅蚜多在白天活动，以上午 9 时至下午 5 时最为活跃，但受风雨影响。田间蕉蚜发生量和带毒率与香蕉束顶病的发生、流行关系密切。在福建漳州一带，一般每年 8 月之后虫量开始上升，10～11 月进入高峰，翌年 1～2 月明显下降。广东该虫盛发期是 4 月左右和9～10 月，束顶病的流行期则是 3～5 月。该虫在香蕉品种上发生多，在大蕉和粉蕉上发生少。

防治方法　蕉园发生香蕉束顶病时，要及时喷施50％抗蚜威可湿性粉剂 1 500～2 000倍液、EB - 82 灭蚜菌 200 倍液，或 2.5％敌杀死乳油 4 000 倍液，消灭带毒蚜虫，一般掌握在春、夏和秋季施药，特别要在有翅蚜迁飞之前喷药，重点防治心叶。病毒病害流行期，要全面施药防治蚜虫，在施药治蚜后挖除病株及吸芽，以防挖病株时因带毒蚜的扩散而促进病害的传播蔓延。

香 蕉 弄 蝶

Banana leaf skipper

彩版 54·38，彩版 55·39~41

学名 *Erionota torus* Evans，鳞翅目，弄蝶科。

别名 香蕉卷叶虫、蕉苞虫。

寄主 香蕉、芭蕉、天宝蕉、粉蕉、紫蕉、美人蕉、马尼拉麻等植物。

为害特点 幼虫吐丝卷叶成苞，食害蕉叶，发生严重时，蕉园叶包累累，蕉叶残缺不全，阻碍生长，影响产量。

形态特征

成虫 成虫体长 25~30mm，翅展 55~80mm，黑褐色或茶褐色；前翅中部有 3 个大小不一、近方形的黄色斑纹。

卵 卵半球形，红色，卵壳表面具放射状白色线纹。

幼虫 末龄幼虫体长 50~64mm，体表被白色蜡粉，头黑色，胴部第一、二节细小如颈。

蛹 蛹淡黄色，被白色蜡粉，口吻伸达或超出腹末。

生活习性 福建一年发生 4 代，广西 5 代，以末龄幼虫在叶包中越冬。成虫白天活动，吸食花蜜，飞翔快速。卵产于蕉叶及嫩茎上。幼虫孵化后，先食卵壳，后爬至叶缘咬食叶片成缺口，卷叶作包，藏身其中，早晚和阴天探身包外，食害附近的叶片，边吃边卷，虫包被愈卷愈大，垂挂满树。福建福州 4~5 月开始为害，8、9 月第四代幼虫发生量大，为害较重。夏秋卵期 5 天左右，幼虫期约 25 天，蛹期 10 天左右。

天敌有寄生卵的赤眼蜂和其他小蜂。

防治方法 ①摘除虫苞。②冬季清除枯叶残株。③选喷 2.5%敌杀死乳油 3 000~4 000倍液、50%马拉硫磷乳油 1 000~2 000 倍液毒杀初龄幼虫。④保护利用卵寄生蜂。

香 蕉 球 茎 象 甲

Banana root borer

彩版 55·42

学名 *Cosmopolites sordidus* Germar，鞘翅目，象虫科。

别名 香蕉根颈象甲、香蕉根象鼻虫、香蕉黑象虫。

寄主 以蕉类为主，也可为害芭蕉科的蕉麻等植物。

为害特点 国外大多数植蕉国家和我国的粤、桂、闽、滇、台、黔等省、自治区都有发生。该虫是为害香蕉最为严重的害虫之一。主要以幼虫在香蕉的近地面茎基部和球茎内取食，造成纵横交错的隧道，成株期为害会削弱树势，使植株不能抽穗或穗小、果瘦，严重受害时，其球茎会变黑腐烂，遇风易倒。幼株受害，叶变黄、枯萎，直至全株枯死。成虫取食茎叶，但损害轻微。

形态特征

成虫　体长 11～13mm，宽 4～4.5mm，全身黑色，具蜡质光泽，密布刻点，喙圆筒状，略下弯。触角所在处特别膨大，向两端渐狭。触角膝状，复眼大，位于头基部两侧的近下方。前胸略呈长筒形，刻点大而密布，仅在中央纵线的中段有一条光滑无刻点的直带纹，小盾片略近圆形。翅鞘上有明显的纵沟及刻点 9 条。臀板外露，密布灰褐色短茸毛。足的第三跗节向两侧展开。

卵　长椭圆形，长约 1.8mm，表面光滑，乳白色，近孵化时黑色。

幼虫　头小，体躯大，长 14～16mm，宽 5～6mm，头赤褐色，体乳白色渐至浅乳黄色，体多横皱，前胸和腹部末节的斜面各有气门 1 对，腹部末端斜面具淡褐色毛 8 对。

蛹　长 11～13mm，乳白色。头喙可达中足胫节末端。头的基部具 6 对赤褐色刚毛，长短各 3 对。前胸背板有 12 条赤褐色刚毛，每 2 条并列，分生于前胸背板的前缘、前缘角近侧方、背板中央及后角近侧方等处。腹部末端背面有 2 个瘤状突起，腹面两侧各有 1 根强刺和长短刚毛 2 根。

生活习性　在华南蕉区，一年发生 4 代，世代重叠，各虫态常同时出现。主要以幼虫在地下茎内越冬，广东地区 3～10 月间发生量较多。夏季一世代历期 30～45 天，卵期 5～9 天，幼虫期 20～30 天，蛹期 5～7 天。冬季世代需 82～127 天，越冬幼虫期 90～110天。成虫有畏阳光、假死性，极少飞行。白天躲藏在受害假茎最外 1～2 层干枯或腐烂的叶鞘内。夜间取食和交配产卵。卵产于近地面假球茎最外 1～2 层叶鞘组织的小孔格中，每格产 1 粒。孵化的幼虫由内向外蛀食蕉茎，老熟后以蕉茎纤维封闭隧道两端，不作茧，静止 1～2 天后化蛹。成虫耐饥力很强，停食 2 个多月不死亡，寿命长达 6 个月以上。由带虫的球茎传到新的蕉区。

防治方法　①实行种苗检疫，防止香蕉象虫随同蕉苗传播。②作好清园工作。采果后应及时挖净园内的残株和虫害株，挖后向空穴内浇灌 80% 敌敌畏 1 000 倍液毒杀残留株内幼虫。冬季清园时，将残株、虫害株集中烧毁。③人工捕杀、诱杀成虫。结合清园，捕杀群集于叶鞘茎部和干枯的假茎外鞘内的成虫，以及蕉园附近的丢弃香蕉、野生芭蕉株内的成虫。另可将采果后砍下的假茎切块，置蕉株行间，诱捕成虫。④药剂防治。可用 80%敌敌畏乳油 1 000 倍液、40% 乐斯本乳油 1 500 倍液、2.5% 敌杀死乳油 3 000～5 000 倍液，浇灌叶基部与假茎之间的缝隙中，以毒杀成虫。⑤保护和利用天敌。天敌有螳螂、阎魔虫，我国台湾省曾从印度尼西亚引进爪哇阎魔虫收到很好的控虫效果。

香 蕉 双 带 象 甲

Banana double belt borer

彩版 55·43

学名　*Odoiporus longicollis* Olivier，鞘翅目，象甲科。

别名　假茎象虫、双黑带象虫、长茎象甲。

寄主　香蕉及芭蕉。

为害特点　主要以幼虫蛀食植株中上部假茎，常引起腐烂以至植株折断。成虫取食蕉茎，但食量小，为害较轻。

形态特征

　　成虫　体长 13～14mm，暗红褐色至黑红褐色，腹面近黑色，具蜡质光泽，密布刻点，前胸近前缘处缢缩，前胸背板稍平坦，有 2 条黑色纵带纹，带纹由后向前渐狭。有的虫体，全身黑色，也具光泽。翅鞘纵沟明显。臀板外露，密布黄褐色绒毛，各足胫节圆而两侧扁，无明显的隆起纵背。足的第三跗节基部至末端渐向两侧扩展，呈扇状。

　　卵　长圆筒形，长 2.5mm，表面光滑，刚产时乳白色，后渐变成茶褐色。

　　幼虫　老熟幼虫体长 18～24mm，黄白色，头部赤褐色，体肥大，无足，胴部具横皱，在腹末节背面有淡褐色毛 8 对。

　　蛹　长 13～17mm，初乳白色，接近羽化时浅赤褐色。前胸背板长椭圆形，隆拱，前缘有 6 个瘤突，各生刺毛 1 根，翅芽伸达第四腹节，各足腿节端生有刺毛 1 根，腹部背面 1～6 节中间各有疣突 1 列，腹末有疣突 8 个。

生活习性　华南一带年发生 4～5 代，世代重叠，全年无论何时均见各个虫态。无明显冬季休眠现象，5～6 月虫口密度最大，为害最烈。成虫 2～3 头同栖在叶鞘顶部内侧，或在腐烂的叶鞘内，夜出活动和交尾产卵，有畏光、假死性、耐饥力强。成虫在高温高湿的情况下，能快速飞翔。卵产在表层叶鞘组织内的空格中，每格 1、2 粒。产卵位置有水渍状褐色小斑点，伴有少量胶质物外溢。卵期 6～15 天。幼虫先在外层叶鞘蛀食，后向内蛀食较嫩组织，幼虫大多集中蕉茎中上段，下段较少，根段更少。幼虫期 35～44 天。老熟幼虫迁移至纤维比较坚韧的外层叶鞘内，封闭已经蛀成的隧道两端，并以咬碎的假茎纤维结成粗糙的长椭圆形茧，在其中化蛹。预蛹期 7～12 天，蛹期 18～21 天。羽化后，成虫先在茧内停息 2～3 天后钻出，成群栖居在叶鞘下面。

防治方法　①实施蕉苗检疫，防止带虫的球茎和蕉苗进入新区。②收果后挖除虫害株，割除枯鞘。③人工捕杀和诱杀成虫。结合清园捕杀群栖在叶鞘基部和枯死的假茎外层叶鞘内成虫，以及蕉园附近野生芭蕉上的成虫。诱杀方法见香蕉球茎象甲。④药剂防治。在被害茎内注入 80％敌敌畏 1 000 倍液，有杀虫效果。其他药物参见球茎象甲。

香 蕉 冠 网 蝽

Banana lacebug bug

彩版 55・44

学名　*Stephanitis typicus*（Distant），半翅目，网蝽科。

别名　香蕉网蝽、亮冠网蝽。

寄主　香蕉、芭蕉和山姜属、番荔枝属、木菠萝属以及椰子、油棕等植物。

为害特点　香蕉的重要害虫。以成、若虫在叶背取食，被害叶片呈现许多浓密的褐黑色小斑点，叶片正面出现花白色斑，影响光合作用，严重受害时，叶片早衰、枯萎。

形态特征

成虫　体长 2.1～2.4mm，初羽化时灰白色，头小，棕褐色，复眼大而突出，触角 4 节、触角第三节约为全长的 1/2。前胸背板具网纹，侧背板呈翼状扩展，前部形成囊状头兜，覆盖头部后部，与三角突的壁状中脊相接，两侧为小翼状的侧脊。前翅膜质透明，具网纹，翅基和近端部有黑色横斑，翅缘有毛。后翅无网纹，有毛。

卵　长约 0.5mm，长椭圆形，稍弯曲，顶端有一卵圆形的灰褐色卵盖，初产时无色透明，后转为白色。

若虫　共 5 龄，1 龄若虫体长 0.5～0.7mm，初孵时白色，后体色渐深，体光滑，体刺极不明显，头部浅黄褐色，复眼淡红色，喙伸达第四腹节。2 龄若虫体长 0.8～1.2mm，头部黄褐色，复眼黄褐色，体刺明显可见。3 龄若虫体长 1.3～1.6mm，头部棕褐色，复眼红色，喙伸达第三腹节，翅芽初现，体刺肉眼可见。4 龄若虫体长 1.7～1.9mm，头部褐色，复眼紫红色，喙伸达第二腹节，翅芽明显可见，腹部中段呈黑褐色。5 龄若虫体长 2.0～2.1mm，头部黑褐色，复眼紫红色，前胸背板盖及头部，两侧缘稍突出，翅芽已达第三腹节，其基部及末端有 1 个黑色横斑。

生活习性　广东地区一年发生 6～7 代，世代重叠，无明显越冬现象，但各代有明显高峰期。第一代于 4 月下旬至 5 月上旬，第二代于 6 月上、中旬，第三代于 7 月中、下旬，第四代于 8 月中、下旬，第五代于 9 月下旬，第六代于 11 月中、下旬，如冬季气温较高，可完成一代。在常温 27.5℃情况下，一代历期 34.5 天左右，卵期 13.5 天，若虫期 13 天，成虫寿命 25 天（其中产卵前期 8 天）。成虫羽化后 1 或 2h 后便可取食，5 天后可转叶为害或飞迁到邻株心叶下第二、三叶的背面取食，并进行交配、产卵，交配后 4 天开始产卵，卵产于叶背的叶肉组织内，相对集中产在一处，每产完一粒卵便分泌紫胶状物质覆盖其上，使叶外观呈褐色斑块，每堆卵 10～20 粒。一般每雌虫产卵 2～5 次，共产卵 35～45 粒，有的多达 60 粒。产卵期 8～15 天。冬季气温下降到 15℃时常静止，不太活动，待气温回升后又恢复活动，台风或暴雨对其生存有显著影响。

防治方法　①清除虫源。发现受害严重的植株，应及时割除被害叶，集中烧毁或埋入土中，以减少虫源。②药剂防治。发现受害株应及时喷药防治，尤其在干旱季节，初期防治很重要，常用药剂有 50％马拉硫磷乳油 1 500 倍液、50％杀螟松乳油 2 000 倍液、20％速灭威乳油 4 000 倍液，或 10％氯氰菊酯（灭百可）乳油 3 000 倍液等。

麻　皮　蝽

Wu kau stinkbug

彩版 55・45

学名　*Erthesina fullo*（Thunberg），半翅目，蝽科。

寄主　枇杷、香蕉、杧果、龙眼、荔枝、柿子等。

为害特点、形态特征、生活习性和防治方法参见本书枇杷麻皮蝽。

褐　圆　蚧

Florida red scale

彩版 50 • 6

学名　*Chrysomphalus aonidum* （Linnaeus），同翅目，盾蚧科。

寄主　可为害柑橘、香蕉、橄榄等多种植物。

为害特点、形态特征、生活习性和防治方法参见本书柑橘褐圆蚧。

香 蕉 蓟 马 类

彩版 55 • 46，彩版 56 • 47

学名　为害香蕉的蓟马有香蕉花蓟马（又称黄胸蓟马）（*Thrips hawaiiensis* Morgan）、茶黄蓟马（*Scirtothrips dorsalis* Hood）、蔗股齿蓟马 [*Fulmelciola serrafs* （Kobus）]，属缨翅目、蓟马科。

寄主　为害香蕉等多种植物。

为害特点　花蓟马主要为害香蕉花蕾，在花蕾内营隐蔽生活，锉吸子房及小果汁液，被害处呈现红色小点，后渐成黑色，向上突起。其余两种蓟马为害特点与上述相似。

形态特征　香蕉花蓟马：体细长，小型，乳白色，锉吸式口器，翅膜质，狭长，翅脉退化，翅缘具长而密的缘毛。足端有一端泡，行走时腹端不时上翘。茶黄蓟马：雌成虫体长 0.8～0.9mm，橙色，触角 8 节，暗黄色。翅灰色，头部宽约为头长 1.8 倍，复眼鲜红色。若虫似成虫，体较短且无翅。

生活习性　一年发生多代，世代重叠，可在任何时候抽出蕉蕾的花苞内为害，花苞张开，即转到未张开苞片的花蕾内，继续为害。

防治方法　①加强肥水管理，促进蕉蕾苞片迅速张开，缩短受害期。②花蕾抽长期发生较重时，每隔 5～7 天喷 10%吡虫啉可湿性粉剂 2 000～3 000 倍液，或 3%啶虫脒乳油 1 500～2 000倍液一次，酌情喷 2～3 次。也可结合防治黑星病，喷药后立即套袋，可兼防蓟马的侵入。

23. 菠萝害虫
Insect Pest of Pineapple

菠 萝 灰 粉 蚧

Pineapple mealy bug

彩版 56 • 48

学名 *Dysmicoccus brevipes*（Cockerell），同翅目，粉蚧科。

别名 菠萝洁粉蚧。

寄主 菠萝、柑橘、芭蕉、香蕉、桑、木槿等植物。

为害特点 以若虫、雌成虫群集于菠萝的根、茎、叶、果、幼苗的间隙或凹陷处，吸食汁液，尤喜为害根部。根部受害变黑，逐渐腐烂，以至全株枯萎。叶受害后自上而下变黄至紫红色，严重时全叶变色，下垂枯萎。果实受害后失去光泽，以至萎缩。该虫还可传播菠萝凋萎病，其排泄物可诱发煤病和招致蚂蚁为害。

形态特征

成虫 雌虫体长 2～3mm，椭圆形，桃红或灰色，披大量白色蜡粉，体缘有 17 对放射状白色蜡丝，腹部一对最长，约为体长的 1/4。雄成虫体小，黄褐色，有一对无色透明前翅，腹端有一对细长蜡质物。

卵 椭圆形，0.35～0.38mm，初为黄色，后变为黄褐色，1～12 粒相聚成块。

若虫 共 3 龄，形似雄成虫，触角与足的芽体露于体外。在轻附于寄主的蜡丝状茧囊（多为长形）中化蛹。

生活习性 在华南地区一年发生 7～8 代，5～9 月为主要为害期。以营孤雌胎生为主，偶见产卵，一雌虫一生可胎生若虫 50 头以上。营养状况和气温影响雌虫卵巢成熟速度。雌虫寿命 40～50 天。若虫期夏季一般 30 多天，冬季长达 2 个月。雄虫夏季历期约 14 天，3～4 月为 32～44 天，高温干燥有利粉蚧发生，雨季虫口密度趋低。暴雨影响该虫的繁殖，尤其对若虫有冲刷作用，大雨时叶基部积水，不利雌虫胎生。土壤疏松、排水良好的果园有利于新植菠萝根部粉蚧的发生。

防治方法 ①种苗处理。新区应在无粉蚧为害的果园选取良种壮苗，定植前用 40% 乐果乳剂 500～600 倍液，或松脂合剂 8 倍液浸苗基部 5～8min。也可把苗捆好堆放，以 80% 敌敌畏 1 000 倍液，或上述乐果浓度喷洒种苗基部叶，后盖上薄膜，旁边压上湿泥，密闭 24h，均可杀死种苗上的粉蚧。②定植时每 667m² 可用 10% 二嗪农颗粒 1.6～2.6kg 混在基肥中。③药剂淋灌与喷洒。大发生时对虫害株可选用松脂合剂（夏季稀释 20 倍液，冬季 10 倍液），或 40% 乐斯本乳油 1 000 倍液或 25% 扑虱灵可湿性粉剂 1 000～1 500 倍液淋灌株蔸，每株 50ml。对于严重虫害株应连根彻底挖除集中烧毁，并在旧穴内喷洒上述农药均可杀死株蔸内的粉蚧。

菠 萝 长 叶 螨

彩版 56·49

学名 *Dolichotetranychus floridanus*（Banks），蜱螨目，叶螨科。

寄主 菠萝。

为害特点 以口器刺破叶或根的表皮，吸食叶液，受害部呈现许多褐色细碎条斑，为害严重时引起叶片灰白而凋萎，果实干缩，以至全株死亡。

形态特征 成螨体长约 1mm，圆形或卵圆形，足 4 对，体红色，统称红蜘蛛。

生活习性 常聚集于重叠的叶片上，有时也进入花腔内，为害花腔的里层。被害部易感染其他病害，果实不能制罐头。尤其夏秋高温干旱季节，受害特重。

防治方法 掌握高温干旱季节该虫盛发前，及时施药防治，如局部发生可挑治。选用治螨药剂如 10% 联苯菊酯乳油 3 000～3 500 倍液、20% 达螨酮乳油 2 000 倍液，或 80% 敌敌畏乳油与 40% 乐果乳油按 1：1 混合后的 1 000 倍液喷治。

24. 龙眼、荔枝害虫
Insect Pests of Longan and Litchi

荔 枝 蝽
Litchi stink-bug

彩版 56·50～53

学名 *Tessaratoma papillosa* (Drury)，半翅目，蝽科。

别名 荔蝽、荔枝椿象。

寄主 荔枝、龙眼等无患子科植物。

为害特点 成虫和若虫吸食荔枝、龙眼的嫩芽、嫩梢、花穗和幼果汁液，导致落花、落果，大发生时严重影响产量。受惊动时射出臭液，沾上花、嫩叶和幼果后使其变为枯焦，触及人的皮肤、眼睛，引起辣痛。该虫是龙眼荔枝鬼帚病的传毒介体。

形态特征

成虫 盾形，黄褐色，雌体长 24～28mm，雄体较小，腹面敷白色蜡粉，头部复眼内方有鲜红色单眼 1 对，触角 4 节，臭腺开口于胸部的腹面。

卵 圆球形，淡绿色，少数黄褐色，14 粒相聚成块。

若虫 共 5 龄，末龄若虫体长 18～20mm，长方形，橙红色，外缘灰黑色，翅芽伸达第三腹节中部，臭腺开口于腹部的背面。

生活习性 华南一年发生 1 代，以成虫在树上郁密叶丛里及其他隐蔽处所越冬。翌年春天气温达 16℃ 左右时，越冬成虫开始活动，吸食荔枝、龙眼枝梢和花穗，并开始交配产卵，4、5 月为产卵盛期。卵多产于叶背，卵期半个月左右。若虫于 5、6 月盛发，若虫期约 2 个月。新成虫于 7 月羽化，旧成虫逐渐死亡。初孵若虫群集，2 龄后逐渐分散为害。从第五龄若虫至新成虫期间为大量取食期，积累脂肪，准备越冬，此时自然抗药性强，春季越冬成虫恢复活动，取食繁殖，代谢旺盛，脂肪消耗，自然抗药性显著减弱，此时是化学防治的适宜时机。成虫寿命约 300 多天。

天敌主要有卵寄生蜂平腹小蜂 *Anastatus japonicus* Ashmead 和卵跳小蜂。

防治方法 ①冬季 10℃ 以下低温期，震落越冬成虫，集中处理。②采摘卵块和初孵未分散若虫。③释放平腹小蜂。可在荔枝蝽产卵初期开始放蜂，间隔 10 天，连放数次，每株树 600 头蜂左右，成效显著。④早春越冬成虫未产卵前和卵盛孵期各喷 20% 灭扫利乳油 3 000～4 000 倍液或 2.5% 敌杀死乳油 3 000～5 000 倍液一次，效果良好。

荔 枝 尖 细 蛾

彩版 56·54，彩版 57·55～59

学名 *Conopomorpha litchiella* Bradley，鳞翅目，细蛾科。

寄主 荔枝、龙眼。

为害特点 幼虫为害寄主幼叶、嫩梢及花穗，但不取食果实。1～2 龄期潜食幼叶、嫩梢；3 龄后钻蛀枝梢或在叶片中脉内为害，严重影响树势及翌年结果母枝的形成。

形态特征

成虫 翅展 8.3～9.0mm。头赭白，触角丝状。前翅灰黑，臀区黑白相杂，中部有由 5 条白斜线构成 W 形纹，翅尖有一较大的小圆纹；后翅暗灰。腹部各节侧面有深褐斜纹。

卵 近圆形，较扁平。初产浅白色，半透明，后转为淡灰色，卵壳上呈网状纹。

幼虫 大龄幼虫长约 8mm，淡黄色，略扁，1～2 龄幼虫无足型。

蛹 长约 5mm，暗色，头顶有一破茧器。

生活习性 在福州地区龙眼园，一年发生 9～10 代，世代重叠，8～9 月发生的 5、6 代为害最为严重。以幼虫在枝梢内越冬，翌年 3 月下旬至 4 月中旬由枝梢内爬出，在附近叶片上迅速结茧化蛹。4 月上旬至 5 月上旬越冬代成虫羽化、产卵。卵多产在幼叶叶面中脉两侧，初孵幼虫从卵底潜入植株表皮下取食，造成潜道。从 3 龄起蛀食植物组织，包括嫩叶中脉、叶柄及嫩茎髓部。被害叶片中脉上往往有若干个排粪孔，叶中脉枯竭，叶端卷曲干枯，叶片被害后期状如火烧，若叶片主脉粗壮，幼虫期食料充足，至老熟时，则由主脉内直接爬出在下层叶片上结茧，若食料不足，则转梢为害。卵产在叶柄或叶腋上。初孵幼虫先潜食叶柄基部表皮，后蛀食枝梢髓部，幼虫蛀入枝梢初期，往往外观看不出为害症状，叶梢仍能生长，但剥查枝梢时，通常髓部变黑，内有黑褐色粉末状虫粪。随虫龄增大，叶梢顶部有明显的萎缩，枝梢及叶柄极易脱落。幼虫一般向顶梢幼嫩部分钻蛀，一梢通常有 1 只幼虫，多者有 3～4 只，被害枝梢可见针小孔，是老熟幼虫从枝梢内爬出的孔口。幼虫有 6 个龄期。老熟幼虫在老叶叶背上作扁椭圆形薄膜状的茧，先作外层薄茧，后作内层薄茧，完成作茧需 1～2h。成虫羽化时，以头端的破茧器破茧而出，蛹衣 1/2 留在茧内，其余露出茧外。夏、秋季成虫多在晚上羽化，而交尾多在清晨进行。产卵前期 2～5 天。

防治方法 参考荔枝蛀蒂虫的防治。

荔 枝 蛀 蒂 虫

彩版 57·60～62，彩版 58·63～66

学名 *Conopomorpha sineusis* Bradley，鳞翅目，细蛾科。

寄主 荔枝、龙眼。

为害特点 幼虫蛀食嫩梢及花穗等，致使树势衰竭，并影响翌年结果枝的形成。结果树蛀食幼果及成熟期果实的果蒂，并遗留大量虫粪，造成落果及影响果实的品质。

形态特征

成虫　体长 4.0～4.8mm，翅展 9.5～11.0mm。颜面白色，头顶棕褐色。下颚须和下唇须白色，领片、胸部和翅基片白色，局部黄褐色。前翅 2/3 基部灰黑色，1/3 端部橙黄色，1/4 翅基部有一条白色横线，翅的中部有由 5 条相间的白色横线构成 W 形纹；两翅相并构成爻字纹，并在其上方有一横纹。缘毛暗灰色，足黄白色，后足胫节有赭白色的刚毛。刚毛基部黑色。

卵　椭圆形，长 0.3～0.4 mm，宽 0.15～0.25 mm，卵壳上通常有多行纵向排列的不规则刻纹或突起，初产时淡黄色，后转橙黄色。

幼虫　老熟幼虫体圆筒形，中、后胸背面各有 2 个肉状突，足发达，腹足趾钩二横线，臀板近三角形，末端尖。

蛹　初变蛹时青绿色，后转为黄褐色，近羽化时为灰黑色。

生活习性　在福州地区龙眼园年发生约 10 代，世代重叠，以 8～9 月的 5～6 代发生量最大，夏秋梢抽发期为害最为严重。以幼虫在龙眼及荔枝枝梢内越冬，翌年 3 月下旬至 4 月中旬陆续由枝梢内爬出，在附近叶片上迅速结茧化蛹，羽化蛾于 4 月上、中旬开始在春梢或嫩叶上产卵。卵多产在顶芽的叶脉间隙及叶柄基部，少数卵产在嫩叶及花穗上。结果期卵散产于果皮或果蒂上。在龙眼园蒂蛀虫主要为害龙眼枝梢、花穗及果实。初孵幼虫直接从卵底蛀入植物组织中，整个取食期均在蛀道内，虫粪也遗留在蛀道中，不破孔排出，严重时致使枝梢表皮破裂，顶芽或嫩叶上的初孵幼虫，有时也咬食叶肉，但不形成潜道，很快蛀入叶梢内。幼虫在老熟时从叶梢内咬孔爬出化蛹，卵产在果皮或果蒂上的初孵幼虫，在幼果膨大期蛀食果核，在成熟果上的孵化幼虫即进入中果皮层，取食果蒂的输导组织，并遗留大量虫粪在果蒂上。老熟幼虫由果皮蛀孔爬出吐丝下垂，在下部叶片上结茧化蛹。据观察，取食果实的幼虫明显较取食枝梢幼虫个体肥大，颜色较乳白。

防治方法　①控冬梢，减少越冬虫源。结合控梢修剪清除虫口密度较大的冬梢，减少越冬虫源。②保护天敌。幼虫期及蛹期已发现寄生蜂有扁股小蜂、甲腹茧蜂及绒茧蜂等，均是寄生细蛾的有效天敌，应注意保护利用，避免在寄生蜂羽化高峰期用药。③药剂防治。应根据龙眼栽培品种物候期进行预测预报，即在新梢抽发期定期检查嫩梢顶芽及幼叶上的着卵量，当卵量比上次显著增加时，即可喷药防治，结果树在采果前 40 天开始检查果上着卵率，当卵果率达 1% 时，开始喷药防治。药剂以 20% 灭扫利乳油或 10% 灭百可乳油 2 000～3 000 倍液，或 5% 卡死克 1 000～1 500 倍液喷雾效果较好，另外 25% 杀虫双加 90% 晶体敌百虫各 500 倍混合液喷雾，药效也较显著，还可兼治龙眼木虱及荔枝蝽。

荔 枝 小 灰 蝶

Litchi lycaenid

彩版 58·67～70，彩版 59·71

学名　*Deudorix epijarbas* (Moore)，鳞翅目，灰蝶科。

别名　玳灰蝶。

寄主 荔枝、龙眼等。

为害特点 幼虫蛀食寄主花穗及幼果，发生严重时，对产量有较大影响。

形态特征

成虫 雄蝶翅橙红色，前翅前缘、顶角和外缘连有宽黑带，并在后角折向后缘，在 Cu_2 室中有一条沿 2 脉从翅基达外缘的细黑带；后翅前缘黑褐色，臀域灰色，外缘线及翅脉均呈黑色，臀角叶状突呈圆形、橙色、内有黑斑，Cu_2 脉端尾突细长黑色，末端白色。雌蝶翅褐色，前翅中央及后翅基半部略呈红褐色。雄、雌蝶反面均为灰褐色。

卵 散产，圆球形，底部平，淡白色，卵壳表面有多角形纹。

幼虫 扁圆筒形，灰黄色，腹末背面呈斜切状。

蛹 短圆筒形，背面紫黑色，上有褐斑及棕黄色短毛。

生活习性 福建福州地区一年发生 3 代，以卵态越冬。4～5 月间第一代幼虫为害荔枝果实，第二、三代幼虫转害龙眼果实，盛发于 6～7 月。幼虫有夜出转果为害习性，一只幼虫能为害多个幼果，幼虫蛀食果实的孔口较大，被害果实不脱落，老熟幼虫在树干表面裂缝中化蛹。

防治方法 ①清洁果园。结合疏花疏果，摘除虫果，减少虫源。②药剂防治。于 4～5 月间虫害发生初期，或在幼果期发现有幼虫蛀害时，可选用 90％晶体敌百虫 800 倍液，或 48％乐斯本乳油 1 000 倍液，或 20％灭扫利乳油 2 500～3 000 倍液喷治。

荔枝干皮巢蛾

彩版 59·72～73

学名 *Comoritis albicapilla* Moriuti，鳞翅目，巢蛾科。

为害特点 除为害荔枝外，还可为害龙眼、杧果等植物。以幼虫啃食果树主干和较粗大的枝条的皮层，严重为害时导致树势衰弱。

形态特征

成虫 雌成虫体长 7.5～8.5mm，翅展 21～23mm。全体灰白色，头顶鳞毛白色，复眼黑色，触角丝状，基半部灰白，后半部带黄褐色。小盾片长卵形，基部两侧各有一个三角形的毛丛和圆形黑斑。颈片鳞毛白色。前翅白色，基部有 6 个不甚规则的黑色鳞斑，中横线深黑色，由前缘斜向内缘，但两端不达各自的边缘，外缘黑褐色，缘毛灰白色。后翅全白色，外缘淡黑色，缘毛白色。前中足的腿节、胫节内侧黄白色，胫节外侧和跗节黑色；后足除跗节黑色外，其余灰白色，胫节上的绒毛银白色且较长，胫节的前半段上和末端各有两枚距。雄成虫的体长 6～7mm，翅展 17～19mm。触角羽状，前翅面黑色。

卵 红枣状，长约 0.4mm，宽 0.2mm。卵顶部有一乳状突起，表面有横置的刻纹，初产时黄白色。

幼虫 末龄幼虫体长 13～14.5mm，胸宽 2.8mm，扁平。体背黄褐至紫红色，腹面黄白色。头黄褐色，蜕裂区锐三角形，无颅中沟。单眼 6 个，黑色。胸足 3 对，正常，腹足 4 对，第一对较小，第二至四对正常。第一对腹足趾钩前方列发达，后方列较小。2～4 对腹足和臀足则相反。腹臀足趾钩均为双序缺环。

蛹　雌体长 8.1～8.8mm，宽 2.8～3.1mm；雄体长 6.4～7mm，宽 2～2.3mm。扁梭形，黄褐色。将羽化时翅背呈灰褐色并可透见斑纹。头前方不突出，中缝线从前胸前缘伸至小盾片后缘，小盾片长卵形，其后端伸至后胸的 2/5。腹部第 2～6 节背的前后缘各有 2 列小刺突，第七至八节仅有 1 列，第八节的后方两侧各具一枚瘤状刺突。腹端无棘。

生活习性　广西西南部地区年发生 1 代，以幼虫越冬。每年 3 月下旬至 5 月初陆续羽化，4 月中旬为化蛹盛期。蛹历时 13～20 天，5 月上旬为成虫羽化盛期，多在上午羽化，当晚交尾，次日夜间产卵，卵散产在树干或较粗大枝条的皮层缝隙间。成虫连续产卵约 3 天，寿命 5～7 天。幼虫孵出后吐丝交织呈条状或块状的"网道"，匿居其中取食、生长。低龄幼虫结成较小的近圆形"网道"，随着虫龄增大，取食增多，将红褐色粉末状粪便和屑末黏附在"网道"表面。荔枝干上为害的"网道"可连成较大块；在龙眼干上分杈处为害时，幼虫在龟裂缝中取食皮层，排出褐红色颗粒状粪便。幼虫历期约 300 天以上。老熟幼虫在"网道"下吐丝结一梭形茧后化蛹，预蛹期 4～5 天。树龄大且较荫蔽的果园和老果园，此虫发生较普遍。幼虫期的主要天敌有小蜂科和姬小蜂科的寄生蜂，每年 4 月上、中旬的寄生率约 10％。

防治方法　①人工防治。为防止成虫产卵，对易发生为害的果园，于常年 4～5 月间用石灰浆涂刷树干和较粗大枝干。幼虫发生初期，用竹扫或钢刷扫刷树干上的"网道"，以杀死幼虫。②药剂防治。虫口密度大的果园，于 6～7 月选用 15％杀虫灵乳油 2 000 倍液，或 10％氯氰菊酯乳油加 40％乐果乳油（1∶1 混合）2 000 倍液，或 90％晶体敌百虫 1 000 倍液等药剂进行喷治。③保护天敌。在幼虫寄生蜂寄生高峰期尽可能不喷药，避免伤害天敌。

荔　枝　瘿　螨

Litchi erineum mite

彩版 59・74～76

学名　*Eriophyes litchii* Keifer，蛛形纲，蜱螨目，瘿螨科。

别名　荔枝瘤壁虱、荔枝瘿壁虱。

寄主　荔枝、龙眼。

为害特点　若螨和成螨吸食嫩梢、叶片、花穗和幼果汁液。被害叶背面先出现黄绿色的斑块，害斑凹陷，叶正面突起，而后叶背凹陷处长出浓毛，状似毛毡，即所谓的虫瘿，被害表面扭曲不平，严重者枯干凋落。花器受害后畸形膨大成簇，不结实。

形态特征

成螨　体微小，长 0.15～0.19mm，狭长，淡黄色至橙黄色，头小向前方伸出，足 2 对，腹部环节 71～73 节，背片与腹片数目相同，腹末有长毛 2 根。

卵　球形，乳白色至淡黄色，半透明。

若螨　形似成螨，体较小，足 2 对，腹部环节不明显。

生活习性　华南一年发生 10 代以上，世代重叠，以成螨和若螨在虫瘿绒毛间越冬。

福州 2、3 月日平均温度达 18～20℃时开始活动，逐渐转移到春梢和花穗上为害，5、6 月虫口密度最大，受害严重。以后各时期嫩梢亦常被害，但冬梢受害较轻。新若螨在嫩叶背面及花穗上为害，经 5～7 天后便出现黄绿色斑块，寄主组织表皮细胞因受刺激而产生绒毛物，绒毛黄褐色。虫瘿生长至半年以内，虫口密度最高，过后渐少，1 年半后的老虫瘿几乎无虫。瘿螨生活在虫瘿绒毛间，平时不甚活动，阳光照射或雨水侵袭之际较活跃，在绒毛间上下蠕动。卵产在绒毛基部。瘿螨喜欢荫蔽、树冠稠密、光照不良的环境，以及树冠的下部和内部，虫口密度较大，叶片上则以叶背居多。瘿螨可借苗木、昆虫、器械和风力传播蔓延。

防治方法 ①冬季剪除被害枝叶。②调运苗木时，严格检查，防止传播。③2、3 月花穗和叶上初形成虫瘿时，喷洒 20％灭扫利乳油 3 000～4 000 倍液、10％联苯菊酯乳油 3 000～4 000 倍液、5％霜螨灵悬浮剂 2 000～3 000 倍液，或 2.5％三唑锡可湿性粉剂 1 000～1 500 倍液等农药。

荔 枝 叶 瘿 蚊

彩版 59·77，彩版 60·78～80

学名 *Dasineura* sp.，双翅目，瘿蚊科。

寄主 荔枝。

为害特点 幼虫为害新梢叶片，呈现水渍状点痕，并逐渐向叶面、叶背两面突起，形成小瘤状虫瘿。严重发生时，一小叶上有上百个虫瘿，引起叶片扭曲、变形。幼虫老熟脱出后，残瘿逐渐枯干，最后表现为穿孔状。

形态特征

成虫 雌虫体长 1.5～2.1mm，小蚊状，纤弱，足细长，触角细长，念珠状。各节环生刚毛。前翅灰黑色半透明，腹部暗红色。雄虫体长 1～1.8mm，触角亚铃状，各节除环生刚毛外还长有环状丝。

卵 长约 0.06mm，宽 0.05mm，椭圆形，无色透明。

幼虫 前期透明无色，老熟时橙红色。体长 2～2.8mm。头小，腹末大。前胸腹面有黄褐色 Y 形骨片，是瘿蚊科幼虫特征性的行动弹跳器官。

蛹 体长 1.8～2mm，离蛹，初期橙红色，渐变暗红色，羽化前复眼、触角及翅均为黑色。

生活习性 广州及附近地区一年发生 7 代。11 月以幼虫在虫瘿内越冬。翌年 2 月下旬至 3 月间，越冬幼虫陆续老熟后自虫瘿钻出并入土化蛹。3 月下旬至 4 月下旬成虫羽化出土，飞到树上栖息交尾、产卵。成虫多在下午至傍晚羽化。当晚即交尾产卵。卵散产在刚展开嫩叶的叶背，一幼叶可着生卵数粒至百粒。卵期 1 天，初孵幼虫从叶背入侵叶肉，取食为害，形成虫瘿，入土（一般深 15cm 左右）化蛹。蛹期 10～11 天。成虫飞翔力不强，主要借助风力飞翔，成虫寿命 1～3 天，10 月底至 11 月底为最后一代。发梢次数多且不整齐的苗木、幼树等受害较重。树冠内膛枝和下层发的梢叶发生与为害较多，春梢一般受害也较重。荔枝品种中的三月红，有较明显的抗虫性。瘿蚊幼虫常见的寄生蜂有 2 种，夏、秋季寄生率较高。

防治方法 ①剪除带活虫瘿新叶，尤其剪除越冬代虫瘿，集中烧毁，以减少虫源。②加强果园管理，合理修剪和科学施肥，促进抽梢整齐，恶化瘿蚊产卵繁殖条件。注意排灌水，降低果园内空气和土壤湿度，造成不利于幼虫入土化蛹和成虫羽化出土的环境。③药剂防治。在越冬代成虫羽化前用50%辛硫磷乳油100ml对水5kg混泥粉于傍晚施入土中，对天敌影响较小。严重发生的果园，可在新梢展叶期（红叶期至转色期）喷25%杀虫双乳油500倍液或25%喹硫磷乳油1 000倍液加90%晶体敌百虫800～1 000倍液杀成虫，防止产卵。喷40%乐果乳油1 000倍液，或10%灭百可乳油2 000倍液，可兼杀初孵幼虫。④保护天敌。尽量采用农业技术措施防治，注意保护利用果园原有天敌。

龙 眼 叶 球 瘿 蚊

彩版 60 · 81

学名 *Dasineura* sp.，属双翅目，瘿蚊科，树蚊亚科中的一种。

寄主 龙眼。

为害特点 以幼虫为害龙眼叶片，受害处形成近圆球形的虫瘿。

形态特征 雌体长2.5mm，宽0.4mm，全体呈烟褐色。头小，复眼很大，触角线状细长，共14节，柄节较粗大，梗节球状，鞭节末节为纺锤状，其余各节为长柱形，布有稀疏短毛。前胸短小，中胸发达拱起，小盾片横宽，泡沫状。翅脉退化，简单。前翅缘包围全部翅缘，但在后缘的脉较弱，伸达翅缘的纵脉仅3条。平衡棒黑色。足细长，各足的基节和股节黑褐色，胫节和跗节淡黄褐色。跗节5节，第一跗节最长，并在近基部处有一黑斑。后足胫节末端外方具一长刺。腹部呈长纺锤形，末端具匙状物肛侧板一对与肛上板一片。雄体较小，体长1.5mm，宽0.5mm，腹部卵形，较粗短。

生活习性 以幼虫为害龙眼叶背面的中脉和主侧脉，受害部位长出直径2.5～3mm圆球形虫瘿，瘿体有一小柄状与叶脉相连，每受害叶上的虫瘿数粒至数十粒不等。幼虫在虫瘿内取食、化蛹，成虫从虫瘿内羽化而出。每年4月中、下旬为成虫羽化盛期，老龄树的树冠下部叶受害较重。幼虫有金小蜂寄生。

防治方法 主要采用药剂防治，可在新梢幼虫出现虫瘿前用药挑治，选用药剂，参照荔枝叶瘿蚊的防治。

荔 枝 拟 木 蠹 蛾

Litchi metarbelid

彩版 60 · 82～83

学名 *Lepidarbela dea* Swinhoe，鳞翅目，拟木蠹蛾科。

寄主 荔枝、龙眼、柑橘、相思树、木麻黄等多种果树和林木。

为害特点 幼虫食害枝干皮层，并蛀害枝干成坑道，严重影响植株生长。幼树受害，可致死亡。

形态特征

成虫 雌成虫体长 10~14mm，翅展 20~37mm，灰白色，胸、腹部的基部和腹末黑褐色；腹部末端鳞片长达 4~5mm；前翅有甚多灰褐色横条纹，中部有 1 个黑色大斑纹，它的后面还有 1 个稍小的黑斑，翅的边缘有成列的灰棕色斑纹；后翅具灰色波纹，边缘具成列的灰色斑纹。雄成虫体长 11~12.5mm，色较深暗。

卵 卵扁椭圆形，乳白色，卵块鳞片状，外披黑色胶质物。

幼虫 末龄幼虫体长 26~34mm，漆黑色，体壁大部分骨化。

蛹 体长 14~17mm，深褐色，头部有 1 对分叉的突起。

生活习性 福建一年发生 1 代，以幼虫在树干蛀道中越冬。越冬幼虫于 3 月中旬至 4 月下旬化蛹，4~5 月羽化为成虫，4 月下旬至 6 月上旬产卵。卵多产在直径 12cm 以上的树干树皮上，卵期约 16 天。5 月中旬至 6 月中旬幼虫出现。初孵幼虫扩散活动后，在树杈、伤口或皮层断裂处蛀害，并吐丝将虫粪和枝干皮屑缀成隧道掩护虫体，然后向枝干钻蛀成坑道。坑道为幼虫栖居及化蛹处所。幼虫白天潜伏坑道中，夜间沿丝质隧道外出啃食树皮。幼虫期 300 多天。末龄幼虫在坑道口封缀成薄丝，后在坑道中化蛹。蛹期 27~48 天。

防治方法 ①用棉花蘸上 80％敌敌畏乳油 50 倍液或其他农药，塞入坑道，坑道口用泥土封闭，可杀死幼虫。②6~7 月用上述药剂或 48％乐斯本乳油 1 000 倍液喷洒于丝质隧道附近的树干上，触杀幼虫。③用竹、木签堵塞坑道，使虫窒息而死，也可用钢丝刺杀幼虫。

咖 啡 豹 蠹 蛾

Red borer caterpillar（Red coffee borer）

彩版 60·84，彩版 61·85~86

学名 *Zeuzera coffeae* Neitner，鳞翅目，木蠹蛾科。

寄主 枇杷、龙眼、荔枝。

为害特点 幼虫蛀食枝条，造成枝条枯死，每遇大风，被蛀枝条常在蛀环处折断下垂或落地。

形态特征

成虫 体长 11~26mm。体灰白色，具青蓝色斑点，翅黄白色，翅脉间密布大小不等的青蓝色短斜斑点，外缘有 8 个近圆形的青蓝色斑点。

卵 椭圆形，淡黄白色。

幼虫 初龄时为紫黑色，随虫龄增大变为暗紫红色。老熟幼虫体长约 30mm，头橘红色，头顶、上颚、单眼区域黑色，前胸背板黑色，后缘有锯齿状小刺 1 排，臀板黑色。

蛹 赤褐色，长 14~27mm，蛹的头端有 1 个尖的突起。

生活习性 一年发生 1~2 代，以幼虫在被害枝条的虫道内越冬，在福州地区，翌年 3 月中、下旬幼虫开始取食，4~6 月化蛹，5 月中旬至 7 月成虫羽化。雌虫交尾后 1~6h 产卵，每雌可产卵数百粒，卵产于树皮缝、嫩梢上或雌虫的羽化孔内，卵呈块状。初孵幼虫，群集丝幕下取食卵壳，2~3 天后幼虫扩散，幼虫蛀入枝条后，在木质部与韧皮部之间绕枝条蛀一环道，由于输导组织被破坏，枝条很快枯死。

防治方法 ①喷杀初孵幼虫。对尚未蛀入干内的初孵幼虫，用10%氯氰菊酯3 000倍液，或50%乐果乳油1 000~1 500倍液均有较好防效。②药剂注射虫孔，毒杀枝干内幼虫。用80%敌敌畏100~500倍液、50%马拉硫磷乳油或20%杀灭菊酯乳油100~300倍液均可。

龟 背 天 牛

Litchi longicom beetle

彩版61·87~89

学名 *Aristobia testudo* Voet.，鞘翅目，天牛科。

寄主 荔枝、龙眼、番荔枝等。

为害特点 幼虫钻蛀枝干，形成扁圆形的坑道，使树势衰弱，造成枯枝，甚至整株死亡。

形态特征

成虫 体长20~30mm，黑色，鞘翅满布橙黄色斑块，黑色条纹将黄色斑围成龟背状纹。

卵 长约4.5mm。扁圆筒形，乳白色，胸足退化，前胸背板有黄褐色山字形纹。

幼虫 长椭圆形，体长60mm，乳白色。

蛹 长25~28mm，乳白色裸蛹，老熟时黑色。

生活习性 每年发生1代，以1~2龄幼虫在产卵位置的皮层下越冬，初春继续发育，钻入木质部为害。成虫6月始见，7月为羽化盛期。羽化后咬食枝梢皮层，然后交尾、产卵。8月为产卵盛期，卵散产，多产于1cm以上枝干或枝干分杈处皮层下。8月下旬至9月为幼虫孵化盛期，初孵幼虫在皮层下蛀食，后蛀入木质部，形成坑道，每隔一定距离即咬一小孔与外界通气，并排出虫粪。6月后幼虫相继老熟，在坑道内用虫粪及木屑堵塞而形成蛹室化蛹。

防治方法 ①人工捕捉成虫。利用成虫假死性于7~8月间进行人工捕捉。②人工刺杀树丫处的卵及初孵幼虫，或用铁丝钩杀坑道内的幼虫，或用80%敌敌畏乳油50倍液，堵塞坑道，并用黏泥封闭洞口。

龙 眼 亥 麦 蛾

Longan borer

彩版61·90~92，彩版62·93~94

学名 *Hypatima longanae* Yang et Chen，鳞翅目，麦蛾科。

寄主 荔枝、龙眼。

为害特点 幼虫蛀害龙眼、荔枝嫩枝和荔枝果实。被害嫩梢枯萎，被害果常引起落果。

形态特征

成虫 体长 3.5～5mm，翅展 10～12mm；头灰白色，触角细长，短于前翅；胸部棕褐色；前翅灰褐色，前缘有突出的竖鳞数丛，第一丛最大，第二、三丛较小，第四、五丛不显著，鳞丛之间有大小不等的黑斑，第一至第二丛之间形成黑色宽带，伸达后缘，近翅基中部也有 1 丛竖鳞，其周围也多黑斑；后翅狭长，灰色，缘毛甚长。

卵 扁圆形，表面有花生壳状网纹和刻点，初产淡黄色，后转橘黄色。

幼虫 体长 7～9mm，黄白色，头红褐色。

蛹 黄褐色，腹端肛门两侧有细长的钩刺 20 余根。

生活习性 福建福州地区一年发生 5 代，以老熟幼虫在枝梢虫道中越冬，越冬幼虫于 3 月中下旬开始化蛹，4 月下旬至 5 月上旬为成虫发生盛期，第一代幼虫于 4～6 月中旬为害春梢和花穗，第二代幼虫于 6～8 月上旬为害夏梢和秋梢最为严重。卵散产于嫩芽上、叶背和枝梢表皮。幼虫孵化后蛀入嫩梢为害，向下蛀食形成虫道，并不断向洞外排粪。通常转梢为害 1～2 次，在离蛀孔 3～4mm 处的虫道中化蛹，孔口周围及内壁披白色薄丝。在荔枝果内曾采得该虫，幼虫可从果端、果侧、果肩及果蒂等处蛀入，幼虫蛀食果核，蛀道中空无虫粪，常引致落果。

防治方法 参考荔枝蛀蒂虫。

龙 眼 角 颊 木 虱

Longan psyllid

彩版 62 · 95～100

学名 *Cornegenapsylla sinica* Yang et Li，同翅目，木虱科。

别名 龙眼木虱。

寄主 龙眼。

为害特点 成虫在嫩梢、芽和叶上吸食为害，若虫固定于叶背吸食并形成下陷的伪虫瘿，因此在叶面布满小突起，叶片变小，畸形扭曲，影响新梢的抽生和叶片的正常生长。该虫也是龙眼鬼帚病的传毒介体。

形态特征

成虫 体长（达翅端）2.5～2.6mm，体粗壮，背面黑色，腹面黄色。头部颊锥极发达，向前侧方平伸，圆锥形。复眼灰褐色，单眼淡黄褐色。触角末端有 1 对刚毛。翅透明，前翅具显著的略呈 K 字形黑褐色条斑。

卵 前端尖细并延伸成 1 条长丝，后端钝圆，具短柄；初产卵乳白色，后变为褐色。

若虫 共 4 龄，体淡黄，周缘有蜡丝，复眼鲜红色；3 龄若虫翅芽显露，4 龄若虫前后翅芽重叠，体背显现褐色斑纹。

生活习性 福建福州一年发生 3～5 代，世代重叠，并有部分滞育种群。一年 3 代者，8 月间 2 龄若虫即不发育，继而越冬，这种类型生活史占群体的大多数。部分发生第四代的 2 龄若虫 9 月底停育。继续发育的第五代的个体仅占少数，以 2 龄若虫从 11 月底开始停育越冬。冬季，夏、秋、冬梢上皆为 2 龄若虫，以夏梢上居多。翌年 3 月下旬（旬均温 14.8℃），树上绝大部分若虫开始活动，3 月底多数若虫进入老熟期。越冬代成虫见于 4 月上中旬，产卵于春梢。4 月下旬为卵孵化盛期。这时上年夏梢上的若虫已全部羽化。秋冬梢上的少数个体在 4 月下旬至 5 月中旬陆续羽化，产卵于早夏梢上。第一代成虫出现于 5 月底至 6 月下旬，第二代在 7 月上、中旬，第三代在 9 月上、中旬，第四代在 11 月上、中旬。第五代（越冬代）和早期停育世代的越冬个体至翌年 4、5 月羽化。成虫在嫩梢上吸食，产卵于嫩芽、幼叶或嫩枝上，多数散产于叶背，以叶脉两侧为多，成虫盛发产卵期与龙眼抽梢期相吻合。暴风雨对成虫有冲刷作用。若虫在新叶上固定吸食，终生在伪虫瘿的陷窝内为害。营养状况对若虫发育关系密切，即使在同一叶片上，由于吸食点不同，个体间的发育速度也相差甚大。

天敌有瓢虫、草蛉和粉蛉，捕食木虱若虫，一种蚂蚁捕食成虫，小蜂寄生于若虫。

防治方法　①喷洒 10％吡虫啉可湿性粉剂 3 000 倍液或拟除虫菊酯类农药。②保护利用天敌。

龙　眼　鸡

Longan lantern-fly

彩版 63 · 101～102

　　学名　*Fulgora candelaria*（Linnaeus），同翅目，蜡蝉科。

　　别名　龙眼樗鸡、龙眼蜡蝉。

　　寄主　龙眼、荔枝、橄榄、杧果、柚子、黄皮、乌桕等果木。

　　为害特点　主要为害龙眼，发生严重时，引致树势衰弱，枝条枯干或落果，其排泄物可引起煤烟病。

　　形态特征

　　成虫　体长 37～42mm，翅展 68～79mm，橙黄色，体色艳丽，头额延伸如长鼻，略向上弯曲；额突背面红褐色，腹面黄色，散布许多白点；胸部红褐色，有零星小白点；前胸背板具中脊和 2 个明显的刻点；中胸背板色较深，有 3 条纵脊；前翅绿色，外半部有 14 个圆形黄斑，中央及翅基有带状黄纹数条；后翅橙黄色，翅顶黑褐色，腹部背面黄色，腹面黑褐色。

　　卵　白色，渐变灰黑色，倒筒形，长 2.5～2.6mm，前端有 1 锥状突起，具椭圆形的卵盖，卵 60～100 多粒聚集排列成长方形卵块，披有白色蜡粉。

　　若虫　初龄若虫体长约 4.2mm，酒瓶状，黑色。

　　生活习性　福建福州一年发生 1 代，以成虫越冬。越冬成虫多静伏于枝条分杈处的下侧，翌年 3 月开始活动吸食，4 月以后逐渐活跃，能飞善跳，5 月上中旬交配，交配后雌虫经 7～14 天产卵。卵多产在 2m 左右高的树干平坦处，一般每雌只产 1 个卵块，5 月为产卵盛期，卵期 19～31 天，平均 25 天。6 月间若虫孵化，幼龄若虫群栖。9 月上中旬出现新成虫。

天敌有龙眼鸡寄蛾。

防治方法 ①剪除过密枝条和被害枯枝。②扫落若虫，放鸡、鸭啄食。③低龄若虫期选用20％灭扫利乳油3 000倍液，10％高效灭百可乳油3 000倍液，或50％杀螟松乳油1 000倍液喷洒。④保护天敌龙眼鸡寄蛾。

白 蛾 蜡 蝉

Mango cicada

彩版 63 · 103～104

学名 *Lawana imitata* Melichar，同翅目，蛾蜡蝉科。

别名 白鸡。

寄主 为害柑橘、荔枝、龙眼、杧果、胡椒、茶、木菠萝、梅、李、桃、梨、木麻黄、银桦等几十种果树和林木。

为害特点 成虫和若虫密集在枝条和嫩梢上吸食汁液，使嫩梢生长不良，叶片萎缩而弯曲，受害重者枝条干枯、落果或果实品质变劣。其排泄物可引起煤烟病。

形态特征

成虫 体长16.5～21.3mm，碧绿色或黄白色，体披白色蜡粉。头尖，复眼黑褐色。触角基节膨大，其余各节呈刚毛状。中胸背板上有3条隆脊。前翅淡绿色或黄白色，具蜡光，翅脉分支多，横脉密，形成网状，外缘平直，顶角尖锐突出，径脉和臀脉中段黄色，臀脉中段分枝处分泌蜡粉较多，集中在翅室前端成一小点。后翅为碧玉色或淡黄色，半透明。

卵 长椭圆形，淡黄白色，表面有细网纹，常互相连接排成一列。

若虫 体长8mm左右，白色稍扁平，披白色蜡粉。翅芽末端平截，腹末有成束粗长的蜡丝。

生活习性 我国南方一年发生2代，第一代成虫于6月上旬初见，7月上旬至9月下旬产卵。第二代成虫9月中旬开始发生，11月上旬多数若虫发育为成虫，但性器官尚未成熟，随着气温逐渐下降，成虫陆续转移到茂密的枝叶上越冬。翌年2～3月越冬成虫开始取食交配，3月上旬至4月下旬产卵。卵产于嫩枝叶柄处，成虫产卵期长，3月中旬至6月上旬、7月上旬至9月下旬田间均可见到卵块。初孵若虫群集为害嫩梢，随着龄期增长，若虫逐渐分散，但仍三五成群活动，善跳跃。4、5月和8、9月为若虫盛发期。

防治方法 ①剪除过密枝条和被害枯枝。②用网捕杀成虫。③扫落若虫，放鸡、鸭啄食。④在成虫产卵前、产卵初期或若虫初孵群集期，喷洒2.5％溴氰菊酯乳油3 000～5 000倍液、20％灭扫利乳油3 000倍液，或50％杀螟松乳油1 000倍液等。

柑 橘 褐 带 卷 蛾

彩版 63 · 105～107

学名 *Adoxophyes cyrtosema* Meyrick，鳞翅目，卷蛾科。

别名　拟小黄卷叶蛾。

寄主　龙眼、荔枝、柑橘、柠檬、洋桃、花生、大豆、茶、桑等。

为害特点　幼虫食性很杂，为害嫩梢幼叶、花穗、幼果及将成熟的果实等。

形态特征

成虫　体长 7～8mm，翅展 17～18mm，体黄色，唇须向前伸。雄蛾具前缘褶，前翅色纹多变，后缘近基角有方形黑褐斑，中带黑褐色，从前缘 1/3 处斜向后缘，在中带 2/3 处斜向臀角有一褐色分支，顶角有三角形黑褐斑；雌蛾前翅后缘基角附近无方形斑，中带褐色，上半部狭，下半部向外侧突然增宽，后翅淡色，基角及外缘附近白色。

卵及卵块　卵块椭圆形，鱼鳞状排列，上方有胶质薄膜，卵粒椭圆形，长约 0.8mm。初产卵淡黄色，渐变深黄色，孵化时为黑色。

幼虫　体黄绿色，老熟幼虫体长 11～18mm，头部除第一龄幼虫黑色外，其余各龄幼虫头部为黄色，前胸背板亦淡黄色；前、中、后足淡黄褐色。腹足趾钩环形单行三序，具臀栉。

蛹　黄褐色，长约 9mm，宽 2～3mm。胸部蜕裂线明显，中胸向后胸成舌状突出，第一腹节后缘有 1 排小刺突；第二至七节前后缘各有小刺突 1 排。下唇须发达，下颚延伸，约等于蛹体 1/4 长，后足延伸至第四腹节中部，触角达中足端部之前。第十腹节末端具 8 根卷丝臀棘。

生活习性　福州地区一年发生约 7 代，世代重叠，以幼虫在叶片上吐丝结叶包在其中越冬。翌年 3 月下旬至 4 月上旬恢复活动，为害荔枝、龙眼等。4 月上、中旬老熟幼虫化蛹，4 月下旬至 5 月上旬第一代幼虫出现，为害荔枝和龙眼嫩叶、花穗及幼果。5～6 月间龙眼及荔枝园为害最为严重。幼虫为害嫩叶时，第一至二龄幼虫多在重叠叶片的中间啮食表皮，2 龄后缠缀数叶匿藏其中食害。幼虫活泼，受惊动常常急剧跳动，吐丝下垂逃跑。幼虫一般 5 龄，老熟幼虫在原来取食的叶包内化蛹或在附近老叶上化蛹。羽化后成虫当天进行交尾，次日产卵在叶片上，卵块呈鱼鳞状排列，每一卵块一般有卵 100 多粒，每雌通常产卵 2～3 块。已发现天敌卵期有松毛虫赤眼蜂（*Trichogramma dendrolimi* Metsumura）、幼虫期有灿丽步甲（*Callida* sp.）、食蚜蝇等，蛹期有广大腿小蜂、厚唇姬蜂、寄生蝇等。

防治方法　①冬季清园。修剪病虫害枝条，扫除枯枝落叶，减少越冬基数。②药剂防治。在新梢抽发期及幼果期在虫口密度较大的果园，喷射 5％卡死克乳油 1 500～2 000 倍液，或 Bt500 倍液。③有条件果园释放松毛虫赤眼蜂防治卷叶蛾。

三 角 新 小 卷 蛾

彩版 63·108，彩版 64·109～111

学名　*Olethreutes leucaspis* Meyrick，鳞翅目，卷蛾科。

异名　*Eucosma leucaspis*。

别名　黄三角黑卷叶蛾。

寄主　龙眼、荔枝。

为害特点　幼虫为害嫩叶，吐丝将叶片缀合成叶包，幼虫躲在其中为害。

形态特征

成虫 体长 6～7mm，翅展 15mm。头具疏松黑色毛，唇须灰黑色，前伸，第二节端部鳞毛疏松而长；前翅黑褐色，在前缘 1/3 至 2/3 附近有一三角形淡黄色斑，角端有缺刻，黄斑鳞片外围深黑色，前缘钩状纹明显；后翅灰黑色，前缘肩角至中部灰白色。

卵及卵块 卵块椭圆形鱼鳞状排列，表面胶质薄膜覆盖，卵粒椭圆形，长约 0.7mm，初产淡黄色，孵化时为褐色。

幼虫 体黄绿色，老熟幼虫为墨绿色，末龄幼虫体长 14 mm 左右，头黄褐色，前胸背板褐色，气门椭圆形，前胸气门与第八腹节气门大小相近，略大于第二至第七腹节气门，前、中、后足黄绿色，具臀栉。

蛹 黄绿色，体长约 8mm，宽 2～3mm，腹部除末节外为深绿色，有铜绿色金属光泽，第二至第七节腹节各节背面前缘及近后缘各有一横排钩状刺，前缘者较粗大，近后缘者较小，第八、第九腹节的钩状刺突较粗大，第十腹节中具有 3～4 排钩状刺突，略小，近端有 6 根卷丝臀棘。

生活习性 福州地区龙眼园一年发生 7～8 代，以幼虫在叶片吐丝结叶包在其中越冬，翌年 3 月下旬至 4 月上旬开始在龙眼、荔枝嫩梢上为害。5 月上旬出现第一代幼虫，为害较轻。夏梢抽发期数量明显增加，9～10 月间秋梢抽发期为害最为严重。初孵幼虫先啮食叶片表皮，后沿叶缘卷成长条形叶卷匿藏其中为害。幼虫性活泼，受惊后能立刻跳动吐丝逃逸，老熟幼虫在原叶包内或移在附近幼叶上作卷包结薄茧化蛹。成虫多在晚上羽化，当天进行交尾。在福州地区 6～7 月间，卵期 5～6 天，幼虫期 10～16 天，蛹期 5～7 天，产卵前期 1～2 天，全世代历期 21～23 天。

防治方法 参考柑橘褐带卷蛾。

柑 橘 长 卷 蛾

Tea tortrix

彩版 64·112～115，彩版 65·116～117

学名 *Homono coffearia* Meyrick，鳞翅目，卷蛾科。

异名 *Homona meniana*。

别名 褐带长卷叶蛾。

寄主 柑橘、茶树、龙眼、荔枝、杨桃、柿、板栗、枇杷、银杏等。

为害特点 幼虫为害嫩梢、幼叶、花穗及果实等，尤以为害幼果造成落果的损失最大。

形态特征

成虫 体长 8～10mm，翅展雄 16～20mm、雌 25～30mm，全体暗褐色，头顶有浓黑鳞片，唇须向上曲，达到复眼前缘；前翅暗褐色，基部黑褐色，有黑色中带，由前缘斜向后缘，顶角亦常呈褐色；后翅淡黄色。雌性翅甚长，超越腹部甚多；雄蛾较短，仅遮盖腹部，雄蛾具短而宽的前缘褶。

卵及卵块 卵块椭圆形，呈鱼鳞状排列，上方覆有胶质薄膜。卵粒椭圆形，淡黄色，长约 0.8mm。

　　幼虫　体黄绿色。老熟幼虫体长 20～23mm，头黑色或深褐色，前胸背板 2 龄后为黑色。气门近圆形，前胸气门略小于第八腹节气门，但略大于第二至七腹节气门。具臀栉。

　　蛹　黄褐色，长 8～12mm，蛹前、中胸后缘中央向后突出，突出部分的末端近平截状。腹部第二至八节背面近前后缘有 2 横排钩状刺突，近前缘钩状刺突较粗大，近后缘较小。蛹腹面上唇明显，下唇须成镊状，仅达喙的 1/3，第十节末端较狭小，具 8 条卷丝臀棘。

　　生活习性　在福州地区一年发生约 6 代，以幼虫在荔枝、龙眼、柑橘卷叶内或杂草中越冬。越冬幼虫于早春恢复活动后，为害荔枝、龙眼花穗及幼叶。第一代幼虫发生于 5 月中旬至 6 月上旬，主要为害荔枝、柑橘幼果及龙眼嫩梢、花穗等。第二代幼虫在 6 月下旬至 7 月上旬出现。结果树初孵幼虫在果实表皮取食，幼虫吐丝黏附近处果皮上，啃食表皮或躲在果萼里。2～3 龄后，幼虫钻入果内为害，被害果常脱落。幼虫除为害果外，也为害嫩叶、嫩茎，幼虫吐丝将 3～5 张叶片牵结成束后，匿居其中为害。当食料不够，即迁移重新结包取食。幼虫活泼，受惊动立即向后跳动吐丝下坠逃跑。幼虫共 6 龄，老熟幼虫在被害叶包中化蛹，或在附近老叶上结薄茧化蛹。成虫多在清晨羽化，交尾、产卵多在夜间进行。卵多产于叶面主脉附近，通常每雌产卵 2 块，每块有卵约 100 多粒。

　　防治方法　参考柑橘褐带卷蛾。

大　蓑　蛾

Cotton bag worm（Coffee bag worm）

彩版 65・118～121

　　学名　*Clania variegata* Snellen，鳞翅目，蓑蛾科。

　　寄主　龙眼、茶、梨、苹果、柑橘、桃、李、枇杷、葡萄等。

　　为害特点　为害多种果树与林木，幼虫咬食叶片成孔洞或缺刻。食尽叶片，可环状剥食枝皮，引起枝梢枯死。

　　形态特征

　　成虫　雌虫无翅，蛆状，体长 25mm 左右，头小，淡赤色，胸背中央有 1 条褐色隆脊，后胸腹面及第七腹节后缘密生黄褐色绒毛环。雄虫有翅，体长 15～17mm，翅展约 30mm，体黑褐色，触角羽状，前、后胸均为褐色，前翅有 4～5 个半透明斑。

　　卵　椭圆形，淡黄色，长 0.8～1mm。

　　幼虫　共 5 龄，雌性老熟幼虫体长 25～40mm，肥大，头赤褐色，头顶有环状斑，胸部背板骨化，亚背线、气门上线附近有大型赤褐色斑，腹部黑褐色，各节有皱纹，腹足趾钩铗环状。雄性体长 18～25mm，头黄褐色，中央有 1 个白色八字形纹。

　　蛹　雌蛹体长 28～32mm，赤褐色。雄蛹长 18～24mm，暗褐色，翅芽伸达第三腹节后缘，臀棘分叉，叉端各有钩刺 1 枚。

　　袋囊　老熟幼虫袋囊长达 40～60mm。丝质坚实，囊外附有较大的碎叶片，有时附有少数枝梗。

生活习性 在福建一年发生 2 代,以老熟幼虫在袋囊里挂在树枝梢上越冬,翌年 4 月间开始活动取食、化蛹。成虫多在下午和晚上羽化。雌虫羽化后仍留在袋囊内,仅头部伸出蛹壳,雄蛾羽化后由袋囊下方囊口飞出,雄蛾黄昏后活动活跃,有趋光性。交尾多在傍晚和次日清晨,雌虫交尾后即在囊内产卵,卵堆由虫体黄绒毛覆盖,虫体萎缩而死。每雌平均可产卵 2 000 余粒。雌虫能孤雌生殖,但产卵量较少。幼虫孵化多在下午 2~3 时,初孵幼虫先将卵壳吃掉,滞留在蛹壳内 2 天左右,在晴天中午爬出母袋,吐丝下垂,以头胸伏于枝干上,吐丝围绕中、后胸缀成丝环,继之不停地咬取叶屑黏于丝上形成圆圈,并不断扩大遮蔽虫体,幼虫再在袋内转身于袋壁上吐丝加固,形成圆锥形袋囊。随虫体增长,袋囊亦不断加大。幼虫完成袋囊后开始取食树叶表皮、叶肉,形成透明斑或不规则白色斑块,2 龄后造成叶片缺刻和孔洞。幼虫自身负袋爬行传播,扩散距离不远。

防治方法 ①摘除袋囊。在冬季和早春,采摘幼虫护囊或结合果园管理,随时摘除护囊,并注意保护寄生蜂等天敌。②药剂防治。掌握在幼虫孵化期或幼虫初龄期,选用 20%杀灭菊酯乳油 3 000~4 000 倍液、50%辛硫磷乳油 1 000 倍液,或 Bt1000 倍液喷施,防效良好。

茶 蓑 蛾

Tea bag worm

彩版 65 · 122~123,彩版 66 · 124~125

学名 *Clania minuscule* Butler,鳞翅目,蓑蛾科。

寄主 荔枝、龙眼、枇杷等多种植物。

为害特点 幼虫终生匿居在吐丝结缀的护囊内,为害时头胸部伸出护囊外咬食叶片、嫩梢皮层及幼芽成缺刻或孔洞。

形态特征

成虫 雄成虫体长 11~15mm,雌成虫无翅,蛆形,体长 12~16mm。

卵 长约 0.8mm,产于雌蛾的袋中,椭圆形,米黄色或黄色。

幼虫 体长 16~28mm,孵化后吐丝缀连咬碎的枝叶结成长形袋。

蛹 雌蛹纺锤形,头小。雄蛹长 13mm,咖啡色。

生活习性 一年发生 3 代,幼虫分别在 4 月、6 月及 9 月间孵化,4~5 月和 7~8 月是为害高峰期,11 月中旬后逐渐进入越冬期,以高龄幼虫越冬。

防治方法 参照大蓑蛾的防治。

桃 蛀 螟

Peach borer(Peach moth,Peach fruit-borer)

彩版 66 · 126~131

学名 *Dichocrocsis punctiferalis* Guenée。鳞翅目，螟蛾科。

寄主 桃、梨、李、龙眼、荔枝、枇杷、杧果等。

为害特点 杂食性害虫。幼虫蛀食果实，使果实不能发育，果实脱落或果肉充满虫粪，不可食用，对产量和质量影响很大。

形态特征

成虫 体长 10mm 左右，翅展 20～26mm，全体黄色，下唇须两侧黑色，前胸两侧有各带一黑色的披毛，腹部背面与侧面有成排的黑斑，前翅有多数分散的小黑点。

卵 椭圆形，长 0.6～0.7mm，初产时乳白色，后变为橘红色，孵化前为红褐色。

幼虫 老熟幼虫体长 20～22mm，头部暗黑色，胸腹颜色多变化，有暗红、淡灰色或淡绿色。前胸背板深褐色，中、后胸及第一至八腹节，各有褐色大小毛片 8 个，排成 2 列，前列 6 个，后列 2 个。

蛹 褐色或淡褐色，长约 13mm。翅芽达第五腹节，第五至七腹节从背面前后缘各有深褐色的突起线，沿突起线上着生小齿 1 列。臀棘细长，末端有卷曲的刺 6 根。

生活习性 福建一年发生约 5 代，以老熟幼虫在果园落叶、杂草堆集处或树皮下越冬，翌年 3 月下旬至 4 月上旬开始化蛹，化蛹期先后不齐，世代重叠现象严重。成虫多在晚上 8～10 时羽化，成虫白天不活动，停伏在叶背面，夜晚活动。成虫有取食花蜜的习性，雌虫经补充营养和交尾后，多于夜间产卵。卵散产，也 2～5 粒相连成块，卵多产在果实表面，在龙眼园喜产在枝叶茂密的果串中间，成虫产卵对果实成熟度有一定的选择性。卵多于清晨孵化，初孵化幼虫先在果梗、果蒂基部吐丝蛀食果皮，二龄后蛀入果实内为害，并排出大量褐色颗粒状粪便黏结在果面上，果肉也有虫粪，幼虫能转果为害。幼虫有 5 龄，老熟后一般在果内结白色茧化蛹，或在结果枝上及两果相接处化蛹。

防治方法 ①清除果园越冬场所，消灭越冬虫源。②果实套袋。在龙眼果实膨大期进行套袋，防止成虫产卵。③喷药防治。掌握在第一、二代成虫产卵高峰期喷药，采果前半个月可喷 10％高效氯氰菊酯乳油 3 000 倍液、48％乐斯本乳油 1 000 倍液，或 5％卡死克乳油 1 000～1 500 倍液。

刺　蛾　类

彩版 67 · 132

刺蛾类害虫分布广，食性杂，可为害龙眼、荔枝、苹果、李、杏、柑橘、枣、柿、樱桃等多种植物。龙眼、荔枝上常见刺蛾有扁刺蛾 [*Thosea sinensis* (Walker)] 和褐边绿刺蛾 (*Parasa consocia* Walker，别名青刺蛾)，属鳞翅目，刺蛾科。

为害特点 幼虫取食叶片，一般食成缺刻状，低龄仅食叶肉，高龄食量大增。严重发生时，大部分被蚕食殆尽，影响树势。

形态特征

扁刺蛾 参见枇杷扁刺蛾。

褐边绿刺蛾

成虫 体长约 16mm，翅展 20～43mm。头和胸背绿色，胸背中央有一红褐色纵线；

腹部和后翅浅黄色；前翅绿色，基部红褐色斑呈钝角形弯曲，外缘有一浅黄色宽带。

卵 扁平椭圆形，黄白色，直径约1.5mm。

幼虫 老熟幼虫体长约25mm，浅黄绿色，背具天蓝带黑色点的纵带，背侧瘤绿色，瘤突上生有黄色刺毛丛，腹部末端有4丛球状蓝黑色刺毛。

蛹 椭圆形，黄褐色，长约13mm，蛹外包丝茧。

生活习性 广东、广西、福建一年发生2～3代，以老熟幼虫结茧越冬，翌年4～5月化蛹和羽化成虫。扁刺蛾的生活习性参见枇杷害虫部分。褐边绿刺蛾第一代成虫于5月上、中旬出现，5月下旬至6月中旬第一代幼虫盛发。第二代成虫于8月上、中旬出现，第二代幼虫于8月下旬至9月下旬盛发，10月中、下旬下树入土结茧越冬。该成虫具有较强的趋光性。夜间交尾、产卵，卵产于叶背面，数十粒集聚成块。初孵幼虫有群栖性，2～3龄后分散为害。幼虫有毒毛，触及皮肤发生红肿，痛辣异常。

防治方法 ①人工捕杀。及时摘除带虫枝、叶，加以处理；采用敲、挖、剪除等方法清除虫茧。②灯光诱杀。可在成虫羽化期于晚上7～9时用灯光诱杀。③药剂防治。掌握在低龄幼虫期选用50%杀螟松乳油，或50%辛硫磷乳油或5%卡死克乳油1 000～2 000倍液，或2.5%敌杀死乳油3 000倍液进行喷治。

油 桐 尺 蠖

Tung-oil tree geometrid

彩版 67·133～134

学名 *Buzura suppressaria*（Guenée），鳞翅目，尺蠖科。

别名 大尺蠖。

寄主 龙眼、荔枝、油桐、柑橘、梨、茶、油茶等。

为害特点 以幼虫咬食未转绿前的嫩叶，低龄幼虫取食嫩叶的叶肉，留下表皮，高龄幼虫可将叶片咬食呈缺刻，大发生时可在短时间内将植株嫩梢幼叶大部分食去，影响结果母枝质量和翌年开花、坐果。

形态特征 参见柑橘油桐尺蠖。

生活习性 广东一年发生4代，福建、广西一年发生3代，以蛹在土中越冬。越冬代成虫于3月上旬出现。成虫多在雨后土壤湿度较大的情况下于夜间羽化出土，羽化后1～3天夜晚产卵，多产在树的裂缝里、树皮下、叶背上或土缝中。每头雌蛾产卵1块，每块有卵500～3 000余粒。卵期7～8天，幼虫期25～30天，蛹期约20天，越冬蛹长达80余天，成虫寿命约7天。成虫昼伏夜出，飞翔力强，有趋光性。幼虫天敌主要有蚁类、蜘蛛、小茧蜂、泥蜂、胡蜂等。

防治方法 ①人工捕杀。在树干周围铺设薄膜，其上铺7～10cm松土，老熟幼虫下树化蛹时收集杀死。②点灯诱杀。成虫羽化盛期，可设置黑光灯（每1～2hm^2 设1支）进行诱杀。③药剂防治。一般可结合防治卷叶蛾类害虫进行，必要时可进行挑治。一般掌握幼虫盛发期用药：1～2龄期可用90%晶体敌百虫800倍液喷治，3龄以上可用50%杀螟松乳油 500 倍液，或 25％杀虫双（杀虫丹）水剂 1 000 倍液，或 2.5％溴氰菊酯乳油 3 000倍液，或每克含 300 亿个青虫菌粉 1 000～1 500 倍液喷洒。

双 线 盗 毒 蛾

Cashew hairy caterpillar

彩版 67·135

学名 *Porthesia scintillans* (Walker)，鳞翅目，毒蛾科。

别名 棕衣黄毒蛾。

寄主 龙眼、荔枝、枇杷、柑橘、梨、桃、杧果、茶、玉米、棉花、豆类等植物。

为害特点 幼虫取食叶片成缺刻或只剩叶脉，也食害龙眼、枇杷、柑橘花穗及果实，造成落花、落果，严重影响树势及产量。

形态特征 参见枇杷双线盗毒蛾。

生活习性 福建一年发生 4 代，广西西南部地区一年发生 4～5 代，以幼虫在树上越冬，冬暖时，越冬幼虫仍可取食活动，翌年 3 月下旬结茧化蛹，4 月中旬成虫羽化。成虫一般在下午 3～5 时羽化，夜间产卵，卵多产在小枝和叶上。幼虫共 5 龄，少数 4 龄，初孵幼虫具群集性，取食叶肉，残留上表皮，3 龄以后分散取食叶片成缺刻，老熟幼虫入表土结茧化蛹。

防治方法 ①人工捕杀。除摘卵刮卵外，尚可捕杀初龄群集幼虫。②药剂防治。初龄幼虫盛发期，喷药防治。选用 80％敌敌畏乳油 1 000 倍液，或 90％晶体敌百虫 500～800 倍液加 0.02％洗衣粉，或 20％杀灭菊酯乳油 4 000～5 000 倍液喷治，宜在午后进行。

木 毒 蛾

彩版 67·136～138，彩版 68·139

学名 *Lymantria xylina* Swinhoe，鳞翅目，毒蛾科。

寄主 龙眼、荔枝、枇杷、梨、柿、无花果、茶、木麻黄等多种果树和林木。

为害特点 幼虫取食叶片及小枝，发生严重时，可将整片果园或林木吃成光秃，影响果林生长。

形态特征

成虫 雌蛾体长 22～33mm，胸部和腹部灰白色微带棕色，腹部第一至四节红色，前翅棕白色，中央有 1 条黑棕色宽带。雄蛾体长 16～25mm，头部和胸部棕灰白色，触角基部和颈板基部红色，腹部棕灰白色带红色斑纹，前翅棕灰白色，基部有 2 个棕黑色点，中线、外线棕黑色波浪形，缘毛有棕黑色点；后翅线棕灰白色。

卵 扁圆形，灰白色至微黄色，卵块长牡蛎形，密被灰褐色到黄褐色绒毛。

幼虫 体长约 50mm，头部黄白色有棕色斑点和黑色八字形纹，体灰白色或黄棕色，布有大量黑斑纹，前两节毛瘤蓝黑色，第三胸节毛瘤黑色，顶端白色，其余各节瘤紫红色。

蛹 长 20～36mm，暗红褐色至深褐色，前胸背面有一大撮黑毛，中胸两侧各有 1 个黑色绒毛状圆斑，腹部各节均有数撮小白毛，腹末两侧及端部有臀棘。

生活习性 在福建一年发生 1 代，以卵越冬，翌年 3～4 月开始孵化，初孵幼虫群集在卵块表面，1～2 天后，吐丝下垂或随风扩散到枝条上，取食叶片成缺刻，3 龄后，食量大增，从果园中、下部向上啃食，并咬断大量小枝，造成整枝光秃。5 月中、下旬老熟幼虫开始在树干缝隙中或叶丛间吐丝做茧化蛹，5 月下旬至 6 月中旬成虫羽化。成虫多在傍晚至夜间产卵，每雌产 1 个卵块，有卵数百粒至千余粒。卵大多产在枝条上，少数在树干上。

防治方法 参考龙眼双线盗毒蛾的防治。

龙 眼 蚁 舟 蛾

Lobster caterpillar

彩版 68 · 140～143

学名 *Stauropus alternus* Walker，鳞翅目，舟蛾科。

寄主 龙眼、荔枝、杧果、柑橘、茶等。

为害特点 幼虫为害叶片及嫩梢，或咬断大量小枝，严重影响树势。

形态特征

成虫 雄翅展 42～46mm，雌翅展 57～62mm。头和胸背灰带褐色，腹、背灰褐色，末端 4 节近灰白色。雄蛾前翅灰褐色，后翅前缘区和后缘区暗褐色，其余灰白色，雌蛾整个灰红褐色。

卵 扁圆形，中央有 1 个圆形斑点，卵壳上密布网状刻点。

幼虫 体红褐色至黑褐色，体色有变化，状如蚂蚁，头壳红褐色，第一、二胸节侧面各有一小黑圆斑，背线苍白色，中足细长，腹背 1～5 节各具 1 对瘤突，臀板膨大，臀足特化呈枝状尾角，栖息时首尾翘起，形如舟状。

蛹 长约 25mm，初蛹为鲜黄色，渐变为红褐色，近羽化时黑褐色。

生活习性 海南省一年发生 6～7 代，无越冬现象。在福州地区荔枝园，以幼虫在树冠荫蔽处越冬，2 月下旬中午温度升高时，仍可爬出在树冠上取食，3 月中旬开始化蛹，4 月上、中旬羽化产卵。幼虫为害盛期在 5～9 月。成虫多在夜间羽化，当日交尾。卵多产叶片背或小枝条上，呈不规则念珠状排列，每雌可产卵数百粒，以树冠下部产卵最多。孵化时幼虫在卵壳侧面咬 1 个小圆孔爬出，并吃去大部分卵壳。初孵幼虫群栖为害，3 龄后分散，幼虫取食时多从小枝中部或近基部 1/3 处咬断，仅取食留下的部分，果园散落大量咬断的枝条。老熟幼虫又在枝条树杈或叶片上结丝作黄褐色椭圆形茧化蛹。

防治方法 ①人工摘除卵块。②幼虫初孵时喷射 48%乐斯本乳油 1 000 倍液、50%辛硫磷乳油 1 000～1 500 倍液，或 10%高效灭百可乳油 3 000 倍液。

喙 副 黛 缘 蝽

彩版 68·144～146

学名 *Paradasynus longirostris* Hsiso，半翅目，缘蝽科。

别名 红缘蝽。

寄主 龙眼。

为害特点 成虫及若虫为害龙眼枝梢及果穗，造成枝梢枯萎及果实脱落。

形态特征

成虫 体长 17.8～18.8mm，宽 5～5.5mm。体红褐色，前胸背板侧缘、前翅膜片及喙的顶端均为黑色，腹节两侧各有 8 个黑色斑点，其前后两端的 2 个较小，前翅稍超过腹部末端，膜片翅脉整齐，顶端分叉。

卵 椭圆形，长约 2mm。初产时淡黄褐色，后转为紫褐色，有光泽。卵通常单层成行排列成块，每块有卵 45～60 粒。

若虫 共 5 龄。初龄若虫体淡红色，喙伸达腹端，高龄若虫体米黄色，翅芽明显，体长 13～15mm。

生活习性 在福建莆田地区一年发生 2 代，以成虫在果园杂草下越冬。翌年 3 月间越冬成虫开始活动取食，5 月上、中旬成虫交配，卵多产在叶背，卵期 6～10 天。8 月上、中旬为第一代成虫产卵高峰期，初孵若虫常群集在枝梢或果穗上为害，3 龄后分散为害，夏、秋季若虫期为 25～40 天。

防治方法 ①人工摘除卵块或捕捉低龄若虫。②虫口密度大的果园，用 2.5％敌杀死 3 000 倍液或 10％高效灭百可乳油 3 000 倍液喷杀。

银 毛 吹 绵 蚧

Okada cottony-cushion scale

彩版 69·147～148

学名 *Icerya seychellarum* Westwood，同翅目，珠蚧科。

寄主 龙眼、荔枝、枇杷。

为害特点 若虫和雌成虫群集在叶背或枝干上为害，致使树势衰弱并诱发煤烟病。

形态特征 雌成虫卵圆形，背面稍隆起，黄色至橘红色，被黄色至白色块状蜡质物覆盖，有许多放射状排列的银白色蜡丝，触角黑色，各节均具细毛。足黑褐色、发达。

生活习性 在福建龙眼园一年发生约 4 代，以 3 龄若虫和雌成虫越冬。3 月中下旬开始产卵。4 月若虫盛发。第一代发生于 4～6 月，为害枇杷嫩枝及叶片，初孵若虫多寄生于嫩枝及叶背主脉两侧，2 龄后迁移至枝干及果梗等处聚集为害。

防治方法 ①结合修剪，除去受害枝和过密枝，使果园通风透光，减轻为害。②保护利用天敌。有多种瓢虫及草蛉捕食，能有效控制为害。③在若虫盛发期喷射 2.5％功夫乳油

3 000～4 000 倍液，或 50％马拉硫磷乳油 800 倍液，或 95％机油乳剂 100～200 倍液等。

堆 蜡 粉 蚧

Spherical mealybug

彩版 69・149～152

学名 *Nipaecoccus vastator*（Maskell），同翅目，粉蚧科。

寄主 龙眼、荔枝、柑橘、杧果等。

为害特点 为害成株和苗木的叶、枝梢以及龙眼果蒂等，分泌的蜜露常诱发煤烟病，严重发生时引起枯枝、落叶。

形态特征

成虫 雌成虫紫黑色，体背披覆较厚的白色蜡粉，每体节上的蜡粉有 4 点较增厚，成 4 堆横列，体周缘的蜡丝粗而短，末对蜡丝较粗长。雄成虫绛紫色，前翅 1 对。半透明，腹末有白色蜡质长尾刺 1 对，体长约 1mm。

卵 椭圆形，淡紫带黄色，藏在雌虫腹下白色带黄的蜡质棉絮状卵囊中。

若虫 紫色，外形似雌成虫，但初孵若虫裸露，无蜡质堆粉，堆粉随虫龄的增加而逐渐加厚。

生活习性 广东、福建一年发生 5～6 代，以成、若虫在树干枝条裂缝、卷叶或蚂蚁巢内越冬，翌年 2 月恢复活动。若虫盛发期依次为第一代于 4 月上旬，第二代于 5 月中旬，第三代于 7 月中旬，第四代于 9 月上中旬，第五代于 10 月上中旬，第六代于 11 月中旬，每年以 4～5 月及 10～11 月虫口密度最大，为害最重。若虫具 4 龄，常群聚为害嫩梢、果蒂、叶片、叶柄和枝条。雌虫形成蜡质的卵囊，卵产在卵囊中，有卵 200～500 粒。自然条件下雄虫出现不多，基本行孤雌生殖。

防治方法 ①农业防治。结合修剪，及时剪除虫害枝叶及过密枝、弱枝，改善通风透光条件，减少虫源。②药剂防治。在低龄若虫盛发期，可用 2.5％功夫乳油 3 000～4 000 倍液，或 50％马拉硫磷 800 倍液，或 20％杀灭菊酯乳油 3 000 倍液，或 25％喹硫磷乳油 800～1 000 倍液，或 95％机油乳剂 100～200 倍液喷治。③保护天敌。堆蜡粉蚧主要天敌有孟氏隐唇瓢虫，台湾小瓢虫和一种草蛉，应合理用药保护上述天敌。

日 本 龟 蜡 蚧

Japanese wax scale

彩版 69・153

学名 *Ceroplastes japonicus* Comstock，同翅目，蚧科。

寄主 为害橄榄、杧果、柑橘等多种果树。

为害特点 该虫固定在寄主的叶片和枝条上为害，影响植株正常生长，常导致落叶落果，并诱发煤烟病。

形态特征

成虫　雌成虫椭圆形，紫红色，体长约 2mm，体外覆盖厚的蜡质分泌物，蜡壳近圆形，产卵期背面隆起略呈半球形，灰白色，表面呈龟甲状凹线。雄成虫体长 1～3mm，棕褐色，翅白色透明。

卵　椭圆形，橙黄色。

若虫　初孵若虫体扁平，椭圆形，不久体背面出现蜡点，虫体周围有白色蜡刺。

生活习性　福建一年 1 代，若虫期 3 龄，以雌成虫在枝条上越冬。翌年 3 月开始在枝叶上为害，4～5 月开始在腹下产卵，5 月为幼龄若虫盛期。6 月卵开始孵化。初孵若虫在嫩枝、叶柄及叶上吸食。8 月初雌虫开始分化，雄虫蜡壳仅增大加厚，雌虫分泌软质新蜡，形成龟甲状蜡壳。

防治方法　①结合修剪，除去受害枝叶和过密枝，以利果园通风透光，减轻为害。②喷药防治。低龄若虫盛发被蜡初期为药剂防治的适期，可喷洒 2.5%功夫乳油 3 000～5 000 倍液，或 48%乐斯本乳油 1 000 倍液，也可选用 95%机油乳剂 100～200 倍液，或松脂合剂 15～20 倍液等喷治。③保护和利用天敌。有多种瓢虫、草蛉捕食，能有效控制该虫为害。

龙眼、荔枝象甲类

彩版 70 · 154

为害龙眼、荔枝较为常见的象甲有大绿象甲（*Hypomeces squamosus* Fabricins，别名蓝绿象甲、绿鳞象虫）、小绿象甲（*Platymycteropsis mandarinus* Faimaire，别名 小粉绿象甲、柑橘斜脊象）、鞍象甲〔*Neomyllocerus hedini*（Marshall）〕、杧果切叶象甲（*Deporaus marginatus* Pascoe）等均属鞘翅目，象甲科。后一种主要为害杧果（详见杧果害虫），在杧果与龙眼混栽区，龙眼受害亦较重。

为害特点

大绿象甲　以成虫咬食新梢嫩叶，有时也为害花和幼果，叶受害后出现大小不一的缺刻，严重为害时仅留叶脉。可为害龙眼、荔枝、柑橘、桃、李、梨、板栗、大豆等植物。

小绿象甲　同大绿象甲。寄主有龙眼、荔枝、柑橘等植物。

鞍象甲　同大绿象甲。寄主有龙眼、荔枝等植物。

形态特征

大绿象甲　成虫体长 15～18mm，体表覆盖绿、黄、棕、灰色等闪光鳞片和灰白色绒毛。头部口喙粗短稍弯，喙前端至头顶中央具纵沟 3 条。复眼内侧前方各有 2 条较长的绒毛，触角 9 节。前胸长大于宽，背板具有 3 条纵沟。鞘翅长于腹末，鞘翅上各有由刻点连成的 10 条纵行。各足跗节均为 4 节。

小绿象甲　成虫体长 6～9mm，体灰褐色，体表覆盖浅绿、黄绿色鳞粉。触角细长，9 节，柄节最长，鞘翅上各有由刻点连成的 10 条纵行沟纹。前足比中、后足粗长，腿节膨大粗壮；各足跗节均为 4 节。

鞍象甲　成虫的雌虫体长 5.5～6mm，雄虫体长 3.5～4.4mm，体表覆盖黄、绿色的鳞片，触角细长，9 节，柄节较长。前胸长筒形。鞘翅上各有由小圆点组成的 10 条纵沟，同时还各布有 6～7 块淡黑褐色的横置斑纹。

生活习性

大绿象甲每年 4～12 月均有成虫发生，以 5～6 月发生量较大。小绿象甲在福建福州一年发生 2 代，以幼虫在土中越冬。第一代、第二代成虫盛期分别出现在 5～6 月与 7 月下旬。在广西，4 月下旬至 7 月可见成虫活动，5～6 月发生量较大。为害初期，一般先在果园的边缘发生，常群集取食为害，具有假死性。鞍象甲在广西西南部地区，一年中成虫出现为害期与小绿象甲基本相同：一般于 4 月下旬至 7 月上旬活动为害，5 月发生量较大，为害重。喜食转绿前的嫩叶。新垦果园，上述三种象甲发生量较大，受害较重。幼龄树受害较成年树重。

防治方法 ①冬季结合翻土，杀死部分越冬虫态。②树干涂胶，防止成虫上树。即在成虫开始上树期间，用胶环包扎树干，每日将黏在胶环上、下的成虫杀死。黏胶配制：蓖麻油 40 份，松香 60 份，黄蜡 2 份，先将油加温至 120℃，然后缓慢加松香粉，边加边搅拌，再加入黄蜡，煮拌至完全熔化。冷却后使用。③捕杀成虫。利用此虫具有群集性、假死性和先在果园边缘局部发生等特点，于上午 10 时前和下午 5 时后，用盆子装适量水并加入少量煤油或机油，置于虫株下，用手振动树枝，使虫子坠落盆内，杀死成虫。④药剂防治。在树高大或虫口密度较大的情况下，选用 15%杀虫灵乳油 2 000～2 500 倍液，或 20%速灭杀丁乳油 2 000～2 500 倍液，或 90%晶体敌百虫 800～1 000 倍液加 2%洗衣粉，或 10%联苯菊酯乳油 3 000～4 000 倍液，或 50%杀螟松乳油 1 500 倍液等药剂喷治，使用菊酯类杀虫剂防治其他害虫时，也有兼治这些象甲害虫的效果。

龙眼长跗萤叶甲

彩版 70 · 155

学名 *Monolepta occifuvis* Gressitt et Kimoto，鞘翅目，叶甲科。

别名 红头长跗萤叶甲。

寄主 为害龙眼、荔枝、杧果、扁桃等多种果树。

为害特点 以成虫咬食龙眼的新梢嫩叶，严重发生时咬食新梢嫩茎皮层或咬顶芽嫩茎和幼果皮层，使新梢不能正常抽发，结果母枝不能形成或少形成花穗，严重为害时，产量锐减。

形态特征

成虫 雌虫体长 7.7～8.1mm，雄虫体较小，头橘红色，触角丝状，11 节，基部 3 节，各鞭节基部为黄褐色，其余为黑褐色。复眼黑色，鞘翅为黄白色，肩角、前缘后半和外缘为黑色，翅上密布不规则小刻点和短茸毛。小盾片三角形，黑色。前胸横宽，橙黄色，周缘上卷明显；后胸背黑褐色。各足的基节、腿节橙黄色，其余为黑色。后足胫节有较粗大的端刺 2 枚，第一跗节长于其余 4 跗节之和，第三跗节双叶状，各足跗节均为 5 节，腹部的第一至三节背面黑褐色，其余为橙黄色，腹端数节露于鞘翅外。

卵 稍扁平椭圆形，长 1.0～1.1mm，初产淡黄色，后渐成赤褐色。卵壳坚韧，表面具近正方形的凹纹。

　　幼虫　初孵幼虫体长 1.5～2mm，乳白色稍透明。头淡灰褐色，头后缘黑色，中央呈∧字形凹陷。头比胴部宽，额区呈三角形，胸足 3 对，向体外侧张开，无腹足；臀足特化为一肉突，位于黑褐色的臀板下方中央。腹部各节背面中央横置一长椭圆形肉突，臀板末端具 2 根红褐色的刚毛。末龄幼虫体乳白色，体长 11～13mm，头小，黄褐色，后缘的∧字凹陷仍存在。触角下方各有一黑褐色的楔形斑，胸足黄褐色，无腹足，臀足的肉突微开两叉。臀板宽平，黄褐色，上有刚毛数根。

　　蛹　离蛹，体长 8～10mm，乳白色，将要羽化时，翅芽呈淡黑褐色。复眼红褐色。上颚基半部黄褐色，端半部黑色，具齿 3 枚，中间的 1 枚特别强大且尖锐。胸腹部背面各有刚毛数根。第八腹节腹面后缘有 2 个瘤状突，腹端具 2 根尾刺，棕黑色。

　　生活习性　广西南宁地区一年发生 1～3 代，世代重叠，以幼虫在龙眼树盘土表下或以成虫在龙眼树冠中越冬。越冬成虫于翌年 3 月中下旬开始产卵。越冬幼虫化蛹后一般于翌年 3 月中下旬至 4 月陆续羽化为成虫，雌虫多次交尾产卵，每次产卵 2～80 粒，一生可产 290～760 粒，卵产树盘土表下，散产或数粒聚集。卵期 3～4 月时为 25～29 天，5～9 月时为 17～19 天。幼虫在表土层取食龙眼细根或腐殖质。幼虫期为 60～70 天，老熟幼虫在土表层化蛹，预蛹期 4～5 天，蛹期 11～15 天。成虫羽化后在土中停息 1～2 天后爬出地面，随后飞上树冠栖息、取食、交尾。成虫有群集取食和假死性，喜食刚转绿的龙眼嫩叶或嫩芽、新梢皮层。广西西南部地区 2～12 月均有成虫活动，以 3 月下旬至 4 月中旬、6 月下旬至 7 月中旬、8 月下旬至 9 月中旬、10 月中旬至 11 月中旬活动为多。龙眼各梢期均可受害，但以夏延秋梢受害对产量影响较大。

　　防治方法　①农业防治。该虫的幼虫和蛹均在树盘土层中生活，在幼虫和蛹盛期，结合果园中耕除草，松翻土层一次，以恶化其生活环境条件，减少虫源。②药剂防治。该虫发生为害较重的果园，可在各梢期喷药 1～2 次。常用农药有 90% 晶体敌百虫 800～1 000 倍液，或 80% 敌敌畏乳油 1 000 倍液，或 48% 乐斯本乳油 1 500～2 000 倍液，或 25% 农地乐乳油 2 000～2 500 倍液，或 10% 氯氰菊酯（5% 高效氯氰菊酯）乳油，或 2.5% 功夫乳油 3 000～5 000 倍液，或 2.5% 鱼藤酮乳油 500～800 倍液等，可任意选择一种，并注意轮换使用。

蓟　马　类

彩版 70 · 156～158

　　龙眼、荔枝园常见蓟马有红带网纹蓟马 [*Selenothrips ruburocintus* (Giard)] 和茶黄蓟马（*Scirtothrips dorsalis* Hood）。

　　为害特点

　　红带网纹蓟马　又称荔枝网纹蓟马、红带月蓟马。成虫、若虫多在已充分展开的淡绿色嫩叶上锉吸汁液，受害叶常见产卵点表皮隆起，上盖黑褐色胶质膜块或黄褐色粉状物。虫口密度高时，新梢嫩叶变褐，以至枯焦，大量落叶。寄主有荔枝、龙眼、油桐、板栗、沙梨、柿、杧果、桃、橄榄、油茶等多种植物。

茶黄蓟马　成虫、若虫多在嫩叶、叶背锉吸汁液，受害叶缘卷曲，呈波浪状，叶片变狭或纵卷皱缩。叶脉淡黄绿色，叶肉呈现黄色刺伤点，似花叶状，叶片失去光泽、僵硬、变厚、变脆，容易脱落。新梢或幼苗芽顶受害，因生长点受抑制而出现枝叶丛生或顶芽萎缩现象。寄主除龙眼、荔枝外，还可为害杧果、葡萄、草莓、花生等多种植物。

形态特征

红带网纹蓟马

成虫：虫体细小，体黑色，有光泽，长 1.1～1.3mm，宽 0.4mm，复眼发达，锉吸式口器，4 翅膜质极狭长，翅缘具长而密的缨毛，静止时 4 翅沿体背两侧贴置，不察觉，但行走时腹端不时上翘，便可识别。

若虫：初孵若虫无色透明。成长若虫体橙红色，第一腹节后缘和第二腹节背面鲜红色，呈一明显红色横带。该虫以此特征得名。腹端黑色，有 6 条黑色刺毛。

前蛹：体色与若虫相同，但翅芽显现，仅达前蛹，2～3 腹节，腹端淡褐色，无黑刺毛，体长 1～1.2cm。

伪蛹：体色同前蛹，翅芽长达 4～5 腹节，近羽化前体色转为暗褐至黑褐色。

茶黄蓟马

成虫：雌虫体橙色，体长 0.8～0.9mm，触角第一节淡黄色，第二节黄色，第三至八节灰褐色，翅灰色，头部宽约为头长的 1.8 倍，复眼鲜红色。

若虫：似成虫，体较短且无翅。

生活习性

红带网纹蓟马　在广东新兴、广西的西南部一年发生 10～11 代，世代重叠。冬季以卵或成虫越冬为主，但 1～2 月却以卵为主，2 月中旬以后陆续孵出若虫。成长若虫多群集在被害叶或附近叶背凹处，或瘿螨毛毡部化蛹。成虫一般爬行受惊时可弹飞。能孤雌生殖，卵散产在荔枝树上，卵产在叶面表皮下，在嫩叶中脉附近着卵较多。在油桐、杧果、沙梨等寄主上产卵多在叶背表皮下。产卵外表皮显著隆起，其上覆盖黑色胶质膜块或黄褐色粉状物。外观似锈病斑点。卵期：气温在 18～21℃ 时为 17～25 天，25～32℃ 时为 9～12 天；若虫期：春季为 20～30 天，夏、秋季为 6～12 天，冬季为 30～50 天；前蛹和伪蛹期：春季为 5～17 天，夏季为 2～4 天，冬季为 5～15 天。

该虫以成虫、若虫主要为害嫩叶，每年 4～7 月上旬和 9～12 月中旬为发生为害盛期。荔枝抽梢期与成虫盛发期基本吻合，新梢受害较重。年抽梢次数多且发梢不整齐或有冬梢的果园，为害也严重。平地、湿度大或近水源的果园，发生亦较重。春季、初夏多雨天和秋旱，有利此虫发生。

茶黄蓟马　主要为害嫩梢，也可为害幼果。每年 8～10 月发生量较大，为害较重。秋旱严重年份，有利其发生。

防治方法　①农业防治。科学施肥，促进各梢抽发整齐，控制冬梢。果园附近尽量避免种植其他寄主，以减少虫源。②药剂防治。虫害重的果园，应掌握低龄若虫盛发期前用药防治 1～2 次，常用农药有 10％吡虫啉可湿性粉剂 3 000 倍液、25％阿克泰水分散粒剂 4 000～5 000 倍液、40％乙酰甲胺磷乳油 1 000 倍液，或 48％乐斯本乳油 1 000～1 500 倍液等，可择一使用。

龙 眼 顶 芽 瘿 螨

彩版 70·159

学名 *Eriophyes dimocarpi* Kuang，蜱螨目，瘿螨科。

寄主 龙眼。

为害特点 以成、若螨多藏匿在未张开的龙眼复叶中取食为害，影响顶芽生长。

形态特征

成螨 躯体蠕虫形，淡黄白色，雌螨体长 90～160μm；喙长约 17μm，斜下伸。背盾板长 25μm 左右，无前叶突；背中线箭状，不完整，侧中线波浪状，亚中线后外侧有两组平行短条饰纹；背瘤位于盾片后缘，背毛 24 根，前指。第一足的股节 10 节，具刚毛 6 根；膝节 4 节，具刚毛 20 根；胫节 5 节，跗节 4 节。第二足的股节 9 节，具刚毛 6 根；胫节和跗节均为 4 节。第一、第二足均为羽状爪 5 支，爪端球不明显。背环纹大体呈弓形，背、腹环纹数 55～60 条，均具椭圆形微瘤。

若螨 外部形态与成螨基本相同，但体较小，淡白色。

生活习性 在广西南宁终年发生为害。以 5～6 月和 10～11 月间虫口密度较大。一般在春末夏初、秋末冬初为害较重。成、若螨均在顶芽未张开的复叶夹缝间栖息取食和产卵。

防治方法 ①加强管理，合理施肥，促进各梢期抽发迅速整齐，结合整枝修剪，剪除病虫害枝梢，减少虫源，减轻为害。②喷药防治。螨害较重果园，可在顶芽萌动盛期用药 1～2 次。可选用 50%托尔克（苯丁锡）可湿性粉剂 1 500 倍液、20%螨克（双甲脒）乳油 1 000～1 500 倍液，或 5%霸螨灵悬浮剂 1 500～2 000 倍液喷治。

龙 眼 叶 锈 螨

彩版 70·160

学名 *Paracdacarus* sp.，蜱螨目，瘿螨总科，副丽瘿螨。

寄主 为害龙眼、荔枝等果树。

为害特点 以成、若螨为害叶片，被害叶呈黑褐色，状如煤烟病，影响光合作用。

形态特征

成螨 雌螨体近似纺锤形，体长 92～138μm，宽 45～58μm；雄螨体较小；均为灰白色至淡黄白色。喙指向下方，与体躯垂直。头胸板上饰纹呈网状小室，中线暗淡，位于中部。侧中线完整，在网纹中向内、外弯曲。头胸板具脊毛 2 根。后半体的背片 40 片左右，腹片约 50 多片。尾体毛 1 对。

卵 扁球形，横径约 30μm，高约 13μm，玉白色透明，有光泽。

幼螨 体长 60～65μm，前足较宽大，体向后收窄，尾体尖小，形如等腰三角形；白色半透明，背片明显。

若螨 形似幼螨，体长 70μm 左右，乳白色。

生活习性 广西南宁每年 3～4 月、6 月和 10～11 月中旬种群数量较大，一般中下部较荫蔽叶和背阳叶受害较重。卵产叶正面。成、若螨以口喙刺入叶组织取食为害，被害处汁液流出，氧化后成略带光泽的黑褐色斑。

防治方法 在锈螨发生初期施药防治。可参见龙眼顶芽瘿螨防治。

白　蚁　类

White ant

彩版 71·161～162

学名 为害果树的主要种有黑翅土白蚁（*Odontotermes formosanus* Shiraki）、黄翅大白蚁（*Macrotermes barneyi* Light）、家白蚁（*Coptotermes formosanus* Shiraki），分别属于等翅目的白蚁科（黑翅土白蚁、黄翅大白蚁）和鼻白蚁科（家白蚁）。

寄主 龙眼、荔枝、枇杷、橄榄等。

为害特点 主要在果树的树基、树干或根部等处为害。家白蚁顺年轮穿食为害，黑翅土白蚁与黄翅大白蚁有在树干上作泥被或泥路的特点。为害严重时树势衰退，降低产量和品质。

形态特征 白蚁具有一般昆虫的头、胸、腹三体段。白蚁群体内个体从形态与机能上可分为生殖与非生殖两大类型，其中生殖类型和工蚁的头部形状比较固定，而兵蚁的头部变化较大，有圆形、长方形和象鼻形，上颚的差异亦相当大。有翅成虫在头部两侧有发达的复眼 1 对，在复眼内侧上方，有淡白色的单眼 1 对，少数种类（如草白蚁）缺乏单眼。生殖蚁中的短翅补充型的复眼较小，而无翅补充型和工蚁的复眼退化。头部两侧前端有触角 1 对。大多数种类的触角为念珠状，分节较短。少数种类（尤其兵蚁）的触角为比较长的圆柱形。触角分 9～30 节。同一种群中，一般有翅成虫触角分节较多。前、中胸和后胸，每节着生 1 对胸足，有翅成虫的中、后胸各着生 1 对翅，膜质，狭长形，前、后翅的大小形状相似。生殖蚁分为原始蚁王、蚁后，短翅型和无翅补充型蚁王、蚁后。白蚁腹部呈圆筒形或橄榄形，由 10 节组成，并有雌、雄之分。

生活习性 白蚁可分为木栖性（木白蚁等），土、木栖性（家白蚁等）和土栖性（土白蚁、大白蚁等）三类型。有群栖性，有翅成虫具有趋光性。黑翅土白蚁属"社会性"昆虫。各类型的白蚁，有明确分工，各司其职。4～6 月闷热天，大多在下午 6～8 时，有翅成虫群飞，落地脱翅，雌、雄配对，入地作巢，分群繁殖，一般蚁巢入土 1～2m 深。主巢附近有许多副巢，并有蚁路相通。3 月初气温转暖时，开始出土为害，5～6 月和 9 月出现为害高峰期，11 月下旬以后入土越冬。黄翅大白蚁有翅成虫多在 4～6 月群飞，一天中以 1～4 时最多，闷热的雷雨前后群飞最盛，尤其雨后晴天，大量出巢为害。

防治方法 ①成年树采用诱杀法或淋灌药液灭蚁。注意选好施药地点，如在分群孔里、排泄物内寄放灭治白蚁膏。在有蚁害的树基部设置诱杀坑或直接放灭蚁灵毒饵进行诱杀。也可用 80% 敌敌畏乳油，或 48% 乐斯本乳油 1 000～1 500 倍液，或 40% 辛硫磷乳油

500～600 倍液淋灌蚁巢。②苗地防治。可用 0.1% 毒死蜱或二氯苯醚等处理土壤，处理厚度与根系深度相当。③保护天敌。重视对白蚁的捕食性天敌（蟾蜍、姬蛙、蜘蛛、有翅尾隐翅虫、步行虫、蝼蛄等）的保护，发挥天敌的灭蚁作用。④灯光诱杀。每年 4～6 月白蚁群飞季节，利用其趋光性，设置诱虫灯进行诱捕，黑光灯（灯管功率为 20W，灯距地面 1～2m，灯下放一大盆清水，加适量煤油，灯附近地面要常喷农药）有较明显的诱捕作用。

25. 黄皮害虫
Insect Pests of Wampee

天 牛 类
Longhorned beetles

彩版 53·30，彩版 54·31

为害黄皮的常见天牛类害虫有星天牛、褐天牛、光盾绿天牛等。该类害虫的为害特点、形态特征、生活习性和防治方法参见本书柑橘天牛类害虫。

柑 橘 木 虱
Citrus psylla

彩版 52·22

学名 *Diaphorina citri* Kuwayam，同翅目，木虱科。

寄主 柑橘类、黄皮、九里香等植物。

为害特点、形态特征、生活习性和防治方法参见本书柑橘木虱。

吹 绵 蚧
Cottony cushion scale

彩版 51·16

学名 *Icerya purchasi* Maskell，同翅目，硕蚧科。

寄主 柑橘、黄皮、板栗、杧果、橄榄、木麻黄、相思树、茶等多种植物。

为害特点、形态特征、生活习性和防治方法参见本书柑橘吹绵蚧。

柑 橘 裂 爪 螨

Citrus green mite

彩版 50 · 3

学名 *Schizotetranychus baltazarae* Rimando，蛛形纲，蜱螨目，叶螨科。

寄主 柑橘，黄皮。

为害特点、形态特征、生活习性和防治方法可参见本书柑橘全爪螨。

26. 枇杷害虫

Insect Pests of Loquat

枇 杷 瘤 蛾

Loquat nolid

彩版 71 · 163～166

学名 *Melanographia flexilineata* Hampson，鳞翅目，瘤蛾科。

别名 枇杷黄毛虫。

寄主 枇杷。

为害特点 幼虫食害枇杷嫩芽幼叶，发生严重时也取食老叶，仅余叶脉，以致死树。

形态特征

成虫 体长约 9mm，翅展 21～26mm，体灰白色有银光；前翅灰白色，有 3 道明显的黑色曲折横纹，在外方的一道呈不规则锯齿状，外缘毛上有 7 个排列整齐的黑色锯齿形斑，中室中央有 1 小丛突起的褐色鳞片；后翅淡灰色。

卵 扁圆形，直径约 0.6mm，淡黄色，表面有纵向刻纹。

幼虫 末龄幼虫体长 22～23mm，黄色，胴部 2～11 节上每节有毛瘤 3 对，其中第三腹节背面的一对毛瘤较大，蓝黑色，具光泽；腹足 4 对，第三对腹节缺腹足。

蛹 长约 10mm，淡褐色。

茧 由叶片绒毛、枝条皮屑加丝而成，前端有 1 角突。

生活习性 浙江一年发生 3 代，福建发生 5 代，以蛹在茧内越冬。越冬蛹于翌年 4～5 月化蛾。卵散产于嫩叶背面，卵期 3～7 天。初龄幼虫群集于嫩叶正面取食叶肉，呈许多褐色斑点。2 龄后分散为害，取食时先把叶表绒毛推开，被害叶仅余薄膜、叶脉和堆集的绒毛，嫩叶食尽后转害老叶、嫩茎表皮和花果。幼虫期 15～31 天。老熟幼虫在叶背主脉上或枝干荫蔽处结茧化蛹。蛹期 12～30 天，越冬蛹历经 190 多天。

天敌有寄生幼虫和蛹的姬蜂、茧蜂、广大腿小蜂、金小蜂和寄生菌等。

防治方法 ①初龄幼虫群集新梢叶面取食时，人工捕杀。②每次新梢抽出后，幼虫初发阶段，喷洒 2.5％鱼藤精乳油 500 倍液、40％乐斯本乳油 1 500 倍液、10％溴虫腈悬乳剂 1 500 倍液，或 5％卡死克（氟虫脲）乳油 1 000～1 500 倍液。③保护利用寄生蜂。

枇杷舟蛾（苹掌舟蛾）

Loquat caterpillar

彩版 71 · 167，彩版 72 · 168～172

学名 *Phalera flavescens* Bremer et Grey，鳞翅目，舟蛾科。

别名 苹掌舟蛾、枇杷天社蛾、举尾虫、舟形毛虫。

寄主 枇杷、苹果、梨、桃、李、梅等多种植物。

为害特点 为害枇杷叶片，是一种暴食性害虫。幼虫咬食叶片，常可把全树叶片吃光，仅留叶柄或叶脉，影响树势和翌年开花结果。

形态特征

成虫 体长 35～60mm，大部分黄白色。前翅近基部有一黑色的椭圆形眼斑，近外缘有眼斑 1 列。

卵 近球形，初产时淡绿色，近孵化时灰色。

幼虫 初龄幼虫紫红色。老熟幼虫紫褐色，头黑，有光泽，体长约 50mm，具黄白色长毛。静止时头尾两端翘起似舟形。

蛹 红褐色，长 20～30mm，臀棘为 2 个二分叉的刺。

生活习性 一年发生 1～2 代，蛹在土中越冬。福州 8 月出现成虫，产卵于叶背，常几十粒单层密集成块，3 龄前的幼虫群栖叶背为害，沿叶缘整齐排列，9 月间为害严重，老熟幼虫入土化蛹。室内饲养部分个体于 10 月羽化为蛾，但未见发生 2 代。浙江黄岩一带一年发生 2 代。4 月下旬见成虫，5 月上旬见卵，6 月中旬还有幼虫，但发生量不大，为害春梢叶片。6 月下旬化蛹，6 月下旬至 7 月中旬为成虫羽化，可延迟到 8 月上旬。7 月下旬至 8 月上旬为卵期。8 月中旬至 9 月下旬为幼虫期，为害夏梢叶片，以 9 月中、下旬为害最烈。有的幼虫延迟到 10 月上旬，然后入土化蛹。成虫白天栖息于隐蔽处，夜间活动，有趋光性。

防治方法 ①人工捕杀幼虫。利用低龄幼虫有群集为害和幼虫受惊吐丝下垂的习性，振落幼虫踩死。②喷药防治。发生严重时可选用 20％杀灭菊酯乳油 3 000～4 000 倍液、2.5％溴氰菊酯乳油 3 000 倍液、5％卡死克乳油 1 000～1 500 倍液、50％杀螟松乳油 800～1 000 倍液中的一种喷治。③灯光诱杀。成虫发生期设置黑光灯诱杀。

细 皮 夜 蛾

彩版 72 · 173～175，彩版 73 · 176

学名 *Selepa celtis* Moore，鳞翅目，夜蛾科。

寄主 枇杷、杧果、菠萝蜜等。

为害特点 幼虫为害叶片，低龄取食叶肉，高龄吃成孔洞、缺刻。

形态特征

成虫 体长8～11mm，翅展20～26mm。前翅灰棕色，中央有1个螺形圈纹，圈中有3个较明显的鳞状突起，后翅灰白色。

卵 包子形，淡黄色，顶部中央有1个圆形凹陷，边缘有多条竖行脊突，并有小横脊突相连。

幼虫 体长14～22mm，腹背第二、七节上有墨黑色斑，腹部第二至六节侧面有1个黑点，腹部侧面后期有2条灰色纵纹，体上刚毛基部的毛突多为白色。

蛹 椭圆形，米黄色，茧扁椭圆形，表面有许多土粒。

生活习性 在广州一年约发生7代，终年发生，世代重叠，4～10月发生最盛。成虫夜间羽化，第二晚交尾，多在第三晚产卵。每雌产1个卵块，每块有卵30～100粒。卵产于叶面上，幼虫一般有5龄，群集性很强，1～4龄幼虫仅取食叶背表层及叶肉，5龄幼虫则将叶吃成孔洞、缺刻，或全部吃光。老熟幼虫下地结茧化蛹，茧结于土表或树干基部。

防治方法 ①人工捕杀。低龄幼虫期，利用群集习性，进行人工捕杀。②药剂防治。虫口密度较大果园，可喷射50%杀螟松乳油1 000倍液，或40%乐斯本乳油1 500倍液，或10%虫螨腈悬浮剂1 500倍液。

桑 天 牛

Mulberry longicorn

彩版73·177～180

学名 *Apriona germari* (Hope)，鞘翅目，天牛科。

寄主 枇杷、苹果、李、梨、柑橘、无花果、海棠、樱桃。

为害特点 成虫啃食嫩枝皮层，造成许多孔洞，幼虫蛀食植株枝条，严重时致使枝干枯死。

形态特征

成虫 体长36～46mm。体黑褐色，密披棕黄色或黄褐色绒毛，头部和前胸背板中央有纵沟，前胸背板有横隆起纹，两侧中央各有1个刺状突起。鞘翅基部有许多颗粒状黑色突起。

卵 椭圆形，初产时乳白色，近孵化时为黄白色，长6～7mm。

幼虫 圆筒形，乳白色，头部黄褐色，第一胸节特别大，方形，背板上密生黄褐色刚毛和赤褐色点粒，并有凹陷的小字形纹。

蛹 长约50mm，淡黄色。

生活习性 2～3年完成一个世代，以幼虫在枝干内过冬。在福州地区枇杷园4～5月成虫开始羽化，成虫先啃食嫩枝皮层、叶片和幼芽，卵产在被咬食枝条的伤口内，每处产卵1～5粒，一生可产卵100余粒。孵化幼虫先向枝条上方蛀食约10mm，后向下蛀食枝条髓部，每蛀食5～6cm长时向外蛀一排粪孔，由此排出粪便，堆积地面。随着幼虫的长大，排粪孔的距离也愈来愈远。幼虫多位于最下一个排粪孔的下方。被蛀食枝条生长衰弱，叶色变黄，严重时枝干枯死。

防治方法 ①人工捕杀。用刮刀刮卵及皮下幼虫，钩杀蛀入木质部内的幼虫。②用80％敌敌畏，或40％乐果乳油5～10倍液，蘸棉球塞入虫孔，并用湿泥封堵，毒杀幼虫。

星 天 牛

Star longicorn beetle

彩版73·181～182，彩版74·183

学名 *Anoplophora chinensis* Förster。

寄主 柑橘、枇杷等多种果树。

为害特点 以幼虫为害成年树的主干基部和主根，破坏树体养分和水分的输送，致使树势衰弱，重者整株枯死。

形态特征、生活习性和防治方法参见柑橘星天牛。

咖 啡 豹 蠹 蛾

Ked borer caterpillar（Ked coffee borer）

彩版74·184～188

学名 *Zeuzera coffeae* Neitner，鳞翅目，木蠹蛾科。

寄主 枇杷、龙眼、荔枝。

为害特点 幼虫蛀食枝条，造成枝条枯死，每遇大风，被蛀枝条常在蛀环处折断下垂或落地。

形态特征

成虫 体长11～26mm。体灰白色，具青蓝色斑点，翅黄白色，翅脉间密布大小不等的青蓝色短斜斑点，外缘有8个近圆形的青蓝色斑点。

卵 椭圆形，淡黄白色。

幼虫 初龄时为紫黑色，随虫龄增大变为暗紫红色。老熟幼虫体长约30mm，头橘红色，头顶、上颚、单眼区域黑色，前胸背板黑色，后缘有锯齿状小刺1排，臀板黑色。

蛹 赤褐色，长14～27mm，蛹的头端有1个尖的突起。

生活习性 一年发生1～2代，以幼虫在被害枝条的虫道内越冬，在福州地区，翌年3月中、下旬幼虫开始取食，4～6月化蛹，5月中旬至7月成虫羽化。雌虫交尾后1～6小时产卵，每雌可产卵数百粒，卵产于树皮缝、嫩梢上或雌虫的羽化孔内，卵呈块状。初孵幼虫，群集丝幕下取食卵壳，2～3天后幼虫扩散，幼虫蛀入枝条后，在木质部与韧皮部之间绕枝条蛀一环道，由于输导组织被破坏，枝条很快枯死。

防治方法 ①喷杀初孵幼虫。对尚未蛀入干内的初孵幼虫，用 10％氯氰菊酯 3 000 倍液有较好防效。②药剂注射虫孔，毒杀枝干内幼虫。用 80％敌敌畏 100～500 倍液，或 50％马拉硫磷乳油或 20％杀灭菊酯乳油 100～300 倍液均可。

枇 杷 拟 木 蠹 蛾

彩版 74 · 189～190

学名 *Arbela* sp.，鳞翅目，木蠹蛾科。

寄主 枇杷等植物。

为害特点 以幼虫钻蛀枝干成坑道，主要为害枝干韧皮部，严重削弱树势。

形态特征

成虫 体长 10～14mm，雌蛾灰白色，雄蛾黑褐色。

卵 乳白色，椭圆形，卵壳表面光滑，卵块成鱼鳞状排列。

幼虫 头漆黑色，体壁大部分骨化，老熟幼虫体长 26～34mm。

蛹 深褐色，长 14～17mm。头黑褐色，有许多小突起，头顶两侧各具 1 个略呈分叉的粗大突起。

生活习性 一年发生 1 代，以老熟幼虫在虫道中越冬，春季温度回升，幼虫开始活动并取食树皮。3 月中旬至 4 月下旬化蛹，成虫于 4 月中旬至 5 月下旬出现。初羽化的成虫栖息在羽化附近的树干上，当晚交尾产卵，每雌可产卵数百粒，卵多产于树干、树皮上。初孵幼虫经 2～4h 分散活动后，便在树干分杈、裂口或木栓断裂处蛀食，并先做隧道，然后再蛀入树干，形成坑道。隧道位于树干表面，以丝缀虫粪、树皮屑等而成，其基部与坑道口相连，里面光滑，表面粗糙，坑道是幼虫栖息及化蛹的场所，每坑道中只有 1 头虫。被害处韧皮部或木质部暴露呈棕褐色或黑褐色，被害植株树势衰弱，甚至死亡。

防治方法 ①用 80％敌敌畏乳油与黄泥混合，堵塞虫道口，或用 80％敌敌畏乳油对水 50 倍，用棉花蘸药后塞入虫道中，孔口用黄泥封闭。②人工捕杀。用铁丝刺杀虫道内幼虫和蛹。

皮 暗 斑 螟

彩版 75 · 191～192

学名 *Euzophera batangesis* Caradia，鳞翅目，螟蛾科。

寄主 枇杷、柑橘、梨、木麻黄、相思树、杉木等多种果林植物。

为害特点 以幼虫蛀食枝干，由上而下在韧皮部与木质部之间形成宽约 0.5cm 的近椭圆形虫道，绕食树皮一圈后，再向内自上而下蛀食，使表皮上翘突出，伤口变褐色，最后绕树干或枝干一圈，切断韧皮部运输，削弱树势，以至枝干枯死或全株死亡。

形态特征

成虫 体长 5～8mm，翅展 12～15mm，灰褐色。触角丝状，长 5～6mm。前翅横线灰白色，内横线中部向外弯曲成角，后段宽阔；外横线细锯齿状，由翅前缘向内倾斜至后缘；中室端有相邻的 2 枚黑斑，翅外缘常有 5～6 个小黑斑。后翅及前后翅缘毛淡褐色。

卵　扁椭圆形，0.6mm×0.4mm，淡黄色，散产或 3、5、10 余粒成堆。

幼虫　5 龄，初龄体白，头黑色，长大后体转为暗红至淡褐色，头部红褐色，体长 8～13mm。

蛹　长约 9mm，长圆筒形，浅黄至棕黄，腹末有 8～10 根钩状臀棘。

生活习性　1～3 月以幼虫在枝干受害处越冬，转暖后即可蛀食枝干。多在枇杷枝干伤口处为害，先蛀食主干及一级分枝伤口，再为害一级枝干分杈裂缝处，虫口密度大时为害较细小枝条。成虫在被害处产卵，孵化幼虫直接在卵壳周围咬食皮层，并在皮层下排出细小黄褐色沙粒状粪便，致使皮层上翘，最终造成整块受伤表皮上翘脱落。该虫有多种天敌，包括幼虫期的拟小腹茧蜂（*Pseudapanteles* sp.）、白僵菌（*Beauveria bassiana* Vuill）、全异巨首蚁（*Phaedologtton diversus* Jerdon）等多种蚁类和蜘蛛等，蛹期也受上述拟小腹茧蜂、白僵菌寄生，成虫期有鸟类、蟾蜍等天敌，对该虫种群有重要的抑制作用。

防治方法　①人工捕杀。发现树干被害时及时刮除翘起皮层，杀死其中的幼虫和蛹，伤口涂抹绿风 95 原液、50 倍杀灭菊酯。②农事操作细心，尽量减少伤口，减轻受害。③生物防治。首先是要保护天敌，尤其要注意减少用药次数，以免用药过多对天敌的杀伤。其次可用斯氏线虫属芜菁夜蛾线虫（*Steinernema feltiae*）的 Beijing 或 Agriotos 品系配成每毫升 200 条线虫剂量，喷洒受害处，可有效防治该虫。④树干涂刷波尔多液。早春枝干刮除翘起树皮后，用 1∶3∶10 波尔多浆涂刷，以保护树干。⑤药剂防治。可选用强内吸、高渗透的 2.5%敌杀死乳油 3 000 倍液、10%氯氰菊酯乳油 3 000 倍液及 2 000 倍液的速克星等药剂喷治。

燕　灰　蝶

彩版 75·193～195，彩版 76·196～197

学名　*Rapala varuna*（Horsfied），鳞翅目，灰蝶科。

寄主　枇杷。

为害特点　幼虫为害枇杷花穗、花蕾、幼果，影响开花、结果，被害花蕾萎枯、幼果被蛀。

形态特征

成虫　翅展 25～33mm。体灰褐色。前后翅紫蓝色，略有光泽。后翅臀角圆形突出，有 1 橙色斑，中央为 1 黑点，尾突细长。

卵　圆形，底面平，顶端中央微凹，卵壳表面有多角形纹。

幼虫　淡黄绿色，瘤突淡黄褐色，刺毛暗褐色，体侧多节有斜纹。

蛹　短圆筒形，被蛹，背面紫黑色。

生活习性　福建福州地区一年发生 3～4 代，以蛹越冬，3 月上、中旬开始羽化、产卵。3～4 月第一代幼虫为害枇杷幼果，蛀食果核，一只幼虫能为害多个果实。10～12 月发生第三、四代幼虫，蛀食枇杷花穗及幼果，为害最为严重。通常夜出转果为害，被害果常不脱落，但果实不能成长。老熟幼虫在树干裂缝中化蛹。

防治方法 ①清洁果园，结合疏花疏果，摘除虫果。②药剂防治。在幼果期发现虫蛀，可选用10％虫螨腈悬浮剂1 500倍液，或5％卡死克乳油1 000～1 500倍液喷治。

白　囊　蓑　蛾

彩版76·198～199

学名　*Chilioides kondonis* Matsumura，鳞翅目，蓑蛾科。

寄主　枇杷、柑橘、桃、李、杏、梅、葡萄、龙眼。

为害特点　幼虫咬食叶片成孔洞或缺刻，影响树势。

形态特征

成虫　雄成虫体长8～11mm，体淡褐色，密布白色长毛，翅透明，雌成虫体长9～14mm，无翅。

卵　圆形，米黄色。

幼虫　较细长，头褐色，有黑色点纹，胸部背板灰黄白色，有暗褐色斑纹。

蛹　雄蛹深褐色，纺锤形，雌蛹为长筒形。袋囊细长，灰白色，外表光滑，全部由丝织成，质地致密。

生活习性　一年发生1代，以老熟幼虫越冬，在福州地区3月开始化蛹，5～6月为羽化盛期，6月上、中旬为产卵盛期及幼虫孵化盛期，在枇杷园6～10月为害较为严重，幼虫取食到11月中、下旬，之后进入越冬状态。

防治方法　①人工摘除袋囊。②喷射20％灭扫利乳油3 000～3 500倍液，或10％灭百可乳油2 000～2 500倍液，或生物农药Bt500～800倍液。

麻　皮　蝽

Wu kau stinkbug

彩版76·200～203

学名　*Erthesina fullo*（Thunberg），半翅目，蝽科。

寄主　枇杷、龙眼、荔枝等果树。

为害特点　成虫、若虫吸食嫩梢、幼叶及幼果，严重时致使幼叶干枯脱落及落果。

形态特征

成虫　体长18～23mm。体黑色，具黑刻点及黄白色小斑，头前端至小盾片基部有1条细黄色中纵线，前胸背板有许多黄白色小点，前翅棕褐色，除中央部分外，也具有许多黄白色小点。

卵　近球形，淡黄色，顶端有1圈锯齿状刺。

若虫　椭圆形，初孵时胸腹有许多红、黄、黑3色相间的横纹。2龄后体灰黑色，前胸背板上有4个红色斑，腹部背面具红黄色斑6个。

生活习性 一年发生1代，以成虫群集在温暖处越冬，3月中、下旬陆续出蛰活动，吸食嫩梢、幼叶，4～5月成虫产卵，通常卵块为12粒并列成行聚在一起，初孵若虫群集为害，2龄后分散。若虫有5个龄期。在福州地区6～7月间出现新一代成虫。

防治方法 ①人工摘除卵块。②虫口密度较大的果园喷射2.5%敌杀死3 000倍液，或40%乐斯本乳油1 500倍液。

绿 尾 大 蚕 蛾

彩版77·204～206

学名 *Actias selene ningpoana* Felder，鳞翅目，大蚕蛾科。

寄主 枇杷、苹果、梨、枣、葡萄。

为害特点 幼虫蚕食叶片，严重时可将叶片食光。

形态特征

成虫 体长32～38mm，体豆绿色，密布白色鳞毛。翅粉绿色，前翅前缘紫褐色，前后翅中央各有一椭圆形斑纹，外侧有1条黄褐色波纹，后翅尾状，特长。

卵 扁圆形，初产绿色，后变为褐色，直径约2mm。

幼虫 体长80～100mm。黄绿色，粗壮，体节有4～8个毛瘤，上生黑色短刺。

蛹 长约40mm，紫褐色，外包有黄褐色茧。

生活习性 福州地区一年发生2～3代，以蛹越冬，翌年3～5月成虫开始羽化、产卵，有趋光性。卵散产，多产在叶片上，每雌可产卵几十粒至数百粒。幼虫蚕食叶片，福州地区枇杷园，9～10月为害严重。

防治方法 ①人工捕食幼虫和冬季的蚕茧。②发生严重果园，可喷射10%高效灭百可3 000倍液、50%辛硫磷乳油1 200倍液，或25%卡死特（灭幼脲）悬浮剂1 000～1 500倍液。

双 线 盗 毒 蛾

Cashew hairy caterpillar

彩版77·207～210，彩版78·211

学名 *Porthesia scintillans* (Walker)，鳞翅目，毒蛾科。

寄主 枇杷、龙眼、荔枝等果树。

为害特点 幼虫为害叶片，造成缺刻，也为害花穗及果实。

形态特征

成虫 体长12～14mm，翅展20～38mm。前翅赤褐色，内线和外线黄色，外缘和缘毛黄色部分被赤褐色部分分隔成3段，后翅黄色。

卵 扁圆形，常排列成块，上覆有绒毛。

幼虫 老熟幼虫体长约22mm，前、中胸和第三至七腹节及第九腹节背线黄色，中央贯穿红色细线，后胸红色，毛瘤有白色斑点，化蛹于疏松的薄茧中。

蛹　椭圆形，黑褐色，臀棘圆锥形，末端着生 26 只小钩。

生活习性　在福建一年发生 7 代，以 3 龄以上幼虫在树叶上越冬，在枇杷园冬、春季气温较高时，幼虫仍可活动取食，为害花穗及果实。翌年 3 月下旬开始结茧化蛹。4 月中旬羽化。卵多产在老叶叶背，初孵幼虫有群集性，在叶背取食叶肉，2～3 龄分散为害，幼虫共 5 龄，少数 4 龄。

防治方法　①人工摘卵、刮卵。②摘除初龄群栖幼虫，集中消灭。③虫口密度较大果园选用 40％乐斯本乳油 1 500 倍液、10％高效灭百可乳油 3 000～4 000 倍液喷治。

棉 古 毒 蛾

Common oriental tussock moth

彩版 78·212～214

学名　*Orgyia postica* (Walker)，鳞翅目，毒蛾科。

寄主　枇杷等植物。

为害特点　以幼虫为害叶片，严重发生时常将叶片食光。

形态特征

成虫　雄成虫翅展 22～25mm。体棕褐色，前翅棕褐色，基线黑色，外斜，内线黑色，波浪形外弯，横脉纹棕色带黑色和白色边，外线黑色，波浪形，亚端线黑色，双线，波浪形，缘毛黑棕色，有黑褐色斑；后翅黑褐色，缘毛棕色。雌蛾翅退化。

卵　白色，球形。

幼虫　浅黄色，有稀疏棕色毛，背线及亚背线棕色，前胸背板两侧和第八腹节背面中央各有 1 个棕色长毛束，第一至四腹节背面各有 1 个黄色毛刷，第一至二腹节两侧有灰黄色长毛束，翻缩腺红褐色。

蛹　黄褐色，长约 18mm，茧黄色，椭圆形，粗糙，表面附有黑色毒毛。

生活习性　福建一年发生 5～6 代，世代重叠，以幼虫在老叶或树皮缝内越冬，越冬幼虫于 3 月上旬开始结茧化蛹，雌蛾产卵于茧外或附近植物上，每雌可产卵数百粒。第一代幼虫于 3 月下旬至 5 月上旬为害枇杷叶片。初孵幼虫群栖于寄主植物上为害，后再分散。猖獗时，可将叶片全部吃光。

防治方法　①人工摘卵、刮卵。②摘除初龄群栖幼虫，集中消灭。③虫口密度较大果园选用 40％乐斯本乳油 1 500 倍液、25％卡死特（灭幼脲）悬浮剂 1 000～1 500 倍液喷治。

盗 毒 蛾

Mulberry tussock moth

彩版 78·215～218

学名 *Porthesia similis*（Fueszly），鳞翅目，毒蛾科。

别名 黄尾毒蛾。

寄主 枇杷、板栗、锥栗、桃、李、梨、杨、栎等多种果林植物。

为害特点 以幼虫为害叶片和幼芽。叶被食成缺刻，严重时把全叶食光，仅剩叶脉。

形态特征

成虫 翅展 30～45mm，头、胸和腹部基部白色带微黄色，前翅白色，后缘有 2 个褐色斑，后翅白色。

卵 扁圆形，灰黄色，卵块表面覆有细长黄毛。

幼虫 体长 20～25mm，头部褐黑色，体黑褐色，前胸背板黄色，上有 2 条黑色纵线，体背有橙黄色带，正中有 1 条红褐色间断的线，前胸两侧各有 1 个向前突出的红色瘤，其上生黑色长毛束，其余各节背瘤黑色。

蛹 棕褐色，长约 13mm。

茧 灰褐色，长椭圆形。

生活习性 福建一年发生 5～6 代，以 3～4 龄幼虫在树干粗皮裂缝或枯叶内结茧越冬，3～4 月越冬幼虫破茧爬出，开始取食新芽和嫩叶，5 月上旬出现成虫，成虫夜间活动，产卵在枝干上或叶片反面，每一卵块有卵数百粒，表面被黄毛。初孵幼虫聚集在叶片上取食叶肉，2 龄后开始分散为害。11 月下旬幼虫进入越冬状态，越冬幼虫有结网群居的习性。

防治方法 ①冬、春季清园，刮皮消灭越冬幼虫。②摘除卵块及初龄群栖幼虫的叶片。③发生严重的果园应喷洒药剂防治，可选用 20％杀灭菊酯乳油或 2.5％功夫乳油 3 000～4 000 倍液、90％晶体敌百虫 800 倍液或 50％辛硫磷乳油 1 500 倍液喷治。

扁　刺　蛾

Oval slug caterpillar

彩版 79·219～221

学名 *Thosea sinensis*（Walker），鳞翅目，刺蛾科。

寄主 枇杷、龙眼、荔枝、苹果、梨、李、杏、柑橘、枣、柿、樱桃。

为害特点 幼虫取食叶片，低龄仅食叶肉，高龄食量大增，将全叶食尽，影响树势。

形态特征

成虫 雌成虫体长 13～18mm，翅展 28～35mm。灰褐色。前翅灰褐带紫色，中室前有 1 个明显褐色斜纹，后翅暗灰褐色。雄成虫中室上角有 1 个黑点。

卵 扁平，椭圆形，长约 1.1mm，初产淡黄绿色，孵化前呈灰褐色。

幼虫 体扁，椭圆形，背部稍隆起。全体绿色或黄褐色，背线白色，各节背面两侧有 1 个小红点，第四节红点较大。体边缘每侧有 10 个瘤状突起，上生有刺毛。

蛹 长约 10～15mm，近椭圆形，茧椭圆形，暗褐色。

生活习性 一年发生 2～3 代，以老熟幼虫在树下土中结茧越冬。越冬幼虫于 4 月上、中旬化蛹，5 月上旬至下旬羽化。在枇杷园，5～6 月和 9～10 月为幼虫发生盛期，为害最为严重。成虫羽化后,即行交尾产卵,卵多散产在叶面上。初孵幼虫在第一次蜕皮后,先取食卵壳,再啃食叶肉,6龄后取食全叶,幼虫共8龄,老熟后即下树入土结茧。

防治方法 ①清洁果园,消灭越冬茧。②人工捕杀幼虫。③发生严重果园,可用10%高效灭百可乳油3 000倍液或Bt800~1 000倍液防治。

枇 杷 麦 蛾

彩版79·222~225

学名 *Gelechia* sp.,鳞翅目,麦蛾科。

寄主 枇杷等植物。

为害特点 为害枇杷初展幼叶,幼虫吐丝将叶子黏成饺子形,藏匿其中取食叶肉。

形态特征

成虫 体长5~7mm,体灰黑色,触角丝状,下唇须伸出头的上前方,前翅披针形,黄褐色,外缘及后缘具黑褐及灰白色的不规则的条纹,后翅灰色,后缘及外缘具长缘毛,后足胫节具长的灰白色毛。

卵 椭圆形,长约0.5mm,宽0.3mm,初产为白色,孵化前为灰色。

幼虫 体长10~12mm,淡黄色,头暗红褐色,前胸背板和胸足黑褐色。

蛹 长5.5~7mm,褐黄色。

生活习性 在福建福州地区一年发生5~6代,以幼虫在叶包或果园杂草内越冬。翌年3月下旬至4月上旬出现第一代幼虫,为害春梢初展嫩叶,通常幼虫以叶片主叶脉为轴吐丝将叶片黏合成饺子形藏于其中取食叶肉,被害叶片卷曲枯萎。幼虫能转移为害,老熟幼虫在叶包内化蛹。成虫一般在夜间羽化,白天躲藏在叶背,夜间活动,卵产于叶片主脉两侧,散生。

防治方法 参考龙眼、荔枝的褐带卷蛾、长卷蛾。

枇 杷 卷 蛾 类

彩版80·226~233,彩版81·234

为害枇杷的常见卷蛾有褐带卷蛾(*Adoxophyes* sp.)和长卷蛾(*Homona* sp.),其寄主、为害特点、形态特征、生活习性和防治方法,参见龙眼、荔枝的褐带卷蛾、长卷蛾。

褐 缘 蛾 蜡 蝉

彩版81·235

学名 *Salurnis marginellus* Guerin,同翅目,蛾蜡蝉科。

寄主 枇杷、龙眼、荔枝、柑橘、杧果。

为害特点 成虫、若虫吸食枝条、嫩梢汁液，致使树势衰弱。

形态特征

成虫 体长约7mm，前翅黄绿色，边缘褐色，前翅近后缘端部1/3处有明显红褐色钮斑。

若虫 淡绿色，腹部第六节背面有成对橙色圆环，腹末有两大束白蜡丝。

生活习性 一年发生约2代，以成虫在树上稠密处越冬，翌年3～4月间开始活动取食，交尾产卵，卵产在嫩梢组织中，卵块呈条形，常造成枝条枯死。福州地区5～6月间若虫盛发，初孵若虫群集为害，后逐步扩散为害，受惊动能跳跃。被害枝梢部位有白色蜡质物，可诱发煤烟病。

防治方法 ①秋、冬季剪除着卵枯枝，并烧毁。②若虫群集为害时，选用40%乐果乳油1 000倍液、40%辛硫磷1 000倍液或5%啶虫脒乳油2 000～2 500倍液喷射。

枇 杷 介 壳 虫 类

彩版81·236～238

为害枇杷的常见介壳虫有银毛吹绵蚧（*Icerya seychellarum* Westwood）、矢尖蚧〔*Unaspis yanonensis*（Kuwana）〕、草履蚧（*Drosicha contrahens* Walker）、褐软蚧等。前3种害虫的寄主、为害特点、形态特征、生活习性和防治方法分别参见龙眼的银毛吹绵蚧和柑橘的矢尖蚧、草履蚧。

褐 软 蚧

Mango soft scale

彩版81·239

学名 *Coccus hesperidum* Linnaeus，同翅目，蜡蚧科。

寄主 枇杷等。

为害特点 雌成虫、若虫吸食嫩枝，致使树势衰弱，排泄物易引起煤烟病。

形态特征

成虫 雌成虫体长约4mm，体扁椭圆形，背面略隆起，体背软，体背面颜色变化很大，通常为浅黄色至褐色。雄虫体长约1mm，黄绿色，翅白色透明。

若虫 体椭圆形，红褐色，尾端有1对长缘毛。

茧 长约2mm，椭圆形。

生活习性 一年发生1代，以若虫在枝条或叶上越冬，翌年4～5月羽化为成虫，多行孤雌生殖，卵胎生，每雌可产仔几十头至数百头，初龄若虫分散到嫩枝或叶上群集为害，固定后不大移动。每年3～10月为害较严重。

防治方法 ①保护利用瓢虫、草蛉等天敌。②药剂防治。严重发生时可选喷2.5%功夫乳油3 000～4 000倍液、50%马拉硫磷乳油800～1 000倍液。

柿 广 翅 蜡 蝉

彩版 81 · 240～241

学名 *Ricania sublimbata* Jacobi，同翅目，广翅蜡蝉科。

寄主 枇杷、柿、山楂。

为害特点 成虫、若虫吸食枝梢及叶片。

形态特征

成虫 体长约 7mm，全体褐色至黑褐色，前翅宽大，外缘近顶角 1/3 处有 1 个黄白色三角形斑，后翅褐色，半透明。

卵 纺锤形，初产乳白色。

若虫 黄褐色，体被白色蜡质，腹末有蜡丝。

生活习性 一年发生 1 代，以蛹在枇杷枝条或叶主脉内越冬，翌年 3 月中、下旬开始孵化。在福州地区 5 月下旬至 6 月中旬有成虫出现，为害枇杷枝梢及叶片，成虫能飞善跳跃。卵多产在叶片主脉内，先用产卵器刺伤叶主脉，然后产卵其中，外覆白色蜡丝分泌物，每雌可产卵 100 余粒。

防治方法 冬季剪除有卵枝叶，减少虫源。若虫发生期可喷施啶虫脒、扑虱灵等农药。

白 带 尖 胸 沫 蝉

White‑banded froghopper

彩版 82 · 242～243

学名 *Aphrophora intermedia* Uhler，同翅目，沫蝉科。

寄主 枇杷、龙眼、荔枝。

为害特点 成虫、若虫在嫩梢、叶片上刺吸汁液，被害新梢生长不良。雌成虫产卵于枝条组织内，致使枝条干枯死亡。

形态特征

成虫 体长 8～9mm，前翅有 1 个明显的灰白色横带。

卵 披针形，初产为淡黄色。

若虫 青绿色，复眼黑色，后足胫节外侧具 2 个棘状突起，由腹部排出的大量白泡沫掩盖虫体。

生活习性 一年发生 1 代，以卵在枝条上或枝条内越冬，翌年 4 月间越冬卵开始孵化，5 月中、下旬为孵化盛期，若虫经 4 次蜕皮于 6 月中、下旬羽化为成虫，成虫羽化后需进行较长时间的补充营养，吸食嫩梢基部汁液。成虫受惊扰时，即行弹跳或做短距离的飞翔，7～8 月间成虫开始交尾、产卵，卵产在枝条新梢内，雌成虫寿命较长，可达 30～90 天，一生可产卵几十粒至百余粒。

防治方法 ①秋、冬季剪除着卵枯枝，并烧毁。②若虫群集为害时，选用 10% 扑虱灵乳油 1 500～2 000 倍液、40％乐果乳油 1 000 倍液喷射。

橘　　蚜

Citrus aphid

彩版 82·244～245

学名　*Toxoptera citricidus*（Kirkaldy），同翅目，蚜科。
寄主　柑橘、枇杷、荔枝、无花果等。
为害特点、形态特征、生活习性和防治方法，参见柑橘橘蚜。

梨 日 大 蚜

Pear green aphid

彩版 82·246

学名　*Nippolachnus piri* Matsumura，同翅目，大蚜科，梨大绿蚜属。
寄主　为害枇杷、梨等。
为害特点　成虫和若虫喜群集叶背主脉两侧，刺吸汁液，被害叶呈现失绿斑点，为害严重时引起早期落叶，削弱树势。

形态特征

成虫　无翅胎生雌蚜体长约 3.5mm，体细长，后端稍粗大，淡绿色，密生细短毛。头部较小；复眼较大，淡褐色；触角丝状 6 节，短小，密生长毛，第五、六节各具 1 个较大的突出的原生感觉圈，第六节鞭状部短不明显；喙 5 节伸达中足基节间。胸腹部背面的中央及体两侧具浓绿色斑纹，腹管周围更明显；腹管瘤状，短大多毛；尾片半圆形较小，上生许多长毛。足细长，密生长毛，胫节末端和跗节黑褐色，跗节 2 节。有翅胎生雌蚜体长 3mm，翅展 10mm，体较细长，淡绿至灰褐色，密被淡黄色细毛。头部较小，色稍暗，复眼褐色；触角丝状 6 节，较短小，各节端部色暗，第三、四、五节分别有 5～6、1～2、0～2 个较大而突出的原生感觉圈，第六节鞭状部不明显；喙 5 节伸至中足基节间。胸部发达，上生暗色斑纹；翅膜质透明，主脉暗褐色，支脉淡褐色，前翅中脉 2 支。腹部中央和两侧具较大黑斑；第二、三和七腹节背面中央各生 1 个白斑；腹管短大呈瘤状，长小于宽，周边生许多长毛；腹管周围黑色；尾片半圆形短小，上生许多长毛。体腹面淡黄色。足细长，密生长毛，淡黄色，胫节末端和跗节黑褐色，跗节 2 节。

卵　长椭圆形，初淡黄，后变黑色。

若虫　与无翅胎生雌蚜相似，体较小，有翅若蚜胸部较发达，具翅芽。

生活习性　以卵在枇杷等寄主上越冬，多于叶背主脉两侧；枇杷上的越冬卵于翌春 3 月孵化，为害繁殖，4 月陆续产生有翅胎生雌蚜，5 月迁飞到梨枝上为害繁殖，至 6 月又产生有翅胎生雌蚜，迁飞扩散到其他寄主上为害繁殖，到晚秋产生有翅胎生雌蚜，迁回枇杷上为害繁殖。秋后产生无翅雌蚜和有翅雄蚜，交尾产卵。

防治方法　参见本书橘蚜部分。

尖 凹 大 叶 蝉

彩版 82·247～248

学名　*Bothrogonia acuminata* Yang et Li，同翅目，叶蝉科。

寄主　枇杷、柑橘、油橄榄等。

为害特点　成虫、若虫喜群集在潮湿避风处的叶背上为害，被害叶片枯黄，极易脱落。成虫产卵在嫩梢枝条表皮下，常致该枝条枯死。

形态特征

成虫　体长 14.0～14.5mm。体橙黄至橙褐色，单眼和复眼黑色。头冠中央近后缘有圆形斑，顶端另有 1 个小黑斑。前胸背板有 3 个黑斑，分布在近前缘中央和后缘两侧，成品字形排列，小盾片中央亦有 1 个圆形黑斑。前翅红褐色，具白色蜡斑，翅基部有 1 个小黑斑，翅端部淡黄色，半透明；后翅黑褐色。胸腹部均为黑色，仅胸部腹板的侧缘及腹部各节的后缘淡黄色。足黄白色，基节、腿节的端部、胫节的两端及跗节末端黑色。

卵　长椭圆形，稍弯曲，初产黄白色，长约 2mm。

若虫　初孵化时灰白色，3 龄后为黄褐色，并出现翅芽，老熟若虫体长 10～12mm。

生活习性　福州地区，一年发生 3～4 代。以成虫群集在果园遮阴处的叶背上越冬，气温较高时，仍有活动取食。翌年 3 月间开始产卵。第一代成虫、若虫于 5 月中下旬出现，喜群集在潮湿避风处的叶背上为害，被害叶极易脱落。成虫受惊动时，很快斜行爬动或四处跳动。成虫产卵在枇杷嫩梢枝条表皮下，有 10 余粒排列成卵块。据观察，夏、秋季卵期 20～35 天，若虫期 30～40 天。第二、三代成虫分别在 7～9 月和 9～11 月出现，世代重叠明显，11～12 月出现的第四代成虫，多栖息在果园潮湿避风处的叶背上，部分成虫进入越冬状态。

防治方法　5 月中、下旬第一代若虫盛期，如虫口密度较大，可选用 20％叶蝉散乳油 2 000 倍液、10％吡虫啉可湿性粉剂 3 000 倍液，或 48％乐斯本 1 000 倍液喷治。

蟪　蛄

Kaempfer cicada

彩版 83·249

学名　*Platypleura kaempferi* Fabricius，同翅目，蝉科。

寄主　枇杷、柑橘、苹果、梨。

为害特点　又名褐斑蝉，成虫刺吸枝条汁液，产卵于枝梢木质内，致使枝梢枯死，若虫生活在土中，吸食根部汁液，削弱树势。

形态特征

成虫　体长 20～25mm，头和前、中胸背板暗褐色，具黑色斑纹，腹部褐色，腹面有白色蜡粉，翅脉透明，暗褐色，前翅具黑褐色云状斑纹。

卵　梭形，长约 1.5mm。

若虫　黄褐色，长 18～22mm。

生活习性　数年发生 1 代，以若虫在土中越冬。若虫老熟后爬出地面，在树干或杂草茎上蜕皮羽化。福州地区枇杷园成虫于 6～7 月出现，7～8 月产卵于当年生枝条内，每枝条可产卵百余粒，当年孵化，若虫落地入土，吸食根部汁液。

防治方法　①结合冬、春季修剪，剪除带卵枝条，集中烧毁。②秋、冬季结合果园松土，消灭树干周围若虫。③成虫盛发期可喷施 20％灭扫利乳油 1 500～2 000 倍液。

梨 小 食 心 虫

Oriental fruit moth

彩版 83・250～253

学名　*Grapholitha molesta* Busck，鳞翅目，卷蛾科。

寄主　梨、李、奈、枇杷等果树。

为害特点　以幼虫为害枇杷果实及枝干。

形态特征

成虫　体长 4.6～6.0mm，体灰褐色，前翅前缘具有 10 组白色斜纹，翅上密布白色鳞片。

卵　淡黄白色，扁椭圆形。

幼虫　体长 10～13mm，淡黄色或粉红色，头黄褐色。

蛹　长 6～7mm，黄褐色，纺锤形。

茧　白色，扁平椭圆形。

生活习性　福州地区一年发生 6～7 代，以老熟幼虫在树干树皮裂缝中结茧越冬。在福州地区枇杷园，越冬幼虫于 3 月中、下旬化蛹，第一至二代幼虫分别于 4 月上、中旬和 5 月中、下旬出现，为害枇杷果实。初孵幼虫在果面爬行，然后蛀入果内，先蛀食果肉，后蛀入果核内，并有大量虫粪排出果外。成虫白天多静伏，黄昏后活动，夜间产卵，散产，卵产在果实表面上。由于该虫寄主较广泛，有转移寄主为害习性，生活史较复杂，枇杷园附近有桃、梨混种果园，为害比较严重。

防治方法　①尽量避免枇杷与桃、李、梨等果树混栽。②结果期间，利用黑光灯或糖醋液诱杀成虫。③果实套袋。④成果初期发现蛀果可喷 20％米满悬浮剂 1 500～2 500 倍液等农药。

枇 杷 花 蓟 马

彩版 83・254～255

学名　*Thrips* sp.，缨翅目，蓟马科。

寄主 枇杷等植物。

为害特点 成虫、若虫为害枇杷花穗，有时也为害幼嫩叶片或果实。

形态特征

成虫 雌成虫体长 0.9～1mm，体橙黄色。

卵 呈肾形，淡黄色。

若虫 初孵时乳白色，2 龄后若虫淡黄色，形状与成虫相似，缺翅。

蛹（4 龄若虫） 出现单眼，翅芽明显。

生活习性 福州地区年发生 6～8 代，世代重叠，以成虫越冬。可行有性生殖和孤雌生殖。雌虫羽化后 2～3 天在叶背、叶脉处或叶肉中产卵，每雌虫产卵几十粒至 100 多粒。孵化后若虫在嫩芽或嫩叶上吸取汁液。通常在 11～12 月开花期为害最为严重，一般在花冠内为害花瓣。

防治方法 开花期喷射 10％吡虫啉可湿性粉剂 3 000～4 000 倍液，或仲丁威、除虫菊素等农药。

枇 杷 叶 螨

彩版 83・256，彩版 84・257

学名 *Eotetranychus* sp.，蛛形纲，蜱螨目，叶螨科。

寄主 枇杷等植物。

为害特点 成螨、若螨以口器刺破枇杷叶片，吸食汁液，被害叶片呈黄色斑块，受害处常凹陷畸形。

形态特征

成螨 体长 0.35～0.40mm，体近梨形，橙黄色至红褐色。

卵 球形，光滑，直径约 0.12mm，初产为乳白色，透明，近孵化时灰白色，卵顶端有 1 个根柄。

幼螨 近圆形，长约 0.17mm。

若螨 体形与成螨相似，较小。

生活习性 一年发生 15～17 代，以卵和成螨在枝条裂缝及叶背越冬，3～4 月枇杷春梢抽发后，即迁移至新梢上为害。一年中春梢、秋梢抽发期为害最为严重。该螨行两性生殖，也有孤雌生殖现象，但后代多为雄螨。卵多产于叶片及嫩枝，以叶片主脉两侧较多，受害叶凹陷处常有丝网覆盖，虫即活动和产卵于网下。

防治方法 保护利用天敌。主要天敌有食螨瓢虫和捕食螨，应注意保护利用。发生严重果园，喷射 5％卡死克 1 500 倍液，或 20％四螨嗪悬浮剂 2 000～2 500 倍液。

枇 杷 小 爪 螨

彩版 84・258～259

学名 *Oligonychus* sp.，蛛形纲，蜱螨亚纲，真螨目，叶螨科。

寄主 枇杷等果树。

为害特点 成、若螨为害枇杷叶片，被害叶面呈灰黄色小斑点，严重时全叶灰白，叶片黄化，提早落叶，影响树势及产量。

形态特征

成螨 雌螨体长 0.4～0.45mm，椭圆形，体紫红色。爪退化成条状，各具黏毛 1 对。雄螨略小，腹末略尖，呈菱状。

卵 圆球形，红色，卵顶有白色细毛 1 根。

幼螨 近圆形，初孵幼螨为鲜红色，后变为暗红色。

若螨 体卵圆，暗红色或紫红色。

生活习性 福建一年约发生 15 代。一般在叶片表面栖息为害，气候干旱时，转移到叶背为害。以两性生殖为主，也能营孤雌生殖。卵散产于叶表面主侧脉两侧，每雌一生可产卵数十粒至百余粒。雌螨寿命为 10～30 天。小爪螨个体发育速率与温、湿度关系密切。据研究，气温 25～30℃范围内，最适于生长发育。夏季完成一代需 10～15 天，多雨季节对它生长发育不利，在温暖、干旱季节发生量大、为害严重。小爪螨除爬行迁移外，还可借助风力或苗木携带进行远距离传播。

防治方法 参考叶螨的防治。

白　蚁
White ant

彩版 84・260～261

学名、为害特点、形态特征、生活习性和防治方法详见本书龙眼、荔枝害虫中的白蚁部分。

27. 番石榴害虫
Insect Pests of Guajava

介　壳　虫　类

彩版 69・153

为害番石榴的介壳虫常见有日本龟蜡蚧、矢尖蚧、蚊囊绿绵蚧、长尾粉蚧等，其为害特点和防治方法参考本书柑橘、龙眼、荔枝相关介壳虫。

天　牛　类

彩版 61・87～89，彩版 73・181～182

为害番石榴的天牛有龟背天牛、星天牛、桃褐天牛等，其为害特点、生活习性和防治方法参考本书龙眼、荔枝龟背天牛和柑橘星天牛。

细 皮 夜 蛾

彩版 72・173～175

　　学名　*Selepa celtis* Moore，鳞翅目，夜蛾科。
　　寄主　枇杷、板栗、杧果、番石榴等。
　　为害特点、形态特征、生活习性和防治参见本书枇杷细皮夜蛾。

毒 蛾

彩版 67・136～138

　　为害番石榴毒蛾主要有木毒蛾和台湾黄毒蛾，其为害特点、形态特征、生活习性和防治方法可参考本书龙眼、荔枝木毒蛾。

白 蛾 蜡 蝉

Mango cicada

彩版 63・103～104

　　学名　*Lawana imitata* Melichar，同翅目，蛾蜡蝉科。
　　寄主　龙眼、荔枝、柑橘、杧果、番石榴等多种果树。
　　为害特点、形态特征、生活习性和防治方法参见本书龙眼、荔枝白蛾蜡蝉。

咖 啡 豹 蠹 蛾

Ked borer caterpillar（Ked coffee borer）

彩版 61・85～86

　　学名　*Zeuzera coffeae* Neitner，鳞翅目，木蠹蛾科。
　　别名　咖啡木蠹蛾。
　　寄主　枇杷、龙眼、荔枝、番石榴、咖啡等植物。
　　为害特点、形态特征、生活习性和防治方法参见本书龙眼、荔枝咖啡豹蠹蛾。

蚜 虫

彩版 92・321～322

为害番石榴的蚜虫主要是桃蚜，其次是台湾毛管蚜，其为害特点、形态特征、生活习性和防治方法参见本书李、奈桃蚜。

螨 类 害 虫

彩版 50 · 1～2

为害番石榴的螨类害虫多种，常见有番石榴始叶螨、柑橘全爪螨、二斑叶螨、比哈小爪螨等，其为害特点和防治方法参见本书柑橘全爪螨。

28. 橄榄害虫
Incect Pests of Olive

橄 榄 星 室 木 虱

Olive psylla

彩版 84 · 262～263，彩版 85 · 264～266

学名 *Pseudophacopteron canarium* Yang et Li，同翅目，木虱科。

寄主 橄榄。

为害特点 主要以若虫寄生于橄榄的嫩叶及嫩梢上吸食营养液。虫口多时严重削弱树势，导致大量落叶、落果，仅留枝、干，不仅当年严重减产，且数年不易恢复生机。

形态特征

成虫 体红褐色，长 1.5～1.7mm（至翅端）。触角黄色，长 0.5mm，第三至八节端部及末两节黑色，鞭节末端均膨大。足黄色。前翅长 1～1.3mm，宽 0.5mm，透明，翅上的星室狭长。

卵 淡黄色，梨形，长约 0.22mm，端有小柄。

若虫 淡黄色，体扁平，长椭圆形，5 龄若虫长约 1.2mm，宽 0.7mm，体缘有缘棘，触角短小，长三角形。

生活习性 成虫平时喜集聚于新梢、嫩叶上。初孵若虫喜寄生于嫩梢、新叶上吸食汁液，幼叶被害处常呈凹陷，叶片失绿，严重时枝梢落叶直至枯死。若虫共 5 龄，排泄液黏附叶上，仿如一层白粉，导致煤烟病并发，受惊扰则常迁徙他处。23～25℃时 1 龄 2.7～3.7 天，2 龄 2～2.6 天，3 龄 2.1～2.7 天，4 龄 1.6～2.1 天，5 龄 2～2.4 天，5 龄后直接羽化为成虫。羽化期中常见雌、雄成虫追逐求偶，活动、栖息于嫩叶、新梢上。雌虫亦喜产卵于嫩芽、嫩梢上，老叶基本不被产卵。因此，产卵高峰期基本与抽梢期相一致。每雌产卵 212～340 粒，卵期约 5 天，初孵若虫就寄生于嫩叶上吸食汁液。福州一带一年发生 8 代，世代重叠，各代发生期如下：1 代 3 月上至 5 月下，2 代 4 月下至 6 月下，3 代 6 月上至 7 月下，4 代 7 月上至 8 月中，5 代 7 月下至 9 月中，6 代 8 月下至 10 月中，7 代 9

月中至 11 月下，8 代 10 月上至翌年 3 月中。以 4 月中下旬为全年最高峰，8 月中下旬次之。主要以若虫越冬。由于橄榄是常绿果树，冬季无明显的滞育，翌年 3 月陆续羽化为成虫，开始新一年的活动。

防治方法　在橄榄抽梢期注意施药保护，特别要注意保护秋梢，可选用：20％灭扫利乳油 3 000 倍液、25％扑虱灵可湿性粉剂 1 500～2 000 倍液、5％卡死克乳油 1 000～1 500 倍液等药剂进行喷治，均有良好防效。红基盘瓢虫［*Lemnia circumusta*（Mulsant）］及红星盘瓢虫［*Phrynocaria congener*（Billbery）］等在福州等地都是重要的天敌。

橄　榄　粉　虱

彩版 85・267～268

学名　*Pealins chinensis* Takahashi，同翅目，粉虱科。

寄主　橄榄、龙眼、荔枝。

为害特点　成虫、若虫刺吸植物汁液，致使植株衰弱、叶片枯黄，还分泌蜜露，诱发煤烟病，严重影响光合作用，还可传播病毒病。

形态特征

成虫　体黄色，翅白色，体长约 0.9mm。

卵　长梨形，有一小柄。卵初产时淡黄绿色，有光泽，孵化前为深褐色。

若虫　1～3 龄若虫淡绿色至黄色。1 龄若虫有足和触角，2、3 龄时足和触角退化。

蛹（4 龄若虫）　蛹壳黄白色，椭圆形，长约 0.8mm，宽约 0.5mm。

生活习性　一年可发生 11～15 代，世代重叠。日均温 25℃时，完成一世代仅 18～30 天。成虫寿命 10～20 天，每雌可产卵 30～300 粒。卵多散产于叶背。在福州地区橄榄园，5 月下旬至 6 月上旬为害最为严重，虫口密度高时常使橄榄树叶成片出现黄斑，导致叶片及幼果大量脱落。

防治方法　①保护利用天敌。粉虱有多种寄生蜂及捕食性天敌，对粉虱具有相当的抑制能力，应注意保护利用。②药剂防治。在大发生初期，喷洒阿维菌素类杀虫剂如 1.8％爱福丁 2 000～3 000 倍液，或 25％扑虱灵可湿性粉剂 1 500～2 000 倍液，或 10％吡虫啉乳油 2 000～3 000 倍液等。

脊　胸　天　牛

彩版 85・269

学名　*Rhytidodera bowringii* White，鞘翅目，天牛科。

寄主　杧果、橄榄、腰果、人面子等。

为害特点　为害橄榄枝干的主要害虫，以成虫咬食树干表皮，幼虫钻蛀根颈和树干枝条，使树势衰弱，严重时引起叶黄枝枯，甚至全株枯死。

形态特征　参见杧果脊胸天牛。

生活习性　福建福州该虫以幼龄幼虫、老龄幼虫以及成虫在枝干内或根颈里越冬。12

月初至翌年 4 月下旬为越冬期。8 月下旬至 9 月初，幼虫化蛹；11～12 月上旬羽化；成虫在树洞越冬，翌年 4 月底至 6 月间出洞活动，大都在 5 月出洞交尾产卵。可见该虫在福州地区 2 年发生 1 代。羽化后不久成虫即咬破树皮，产卵在树干里，多产在 8cm 以上树干，以近地面 3～10cm 处产卵最多。初孵幼虫先咬食树皮，后蛀入木质部。

防治方法　参见杧果脊胸天牛。

其 他 天 牛 类

为害橄榄的天牛还有褐锤腿瘦天牛（*Melegena fulva*）、黑寡点瘦天牛（*Nericonia nigra* Gahan）和红胸瘦天牛（*Noemia semirufa* Villiers），其为害特点、生活习性和防治方法可参见脊胸天牛。

银 毛 吹 绵 蚧

Okada cottony-cushion scale

彩版 85 • 270

学名　*Icerya seychellarum* Westwood，同翅目，珠蚧科。

寄主　龙眼、荔枝、枇杷、橄榄等。

为害特点、形态特征、生活习性和防治方法，参见本书龙眼、荔枝银毛吹绵蚧。

日 本 龟 蜡 蚧

Japanese wax scale

彩版 86 • 271

学名、为害特点、形态特征、生活习性和防治方法详见本书龙眼、荔枝害虫中的日本龟蜡蚧。

橄 榄 皮 细 蛾

彩版 86 • 272～273

学名　*Spulerina* sp.，鳞翅目，细蛾科。

寄主　为害橄榄等植物。我国发现的橄榄新害虫。

为害特点　以幼虫潜食橄榄果实和茎皮层，为害后表皮组织破裂，外观如"破棉袄"，影响产量和品质。该虫为害长营品种最重，其次是惠园。

形态特征

成虫　为细小蛾类，雌虫头和前胸银白，触角淡灰褐色；复眼黑色。中后胸黄褐色，披同色毛。前翅黄褐色，有光泽；翅面有 4 道斜行白斑，白斑的前后缘均镶有黑条纹；翅端为 1 个大黑斑。后翅灰褐色。腹部腹面具黑白相间横纹。足及唇须有黑纹。

卵 扁平，椭圆形，乳白色。

幼虫 1～2 龄幼虫营潜食性，头部和胸部明显宽大，腹部小，淡色，扁而薄。3～4 龄幼虫营蛀食性，身体各部比较匀称，并转为圆柱形。老熟幼虫在虫道中吐丝结茧，体色转为金黄，随即化蛹。

生活习性 该虫在福州一年发生 1 代，第一代约经 45 天，第二代 31 天，第三代 46.5 天，越冬代近 8 个月，卵期 7 天，幼虫期 19.5 天，蛹期 3.5 天，孵化时幼虫直接从卵底潜入橄榄皮层组织内进行为害。老熟幼虫在橄榄秋梢嫩茎和复叶叶轴上吐丝结茧越冬。越冬代成虫于 5 月初羽化，第一代幼虫为害春梢；第二代主要为害果实；第三代为害夏梢；第四代（越冬代）为害秋梢。以第二代蛀食果实为害最大。幼虫期有姬小蜂寄生。

防治方法 适期喷药保梢。于 5 月中旬第二代盛卵和盛孵期可用 10％灭百可乳油 3 000～4 000 倍液或 80％敌敌畏乳油 1 000 倍液喷治。

大　蓑　蛾

Cotton bag worm

彩版 65 · 118～121

学名 *Clania variegata*，鳞翅目，蓑蛾科。

寄主 为害橄榄、杧果、龙眼、梨、柑橘等多种植物。

为害特点 以幼虫咬食叶片、嫩梢皮层及幼芽成缺刻或孔洞，食尽叶片，可环状剥食枝皮，引起枝梢枯死。

形态特征、生活习性可参见本书龙眼、荔枝大蓑蛾。

防治方法 ①人工摘除袋囊，在冬季和早春，采摘幼虫护囊或平时结合果园管理，随时顺手摘除护囊，并注意保护寄生蜂等天敌。②药剂防治。掌握在幼虫孵化期或幼虫初龄期，选用 20％氰戊菊酯乳油 4 000～5 000 倍液、10％多杀宝悬浮剂 1 500～2 000倍液、50％辛硫磷乳油 1 000 倍液，或 Bt 1 000 倍液喷治都有良好的效果。

橄榄缀叶丛螟

彩版 86 · 274～276

学名 *Locastra* sp.，鳞翅目，螟蛾科。

寄主 橄榄。

为害特点 幼虫在新梢枝叶上吐丝拉网，缀叶为巢，在其中取食叶片，有时能使整株叶片吃光，严重影响树势。

形态特征

成虫 体长 14～16mm，翅展 30～32mm。头浅褐色，触角细长，微毛状，下唇须褐色，向上伸。胸、腹、背面灰褐色。前翅银灰色，基部密被暗褐色鳞片，内横线黑褐色，前缘有数丛大小不一的黑褐色竖鳞，广布许多小黑点，外横线黑褐色，斜向外缘，外缘暗黑褐色，缘毛褐色，基部有 1 排黑点。后翅灰褐色，缘毛褐色，基部有 1 排黑点。

卵 扁球形，呈鱼鳞状排列成块。

幼虫 老熟幼虫体长 16～18mm，头棕灰色，明显大于前胸背板，有光泽。前胸背板淡棕色，有斑纹，腹、背棕灰色，背线褐红色，背线、气门上线及气门线浅黄色，并有纵列白斑。腹部腹面棕黄色，腹侧疏生刚毛。气门及足褐色，臀板棕褐色。

蛹 体长 10～12mm，红褐色，外裸有白色薄茧。

生活习性 在福州地区一年约发生 2 代，以老熟幼虫结茧越冬。翌年 3～4 月开始化蛹，5 月上、中旬出现羽化成虫，5 月中旬至 6 月上旬为第一代成虫产卵盛期。卵多产于新梢叶片的主脉两侧，呈鳞翅状排列成块，初孵幼虫常群集为害，并吐丝结成网幕，取食叶片表皮和叶肉，呈网状，2 龄后吐丝拉网，缀小枝叶为巢，取食其中，蜕皮及粪便也积在巢内。随虫龄增大，食量大增，食尽叶片后，能迁移重新缀食为害。福州地区橄榄园，6～7 月及 9～10 月为害最为严重，11～12 月老熟幼虫陆续迁移到地面枯叶或杂草中结茧越冬。

防治方法 ①及时剪除被害虫巢枝叶，集中烧毁。②发生严重果园，可喷射 90％敌百虫晶体 800～1 000 倍液，或 50％辛硫磷乳油 1 000～1 500 倍液。

叶 蝉 类

彩版 88·288

学名 为害橄榄的叶蝉科害虫有扁喙叶蝉（*Idiocerus* sp.）和黄绿叶蝉（学名待定）。

寄主 为害橄榄等多种植物。

为害特点 以成虫和若虫吸食嫩梢、嫩叶、花穗和幼果汁液，引起枝梢枯萎，嫩叶扭曲，叶片失绿，严重发生时引起落花落果。成虫分泌的蜜露可诱发煤烟病，影响光合作用。

形态特征 扁喙叶蝉参见本书枇杷果害虫部分。

生活习性 一年发生多代，世代重叠，以成虫、若虫群集为害。该虫吸食汁液，所分泌的蜜露有利于煤菌繁殖。

防治方法 以药剂防治为主，掌握若虫盛发期选用，50％叶蝉散乳油 1 000 倍液、10％吡虫啉可湿性粉剂 2 000～3 000 倍液、48％乐斯本乳油 1 500 倍液喷治。

橄 榄 裂 柄 瘿 螨

学名 *Dichopelmus canarii* Kuang，Xu et Zeng，属蜱螨亚纲，瘿螨科。

寄主 橄榄。

为害特点 我国新近报道为害橄榄的一种新害螨。主要分布在嫩叶背面吸食汁液，使叶扭曲，为害果会引起果面变黑，影响外观，降低品质。

形态特征 雌螨，体纺锤形，长 165～170μm，宽 50～60μm，厚 50μm。缘长 22μm，斜下伸。背盾板长 45μm，宽 55μm。盾板有前叶突，盾板布有短条饰纹，背瘤位于盾后缘，瘤距 25，背毛 5，斜上指。足基节间具腹板线，基节刚毛Ⅰ10，Ⅱ15，Ⅲ25，基节光滑。足Ⅰ长 35，股节 13，股节刚毛 8；膝节 5，膝节刚毛 20，胫节 8，胫节刚毛生于背基部 1/3 处；跗节 7，羽状爪分叉，每侧 3～4 支，爪具端球。足Ⅱ长 33，股节 12，股节刚毛 8；膝节 5，膝节刚毛 10；胫节和跗节均为 7，爪具端球。大体背环呈弓形，背环 15～17 个，光滑；腹环 56～67 个，具圆形微瘤。侧刚毛 12，生于 14 环，腹刚毛Ⅰ25，生于 29 环；腹刚毛Ⅱ18，生于 46 环；腹刚毛Ⅲ20，生于体末 4～5 环，无副毛。雌外生殖器长 12，宽 15，生殖器盖片上有 8～10 条纵肋，性毛 10。营自由生活。雄螨 体长 160，宽 48。雄外生殖器宽 15，性毛 10。

防治方法 ①保护和利用天敌。②叶、果上发现瘿螨为害时，可选用 20%四螨嗪悬浮剂 2 000～2 500 倍液、10%浏阳霉素乳油 1 000～2 000 倍液，或胶体硫 400 倍液等药喷治。

其 他 螨 类

为害橄榄螨类尚有瘿螨科的博白合位瘿螨（*Cosella bobainensis* Kuang）和跗线螨（*Dendroptus olea* Lin. Xu et Jong），均是新种，其为害特点和防治方法可参见裂柄瘿螨。

橄 榄 枯 叶 蛾

学名 *Metanastria terminalis*，鳞翅目，枯叶蛾科。

寄主 橄榄。

为害特点 橄榄枯叶蛾是橄榄的重要害虫之一，以幼虫咬食叶片成缺刻，严重时可将叶片食光，枝干成光秃状，削弱树势。

形态特征

成虫 雌体长 33～37mm，棕褐色，触角羽状。全翅有 3 条横带，亚外缘部有约 7 个黑色斑点组成的点列，后翅外半部暗褐色。雄体长 21～26mm，赤褐色，前翅色深暗，中部有 1 个广三角形深咖啡色斑，色斑被银灰色的内外横线所包围，各以白线纹为边，三角斑内有 1 个黄褐色新月形小斑纹；亚边缘斑点列黑褐色。后翅外半部有污褐色斜横带。

卵 灰白色，近圆球形，有褐色的大小圆斑各 2 个。

幼虫 初龄为灰褐色至黑色，从前胸到第七腹节的各节间白色，有许多由毒毛组成的毛丛，前胸两侧瘤突上的黑毛丛特长。老熟幼虫体长 60～75mm，灰褐色，头部背面黑色，由白线分隔成 3 部分；胸、腹背线和亚背线灰色，其间有黄白和红色斑点，以及浅蓝色眼斑 2 列，背毛黑色，体侧毛丛灰白色。

蛹 暗红色，长 30 余 mm，5 龄幼虫开始分散活动。

生活习性 2 年发生 3 代，以老熟幼虫群集在树干上越冬，翌年 3 月开始活动为害。5 月初在叶间结丝茧化蛹，5 月下旬至 6 月中下旬成虫羽化，以花蜜为食，卵产于细枝干上。初龄幼虫白天成群栖息于叶上，并可成群迁移。

防治方法 ①人工捕杀。利用幼虫白天群集于树干的习性，集中捕杀。②施药防治。可选用80％敌敌畏乳油或50％杀螟松乳油1 000倍液喷治，也可喷洒25％灭幼脲悬浮剂1 000～1 500倍液。③生物防治。湿度大时可喷白僵菌或苏云金杆菌。

乌 桕 黄 毒 蛾

Black-dotted tussock moth

彩版86·277～278，彩版87·279

学名 *Euproctis bipunctapex* (Hampson)，鳞翅目，毒蛾科。

别名 枇杷毒蛾、乌桕毒蛾、油桐叶毒蛾。

寄主 橄榄、枇杷、乌桕、油桐、杨、桑等。

形态特征

成虫 翅展雄23～38mm，雌32～42mm。体黄棕色，前翅底色黄色，除顶角、臀角外密布红棕色鳞和黑褐色鳞，形成1个红棕色大斑，斑外缘中部外突，成一尖角，顶角有2个黑棕色圆点；后翅黄色，基半红棕色。

卵 扁圆形，黄白色。常排列成块，卵块外被黄褐色茸毛。

幼虫 体长25～30mm，头橘红色，体黄褐色，背部和体侧毛瘤黑色带白点，第三胸节背面和翻缩腺橘红色。

蛹 棕褐色，茧灰褐色。

生活习性 在福建一年发生3～4代，以幼龄幼虫越冬。翌年3月中下旬开始为害橄榄嫩叶及幼芽，4月下旬老熟幼虫在叶片上及杂草丛中结茧化蛹，5月中旬出现第一代成虫，卵产于叶背面，卵块上被黄褐色茸毛，5月下旬至6月上旬卵孵化出幼虫，低龄幼虫常群集于叶背面为害，取食叶肉，3龄后分散为害，也常聚集在叶背取食叶片成缺刻。11月下旬幼龄幼虫在树干或树杈处做网，成群越冬。

防治方法 参考龙眼、荔枝双线盗毒蛾的防治。

珊 毒 蛾

彩版87·280～281

学名 *Lymantria viola*，鳞翅目，毒蛾科。

寄主 为害橄榄等多种植物。

为害特点 为害橄榄的重要害虫，以幼虫取食叶片和新梢枝梗。

形态特征

成虫 雌虫体长24～25mm，翅展80～100mm，粉白至乳白色。体躯各部大都有珊瑚红色彩。前翅粉白色，基部有2个珊瑚红色斑和2个黑色斑；亚端线和端线各由1列明显的棕褐斑组成。后翅乳黄，亚端线棕褐色，触角双栉状，黑色。雄虫体长15～17mm，翅展 34～44mm，前翅黄白，密集许多棕黑斑组成的横线带，中室中央有 1 个棕黑色圆斑。后翅亚端线黑褐色。触角双栉状，棕黄，节齿较雌虫长。

卵　扁圆形，乳白色，密集成块，上盖有黄色绒毛。

幼虫　5～7 龄，体长 48～52mm，腹部第六、第七节背中央各有 1 个翻缩腺。各体节背侧有 6～8 个棕红色毛瘤。第一胸节和腹末各着生 1 对和 2 对黑色长毛束。腹足趾钩单序中带。

蛹　长 19～21mm，黄褐色，匿居于薄丝茧中。

生活习性　福建一年发生 3 代，以卵块在树干基部裂缝和凹陷处越冬。闽清县 3 月下旬越冬卵开始孵化，正值橄榄春梢抽发期。另两代幼虫发生期分别在 6～7 月和 9 月间，也与橄榄抽梢期吻合。以 3～4 月和 6～7 月的幼虫食害为主。

防治方法　①刮除越冬卵块深埋。②低龄幼虫高峰期可喷 20％杀灭菊酯乳油 2 000～3 000 倍液，或 90％敌百虫晶体，或 80％敌敌畏乳油 1 000 倍液。

白　蚁
White ant

彩版 87・282

学名、为害特点、形态特征、生活习性和防治方法详见本书龙眼、荔枝害虫中的白蚁部分。

29. 番木瓜害虫
Insect Pests of Papaya

介 壳 虫 类

彩版 81・239，彩版 92・317～318

为害番木瓜的常见介壳虫主要有番木瓜圆蚧（*Aonidiella* sp.）、桑白蚧（*Pseudaulacaspis pentagona*）、褐软蚧（*Coccus hesperidum*），后两种的寄主、为害特点、生活习性和防治方法分别参见本书李、奈害虫和枇杷害虫中的桑白蚧和褐软蚧。

番 木 瓜 圆 蚧

彩版 87・283

学名　*Aonidiella* sp.，同翅目，盾蚧科。

寄主　番木瓜等多种植物。

为害特点　为害叶片、枝条和果实，吸食汁液，严重时枝叶枯死，影响树势，受害果难以黄熟，品质变劣，容易腐烂。

形态特征　参见柑橘黄圆蚧。

生活习性　该虫在广州、漳州等地常年可见，一年发生 4～7 代，以若虫或雌成虫在番木瓜或其他寄主植物上越冬。每年 4 月上、中旬开始活动、取食、产卵。卵产介壳下，每雌产卵 30～80 粒。初孵若虫可爬行扩散，找到适宜处后固定取食。并在其上化蛹，羽化为成虫。发生为害与气温关系密切，每年 5～6 月气温渐高，虫量繁殖、扩散快，9～10 月果实黄熟阶段该虫盛发，11 月以后天气转凉，虫口密度逐渐下降。在最适气温 26～28℃ 下，卵期为 12～14 天，雄、雌成虫寿命分别为 4～5 天与 40～60 天。

防治方法　①实行每年新植种苗，去除多年生老树，冬季剪除严重虫害枝叶，以减少田间虫口基数，这是防治该虫的切实有效措施。②适期喷药防治。卵盛孵期选喷 40% 速扑杀乳油 600 倍液、2.5% 功夫乳油 4 000～5 000 倍液、松脂合剂 15～20 倍液，或柴油乳剂、机油乳剂（含油量 2%～5%）等，如树干该虫盛发，可用黏土柴油泥浆（20∶1）涂抹树干，防治效果好。③保护利用天敌寄生蜂和瓢虫等。

蚜　虫　类

彩版 87·284，92·321～322

　　为害番木瓜的蚜虫多种，常见有桃蚜（*Myzus persicae* Sulzer）、橘二叉蚜（*Toxoptera aurantii* Boyer de Fonscolombe）、棉蚜（*Aphis gossypii* Glover）、苜蓿蚜（*Aphis craccivora* Koch）等，其中以桃蚜的发生、为害最重。

桃　蚜

Green peach aphid

彩版 92·321～322

学名　*Myzus persicae* Shlzer，同翅目，蚜科。

别名　菜蚜、烟蚜。

寄主　为害多种果树、蔬菜。

为害特点　以成虫、若虫吸食嫩叶幼芽汁液，使新叶皱缩、扭曲；所排出的蜜露可诱发煤烟病，更为重要的是该虫系 PRV 田间的主要传毒介体，其传毒的为害性远远大于取食直接为害造成的损失。

形态特征和生活习性　可参见本书李、奈害虫中的桃蚜部分。

防治方法　①保护和利用天敌。蚜虫天敌很多，有捕食性天敌（如蜘蛛、瓢虫、食蚜蝇、草蛉等）、体内寄生性天敌（如蚜茧蜂、蚜小蜂、金小蜂等）、体外寄生性天敌（如绒螨）等，应充分保护，并加以利用。研究表明，田间瓢蚜比 1∶150 以下或蚜茧蜂寄生率达 15% 以上，蚜虫虫口密度将会迅速下降。②利用蚜虫的趋黄性特点制作诱蚜板进行蚜虫测报或诱杀。③适时喷药防治。根据测报，发现胎生若蚜剧增、其天敌数量很少时，可选用 40% 乐果 1 000 倍液、25% 唑蚜威乳油 1 500 倍液、50% 辟蚜雾可湿性粉剂 2 000～

3 000 倍液或 EB‐82 灭蚜菌水剂 200～300 倍液等喷治。挂果中、后期可选用 80% 敌敌畏乳油 1 000 倍液，或 2.5% 鱼藤酮乳油 1 000 倍液，喷雾杀幼蚜。防治过程应注意挑治，避免滥用农药，以保护天敌，充分发挥天敌的控蚜作用。

双 线 盗 毒 蛾
Cashew hairy caterpillar

彩版 87·285

  学名 *Porthesia scintillans*（Walker），属鳞翅目，毒蛾科。
  寄主 为害枇杷、龙眼、荔枝、番木瓜等多种植物。
  为害特点、形态特征、生活习性和防治方法参见本书枇杷双线盗毒蛾。

番 木 瓜 螨 类

彩版 88·286

  为害番木瓜叶片的主要害虫之一，属蜱螨目，叶螨科。常见有柑橘全爪螨、皮氏叶螨（*Tetranychus piercei* McGregor）、锈球叶螨、二斑叶螨等。
  为害特点、生活习性可参考柑橘全爪螨。
  防治方法 ①保护天敌，捕食害螨。②盛发期喷药防治。在该虫盛发期，可选用 50% 胶体硫悬浮剂 250 倍液，掌握幼虫孵化期 5～7 天喷一次，连喷 2～3 次，也可用 20% 哒螨酮可湿性粉剂 2 000～3 000 倍液，或 50% 托尔克可湿性粉剂 2 000～2 500 倍液喷治。此外，在砍番木瓜时结合清除杂草，以消灭潜存其上的害螨。

 30. 杧果害虫
Insect Pests of Mango

杧果横纹尾夜蛾
Mango sboot-borer

彩版 88·287

  学名 *Chlumetia transversa* Walker，鳞翅目，夜蛾科。
  别名 杧果钻心虫，杧果蛀梢蛾。
  寄主 杧果。
  为害特点 幼虫蛀食嫩梢和花序主轴。嫩梢被害造成新梢枯死，严重影响树体的正常营养生长。花序被害，轻则引起花序顶部丛生，重则致使花序全部枯死。

形态特征

成虫　体长 11mm，翅展 23mm。体背黑褐色，腹面灰白色。头部棕褐色，前额有黄白色鳞毛，下唇须黑色前伸，末端灰白色。雄成虫触角基部为栉齿状，端部丝状具纤毛；雌成虫触角为丝状，胸腹交界处具白色∧形纹 1 条，腹部背面第二至四节的中央，着生有耸起的黑色毛簇，毛簇端部灰白色。前翅茶褐色，基线、内横线、中横线均为稍曲折的双线；外横线呈宽带状，略弯曲，带的内方为黑色，中间色较浅，外方具白色边缘；亚外缘线黑色较宽，呈波状，内侧具黑色斑块，缘毛灰白色。后翅灰褐色，臀区具 1 个白色短横纹。

卵　扁圆形，直径约 0.5mm。初产时呈青色，后转为红褐色，孵化前色泽变淡。卵壳表面具纵沟 54～55 条，并有 7～8 条横向环圈，卵顶中央呈花瓣状（8～9 瓣）。

幼虫　一般有 5 龄。老熟幼虫体长 13～15mm，头部和前胸背板褐色，胴部青色而略带紫红色彩，各体节均有浅绿色斑块。胸足青色而微带褐色，腹足趾钩列为单序侧带，略呈弧状。幼虫胴部，初龄为黄白色，2～3 龄呈淡红色，4 龄为黄色略现红棕色。

蛹　体形短粗，长 9～11mm，黄褐色，复眼黑褐色，触角短于中足，腹末钝圆光滑，缺臀棘，体上散布刻点。

生活习性　在广西南宁一年发生 8 代，世代重叠。1 代需 38～58 天。1～6 代为害嫩梢，7～8 代为害花蕾。当年第八代以预蛹或蛹在树皮、枯枝等处越冬。翌年 1 月下旬至 3 月下旬，越冬蛹羽化为成虫，多在白天羽化，尤以上午为多。成虫昼伏于树干上，夜间活动。趋光、趋化性弱。雌虫交配后一般经 3～5 天即行产卵，大多散生于叶片上、下表面，少数产于嫩枝、叶柄和花序上。每雌产卵量为 54～435 粒，平均 255 粒。卵期 2～4 天，大多在早晨和上午孵化。初龄幼虫主要为害叶脉和叶柄，3 龄后蛀食嫩梢，老熟幼虫在枯枝、树皮等处化蛹，幼虫期约 15 天。该虫为害程度与温度和抽梢情况有关，每年在 4 月中至 5 月中、5 月下至 6 月上、8 月上至 9 月上及 11 月上中旬出现 4 次为害高峰期，如杧果抽梢期遇雌虫产卵盛期，则将导致严重受害。

防治方法　①加强栽培管理，促进抽梢整齐，减少受害。②草把诱集。在树干上绑扎草把，诱集老熟幼虫前来化蛹，定期取下草把烧毁，可减少下一代虫口数量。③施药防治。幼虫 3 龄前和新梢生长至 3～4.5cm、花蕾未开花前，喷施 90%敌百虫晶体加 25%杀虫双各 800 倍液。也可用 25%灭幼脲悬浮剂 500～1 000 倍液、20%杀灭菊酯乳油 3 000～4 000 倍液，或 50%稻丰散乳油 800～1 000 倍液喷治，每隔 7～10 天喷一次，一个梢期喷 2～3 次。

杧果扁喙叶蝉（杧果短头叶蝉）

Mango hopper

彩版 88 · 288～289

学名　*Idiocerus niveosparsus* (Lethiery)，同翅目，叶蝉科。

寄主　杧果。

为害特点　成虫和害虫群集于嫩芽、嫩叶、花序、幼果及果柄等处，吸食汁液，引起叶梢萎缩及落花、落果，并能分泌蜜露、诱发煤烟病。

形态特征　成虫　体长 4～5mm。头土赭色，头顶中间有 1 个暗褐色斑点，中线色淡，两侧的斑纹粗大，栗褐色。前胸背板淡灰绿色，有深色斑点。小盾片土赭色，基部有 3 个黑斑，中间的 1 个大型，其后方两侧稍后处，还有 2 个小黑点。前翅青铜色，半透明，前缘区中部土黄色，且后方和翅端各有 1 个长形的黑斑，翅基还有 1 条由斑点连成淡灰色的横带。

卵　长椭圆形，乳黄色，半透明，产于花梗及嫩梢上。

若虫　末龄若虫长约 4mm。头、胸土黄色，有黑褐色斑。腹部黑色，背面前方有 1 个大黄斑。

生活习性　生活史不详。在福州地区 5 月中、下旬及 9 月上、中旬杧果树上，虫口密度较大，成虫、若虫群集在嫩梢或花穗上为害，对杧果树的生长发育有一定的影响。

防治方法　若虫盛发期选用 20％叶蝉散乳油 2 000 倍液、10％灭百可乳油 4 000～5 000 倍液、40％乐斯本乳油 1 500 倍液喷洒树冠，间隔 7～10 天再喷药一次，能获得良好的防治效果。

杧 果 切 叶 象 甲

彩版 88·290

学名　*Deporaus marginatus* Pascoe，鞘翅目，属卷象科。

别名　剪叶象甲，切叶虎。

寄主　杧果、龙眼等植物。

为害特点　以成虫群集为害叶片，啃食嫩叶上表皮和叶肉，留下下表皮，呈网状干枯，雌成虫在嫩叶上产卵，然后在近基部横向剪断，使带卵部分落地，留下刀剪状的叶基部，严重影响植株生长。

形态特征

成虫　体长 4.3～4.7mm、体宽 2.0mm，红黄色，有白色绒毛，以中、后胸和腹部较密。喙、触角、复眼黑色，鞘翅黄白色，周围黑色，肩部和外缘黑色部较宽，内缘呈线状黑色；两鞘翅上均具深刻点且粗密，每翅 10 行，刻点间着生白色绒毛，翅肩下伸，肩角圆钝。足的腿节黄色，胫节和跗节黑色。

卵　长椭圆形，表面光滑，初产乳白色，渐变为淡黄色。

幼虫　无足型，体长 5～6.5mm。腹部各节两侧各有 1 对小刺，初孵化时乳白色，后变淡黄色。

蛹　离蛹，长 3～4mm，宽 1.4～2mm。老熟时黄褐色。头部有乳状突起，末节有肉刺 1 对。

生活习性　不同地区年发生代数不一，海南儋县一年发生 9 代，广西南宁一年发生 7 代，世代重叠。云南景云一年发生仅 3～4 代。夏秋季每代平均约 30 天，冬季 50 天左右，冬季无明显滞育现象。2～3 月，土中过冬的老熟幼虫化蛹并羽化，取食杧果嫩叶上表皮和叶肉，交尾产卵于嫩叶、中脉两侧，卵散产，每叶产 1～8 粒，一生可产卵 253～337

粒，于 4～17 天内产完，卵即随被雌虫咬断的叶片坠地。卵期 2.5～4 天。幼虫孵出后潜食叶肉，经 3～6 天后入土化蛹，蛹室深度 1.5～3cm，蛹期 19～27 天，土壤含水量对蛹的发育影响大，低于 10% 或高于 20% 均会引起前期蛹死亡。一般化蛹后 12 天即羽化为成虫。该虫种群发育与杧果抽梢物候期之间存在同步关系，当新梢嫩叶抽长 8cm、宽 1.5cm 左右至叶色转淡绿期正适于成虫产卵剪叶，叶色转绿、叶形稳定的叶不再受害。该虫在广西南宁，5 月下旬至 6 月下旬第二代为害最为严重，此时正值杧果抽梢高峰期。9 月下旬至 10 月中旬，正遇秋梢季节，第五、六代亦出现严重为害。海南地区，以 9 月中旬为害嫩梢最为严重。在杧果与龙眼混栽区或杧果园附近的龙眼树受害亦重。

防治方法　①新开辟果园，避免杧果与龙眼混栽。已经混栽的果园，可结合除草、松土、施肥等措施杀死土中的部分虫蛹和越冬幼虫。新梢生长期每 3 天收集一次地上嫩叶，集中烧毁，以消灭虫卵，降低虫口密度。②药剂防治。在各代成虫羽化期适时施药，可选用 20% 速灭杀丁乳油或 2.5% 敌杀死乳油 3 000～4 000 倍液、48% 乐斯本乳油 1 000～1 500 倍液，或 80% 敌敌畏加 40% 乐果乳油 1 000 倍液的混合液等喷治药剂，宜轮换使用。

脊 胸 天 牛

彩版 88·291

学名　*Rhytidodera bowringii* White，鞘翅目，天牛科。

寄主　杧果、橄榄、腰果、人面子等。

为害特点　杧果主要害虫之一，成虫咬食树干表皮，幼虫蛀食树干和枝条，被害枝条上部叶片逐渐枯黄，出现多数距离不等、大小不同、与蛀道相通的孔洞。

形态特征

成虫　体长 23～36mm，栗至栗黑色。前胸脊前后缘均具横脊，中央部分具有 19 条纵脊，翅鞘具 5 列淡黄色线状斑点。

卵　长椭圆形，淡黄色至黄色，一端稍尖细。

幼虫　体长 70mm，黄白至黄褐色，前胸背板前缘具淡褐色的凹凸花纹，后缘具纵脊，纵脊具横沟，并与短侧沟相连呈凹字形。

蛹　长 25～34mm，乳白至乳黄色。

生活习性　海南地区一年发生 1 代，以幼虫在枝干内越冬，2 月上旬开始化蛹，3 月下旬成虫开始羽化。成虫于 4 月下旬产卵，卵期 10～12 天。成虫的羽化、交尾、产卵均在夜间进行，白天多栖息在叶片浓密的枝条上，5 月始见幼虫，幼虫期长达 265～311 天，成虫羽化后，在蛹室内停留 11～32 天，交尾产卵于枝芽痕迹处或残断枝条皮部与木质部之间，成虫寿命 14～35 天。卵孵化后幼虫蛀入枝内，逐渐向主干方向钻蛀。被害枝条上部出现叶片逐渐枯黄，随后枝叶干枯，还可见到大小不同、距离不等且与蛀道相通的孔洞。幼虫常潜居在倒数第三个洞孔之下的蛀道中。老熟幼虫以排出的粪便填塞蛀道下端，利用上端（或不蛀穿皮部）作为羽化孔，并将上方近羽化孔处以木丝或白垩质物封闭，成为蛹室，老熟幼虫头部向上，不久成蛹。蛹期 30～50 天，有少数至 6 月才见成虫羽化，7 月出孔。有的幼虫当年未成熟，越冬后继续成长，因此，需 2 年才能完成其生活史。

防治方法　①人工捕杀。每年4～5月间成虫出现时捕捉成虫，刮除卵块。成虫期过后检查树枝，发现有裂痕或胶液处，及时刮除卵块或初孵幼虫。发现虫孔可用铁丝钩杀或从洞口注入药液杀死幼虫，可用棉球蘸20％速灭杀丁，或80％敌敌畏5～10倍药液堵塞蛀道最下方的3个排粪孔（主干被害时应适当增加堵塞的孔洞数），随即用黏土浆封住孔洞口。②喷药防治。在天牛成虫盛发期喷10％灭百可乳油2 000～2 500倍液或2.5％敌杀死乳油1 500～2 000倍液，隔10～15天喷一次，连喷2～3次，如出现漏治，可在孔口（见到有虫粪）再行钩杀补治。

椰　圆　蚧

彩版88・292～293

学名　*Aspidiotus destructor* Signoret，属同翅目，盾蚧科。

为害特点　为害椰子、番木瓜、杧果等多种植物。以若虫和雌成虫附着于叶背、枝条或果实表面，刺吸组织中的汁液，被害叶正面出现黄色的不规则斑纹，其分泌物会诱发煤烟病，发生严重时全叶布满该虫，叶片生长受阻以至枯叶。

形态特征

　介壳　雌介壳圆形，直径约1.8mm，淡褐色，薄而透明，中央有2个黄色壳点，为若虫的脱皮壳，外观可见壳内黄色虫体。雄介壳椭圆形，长径0.7～0.8mm，褐色，盾壳较雌介壳厚，中央只有1个黄色亮点。

　成虫　雌成虫长卵圆形或卵形，前端较圆，后端较尖、黄色，直径1.2～1.5mm。雄成虫橙黄色，复眼黑褐色，腹末有针状交尾器。

　卵　椭圆形，很小，黄绿色。

　若虫　初孵时浅黄绿色，后变黄色，椭圆形。

　蛹　长椭圆形，黄绿色。

生活习性　长江以南各地一年发生2～3代，均以受精雌成虫越冬，翌年3月中旬，开始产卵。第一、二和三代的卵盛孵期，分别出现在5月中旬、7月中、下旬和9月中旬至10月上旬，1龄若虫的触角和足尚可见，为害虫爬行扩散阶段，又称爬虫期，但此时身上蜡质介壳未形成，抗药力最差，是施药防治的最佳时机。雄成虫羽化后即与雌成虫交尾，交尾后死亡。每只雌虫产卵约15粒。

防治方法　①结合清园，剪除受害重的叶片，降低虫口密度。保护瓢虫、草蛉、寄生蜂等天敌，通过天敌控制此虫。②药剂防治。掌握卵盛孵期（即爬虫期）及时选用40％乙酰甲胺磷乳油600～1 000倍液、2.5％敌杀死乳油3 000～4 000倍液、2.5％功夫乳油3 000～4 000倍液，或50％马拉硫磷800～1 000倍液中的一种喷治。

杧　果　白　轮　蚧

彩版89・294～296

学名 *Aulacaspis tubercularis* Newsteed，同翅目，盾蚧科。

寄主 杧果、荔枝等。

为害特点 成虫、若虫常几个至数十个群集于叶片上为害，影响光合作用，并诱发煤烟病。

形态特征

成虫 雌虫介壳近圆形，半透明，白色，第一、二蜕皮壳突出于前端，黑褐色，边缘绿黄色，具中脊。雄虫介壳长形，白色，两侧平行，壳点 1 个，位于介壳端部。

卵 紫红色，长椭圆形，长约 0.16mm。

若虫 橙红色，椭圆形。

生活习性 一年发生 2～3 代，以 2 龄若虫及少数雌成虫越冬。次年 3～4 月间，越冬代成虫羽化、交尾。第一代产卵盛期在 4 月中、下旬，卵成堆产于介壳下，每雌虫可产卵几十粒至百余粒。初孵若虫在母介壳下停留 1～2 天后才爬出介壳，雌若虫爬行能力强，远离母体而分散，雄若虫爬行能力弱，往往群集在母体附近。若虫将口针刺入寄主组织内取食，3～4 天后分泌蜡质覆盖体背。雌性虫分泌圆形蜡质介壳，再蜕皮羽化为雌成虫。雄性虫分泌长条形蜡状介壳，蜕皮经 2 个蛹期才羽化为雄成虫，爬行或短距离觅雌虫交尾。雌虫受精后 15 天左右开始产卵。该虫喜阴湿环境，树冠下层的虫口密度较大。

防治方法 参见椰圆蚧防治法。

其 他 介 壳 虫 类

彩版 89・297，彩版 85・270，彩版 69・147～148

为害杧果的介壳虫尚有银毛吹绵蚧（*Icerya seychellarum*）、吹绵蚧（*Icerya purchasi*）、日本龟蜡蚧（*Ceroplastes japonicus*）、草履蚧（*Drosicha contrahens*）等。其为害特点、形态特征、生活习性和防治方法可参考柑橘害虫介壳虫部分。

杧 果 蜡 蝉

彩版 89・298

学名 *Fulgora lathburi* Wm. Kirby，同翅目，蜡蝉科。

寄主 杧果、龙眼等多种果树。其为害特点与龙眼鸡相似。

形态特征

成虫 大体墨绿色。头前伸如长鼻。从鼻端至眼长约 16mm，从眼到翅端长 42mm。头背黑色，散有白色蜡粉点。底面土黄色，鼻端蜡黄略带球状。前胸背板黑褐色带暗土黄色，有背中脊，两侧各有 1 个斜脊，脊下有 1 个黑色斑。中胸背板黑色，亦有 1 正 2 斜 3 条纵脊。前翅底色黑绿，网脉黄色，每翅具大小近圆形斑点约 30 个，基半部无横带状斑，各斑点褐色，外围 1 圈白色蜡粉。后翅黄色，翅顶大片黑色，各足大体暗土黄色，前中足胫节以下黑色；后足较长大，利于跳跃。

生活习性、防治方法可参见本书龙眼鸡。

白 蛾 蜡 蝉

Mango cicada

彩版 63・103～104

    学名 *Lawana imitata* Melichar，同翅目，蛾蜡蝉科。

    寄主 柑橘、龙眼、荔枝、杧果、李、桃等多种植物。

为害特点、形态特征、生活习性和防治方法参见龙眼、荔枝害虫白蛾蜡蝉。

大 蓑 蛾

Cotton bag worm（Coffee bag worm）

彩版 89・299，彩版 65・118～121

    学名 *Clania variegate* Senellen，鳞翅目，蓑蛾科。

    寄主 龙眼、茶、柑橘、杧果、橄榄等。

为害特点、形态特征、生活习性和防治方法可参见本书龙眼、荔枝害虫大蓑蛾。

细 皮 夜 蛾

彩版 72・173～175

    学名 *Selepa celtis* Moore，鳞翅目，夜蛾科。

    寄主 枇杷、杧果、板栗等多种果树。

为害特点、形态特征、生活习性和防治方法参考本书枇杷细皮夜蛾。

棉 古 毒 蛾

Common oriental tussock moth

彩版 78・212～214

    学名 *Orgyia postica*（Walker），鳞翅目，毒蛾科。

    寄主 枇杷、杧果等多种果树。

为害特点、形态特征、生活习性和防治方法参考本书枇杷棉古毒蛾。

木 毒 蛾

彩版 67・136～138，彩版 68・139

学名 *Lymantria xylina* Swinhoe，鳞翅目，毒蛾科。

寄主 龙眼、荔枝、枇杷、梨、柿、无花果、茶、木麻黄多种果树和林木。

为害特点、形态特征、生活习性和防治方法参考本书龙眼木毒蛾。

杬 果 毒 蛾

彩版 89 · 300

学名 *Lymantria marginata* Walker.，鳞翅目，毒蛾科，毒蛾属。

寄主 杬果。

为害特点 杬果树上的一种食叶害虫，主要为害新抽嫩叶，大发生时，常将叶啃食一空，仅留叶柄，严重削弱树势，影响产量。

形态特征

成虫 雄虫翅展 40～43mm，体长 16～18mm；雌成虫翅展 57～61mm，体长 20～22mm；雄蛾触角黑色，下唇须黑色，头部黄色，胸部灰黑色带白色和橙黄色斑；腹部橙黄色；背部和侧面有黑斑；前翅呈棕色，后翅棕黑色。

卵 圆形，直径约 1mm，褐色。

幼虫 老熟幼虫体长 28～45mm，头部灰褐色，无光泽，具八字形褐色条纹；身体灰褐色，前胸两侧有黑色毛簇 1 对，背线淡褐色，亚背线褐色，各节上有黑点 1 个，气门线部位各体节均有毛瘤，毛呈淡黄褐色；腹部第六、七节背面中央各有 1 个白色翻缩腺；胸足、腹足均为黄色。

蛹 裸蛹，红褐色，纺锤形，雌蛹长 2.1～2.5cm；雄蛹长 1.4～1.9cm。

生活习性 在海南儋州一年发生 6 代，3 月中旬发生第二代，4 月上旬田间虫口密度最大，雌性幼虫 7 龄，雄性幼虫 6 龄。在室温 25℃、相对湿度 75%～80% 条件下，各虫态历期：卵期 8～11 天（9.5），幼虫期 27～57（40.0），预蛹期 1～1.5 天（1），蛹期 9～11 天（10），产卵前期 2～3 天（2.5），成虫寿命 6～9 天（7.5），世代历期 47～84 天（65.5），成虫多在夜间活动，产卵成堆，从几十粒到几百粒。初孵幼虫不食不动，群集一起，经过 1～2 天或受惊后分散；1～2 龄幼虫常吐丝下垂，无假死性，畏光，常在叶背取食，啃成斑窗状，食量不大；3 龄以后幼虫开始任意取食，食量大增，从叶缘开始取食，只剩主叶脉。化蛹后在尾部有丝与固着物相连，雄蛹通常比雌蛹早羽化，雌雄比为 1：1.5。

防治方法 可参考龙眼、荔枝双线盗毒蛾防治。

杬 果 蓟 马 类

彩版 70 · 156～158

为害特点 为害杬果的蓟马有茶黄蓟马（*Scirtothrips dorsalis* Hood）、黄胸蓟马［*Thrips hawaiiensis*（Morgan）］、红带网纹蓟马［*Selenothrips ruburocintus*（Giard）］、褐蓟马（*Thrips tusca* Moulton）、威岛蓟马（*Thrips vitoriensis* Moulton）等，其成虫、若虫在

不同时期以锉吸式口器插入杧果的嫩叶叶背、新梢顶芽、花穗等组织，吸食汁液，受害叶主脉两侧有多条纵列红褐色条痕，后期叶片边缘呈卷曲波浪状，叶肉出现褪绿变黄的小斑点，像花叶状；新梢顶芽受害，生长受阻；花穗受害引起落花、落果，中后期受害果皮呈现红褐色锈皮斑，严重影响杧果生长和降低果品质量。

形态特征 茶黄蓟马和黄胸蓟马参见香蕉害虫。红带网纹蓟马雌成虫体长 1.0～1.4mm，体黑色，胸部和腹部有红色素的絮状斑块。

生活习性 一年发生多代，世代重叠，多以成虫在杂草花中或土缝、枯枝落叶间越冬。成虫活泼，阴凉天在叶面活动，阳光直射时，多栖息在叶背或嫩芽叶内。若虫畏光，喜伏嫩叶背面锉吸汁液。春、秋季发生较多，夏季雨后虫量增多，旱季为害严重。果园失管生长衰弱的杧果树，发生较多，为害较重。

防治方法 ①清除杂草，减少虫源。②加强果园管理，改善通风透光条件，及时修剪，促进抽梢整齐和控冬梢，可减少或抑制蓟马的发生为害。③注意保护和利用捕食性天敌（如纹蓟马、花蝽、草蛉等）和寄生性天敌（如缨小蜂、黑卵蜂等）。④药剂防治。从花期至第二次生理落果前和每次新梢抽出 2.5cm 至叶片转绿前，根据虫情确定用药次数，一般可选用 10％吡虫啉可湿性粉剂 5 000 倍液、3％啶虫脒乳油1 500～2 500 倍液、3％除虫菊素乳油 800～1 200 倍液，或 50％混灭威乳油 1 000 倍液等。非挂果期可选用 80％敌敌畏乳油 1 500 倍液喷治。一般间隔 7～10 天喷一次，连喷 2～3 次。上述药剂宜轮换使用。

杧 果 小 爪 螨

学名 *Oligonychus* sp.，蛛形纲，蜱螨亚纲，真螨目，叶螨科。

寄主 枇杷、杧果等果树。

为害特点 以成螨、若螨为害叶片，被害叶片叶面呈灰黄色小斑点，严重时全叶灰白，叶片黄化，提早落叶，影响树势及产量。

形态特征

成螨 雌螨体长 0.4～0.45mm，椭圆形，体紫红色。爪退化成条状，各具黏毛 1 对。雄螨略小，腹末略尖，呈菱状。

卵 圆球形，红色，卵顶有白色细毛 1 根。

幼螨 近圆形，初孵幼螨为鲜红色，后变为暗红色。

若螨 体卵圆，暗红色或紫红色。

生活习性 福建一年约发生 15 代。一般在叶片表面栖息为害，气候干旱时，转移到叶背为害。以两性生殖为主，也能营产雄孤雌生殖。卵散产于叶表面主侧脉两侧，每雌一生可产卵数十粒至百余粒。雌螨寿命为 10～30 天。小爪螨个体发育速率与温、湿度关系密切。据研究，气温 25～30℃范围内，最适于生长发育。夏季完成一代 10～15 天，多雨季节对它生长发育不利，在温暖、干旱季节发生量大、为害严重。小爪螨除爬行迁移外，还可借助风力或苗木携带进行远距离传播。

防治方法 参考枇杷叶螨的防治。

杧 果 瘿 蚊 类

彩版 89 · 301

为害特点　为害杧果的叶瘿蚊有 *Erosomyia mangiferae* Felt、*Procontarinia robusta* sp. Nov 和 *Hastatomyia hastiphalla* Yang et Luo（阳茎戟瘿蚊），均是为害杧果的新害虫。其中，阳茎戟瘿蚊为害叶片，初期形成疱状突起的虫瘿，后期叶片会穿孔。为害花果的有花瘿蚊（*Dasyneura amaramanjarae* Gvover）。叶瘿蚊以幼虫为害嫩叶、嫩梢、叶柄和主脉，取食叶肉，引起叶片卷曲和不规则网状破裂，以至叶枯萎、脱落和梢枯。花瘿蚊（俗称花蕾蛆）为害花穗，影响杧果开花、授粉、坐果，以至导致落果，影响树势和产量。

形态特征　着重介绍叶瘿蚊中的 *Erosomyia mangiferae*。

成虫　雄虫体长 1～1.05mm，草黄色。中胸盾板两侧色暗，中线色淡，足黄色，翅透明，触角 14 节，前、中后爪各有齿。后足爪细长。雌成虫体长 1.2mm，体色与雄性同，触角 14 节，长与腹部相等或略短，各节有两排轮生刚毛。

卵　椭圆形，长约 1mm，无色。

幼虫　蛆形，黄色。末龄幼虫长 1.8～2.1mm，有明显体节。

蛹　短椭圆形，外有一层黄褐色薄膜包裹，蛹体黄色，长 1.43mm。触角、翅芽均密贴虫体两侧。

生活习性　叶瘿蚊在南宁一年发生 5 代，以 8～10 月为害重，11 月中旬后陆续入土（3～5cm 深）化蛹越冬，卵产嫩叶背面，卵产后 2 天即孵化。初孵幼虫咬破嫩叶表皮钻入叶肉取食，为害重的会引起叶呈不规则网状破裂，以至枯萎、脱落。幼虫怕干或强光，但能耐高湿。

防治方法　①实行苗木检疫，防止此类害虫进入新区。②加强果园管理，力求抽梢整齐。做好整枝修剪，保持园内通风透光，经常除草松土，冬前及时清园，铲除瘿蚊滋生繁殖或化蛹场所。③施药防治。喷治叶瘿蚊掌握嫩梢期〔即在夏、秋梢抽出 7 天内（古铜色嫩叶转色前）〕喷用 25％喹硫磷乳油 1 000 倍液，或 50％乐果乳油 1 000 倍液，喷治 1～2 次。也可选用 2.5％敌杀死乳油，或 25％灭百可乳油，或 20％速灭杀丁乳油 3 000～4 000 倍液。喷治花瘿蚊，可掌握杧果初花期施用 50％辛硫磷乳油 1 000～1 500 倍液，连喷 3～4 次。

杧 果 蚜 虫 类

彩版 90 · 302

　　为害杧果的蚜虫有棉蚜（*Aphis gossypii* Clov）、杧果蚜〔*Aphis odinae*（van der Goot）〕等，其为害特点、形态特征、生活习性和防治方法可参考番木瓜桃蚜。

麻 皮 蝽

Wu kau stinkbug

彩版 90·303

学名 *Erthesina fullo*（Thunberg），半翅目，蝽科。

寄主 枇杷、龙眼、杧果、荔枝、柿等植物。

为害特点、形态特征、生活习性和防治方法参见枇杷麻皮蝽。

白 蚁

White ant

彩版 84·260～261

学名、为害特点、形态特征、生活习性和防治方法详见本书龙眼、荔枝害虫中的白蚁部分。

二、落叶果树害虫

Insect Pests of Deciduous Fruit Trees

31. 猕猴桃害虫
Insect Pests of Actinidia Chinesis

猕猴桃准透翅蛾

彩版 90 · 304～305

学名 *Paranthrene actinidiae* Yang et Wang，鳞翅目，透翅蛾科。

寄主 猕猴桃。

为害特点 为害严重的一种新蛀干害虫，幼虫蛀干引起枝条枯死，影响树势。

形态特征

成虫 雄蛾前翅透明，大部分为烟黄色；雌蛾前翅不透明，大部分覆盖黄褐色鳞。雌、雄后翅均透明，略带淡烟黄色。

卵 淡褐色至褐色，椭圆形，中部微凹。

幼虫 黄色至灰褐色。

蛹 黄褐色。

生活习性 一年发生1代，以幼虫（3龄，少数4龄）在蛀道中越冬。7月下旬开始羽化，8月下旬至9月上旬为羽化盛期，卵产在叶背，少数产在叶面及树干皮上。幼虫共7龄。初孵幼虫从嫩芽基部阴面、枝干粗皮裂缝蛀入，立即有白色胶状树液自蛀口流出，翌日可见蛀口有褐色虫粪及碎屑堆在细枝上。幼虫直接侵入髓部向上凿蛀，导致蛀口上部枝条干枯，随即转向下段活枝为害，3～4龄幼虫直接蛀害粗壮枝，并在蛀口处生成瘤状虫瘿。为害部位集中在离地面80～180cm枝干范围内。幼虫于11月下旬至12月上旬停食，逐渐在隧道末端结薄茧越冬。翌年2月破茧出蛰，取食为害。3月上旬至中旬为寄主萌芽期，也是转枝蛀害高峰期。蛹有松毛虫黑点瘤姬蜂寄生；幼虫和蛹可被白僵菌寄生。

防治方法 ①夏季发现嫩梢被害，及时剪除，冬季结合修剪，除去虫害枝，压低虫源。②药剂防治。寻找虫孔用注射器将少许50%敌敌畏原液或2.5%溴氰菊酯乳剂500倍液，或50%杀螟松乳剂60倍液注入虫道，再用胶布或机用黄油封闭孔口，熏杀大龄幼虫。幼虫出蛰转枝之前，可选用20%灭扫利乳油3 000～4 000倍液、Bt乳剂600～1 000倍液、50%杀螟松乳油1 000倍液、20%杀灭菊酯3 000～4 000倍液等药剂喷治；幼虫初孵侵蛀期也可用杀灭菊酯喷治。

黄 斑 长 翅 卷 蛾

Golden apple budmoth

彩版 90·306

学名 *Acleris fimbriana* Thunberg，鳞翅目，卷蛾科。

别名 黄斑卷蛾、黄斑卷叶蛾。

寄主 苹果、梨、桃、猕猴桃、杏等。

为害特点 以幼虫为害嫩芽为主，幼树为害较为严重。幼虫吐丝连结数叶，潜入其中为害。

形态特征

成虫 体长 7～9mm，翅展 17～21mm。成虫有冬、夏型之分：夏型头、胸和前翅呈金黄色，翅面散生许多银白色鳞片；冬型前翅暗灰色。

幼虫 体长 18～22mm，黄绿色。头和前胸背板黄褐色。

蛹 体长 9～11mm，深褐色，头顶有一向背弯曲的角状突起。

生活习性 一年发生数代，以卵或茧潜伏在叶脉间、卷叶内、土壤里、老树皮或翘皮下越冬，翌春，猕猴桃萌芽时，孵化出幼虫开始活动，为害芽、嫩叶和花蕾。老熟幼虫在卷叶内或缀叶间化蛹。在结果期，幼虫啃食果皮、果肉，引起果面虫伤、落果。成虫白天多栖息叶背或草丛间，夜晚活动，有趋光性、趋化性。成虫产卵于叶面、叶背或果面上。

防治方法 ①冬季清园。清除园内或果园附近杂草，结合修剪，除去受害枝；冬春季节，彻底刮除老树皮、翘皮，并集中烧毁，以消灭其中卵或茧。②及时摘除卷叶，消灭其中虫体。③释放赤眼蜂。④药剂防治。掌握卵孵化盛期和幼虫期喷药防治，可选用 Bt 乳剂 600 倍液，或 20％杀灭菊酯乳油 3 000～4 000 倍液喷治。成虫发生期可在果园内用糖醋液诱杀，5～10 月间可用黑光灯或性引诱剂，诱捕成虫。

其 他 蛾 类 害 虫

常见尚有豆天蛾、美国白蛾、桃白小卷蛾等，可参考本书有关蛾类害虫防治方法。

木 毒 蛾

彩版 67·136～138

学名 *Lymantria xylina* Swinhoe，鳞翅目，毒蛾科。

寄主 龙眼、荔枝、枇杷、梨、柿、无花果、猕猴桃、茶、木麻黄等多种果木。

为害特点、形态特征、生活习性和防治方法参见本书龙眼、荔枝木毒蛾。

盗 毒 蛾

Mulberry tussock moth

彩版 78·215～218

学名 *Porthesia similis* Fueszly，鳞翅目，毒蛾科。

别名 黄尾毒蛾。

寄主 枇杷、梨、桃、李、柿、苹果、桑、杨、柳等多种果木。

为害特点、形态特征、生活习性和防治方法，参见本书枇杷盗毒蛾。

桑 白 蚧

Mulberry scale

彩版 92·317～318

学名 *Pseudaulacaspis pentagona* （Targioni），同翅目，盾蚧科。

别名 桑盾蚧、桃白蚧。

寄主 桑、李、奈、猕猴桃、苦楝等果木。

为害特点、形态特征、生活习性和防治方法可参考本书李、奈桑白蚧。

其 他 介 壳 虫

彩版 51·15，彩版 52·17

为害猕猴桃的介壳虫还有草履蚧、考氏白盾蚧、红蜡蚧、长白蚧、柿长绵蚧、龟蜡蚧等，其中草履蚧、龟蜡蚧参见柑橘此类害虫。考氏白盾蚧的形态与本书杧果白轮蚧类似，防治方法可参考杧果白轮蚧。

麻 皮 蝽

Wu kau stinkbug

彩版 90·303

学名 *Erthesina fullo* Thunberg，半翅目，蝽科。

寄主 枇杷、香蕉、杧果、龙眼、荔枝、柿、猕猴桃等。

为害特点、形态特征、生活习性和防治方法参见本书枇杷麻皮蝽。

其 他 螨 类 害 虫

为害猕猴桃尚有菜螨、二星螨、小长螨等多种，防治方法可参考麻皮螨。

梨 小 食 心 虫

Oriental fruit moth

彩版 83 · 250～253

　　学名　*Grapholitha molesta* Busck，鳞翅目，卷蛾科。

　　寄主　梨、桃、李、奈、梅、枇杷、猕猴桃等。

为害特点、形态特征、生活习性和防治方法可参考本书枇杷梨小食心虫。

叶 蝉 类

彩版 92 · 319～320

　　为害猕猴桃的叶蝉有多种，常见有桃一点叶蝉、大青叶蝉、黑尾叶蝉、小绿叶蝉等，其为害特点和防治方法可参考本书李、奈、杧果叶蝉。

32. 柿害虫
Insect Pests of Persimmon

柿 蒂 虫

Persimmon fruit worm

彩版 90 · 307

　　学名　*Stathmopoda mossinissa* Meyrick，鳞翅目，举肢蛾科。

　　别名　柿实蛾，蒂举肢蛾。

　　寄主　柿。

　　为害特点　主要害虫，以幼虫蛀害果实，多从果蒂基部蛀入幼果为害，粪排蛀孔外，早期被害果变软、脱落，引起减产。

　　形态特征

　　成虫　体长 5.5～7mm，翅展 14～17mm，头部黄褐色，触角鞭状，胸腹部及前后翅均呈紫褐色，仅胸部中央及腹末呈黄褐色，前、后翅细长，端部缘毛较长，前翅近顶部有一条由前缘斜向外缘的黄色带状纹。足黄褐色，胫节上着生与翅同色的一丛毛。

卵　椭圆形，长 0.5mm，初为乳白色，后变淡粉红色，表面有微细纵纹，上有白色短毛。

幼虫　老熟体长 10mm 左右，头部黄褐色，口器及单眼黑色，前胸背板及臀板暗褐色，胴部背面浅紫色，胸足深紫色。

蛹　体长约 7mm，长椭圆形，褐色。

生活习性　一年发生 2 代，以老熟幼虫在树皮下或树干基部附近土中结茧越冬。卵期 5～7 天。成虫白天多静伏在叶背或其他隐蔽处，夜间活动，交配产卵。卵多散产在果梗与果蒂相联处或柿蒂附近。每只雌蛾产卵 10～40 粒，第一代幼虫孵化后，一般从柿蒂部蛀入为害，被害果由绿变为褐色，而后干枯，可蛀害 4～6 个果，第二代幼虫仅蛀害 1～2 个果，被害果一般由黄绿色变为橙红色。

防治方法　①刮树皮，摘虫果。冬春刮除树干上粗皮和翘皮，并将树上遗留果摘下，清除地面残枝、落叶和落果，集中烧毁，消灭越冬幼虫。幼虫为害期及时摘除虫害果，连同果柄、果蒂去除，减少虫源。②绑草诱杀。幼虫越冬前，在刮过粗翘皮树干及主枝基部绑草，引诱幼虫在草内越冬，入冬后将草取下烧毁。③药剂防治。成虫盛发期选用 Bt 苏云金杆菌 100 亿个芽孢/ml 的乳油 1 000 倍液、48%乐斯本乳油 1 200 倍液、20%杀灭菊酯乳油 4 000 倍液、25%灭幼脲悬浮剂 1 500～2 000 倍液＋2.5%功夫乳油 3 000～4 000 倍液等药剂喷治，喷 1～2 次。

柿 梢 鹰 夜 蛾

彩版 90·308～310

学名　*Hypocala moorei* Butler，鳞翅目，夜蛾科。

寄主　柿。

为害特点　幼虫在树顶咬食嫩梢，被害嫩叶呈絮状缺刻，严重影响幼树新梢的生长。

形态特征

成虫　体长 20～22mm，翅展 40～44mm。头、胸灰黄有褐斑。下唇须发达，侧观似鹰嘴。前翅灰褐色，一般前缘基半部及外缘大部分黑褐色，内外线后半明显，环纹为 1 个黑点，后方有 1 条黑褐斜纹通向后缘，肾纹黑褐，后方连 1 个大黑斑；亚端线黑色，中部外突。后翅黄色，中室有 1 个黑斑，外缘有 1 条黑带，后缘有 2 条黑纹。

幼虫　体长 37～42mm，绿至黑褐色。末龄体绿色，头部两侧各具一黑斑，气门上线黑褐色；体黑色的亚背线及气门线由断续的白斑组成。

蛹　红褐至黑褐，臀刺 2 对，略弯。

生活习性　在福建永泰县年发生 2 代。幼虫在土中结茧越冬。4 月中下旬成虫在嫩梢上产卵，卵散生。5 月上、中旬为第一代幼虫盛期。7 月下旬至 8 月上旬为第二代幼虫发生为害期。

防治方法　捕杀幼虫：翻土灭蛹。低龄幼虫选用 2.5%溴氰菊酯 3 000～4 000 倍液、25%灭幼脲悬浮剂 1 500～2 000 倍液或 48%乐斯本乳油 1 200 倍液防治。

柿 斑 叶 蝉

学名 *Scaphoideus* sp.，同翅目，叶蝉科。

别名 血斑小叶蝉。

寄主 柿。

为害特点 柿产区普遍发生的一种重要害虫，以若虫和成虫聚集在叶面刺吸汁液，叶呈现失绿斑点，严重发生时叶片苍白，中脉附近组织变褐，引起早期落叶。

形态特征

成虫 体长 3mm 左右，黄白色，前翅有橙黄色斜纹 3 条。翅面散生若干褐色小点，头冠向前突出，呈三角形。前胸背板前缘有淡橘黄色斑点两个，后缘有同色横纹，小盾片基部有橘黄色 V 形斑 1 个。

卵 白色，长形稍弯曲。

若虫 共 5 龄，初孵若虫淡白色，复眼红褐色。随龄期增长体色渐变为黄色。末龄若虫体长 2.2～2.4mm，体上有白色长刺毛，羽化前翅芽黄色加深。

生活习性 一年发生 3 代，以卵在当年生枝条皮层内越冬。4 月中下旬越冬卵开始孵化。5 月上、中旬越冬代成虫羽化、交尾，次日即可产卵。卵散生在叶背面靠近叶脉处。6 月上、中旬孵化，为第二代若虫。7 月上旬第二代成虫出现，以后世代交替，常引起严重为害。通常若虫孵化后先集中在枝条基部、叶片背面中脉附近，长大后逐渐分散取食。若虫和成虫喜栖息在叶背中脉两侧吸食汁液，致使叶片出现白色斑点。成虫和老熟幼虫活泼，喜横着爬行。成虫受惊动即起飞。

防治方法 掌握第一、二代若虫期喷药防治。常用药剂有 10％吡虫啉可湿性粉剂 2 000～3 000 倍液、2.5％敌杀死乳油 2 500～4 000 倍液、25％扑虱灵可湿性粉剂 1 000～1 500 倍液。扑虱灵对鱼类有毒，靠近鱼塘不用。

介 壳 虫 类

彩版 50·7，彩版 52·17，彩版 69·153

为害柿树的介壳虫有日本龟蜡蚧、草履蚧、柿绒蚧、红圆蚧、长棉蚧、红蜡蚧、角蜡蚧、瘤坚大球蚧等，其为害特点、形态特征、生活习性和防治方法可参考柑橘、龙眼、荔枝相关介壳虫。

柿 广 翅 蜡 蝉

彩版 81·240～241

学名 *Ricania sublimbata* Jacobi，同翅目，广翅蜡蝉科。

寄主 枇杷、柿、山楂等果树。

为害特点、形态特征、生活习性和防治方法参见本书枇杷柿广翅蜡蝉。

桃 蛀 螟

Peach pyralid moth

彩版 93·327～328，彩版 94·329～330

学名 *Dichocrocsis punctiferalis* Guenée，鳞翅目，螟蛾科。

寄主 桃、梨、李、龙眼、荔枝、枇杷、杧果、柿等。

为害特点、形态特征、生活习性和防治方法可参见本书龙眼、荔枝桃蛀螟。

黄 刺 蛾

Oriental moth

彩版 91·311～313

学名 *Cnidocampa flavescens*（Walker），鳞翅目，刺蛾科。

别名 刺蛾、刺毛虫。

寄主 苹果、梨、桃、李、柿、柑橘等多种果木。

为害特点 幼虫啃食叶片成缺刻和孔洞，严重时将叶食光。

形态特征

成虫 体长 13～16mm，黄色，前翅外缘黄褐色，自顶角向内缘分出 2 条棕褐色细线。

幼虫 老熟幼虫体长约 25mm，黄绿色，头小，缩于前胸内，背面有一个前后宽中间窄的紫褐色斑。

蛹 椭圆形，长约 12mm，黄褐色。

茧 坚硬，灰褐色，有褐色花纹。

生活习性 一年发生 1 代（东北、华北地区）或 2 代（四川、河南、陕西以及长江流域等地），南方发生代数不详。以老熟幼虫在树枝分杈处（大树）或主侧枝及树干粗皮（小树）上结茧越冬。一年 2 代区越冬幼虫于 5 月上旬化蛹，5 月下旬至 6 月上旬越冬代成虫羽化，第一代幼虫于 6 月中旬至 7 月上旬出现，第二代幼虫为害期在 8 月。8 月下旬后，老熟幼虫开始结茧越冬。成虫昼伏夜出。卵产于叶背，散产或数粒一起，每只雌蛾产卵 49～67 粒，卵期 7 天。初孵幼虫多群集于叶背，取食下表皮及叶肉，残留上表皮，长大后分散为害，将叶食成孔洞或食光，幼虫历期 22～33 天。

防治方法 ①摘除冬茧。冬春季成虫羽化前剪除枝条上越冬虫茧，也可在秋冬季摘虫茧，放入纱笼，保护和引放寄生蜂。②人工捕杀。利用幼虫群集为害特点，组织人工捕杀。③药剂防治。大发生年在幼虫期往树上喷洒 2.5％功夫乳油或 2.5％敌杀死乳油 2 500～4 000 倍液，或 50％辛硫磷乳油 1 500 倍液。为保护天敌可在幼虫期喷青虫菌 6 号悬浮剂 1 000 倍液，也可喷 25％灭幼脲悬浮剂 1 000～2 000 倍液。

褐 边 绿 刺 蛾

Green cochlid

彩版 67・132

　　学名　*Parasa consocia*（Walker），鳞翅目，刺蛾科。

　　为害特点、形态特征、生活习性和防治方法可参考本书龙眼刺蛾。

舞 毒 蛾

Gypsy moth

彩版 91・314～315

　　学名　*Lymantria dispar*（Linnaeus），鳞翅目，毒蛾科。

　　别名　柿毛虫、夜毛虫。

　　寄主　苹果、梨、柿、梅、核桃、柳、桑等多种果木。

　　为害特点　杂食性害虫，我国柿产区均有发生，除为害柿树外，还可为害苹果、李、梅、桑等多种果林。幼虫取食叶片成孔洞或食光，幼果被害呈不规则坑洼或孔洞。

　　形态特征

　　成虫　雌成虫体长约 25mm，翅展 55～75mm，污白色，触角双栉齿状，前翅上有褐色斑；雄虫体长约 20mm，翅展 40～55mm，褐色，触角羽毛状，前翅浅黄色，内横线、中横线、外横线和亚缘线为深褐色。

　　卵　直径约 0.9mm，扁圆形，初产时为灰白色，后渐变紫褐色，卵块上覆盖黄褐色毛。

　　幼虫　体长 50～70mm。低龄幼虫黄褐色，老龄幼虫暗褐色，头部黄褐色，正面有八字形黑纹，体背有 2 列毛瘤，1～5 节毛瘤为蓝色，6～11 节毛瘤为橘红色。每个毛瘤上均有棕黑色毛，身体两侧的毛较长。

　　蛹　体长 21～26mm，黄褐色或红褐色，纺锤形，腹节背面有黄色毛，腹部末端有钩状突起。

　　生活习性　一年发生 1 代，以卵块在树皮缝内或附近石缝内越冬，翌年柿树发芽时开始孵化，经 2～3 天开始上树取食为害。初孵幼虫有群集性，日间潜伏于芽嫩叶基部或叶背不动，受惊后会吐丝下垂，随风移动。2 龄后幼虫（约长 10mm）每天黎明前下树藏石缝或土中，傍晚上树为害，轻则食成孔洞，重则将叶食光。老熟幼虫钻到石缝中做薄茧化蛹。6 月陆续羽化为成虫，有较强趋光性。雄成虫活泼，善飞翔，白天常在低空旋转飞舞，故称"舞毒蛾"。雌成虫体肥笨重，在树干裂缝或石缝内产卵。

　　防治方法　①人工捕杀。秋季或早春结合整地捕杀卵块；利用幼虫白天下树潜伏特性，可在树下堆放石块，以诱集幼虫于石块下，以便捕杀。成虫羽化盛期可用黑光灯诱杀；也可在树干附近或地堰缝处搜杀成虫。②药剂防治。幼虫孵化后上树前，在树干上涂抹 50％辛硫磷 50 倍液或 2.5％溴氰菊酯 300 倍液，药带宽 60cm，涂 1 次药可保持药效 20 天，连涂 2 次，使幼虫触药而死；幼虫上树后 2 龄前可用 5％保得乳油 3 000 倍液喷杀。

黑 刺 粉 虱
Citrus sping whitefly

彩版 52 · 24

    学名 *Aleurocanthus spiniferus* Quaintance，同翅目，粉虱科。

    寄主 柑橘、苹果、梨、枇杷、柿、月桂、柳等多种植物。

为害特点、形态特征、生活习性和防治方法可参见本书柑橘黑刺粉虱。

橘 蚜
Citrus aphid

彩版 53 · 29

    学名 *Toxoptera citricidus* (Kirkaldy)，同翅目，蚜科。

    寄主 柑橘类、桃、梨、柿等果树。

为害特点、形态特征、生活习性和防治方法参见本书柑橘橘蚜。

麻 皮 蝽
Wu kau stinkbug

彩版 76 · 200～203

    学名 *Erthesina fullo* (Thunberg)，半翅目，蝽科。

    寄主 枇杷、龙眼、杧果、荔枝、柿等植物。

为害特点、形态特征、生活习性和防治方法参见枇杷麻皮蝽。

33. 李、奈害虫
Insect Pests of Plum

桑 白 蚧
Mulberry scale

彩版 92 · 317～318

学名 *Pseudaulacaspis pentagona* (Targioni)，同翅目，盾蚧科。

别名 桑盾蚧、桃白蚧、桑拟轮蚧。

寄主 桃、李、奈、枇杷、柑橘、桑等。

为害特点 若虫和雌成虫群集枝干上刺吸汁液，使枝条生长不良，严重为害时引起枯枝。

形态特征

成虫 雌体无翅，椭圆形，长约 1.3mm，体扁、橙黄色，介壳近圆形，白色或灰白色，直径 1.7～2.8mm。壳点黄褐色，偏生一方。雄成虫橙黄或橘黄色，长 0.65mm，前翅膜质白色透明，超体长，后翅退化成入形平衡棒。胸部发达，口器退化。介壳长椭圆形，白色海绵状，背面有 3 条纵脊，前端有橙黄色壳点。

卵 椭圆形，白色或淡红色。

若虫 椭圆形，橙黄色，1 龄若虫足 3 对，腹部有 2 根较长刚毛，2 龄若虫的足、触角及刚毛均退化消失。雌雄分化，雌虫橘红色，雄虫淡黄色，体稍长。

蛹 长椭圆形，橙黄色。

生活习性 各地发生代数不一，黄河流域 2 代，长江流域 3 代，海南、广东为 5 代。以受精雌虫在枝干上越冬。翌年 4 月下旬开始产卵，多数产于母体介壳下面。每雌产卵 25～160 粒，产卵期长短与气温高低成反比。初孵若虫活跃喜爬，5～11h 后固定吸食。不久即分泌蜡质盖于体背，逐渐形成介壳。雌若虫 3 次蜕皮成无翅成虫，雄虫第二次蜕皮后变成蛹，在枝干上密集成片，6 月中旬成虫开始羽化，6 月下旬开始产卵。第二代雌成虫发生在 9 月间，交配受精后越冬。高温干旱不利该虫发生。密植郁闭多湿的环境有利其发生，果园管理粗放或枝条徒长的发生亦多。该虫天敌有扑虱蚜小蜂和黄金蚜小蜂、日本方头甲、闪蓝红点瓢虫、红点唇瓢虫等。

防治方法 ①加强果园管理，及时修剪，开沟排水，降低地下水位和株间湿度，不利其发生为害。②施药防治。掌握卵盛孵期及时用 25％扑虱灵可湿性粉剂 1 000 倍液，或 50％马拉硫磷乳油 1 000 倍液，或 40％乙酰甲胺磷 600～1 000 倍液，或 50％辛硫磷乳剂 1 000 倍液喷治，因这时介壳未形成，容易杀死。介壳形成初期可用 2.5％功夫乳油 3 000～4 000 倍液。介壳形成期（即成虫期）可用松碱合剂 20 倍液，或 95％机油乳剂 150～200 倍液，或灭蚧 60～80 倍液。③保护天敌。瓢虫孵化盛期和幼虫期，避免施用广谱性农药，特别是菊酯类和有机磷类农药，以免天敌被杀死，还可从瓢虫多的树上助迁到桑白蚧多的树上捕食。

桃 一 点 叶 蝉

Peach leafhopper

彩版 92 · 319～320

学名 *Erythroneura sudra* (Distant)，同翅目，叶蝉科。

别名 桃小绿叶蝉、桃浮尘子。

寄主 桃、李、奈、杏、梅、梨、苹果等植物。

为害特点 成虫、若虫群集于叶片，吸食汁液，受害叶呈现失绿的白斑，严重时全树叶片苍白，提早脱落。

形态特征 成虫体长约3mm，绿色，头顶有1个黑点。若虫墨绿色。

生活习性 福州一年发生1代，以成虫在多种常绿树上越冬。早春成虫迁回桃树，吸取花萼和花瓣汁液，后转到叶上吸食为害。2月下旬开始产卵，主要产在叶背主脉内。若虫常群集叶背为害。4月下旬开始出现新成虫，继续繁殖为害。

防治方法 ①秋、冬季彻底清除落叶、杂草，集中烧毁，消灭越冬成虫。②若虫孵化盛期及时喷25%扑虱灵可湿性粉剂1 000～1 500倍液或10%吡虫啉可湿性粉剂2 000～3 000倍液。

桃　　蚜

Green peach aphid

彩版92·321～322

学名 *Myzus persicae* Sulzer.，同翅目，蚜科。

别名 桃赤蚜、烟蚜等。

寄主 桃、李、奈、杏、梨、梅等植物。

为害特点 以成虫、若虫群集于嫩芽和新梢叶片上吸食汁液，受害叶逐渐变白，向叶背面不规则卷缩。

形态特征

　成虫　有翅胎生雌虫体绿色、黄绿色或赤褐色，头胸部及腹管黑色。腹部背面中央有1个大黑斑，腹管细长，圆筒形。无翅胎生雌虫，体绿色、杏黄色、赤褐色。

　若蚜　与无翅胎生雌虫相似，仅身体较小、淡红色。

　卵　长椭圆形，初产时淡绿色，后变为黑色。

生活习性 一年发生10～30代，以卵在受害枝梢、芽腋、枝条缝隙中越冬。翌春树芽萌发到开花期，卵开始孵化，群集嫩芽上吸食为害，随后开始孤雌胎生繁殖，新梢嫩芽展开后，群集于叶背为害，使叶向叶背卷缩。排泄的黏液，诱发煤烟病，影响新梢生长，引起落叶。繁殖几代后，虫量剧增，为害严重。随后产生有翅蚜，迁飞到其他寄主上为害，10月中旬产生有翅蚜，迁回到桃、李、奈等寄主上，产生性蚜，交配后产卵越冬。

防治方法 ①加强果园管理。结合春季修剪，剪除受害枝梢，集中烧毁，消灭越冬虫卵。②合理套种。果园内及附近不宜种植烟草、白菜等作物，以减少该虫夏季繁殖场所。③保护天敌。瓢虫、食蚜蝇、草蛉、寄生蜂等是蚜虫天敌，对该虫有抑制作用，尽量少喷广谱性农药，避免在天敌多时喷药。④药剂防治。树干涂药或注药：40%乐果乳剂1份加水3份，用毛刷在主干周围涂6cm宽药环，并用纸或塑料布包好，可维持2周左右药效。树皮粗糙的可先将粗皮刮后涂药。在主干上用铁锥由上向下斜着刺孔，深达木质部，用

8 号注射器注入上述 40％乐果乳剂 1ml，2～3 天后即可杀死蚜虫。喷药：春季卵孵化后，树未开花和卷叶前，及时喷 50％抗蚜威可湿性粉剂 1 000～2 000 倍液、10％吡虫啉可湿性粉剂 3 000 倍液，或 2.5％鱼藤酮乳油 1 000～2 000 倍液，花后至初夏视虫情酌治 1～2 次。

桃 粉 蚜

Mealy plum aphid

彩版 93·323～324

学名 *Hyalopterus arundinis* Fabricius，同翅目，蚜科。

寄主 桃、李、奈、杏、梨、梅等，夏、秋还寄生于禾本科杂草。

为害特点 成、若虫群集于嫩梢和叶背为害，刺吸汁液，使叶失绿，并向叶背对合纵卷，叶上附着蚜虫分泌的白色蜡粉，严重发生时，叶片早落，嫩梢干枯。排泄蜜露可诱发煤烟病。

形态特征

成虫 有翅胎生蚜体长 2～2.1mm，翅展 6.6mm 左右，头胸部暗黄至黑色，腹部黄绿色，体披白蜡粉。触角丝状 6 节，腹管短小黑色，基部 1/3 收缩，尾片较长大，有 6 根长毛。无翅胎生雌蚜体长 2.3～2.5mm，体绿色，披白蜡粉，复眼红褐色，腹管短小，黑色，尾片长大，黑色，圆锥形，有曲毛 5～6 根。

若蚜 似无翅雌蚜，体小。

卵 椭圆形，长 0.6mm，初黄绿色，后变黑色。

生活习性 南方一年发生 20 代以上，以成、若虫群集于嫩梢叶背为害，5～6 月间繁殖最盛，为害严重。

防治方法 参考桃蚜。

桃 红 颈 天 牛

Peach longicorn beetle

彩版 93·325～326

学名 *Aromia bungii* Faldermann，鞘翅目，天牛科。

为害特点 以幼虫在树干蛀食皮层和木质部，引起树干中空，皮层脱离，树势衰弱。为害重时，常致死树。

形态特征 成虫体长 28～37mm，黑色，前胸大部分棕红色或全部黑色。幼虫长约 50mm，黄白色，前胸背面横列 4 个黄褐色硬皮板，中部 2 个的前缘中央向内凹入。

生活习性 一个世代历时 2 年，以幼虫在树干蛀道内越冬。南方成虫于 5～6 月出现。卵产主干、主枝的树皮裂缝或伤口处。卵孵化后幼虫向下蛀食韧皮部。经过一个冬天后继续向下蛀食皮层，至夏秋间，幼虫长约 30mm 后，头向上蛀入木质部，继而越冬。第三年初夏化蛹。幼虫在皮层和木质部蛀食成不规则隧道并向蛀孔外排出大量红褐色虫粪和碎屑，堆积在树干基部地面。

防治方法　参考枇杷桑天牛防治。

桑　天　牛

Mulberry Longicorn

彩版 73・177～180

　　学名　*Apriona germari*（Hope.），鞘翅目，天牛科。

　　为害特点、形态特征、生活习性和防治方法可参见枇杷桑天牛。

桃　蛀　螟

Peach borer（Peach moth）

彩版 93・327～328，彩版 94・329～330

　　学名　*Dichocrocsis punctiferalis* Guenée.，鳞翅目，螟蛾科。

　　寄主　桃、梨、李、奈、龙眼、荔枝、枇杷、杧果等。

　　为害特点　幼虫蛀食果实，常造成果实腐烂、脱落或果内充满虫粪，不堪食用。

　　形态特征　参见龙眼、荔枝桃蛀螟。

　　生活习性　福建一年发生约 5 代，以老熟幼虫在果肉、落叶、杂草堆集处或树皮下越冬。越冬幼虫于 3 月化蛹，4 月开始羽化为成虫。成虫有趋光性。在枝叶茂密的果上，尤其在两果相紧靠的地方产卵，初孵幼虫先在果梗、果蒂基部吐丝蛀食果皮，后蛀入果心为害。果面蛀孔有流胶与粪便黏附。一果常有数条幼虫，可转果为害。在结果枝上及两果相接触处，结白色茧化蛹，或在果内化蛹。

　　防治方法　参见龙眼、荔枝害虫桃蛀螟。

梨 小 食 心 虫

Oriental fruit moth

彩版 94・331～332

　　学名　*Grapholitha molesta* Busck，鳞翅目，卷蛾科。

　　别名　东方果蛀蛾，桃折心虫。

　　寄主　梨、桃、李、奈、梅、枇杷等果树。

　　为害特点　以幼虫蛀食果实，常致果实腐烂，不堪食用。梢被害萎蔫枯干。

　　形态特征　参见枇杷梨小食心虫。

生活习性 福建福州地区一年发生6代。第一代于3月下旬在梢上繁殖为害。第二代于5月中旬以后大量发生。成虫对糖醋液果汁及黑光灯有强烈趋性。卵产在新梢叶背及果表，幼虫从梢端蛀入梢中，蛀孔流胶并有虫粪排出。被害梢先端凋萎下垂。能转梢为害。果上初孵幼虫，先在果面爬行，后蛀入果内，多从萼洼或梗洼处蛀入，蛀孔小，有虫粪附着。老熟幼虫脱梢或脱果，在枝干翘皮缝隙做茧化蛹，也有的在果内化蛹。多雨高湿年份发生严重。末代幼虫及11月以后幼虫全部化蛹越冬。

防治方法 参见枇杷梨小食心虫。

茶 翅 蝽
Yellow‑brown stinkbug

彩版 94 • 333

学名 *Halyomorpha halys* (Fabricius)，半翅目，蝽科。

寄主 桃、李、柰、梨、茶等多种植物。

为害特点 以成虫、若虫吸食李、柰等枝梢、幼叶及幼果，为害严重时引起叶片干枯、脱落及落果。果实被害处木栓化，呈凹凸不平。

形态特征

成虫 体长约15mm，宽8～9mm，体扁，茶褐色。

卵 短椭圆形，初乳白色，后转成黑褐色，多为28粒排列成块状。

若虫 初略呈圆形，群集卵壳周围。

生活习性 一年发生1代，以成虫群集在温暖处越冬，3月中、下旬出蛰，吸食嫩梢、幼叶，4～5月成虫产卵。初孵若虫群集为害，2龄以后分散活动。

防治方法 参考本书枇杷麻皮蝽。

34. 梅害虫
Insect Pests of Plum

梅 木 蛾
Isshiki xylorictid

学名 *Odites issikii* Takahashi，鳞翅目，木蛾科。

别名 五点梅木蛾、樱桃堆砂蛀蛾。

寄主 苹果、梨、梅、樱桃、葡萄、李等。

为害特点 初孵幼虫在叶上构成一字形隧道，在其中咬食叶组织，稍大（2～3龄）后则在叶缘卷边，取食两端叶肉，老熟幼虫切刈叶缘附近叶片，卷成筒状，一端与叶相连，潜在其中化蛹。

形态特征

成虫　体长 6～7mm，翅展 16～20mm，体黄白色，下唇须长，上弯，复眼黑色，触角丝状。头部具白鳞毛，前胸背板覆盖灰白色鳞毛，端部具黑斑 1 个。前翅灰白色，近翅基 1/3 处具 1 个圆形黑斑，与胸部黑斑组成 5 个黑点。前翅外缘具小黑点 1 列。后翅灰白色。

卵　长圆形，长 0.5mm，米黄色至淡黄色，卵面具细密、突起花纹。

幼虫　体长约 15mm，头、前胸背板赤褐色，头壳隆起，具光泽，前胸足黑色，中、后足淡褐色。

蛹　长约 8mm，赤褐色。

生活习性　陕西一带一年 3 代，以初龄幼虫在翘皮下、裂缝中结茧越冬。翌年寄主萌动后出蛰为害。5 月中旬化蛹，越冬代成虫于 5 月下旬始见，6 月下旬结束。第一代幼虫发生为害期在 6 月上旬至 7 月中旬，1 代成虫发生期在 7 月上旬至 8 月上旬。2 代幼虫发生期在 7 月中旬至 9 月中旬，2 代成虫发生期在 9 月上旬至 10 月上旬。该代成虫产卵、孵化为害一段时间后于 10 月下旬至 11 月上旬越冬。成虫夜间交尾后 2～4 日产卵，卵散产在叶背主脉两侧，每雌产卵 70 多粒，卵期 10 天左右，幼虫喜在夜间取食活动。成虫寿命 4～5 天。

防治方法　①冬季刮除树皮、翘皮，消灭越冬幼虫。②黑光灯或高压汞灯诱杀成虫。③药剂防治。结合防治枇杷舟蛾兼治该虫。

枇杷舟蛾（苹掌舟蛾）

Loquat caterpillar

彩版 72·168～172

学名　*Phalera flavescens* Bremer et Grey，鳞翅目，舟蛾科。

寄主　枇杷、板栗、梅、苹果等。

为害特点、形态特征、生活习性和防治方法参见枇杷害虫部分枇杷舟蛾。

光肩星天牛

彩版 94·334

学名　*Anoplophora glabripennis* (Motschulslcy)，鞘翅目，天牛科。

寄主　苹果、梨、李、樱桃、梅等。

为害特点　成虫取食叶和嫩皮，幼虫蛀食树干或枝条，由皮层逐渐深入木质部，形成隧道，并向树皮咬通气孔，排出白色木屑。被害树枝条枯死，树势衰弱。

形态特点

成虫　体长 30～40mm，黑色有光泽，鞘翅基部光滑无颗粒突起，翅面有不规则白色毛斑。前胸侧刺尖锐。触角很长，黑白相间。

幼虫　体长 50～60mm，黄白色，疏生褐色细毛。前胸背板具褐色凸形斑。胸足退化。

生活习性和防治方法可参考本书柑橘星天牛。

白 囊 蓑 蛾

彩版 76·198～199

学名 *Chilioides kondonis* Matsumura，鳞翅目，蓑蛾科。

寄主 枇杷、梨、柑橘、桃、李、杏、梅、葡萄、龙眼等。

为害特点、形态特征、生活习性和防治方法参见本书枇杷白囊蓑蛾。

介 壳 虫 类

彩版 50·7，彩版 51·9，彩版 69·153

为害梅的介壳虫常见有红圆蚧、日本龟蜡蚧、糠片蚧等，其为害特点、形态特征、生活习性和防治方法参见本书柑橘相关介壳虫。

35. 板栗害虫
Insect Pests of Chestunt

枇杷舟蛾（苹掌舟蛾）

Laquat caterpillar

彩版 72·168～172

学名 *Phalera flavescens* Bremer et Grey，鳞翅目，舟蛾科。

寄主 枇杷、板栗、苹果等多种植物。

为害特点 以幼虫食害叶片。初龄幼虫群集取食叶肉，仅剩叶脉，高龄幼虫分散为害，常将叶片食光。严重发生时可将全株叶片食光，对树势和产量影响较大。

形态特征、生活习性 参见本书枇杷害虫部分的枇杷舟蛾。

防治方法 ①人工捕杀。初龄幼虫分散之前进行人工摘除虫叶。幼虫分散后用力振落幼虫，集中杀灭。②农业防治。利用春秋翻耕树盘，使蛹露于地表，冻晒致死或让鸟啄食。③药剂防治。参考本书枇杷害虫中的枇杷舟蛾。幼虫发生期还可喷 Bt 乳剂 1 000 倍液，或 25%灭幼脲悬浮剂 1 000～1 500 倍液，或 24%米满悬浮剂 1 500～2 500 倍液。也可在幼虫下树期间在地面喷洒白僵菌粉剂，喷后浅锄树盘。

细 皮 夜 蛾

彩版 72·173～175，彩版 73·176

学名　*Selepa celtis* Moore，鳞翅目，夜蛾科。

寄主　板栗、枇杷、杧果等。

为害特点　以幼虫为害叶片，1～4龄幼虫取食叶背表皮及叶肉，5龄幼虫咬食叶片成缺刻、孔洞，以至食光叶肉，仅留叶脉。

形态特征　生活习性和防治方法参见本书枇杷细皮夜蛾。

绿 尾 大 蚕 蛾

彩版 77 · 204～206

学名　*Actias selene ningpoana* Felder，鳞翅目，大蚕蛾科。

寄主　枇杷、板栗、苹果、梨、葡萄等。

为害特点　幼虫蚕食叶片，严重发生时可将叶片吃光。

形态特征、生活习性和防治方法参见本书枇杷绿尾大蚕蛾。

盗 毒 蛾

Mulberry tussock moth

彩版 78 · 215～218

学名　*Porthesia similis*（Fueszly），鳞翅目，毒蛾科。

别名　黄尾毒蛾。

寄主　枇杷、板栗、锥栗、桃、李、梨、杨、栎等多种果林植物。

为害特点、形态特征、生活习性和防治方法参见本书枇杷害虫盗毒蛾。

白 囊 蓑 蛾

彩版 76 · 198～199

学名　*Chilioides kondonis* Matsumura，鳞翅目，蓑蛾科。

寄主　枇杷、板栗、梨、柑橘、桃、李等。

为害特点　幼虫咬食叶片成孔洞或缺刻。

形态特征、生活习性和防治方法参见本书枇杷白囊蓑蛾。

褐 边 绿 刺 蛾

Green Cochlid

彩版 67 · 132

学名　*Parasa consocia*（Walker），鳞翅目，刺蛾科。

别名 青刺蛾。

为害特点、形态特征、生活习性和防治方法参见本书龙眼、荔枝刺蛾类中的褐边绿刺蛾。

星 天 牛

Star longicorn beetle

彩版 94·335

学名 *Anoplophora chinensis*（Förster），鞘翅目，天牛科。

寄主 柑橘、板栗、枇杷、无花果、白杨、桑等。

为害特点、形态特征、生活习性和防治方法参见本书柑橘星天牛。

吹 绵 蚧

Cottony cushion scale

彩版 51·16

学名 *Icerya purchasi* Maskell，同翅目，硕蚧科。

寄主 柑橘、板栗、杧果、橄榄、木麻黄、相思树、茶等多种植物。

为害特点、形态特征、生活习性和防治方法参见本书柑橘吹绵蚧。

日 本 龟 蜡 蚧

Japanese wax scale

彩版 51·15

学名 *Ceroplastes japonicus* Green，同翅目，蜡蚧科。

寄主 龙眼、荔枝、板栗、杧果、柑橘、李等。

为害特点、形态特征、生活习性和防治方法参见龙眼、荔枝日本龟蜡蚧。

三、其他害虫

Other Insect Pests

<table>
<tr><td>36.</td><td>

吸果夜蛾类

Fruit Night Moths

</td></tr>
</table>

彩版 95 · 336 至彩版 97 · 358

吸果夜蛾是为害柑橘、桃、李、奈等果实的夜蛾科各种昆虫的总称，它们的种类很多，据有关资料记载，世界上已知有 100 多种，我国国内也有 30～40 种。国内浙江黄岩调查就有 21 种；广东潮汕有 17 种；福建沙县也有 10 余种；重庆市 1963 年调查就有 15 种。该类害虫国外分布于日本、朝鲜、韩国、印度等。国内分布于东北、华北、西南、浙江、福建、台湾、广东、海南等地。

主要种类 从全国范围看，最主要的种类是嘴壶夜蛾（*Oraesia emarginata* Fabricius）与鸟嘴壶夜蛾（*Oraesia excavata* Butler），其次是枯叶夜蛾 [*Adris tyrannus* (Guenée)]、桥夜蛾（*Anomis mesogona* Walker）、壶夜蛾（*Calpe minuticornis* Guenée）、落叶夜蛾（*Ophideres fullonica* Linnaeus）、艳叶夜蛾 [*Maenas salaminia* (Fabricius)]、超桥夜蛾 [*Anomis fulvida* (Guenée)]、彩肖金夜蛾（*Plusiodonta coelonota* Kollar）、小造桥虫 [*Anomis flava* (Fabricius)]、肖毛翅夜蛾 [*Lagoptera dotata* (Fabricius)]、青安钮夜蛾 [*Anua tirhaca* (Cramer)]、安钮夜蛾 [*Anua triphaenoides* (Walker)]、玫瑰巾夜蛾 [*Parallelia arctotaenia* (Guenée)]、蚪目夜蛾 [*Metopta rectifasciata* (Menestries)]、旋目夜蛾 [*Speiredonia retorta* (Linnaeus)]、鱼藤毛胫夜蛾 [*Mocis undata* (Fabricius)]、平嘴壶夜蛾（*Oraesia lata* Butler）、妇毛胫夜蛾（*Mocis ancilla* Warren）、宽巾夜蛾 [*Parallelia fulvotaenia* (Guenée)]、蓝条夜蛾（*Ischyja manlia* Cramer）、斑翅夜蛾（*Serrodes campana* Guenée）、合夜蛾（*Sympis rufibasis* Guenée）、羽壶夜蛾（*Calpe capucina* Esper）、木夜蛾（*Hulodes caranea* Cramer）、毛翅夜蛾 [*Dermaleipa juno* (Dalman)]、柳裳夜蛾 [*Catocala electa* (Borkhauson)]、鸥裳夜蛾（*Catocala patala* Felder）、枯安钮夜蛾 [*Anua coronata* (Fabricius)]、污巾夜蛾（*Parallelia curvata* Leech）与巾夜蛾（*Parallelia gravata* Guenée）等。

寄主植物 吸果夜蛾各种幼虫取食的寄主植物有汉防己、木防己、通草、薯蓣、十大功劳、菝葜、牛尾菜、乳香、冬苋菜、鱼藤、木耳菜等。成虫为害柑橘、桃、奈、李、梨、苹果、荔枝、龙眼、无花果、枇杷、杨梅、葡萄、番茄、醋栗和红悬钩等果实。

为害特点 吸果夜蛾成虫在果实成熟期，以口器刺破果面，使果实逐渐腐烂而脱落。

在南方一带一般先为害枇杷、水蜜桃，8月开始为害柑橘果实；在北方果区则为害苹果、桃、李、梨、葡萄等。因柑橘果实成熟程度及受害时期而有不同。绿色果，刺孔仅2个时，只见伤疤，若刺孔多个，则果实腐烂坠落。黄熟果实被害，在刺孔处流出点滴汁液，随后伤口即软腐并扩大成1～3.5cm的水渍状圆圈，有褐色臭液流出，最后坠落。若在采收时为害，则刺孔微小不易察觉，造成商品检验上的困难。

形态特征

嘴壶夜蛾（*Oraesia emarginata* Fabricius）

成虫体长16～19mm，体褐色。头部黄褐色。前翅棕褐色，外缘中部突出成角，角的内侧有1个三角形红褐色纹；后缘中部内陷；翅尖至后缘有1个深色斜h形纹；肾状纹明显（彩版95·336）。卵扁球形，黄色，有暗红花纹。幼虫漆黑，背面两侧各有黄、白、红色斑1列。蛹赤褐色。

鸟嘴壶夜蛾（*Oraesia excavata* Butler）

成虫体长23～26mm，体褐色。头部赤橙色。前翅紫褐色，翅尖钩形，外缘中部圆突，后缘中部内凹较深，自翅尖斜向中部有2根并行的深褐色线；肾状纹明显（彩版95·337）。卵略似球形，底面平坦，卵壳上密具纵走条纹。幼虫灰黄色，体背及腹面均有1条灰黑色宽带，自头部直达尾部。蛹赤褐色。

枯叶夜蛾〔*Adris tyrannus*（Guenée）〕

成虫体长约40mm。头、胸赭褐色，腹部杏黄色。前翅暗褐如枯叶，自翅尖至后缘凹陷处有黑褐色斜纹，翅脉上有许多黑褐色小点。后翅杏黄色，有1个弧形黑斑和1个肾形黑斑（彩版95·338）。

桥夜蛾（*Anomis mesogona* Walker）

成虫体长约16mm，体及前翅暗褐色，后翅灰褐色。前翅翅尖稍下垂，外缘中部外突成尖角，中室外缘有2个小黑点（彩版95·339）。

落叶夜蛾（*Ophideres fullonica* Linnaeus）

成虫体长约35mm，体褐色。前翅淡褐色，后缘稍内陷，肾状纹深褐色，略呈三角形，其外下方有1个白斑，自翅尖至后缘有1个棕褐色齿状宽带纹。后翅枯黄色，外1/3黑色，中下方有1个黑色肾形斑（彩版95·340）。

艳叶夜蛾〔*Maenas salaminia*（Fabricius）〕

成虫体长约35mm。头、胸褐绿色，腹部杏黄色。前翅橄榄绿色，自翅尖至后缘基部斜贯1条白色宽带，翅外缘白色。后翅杏黄色，外缘有1条黑色宽带，中、下方有1个黑色肾形斑（彩版95·341）。

超桥夜蛾〔*Anomis fulvida*（Guenée）〕

成虫体长13～19mm，体及前翅橙红色。前翅外缘中部稍突出，各线紫红色，内横线波状外斜，中横线稍直，外横线前半波浪形，后半不明显，亚端线较粗波状，环纹为1个白点，肾纹褐色。后翅烟褐色（彩版95·342）。

小造桥虫〔*Anomis flava*（Fabricius）〕

成虫体长11～12mm。头胸橘黄色，腹部灰黄色，翅外缘中部折成一角；翅面有4条曲折的棕色线纹，环纹白色。后翅淡褐色（彩版95·343）。

青安钮夜蛾 [*Anua tirhaca* (Cramer)]

成虫体长 26～32mm。头胸部灰黄色，前翅青黄色；亚端线与外缘之间枯黄色，内线向外斜，与外线底端相接，基线隐约可见；后翅杏黄色，外区有 1 条较宽黑褐色斑纹（彩版 96·344）。

安钮夜蛾 [*Anua triphaenoides* (Walker)]

成虫体长 23～25mm。头胸暗灰褐色。前翅赭褐色，内线淡褐色外斜，环纹为 1 个小黑点，肾纹褐色衬黑，外线淡褐色，弯曲内斜，前端有 1 个黑斑；后翅淡褐色，端区暗褐色（彩版 96·345）。

玫瑰巾夜蛾 [*Parallelia arctotaenia* (Guenée)]

成虫体长 19mm 左右，翅展 42mm 左右，全体褐色，前翅赭褐色，中带白色，两端赭褐色，外线以前缘外斜至第一中脉，白色，然后呈黑褐色，折向内斜，中间稍弯曲，与中带外缘相遇；后翅褐色，中带白色（彩版 96·346）。

蚪目夜蛾 [*Metopta rectifasciata* (Menestries)]

成虫体长 24mm 左右，翅展 54mm 左右，头胸黑褐色。前翅棕褐色微紫，翅中部有一蝌蚪形眼斑，外线白色，双线直行，亚端线白色齿形，腹部背面黑褐色（彩版 96·347）。

旋目夜蛾 [*Speiredonia retorta* (Linnaeus)]

成虫体长 19～25mm，翅展 52～62mm，雄性个体小，雌性个体大。雌蛾头部及颈板暗褐色；胸背灰色，有 1 个褐斑。前翅暗褐色，有很多花纹，肾纹巨大，倒逗点状，黑褐色，周围绕以黑色宽圈及淡黄色细绒。雄蛾色泽很不同，全身棕褐带紫绒色（彩版 96·348）。

壶夜蛾 (*Calpe minuticornis* Guenée)

成虫体长 18～21mm，灰褐色。前翅后缘中部微内陷，自翅尖至后缘有 1 条棕色斜线（彩版 96·350）。

彩肖金夜蛾 (*Plusiodonta coelonota* Kollar)

成虫体长约 14mm，体灰褐色。前翅淡红褐色镶有金色斑，外缘中部外突成钝角，后缘内凹，自翅尖至后缘中部有 1 条深褐色曲斜线。后翅暗棕色。

肖毛翅夜蛾 [*Lagoptera dotata* (Fabricius)]

成虫体长 32～33mm。头部褐色，胸部背面深褐色，前胸与颈板间有黄色。前翅赭褐色，前线较灰，基线褐色止于翅褶，内线灰褐色，向外斜至外缘中部。环纹黑色小点。肾纹为分开的 2 个圆斑。外线灰色，微波浪形，外伸至臀角内方。后翅棕色，中央有 1 个粉蓝色横斑，弧形。腹部背面棕褐色（彩版 96·349）。

鱼藤毛胫夜蛾 [*Mocis undata* (Fabricius)]

成虫体长 19～22mm，翅展 47～50mm，头部及胸部暗褐色。前翅褐色，或赭褐色；后翅暗黄色。腹部褐色（彩版 97·351）。

平嘴壶夜蛾 (*Oraesia lata* Butler)

体长 23mm 左右，翅展 47mm 左右。头部及胸部灰褐色，下唇须下缘土黄色，端部成平截状；腹部灰褐色；前翅黄褐色带淡紫红色，有细裂纹，基线内斜至中室，内线微曲内斜至后缘基部，中线后半可见内斜，肾状纹仅外缘明显深褐色，顶角至后缘凹陷处有1条红棕色斜线，亚端区有2条暗褐曲线，在翅脉上为黑点；后翅淡黄褐色，外线暗褐色，端区较宽，暗褐色（彩版97·352）。

宽巾夜蛾（*Parallelia fulvotaenia* Guenée）

成虫体长 26～28mm，翅展 61～64mm。头部、胸部及腹部深棕色；前翅深棕色，翅区灰褐色，内线直，稍外斜，中线深棕色，稍内弯，内线与中线间为灰白色宽带，其中分布着紫褐细点，肾状纹为黑色窄条，中央1个黑点，外线外斜至6脉，外折成1锐角，微弯内斜，后端与中线相结合，外线外侧1褐色细线，顶角至外线折角处有1条黑斜纹，亚端线褐色，锯齿形，翅外缘有1列黑点，后翅黑棕色，中部1个大黄斑，向后渐窄，近臀角有1小黄纹，端区褐色，外缘有1列黑点（彩版97·353）。

鸱裳夜蛾（*Catocala patala* Felder）

成虫体长 25mm 左右，翅展 60mm 左右。头部及胸部黑棕色杂少许灰色，额两侧有黑斑；腹部褐色微带黄色；前翅底色灰，密布深棕色及黑色细点，内线内侧浓棕色，外线以外棕色，基线黑色达亚中褶，内线黑色微波浪形外斜，肾纹灰白色黑边，中央有褐色圈，后方有1个黑边白斑，其后有1条波浪形黑棕线，肾纹前有1黑条，外线黑色锯齿形，在4～6脉为大齿，亚端线灰白色锯齿状，两侧黑棕色，尤其外侧前半明显，端线为1列黑点，后翅黄色，中带黑色近达后缘，中褶有1黑纵条伸至外线，端带黑色，其内缘在2脉处内凸达中带，在亚中褶处缘毛中段有1列黑小斑（彩版97·354）。

木夜蛾（*Hulodes caranea* Cramer）

成虫体长 33～37mm，翅展 71～74mm。全体灰褐色；前翅布有黑色细点，雄蛾亚端线外方灰色，内、外线黑色波浪形，肾纹边缘灰色，端线黑色，内侧有1列黑点；后翅亚端线外方灰色，内、外线黑色间断，外缘有1列黑点。雌蛾前后翅亚端线均双线（彩版97·355）。

蓝条夜蛾（*Ischyja manlia* Cramer）

成虫体长 32～37mm，翅展 85～100mm。全体红棕色至黑棕色，雄蛾前翅基部色暗，内线微黑，内侧衬黄，达中室，环纹大，淡褐灰色，肾纹大，前端及外缘成2个外突齿，后端向内成1齿，淡褐灰色，中有黑点及曲纹，环纹后有1黄纹，其两侧黑色，肾纹后有1三角形黄斑，其外侧1大三角形黑斑，外线及亚端线均不明显，6脉近中部有1黄白点，3脉近中部有1黑点，后翅外区有1粉蓝曲带，1脉近端部有1黑斑，中有黄纹，近臀角有黑色细纹。雌蛾前翅环、肾纹较小，肾纹简单，外线蓝白色直线内斜，其外方染有蓝白色，顶角有隐约的斜纹；后翅粉蓝带较雄蛾宽，1脉端的黑斑不显（彩版97·356）。

合夜蛾（*Sympis rufibasis* Guenée）

成虫体长 19mm 左右，翅展 41mm。头部及胸部褐红色，下唇须灰棕色，第三节白色，腹部灰棕色，基部有褐红毛；前翅中线以内土红色，中线以外棕色，环纹为1黑点，中线双线棕色，线间蓝白色，直线内斜，肾纹淡紫褐色，黑边，外方有1深红纹（雌蛾不显），其前方前缘脉上有1白点，亚端线隐约可见，外缘带灰白色，并有1列黑点；后翅黑棕色，中部有1白纹，外缘带灰白色并有1列黑点（彩版97·357）。

羽壶夜蛾（*Calpe capucina* Esper）

成虫体长 20～22mm，翅展 44～46mm。头部及胸部褐色杂灰白色，颈板有暗褐色横纹；腹部黄灰色；前翅褐色，布粉红色细纹，基线、内线棕色内斜，中线棕色微弯，肾纹暗棕色边，外线隐约可见外弯，后半内斜，一黑棕线自顶角内斜至后缘中部，其外侧衬粉红色；后翅褐色，外线色暗，端区微黑，缘毛黄色（彩版 97•358）。

生活习性 嘴壶夜蛾是吸果夜蛾类的优势种，约占全体数量的 3/4。在我国南方一年发生 4～5 代，以幼虫越冬。4～6 月先为害枇杷、桃、奈、李等，6、7 月为害杧果、黄皮果、荔枝、龙眼，8 月下旬开始为害柑橘，9 月下旬至 10 月下旬是为害盛期。成虫白天隐存于荫蔽处所，傍晚开始活动，趋光性弱。成虫以口喙刺破果皮，吸食果汁。果实被害后，伤口逐渐出现腐烂，终至脱落。闷热、无风的夜晚，蛾出现量最多。卵和幼虫都在木防己等植物上，幼虫取食叶片，化蛹土中。在山地、山脚及近山柑橘园发生多，为害严重。

鸟嘴壶夜蛾在浙江黄岩和湖北武汉一年发生 4 代，以成虫、幼虫或蛹越冬。四川 10 月上旬开始发蛾，10 月中旬达到高峰。华南成虫高峰期在 9 月中、下旬，比嘴壶夜蛾早约半个月。幼虫取食木防己。

枯叶夜蛾在浙江黄岩一年发生 2～3 代，主要以幼虫越冬。幼虫寄主植物有木防己、木通和十大功劳。华南成虫出现高峰期在 9 月中、下旬；四川 9 月下旬开始发生，10 月中旬出现高峰，也较嘴壶夜蛾出现高峰期为早。成虫在寄主叶的反面产卵。幼虫静止时头部下垂，腹部尾端高举，全体呈 V 形。

彩肖金夜蛾在华南 4～5 月发生数量较多。桥夜蛾、艳叶夜蛾和壶夜蛾等成虫都在 9 月中旬至下旬发生最多，也都比嘴壶夜蛾出现高峰期早，小造桥虫在华北一年发生 3～4 代，南方一年 5～6 代，幼虫为害棉、木槿、蜀葵等，以蛹在植株上越冬。四川 10 月上旬成虫开始为害柑橘。

防治方法 ①清除果园四周 500m 范围内防己科植物，使幼虫得不到食料，杜绝虫源。特别是每年 8 月间在果园中全面铲除防己科植物与吸果夜蛾幼虫，收效尤大。②新建山地或近山地柑橘园可尽量种植迟熟品种，可减轻为害。切忌不同成熟期的品种混栽。③可以在果园间或其周围种植吸果夜蛾幼虫喜食的寄主植物，可以诱集成虫产卵而后药杀幼虫。④在果实采收前 1 个月，可选用 5％百树得（氟氯氰菊酯）乳油 1 500～2 000 倍液喷 1～2 次，保果效果良好。⑤在成虫发生期，每公顷果园设置 40W 黄色荧光灯（波长 $5.93×10^{-7}$m） 15～20 支，或其他黄色灯光，挂在柑橘园边缘内，对吸果夜蛾成虫有拒避作用。⑥夜间提灯捕蛾。⑦果实套袋阻隔。⑧在成虫盛发期，果园中喷射 5％百树得乳油 1 500～2 000 倍液 1～2 次，或 2.5％功夫乳油 3 000 倍液 1～2 次，防治效果良好。

37. 金龟子类
Scarabs

彩版 98•359 至彩版 99•372

金龟子是果树重要害虫之一，亦是一类杂食性害虫。此虫会为害荔枝、龙眼、柑橘、枇杷、梨、苹果、葡萄、桃、李、杧果、柿、橄榄、梅、枣、杨桃、杏等多种果树，并还会为害其他树木、草坪草和作物。其成虫会食害多种果树、树木的叶片、新梢幼叶、花、幼果,而幼虫(蛴螬)则栖息在土壤中咬食多种经济作物和其他植物的地下部的根(或薯块、果荚)。

据报道,我国已知的果树金龟子有 64 种,隶属 4 科 30 属,其中在我国南方分布的种类占 2/3 多。

金龟子是一类甲虫,体大、中、小型各异。体色多样,丽金龟科和花金龟科带有金属光泽。触角的鳃状片薄而挤在一起,鳃金龟科的种类尤为发达。成虫各足的爪对称或不对称存在差异。其活动习性有日间或夜间活动。生活史长短也变化较大。现着重介绍我国南方常见为害果树的金龟子种类。

形态特征

卵圆齿爪鳃金龟(卵圆鳃金龟、浅棕鳃金龟、浅棕大黑鳃金龟、龙眼褐色金龟子)(*Holotrichia ovata* Chang)

成虫体长 17.2~22.6mm,头部、前胸背板、小盾片及足暗赤褐色,鞘翅淡赤褐色,有 4 条隆起的纵线,中胸腹面密生黄褐色长毛。本种与近似种的区别:本种体无光泽,腹末露出不全 2 节(彩版 98·359)。

红脚异丽金龟(红脚绿金龟、大绿丽金龟、红脚绿光金龟子、红豆金龟子)(*Anomala rubripes* Lin)

成虫体长 18~26mm,体背呈青绿色,有光泽。腹面及足紫铜色或带紫红色(彩版 98·360)。

小青花金龟(花潜、潜花跋、小青花潜)[*Oxycetonia jucunda* (Faldermann)]

成虫体长 11~16mm,体阔,背面扁平,有金属光泽。头黑,前端凹入甚深。体背绿色,或为绿褐色,斑纹色彩多变。前胸背板暗黄色,有 2 个黑绿色舌形斑,或全为绿色,或两侧黄边,常有 2 个淡黄点。鞘翅墨绿色,各有 1 块暗黄色大斑(或无)和 5~7 个淡黄色小斑。腹侧各有 6 个淡黄斑,腹末也常有小斑 4 个。腹面密生淡褐色长毛(彩版98·361)。

黄边短丽金龟(*Pseudosinghala dalmanni* Gyllenhal)

成虫体长 7~7.5mm,头棕色至棕褐色,有金属光泽。前胸背板黄棕色,有 2 黑绿色斜纹,或中间大部分墨绿色,两边黄棕色,有光泽。鞘翅短宽,嫩黄色,周缘黑色,侧缘及与小盾片相邻的边缘部分黑色较宽,有纵刻点列(彩版 98·362)。

黄条叶丽金龟(*Phyllopertha irregularis* Waterhouse)

成虫体长 10~12mm,体背呈黄或淡黄褐色。头、前胸背板有棕褐色纹。鞘翅各有 11 条纵沟纹。

华喙丽金龟(中喙丽金龟、粉跋、茶色金龟子、散点阔头金龟子)(*Adoretus sinicus* Burmeister)

成虫(彩版 98·363)体长 10~12mm,略扁平,暗棕色,披有灰白色鳞毛,因而呈灰褐色。头前缘弧状突出,周缘上卷。前胸背板侧缘圆弧状弯突,后角圆或圆钝。鞘翅微显 3 条纵隆线,线上有由小块鳞毛组成的断续斑点。后足胫节外侧缘具 2 齿突。本种与斑喙丽金龟(葡萄金龟子,彩版 98·364,*Adoretus tenuimaculatus* Waterhouse)近似。但后者体长 9~11mm,棕色,披灰白色鳞毛,前胸背板侧缘圆角状弯突,后角近直角形,后足胫节外侧缘具 1 齿突（彩版98·363）。

四纹丽金龟（中华弧丽金龟）（*Popillia quadriguttata* Fabricius）

成虫体长 9～11mm，墨绿色，有金属光泽，鞘翅上有刻列 11 条，腹部各节有白毛 1 列，尾节背面有 2 白毛斑（彩版 98·365）。

宽索鳃金龟（*Sophrops lata* Frey）

成虫体长 15.5～19mm，长椭圆形，黑褐色。唇基前缘中央稍许内弯上卷。触角棒状部红褐色。鞘翅上布满刻点，每鞘翅上有 4 条隆起线。腹部末端 2 节外露。

暗黑鳃金龟（*Holotrichia parallela* Motschulsky）

成虫体长 17～22mm，呈窄长卵形。体无光泽，披黑色或黑褐色绒毛。前胸背板最宽处在侧缘中间，前缘具沿并布有成列的长褐色边缘毛。前角钝弧形，后角直，具尖的顶端，后缘无沿。鞘翅伸长，每侧 4 条纵肋不显（彩版 99·366）。

铜绿异丽金龟（铜绿丽金龟）（*Anomala corpulenta* Motschulsky）

体长 19～21mm。头与前胸背板、小盾片和鞘翅呈铜绿色并有闪光，但头、前胸背板色较深，呈红褐色。前胸背板两侧、鞘翅的侧缘、胸及腹部腹面和 3 对足的基、转、腿节色较浅，均为褐色和黄褐色。前胸背板前缘较直，两前角前伸，呈斜直角状。鞘翅每侧具 4 条纵肋，肩部具疣突（彩版 99·367）。

生活习性

卵圆齿爪鳃金龟：福建闽中、南一年发生 1 代，成虫 3 月上旬至 6 月下旬才出土活动，黄昏后食害龙眼梢叶和花、柑橘嫩梢幼叶。白天潜藏在附近松土中。幼虫为害甘薯根部和薯块、花生根部和果荚、大豆根部。此虫在江西南昌一年发生 1 代，成虫活动期为 4 月初至 6 月中下旬。

红脚异丽金龟：在广东、福建等地一年发生 1 代，以幼虫越冬。成虫于 5 月上旬至 11 月下旬出土活动，白天取食龙眼、荔枝、柑橘、葡萄等果树、树木及大豆、长豇豆叶片，而幼虫为害甘薯、花生、豆类等作物的地下根，是华南地区的重要地下害虫。

小青花金龟：一年发生 1 代，在南京地区成虫期为 3 月下旬至 9 月初，日夜活动，喜食柑橘、葡萄等果树花朵。该虫在福建福州、武夷山、建阳和厦门均有分布。

黄边短丽金龟：福建莆田、漳州地区 5 月中旬夜间食害龙眼花穗甚烈，也为害幼果及柑橘等果树花朵。

黄条叶丽金龟：福建福州 4～5 月间，成虫食害柑橘花朵。

华喙丽金龟：我国南方分布普遍。福建福州、沙县、尤溪、建瓯、安溪、长泰、同安、云霄等地均有发生，为害龙眼花穗、幼果和叶片，以及柑橘叶，5～6 月大量成虫夜出为害，白天潜存在土中。江西南昌、新建、赣州等地亦有发生，为害梨、李、葡萄等果树。该虫的近似种斑喙丽金龟，为北方常见种。在南京及江西莲塘，通常一年发生 2 代，主要以成虫为害。成虫期为 4 月上旬至 9 月下旬，喜食葡萄及苹果叶片。我国南方广东、福建（建阳黄坑）山地也有分布。

四纹丽金龟：我国南、北方均有分布。一年 1 代，以幼虫越冬。北京地区成虫期 6～8 月，辽宁丹东成虫期为 6 月下旬至 8 月中旬，成虫白天活动，取食各种果树叶子。福建武夷山境内，6 月中旬成虫白天食害桃叶颇烈。江西南昌 5 月中旬始见成虫，8 月中、下旬终见。

宽索鳃金龟：一年发生1代，成虫于翌年4月中旬开始活动。分布福建武夷山、建宁、沙县、南平、三明、明溪等市（县）。成虫食害猕猴桃叶片和花器。

暗黑鳃金龟：一年1代，以3龄成熟幼虫越冬，成虫期：南京5月下旬至9月初（盛期6月中旬）；徐州5月上旬至9月上旬；北京6月上旬至8月下旬。福建福州、江西南昌也均有分布。该虫分布甚广、发生数量常较多，为长江流域及以北旱作地区的重要地下害虫之一。

铜绿异丽金龟：在江苏、安徽等地，均为一年1代，以幼虫越冬。成虫期为5月下旬至8月上旬。成虫杂食性，喜食苹果、核桃叶片，常为果树及林木的重要害虫。幼虫栖于土中，为害作物根部。该虫在我国分布甚广，特别是长江流域及以北地区数量甚多。

此外，还有苹绿异丽金龟（*Anomala sieversi* Heyden），在南京地区一年1代，成虫于4月上旬至5月下旬出现，喜食苹果、梨等花，也兼食嫩叶，为苹果花期的重要害虫。黄闪彩丽金龟（*Mimela testaceoviridis* Blanchard），在南京地区一年1代，以3龄成熟幼虫越冬。成虫期为5月下旬至7月下旬。此虫日夜均可取食为害，喜食苹果、葡萄叶片，常为果园的重要害虫。白星花金龟〔*Potosia brevitarsis*（Lewis）〕（彩版99·368），在福建厦门于7月间成虫发生为害柑橘花朵。此虫在北京地区成虫期通常7～8月，南京地区5月中旬至9月中旬，江西南昌地区6月初至10月初，成虫取食成熟的桃、李等果子。锈褐鳃金龟（*Melolontha rubiginosa* Fairmaire）（彩版99·369）、小阔胫绢金龟（豆形绒金龟）〔*Maladera ovatula*（Fairmaire）〕（彩版99·370）和华南大黑鳃金龟（*Holotrichia sauteri* Moser）（彩版99·371）在福建闽南同安等地于4月间成虫发生为害荔枝、龙眼嫩梢和花穗。小黄鳃金龟（*Metabolus flavescens* Brenske）在北京、江苏扬州、山东莱阳一年1代，以幼虫越冬。在南京成虫出现期为5月下旬至7月；在山东莱阳，成虫于6月上旬始现，盛期为6月中旬至7月上旬。成虫喜食核桃、苹果、梨等的叶片。甘蔗异丽金龟（甘蔗丽金龟）（*Anomala expansa* Bates）分布在福建、广东、四川、台湾。成虫食害龙眼、杧果、桃等。华脊鳃金龟（*Holotrichia sinensis* Hpoe）（彩版99·372）在福建晋江市旧铺发现幼虫为害龙眼树根部，7月间数量颇多。筛阿鳃金龟（*Apogonia cribricollis* Burmeister）在福建云霄等闽南一带一年发生1代，以成虫越冬。成虫为害荔枝叶片。幼虫在蔗田为害甘蔗地下部分。琉璃弧丽金龟 *Popillia atrocoerulea* Bates 在江苏南京一年发生1代，以3龄成熟幼虫越冬。成虫于5月中旬至8月下旬出现，日间为害，花、叶兼食，喜食葡萄等叶片。幼虫栖于土中，食害植物之地下部分。

防治方法

成虫防治　①点灯诱集诱杀。有电源的地方，可利用金龟子的趋光性，采用20W黑光灯或佳多牌频振式杀虫灯（河南省汤阴县佳多科工贸有限责任公司生产）诱集诱杀金龟子（成虫）。②在成虫发生盛期的白天或晚上，利用金龟子对植物的趋化性，成批金龟子集聚树上进行取食、交配，并利用其假死性，在地下铺展塑料布，猛烈摇动树身，使金龟子掉落，集中消灭，或组织人工捕杀。③在成虫盛期，可用40%乐斯本乳油1 000倍液，或50%辛硫磷乳油1 000～1 500倍液＋80%敌敌畏乳油1 000倍液，二者混配调匀喷树，或用2.5%敌杀死乳油3 000～4 000倍液喷洒。

幼虫（蛴螬）防治　可结合除草松土或建立新果园翻犁松土时，每公顷用50%辛硫磷乳油3.75kg（每667m²0.25kg），或40.7%毒死蜱（乐斯本）乳油1 500倍液，灌根。

附　录
APPENDIX

南方果树病害病原学名与中文病害名称对照索引

南方果树害虫学名与中文名称对照索引

主 要 参 考 文 献

艾洪木，林朝阳，林乃栓，张绍升．2003．橄榄枯叶蛾生物学特性与实验种群生命表［J］．武夷科学，
　　19（12）：157．

陈东元，黄建民，等．2004．猕猴桃无公害高效栽培［M］．北京：金盾出版社．

陈福如，陈元洪，翁启勇．2009．枇杷病虫害诊治［M］．福州：福建科学技术出版社．

陈福如，杨秀娟．2002．福建省枇杷真菌性病害调查与鉴定［M］．福建农业学报，17（3）：151-154．

陈景耀，李开本，陈菁瑛，范国成．1996．荔枝鬼帚病及其与龙眼鬼帚病相关性的初步研究［J］．植物
　　病理学报，26（4）：331-335．

陈景耀，许长藩，李开本，等．1992．龙眼鬼帚病的昆虫传病试验［J］．植物病理学报，22（3）：
　　245-249．

陈玉森，张绍升．2003．龙眼叶枯病病原及发病因子研究［J］．中国南方果树，32（2）：26-27．

陈元洪，胡奇勇，黄玉清，等．1999．三角新小卷蛾生物学特性及防治研究［J］．福建农业学报，14
　　（3）：15-18．

陈元洪，占志雄，胡奇勇，黄玉清．1996．龙眼梢、果三种害虫生物学特性及防治对策［M］//中国植物
　　保护研究进展．北京：中国科学技术出版社．

陈元洪，郑琼华，黄玉清，占志雄，陈福如．2000．福建枇杷主要虫害种类及其防治研究［J］．武夷科
　　学，（16）：127-145．

陈昭炫．1993．福建白粉菌［M］．福州：福建科学技术出版社．

邓国荣，杨皇红，陈德杨，等．1998．龙眼、荔枝病虫害综合防治图册［M］．南宁：广西科学技术出版
　　社．

丁建云，等．2008．果园灯下常见昆虫原色图谱［M］．北京：中国农业出版社．

冯明祥，窦连登，等．1994．落叶果树害虫原色图谱［M］．北京：金盾出版社．

冯明祥，等．2004．无公害果园农药使用指南［M］．北京：金盾出版社．

冯玉增，张存立，等．2009．石榴病虫草害鉴别与无公害防治［M］．北京：科学技术文献出版社．

高立起，孙阁，等．2009．生物农药集锦［M］．北京：中国农业出版社．

高文通，高乔婉，范怀忠．1994．番木瓜环斑病毒（PRV）提纯的研究［J］．中国病毒学，9（2）：
　　180-182．

何等平，唐伟文．2000．荔枝、龙眼病虫防治彩色图谱［M］．北京：中国农业出版社．

洪建，李德葆，周雪平．2001．植物病毒分类图谱［M］．北京：中国科学技术出版社．

黄邦侃．1999．福建昆虫志：第2～4卷［M］．福州：福建科学技术出版社．

黄邦侃，高日霞．1996．果树病虫害防治图册［M］．2版．福州：福建科学技术出版社．

柯冲．1990．中国柑橘黄龙病培训班教材［M］．福州：福建省农业科学院．

柯冲，柯穗，李开本．1991．柑橘黄龙病病原形态与性质的研究［J］．福建省农科院学报，6（2）：
　　1-10．

匡海源，许长藩，等．2002．中国瘿螨科二新种记述（蜱螨亚纲）［J］．动物分类学报，27（1）：93-95．

劳有德，韦文添．2003．杧果蓟马的为害与防治［J］．广西热带农业（1）：16-17．

李军，卜文俊，张清源.2003.危害杧果叶片的瘿蚊科——中国新纪录属和一新种［J］.动物分类学报，28（1）：148-151.

李来荣，庄伊美，等.1983.龙眼栽培［M］.北京：农业出版社.

李剑书，蔡明段，邱燕萍，欧良喜，等.1999.荔枝、龙眼病虫害的识别与防治［M］.广州：南方日报出版社.

刘奎，彭正强，符悦冠，金启安.2002.杧果毒蛾生物学特性研究［J］.热带作物学报，23（2）：27-30.

刘朝祯，王壁生，戚佩坤.1989.广东省杧果病害调查初报［J］.广东农业科学（6）：32-35.

陆家云，等.2001.植物病原真菌学［M］.北京：中国农业出版社.

罗永明，陈泽坦，等.华南地区的杧果害虫［J］.热带作物学报，11（1）：115-117.

马海宾，王向社.2001.橄榄果实采后病害及贮藏保鲜技术［J］.热带农业科学，（4）：39-43.

马蔚红，雷新涛，臧小平，谢江辉.2003.芒果无公害生产技术［M］.北京：中国农业出版社.

宁国云，朱明泉，许渭根，等.2007.梅、李及杏病虫原色图谱［M］.杭州：浙江科学技术出版社.

农业部全国植物保护总站.1994.植物医生手册［M］.北京：化学工业出版社.

农业部种植业管理司，农业部农药检定所.2009.农药科学选购与合理使用［M］.北京：中国农业出版社.

蒲富基.1990.一种为害橄榄树的天牛新种及两种天牛新记录（鞘翅目、瘦天牛科）［J］.昆虫学报，33（2）：234-235.

戚佩坤.1994.广东省栽培药用植物真菌病害志［M］.广州：广东科技出版社.

戚佩坤.2000.广东果树真菌病害志［M］.北京：中国农业出版社.

邱强.1994.原色桃、李、梅、杏、樱桃病虫图谱［M］.北京：中国科学技术出版社.

邱强，林尤剑，蔡明段，等.1996.原色荔枝、龙眼、杧果、枇杷、香蕉、菠萝病虫图谱［M］.北京：中国科学技术出版社.

王拱辰，郑重，叶琪旺，等.1996.常见镰刀菌鉴定指南［M］.北京：中国农业出版社.

王国平，陈景耀，赵学源，等.2001.中国果树病毒病原色图谱［M］.北京：金盾出版社.

魏鸿筠，张治良，王荫长.1987.中国地下害虫［M］.上海：上海科学技术出版社.

魏景超.1982.真菌鉴定手册［M］.上海：上海科学技术出版社.

文衍堂，康国疆，周树钊，冯锦华.1993.黄皮细菌性叶斑病病原菌的鉴定［J］.热带作物学报，14（2）：79-82.

吴方城，徐绍华，彭学贤.1983.华南番木瓜环斑病毒的鉴定、提纯与性质的初步研究［J］.植物病理学报，13（8）：21-28.

吴增军，林青兰，姜家彪，等.2007.猕猴桃病虫原色图谱［M］.杭州：浙江科学技术出版社.

西番莲病害研究课题组.1993.西番莲疫病的研究［M］.热带作物学报，14（1）：75-78.

夏声广，熊兴平，等.2009.茶树病虫害防治原色生态图谱［M］.北京：中国农业出版社.

夏声广，徐苏启，等.2008.柿树病虫害防治原色生态图谱［M］.北京：中国农业出版社.

肖火根，Hu John，李华平，Gardner Donald，范怀忠.1999.香蕉束顶病毒基因克隆和序列分析［J］.病毒学报，15（1）：55-62.

萧刚柔.1992.中国森林昆虫［M］.北京：中国林业出版社.

谢联辉，林奇英，吴祖建.1999.植物病毒名称及其归属［M］.北京：中国农业出版社.

徐汉虹，等.2008.生产无公害农产品使用农药手册［M］.北京：中国农业出版社.

徐平东，柯冲.1990.福建省西番莲病毒病的发生及其病原鉴定［J］.福建省农科院学报，5（2）：47-55.

许伟东.2002.枇杷枝干新害虫——皮暗斑螟观察初报［J］.华东昆虫学报，11（1）：107-108.

杨永生.2000.元江杧果花瘿蚊的为害特点及其防治［J］.云南林业科技（4）：66-68.

叶旭东，杨辉，英如健，陈景耀，柯冲.1993.香蕉束顶病毒的提纯［J］.福建省农科院学报，8（2）：1-4.

张宝棣.2000.果树病虫害原色图谱［M］.广州：广东科学技术出版社.

张开明.1999.香蕉病虫害防治［M］.北京：中国农业出版社.

张继祖，徐金汉.1996.中国南方地下害虫及其天敌［M］.北京：中国农业出版社.

张绍升.1999.植物线虫病害诊断与治理［M］.福州：福建科学技术出版社.

张绍升，肖凤荣，林乃栓，艾洪木.2002.福建橄榄真菌性病害鉴定［J］.福建农林大学学报（自然科学版），31（2）：168-173.

张天森，梁仙友，龚祖埙，陈作义.1988.柑橘碎叶病毒的发生与初步鉴定［J］.植物病理学报，18（2）：79-83.

张芝利.1984.中国经济昆虫志：第二十八　鞘翅目　金龟子总科幼虫［M］.北京：科学出版社.

章士美，赵泳祥，盛金坤，等.1987.江西动物志农林昆虫名称专辑［J］.江西农业大学学报.

郑加协，黄盈，梁渭州，张景文.1992.福建西番莲茎基腐病的病原鉴定［M］.福建省农科院学报，57（2）：65-68.

赵修复.1982.福建昆虫名录［M］.福州：福建科学技术出版社.

赵学源，蒋元晖，邱柱石，等.1983.柑橘裂皮病发生情况鉴定［J］.植物病理学报，13（2）：43-46.

赵仲苓.1978.中国经济昆虫志：第十二册　鳞翅目　毒蛾科［M］.北京：科学出版社.

中国科学院动物研究所.1982.中国蛾类图鉴（Ⅰ-Ⅳ）［M］.北京：科学出版社.

中国农业百科全书编委会.1996.中国农业百科全书：植物病理学卷［M］.北京：中国农业出版社.

朱伟生，黄宏英，黄同陵，等.1994.南方果树病虫害防治手册［M］.北京：中国农业出版社.

宗学普，黎彦.2004.柿树栽培技术［M］.修订版.北京：金盾出版社.